STUDIES IN HISTORY OF MATHEMATICS DEDICATED TO A.P. YOUSCHKEVITCH

DE DIVERSIS ARTIBUS

COLLECTION DE TRAVAUX
DE L'ACADÉMIE INTERNATIONALE
D'HISTOIRE DES SCIENCES

COLLECTION OF STUDIES
FROM THE INTERNATIONAL ACADEMY
OF THE HISTORY OF SCIENCE

DIRECTION
EDITORS

EMMANUEL POULLE

ROBERT HALLEUX

TOME 56 (N.S. 19)

BREPOLS

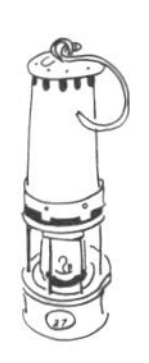

PROCEEDINGS OF THE XXth INTERNATIONAL CONGRESS OF HISTORY OF SCIENCE (Liège, 20-26 July 1997)

VOLUME XIII

STUDIES IN HISTORY OF MATHEMATICS DEDICATED TO A.P. YOUSCHKEVITCH

Edited by

Eberhard KNOBLOCH, Jean MAWHIN and Serguei S. DEMIDOV

BREPOLS

The XXth International Congress of History of Science was organized by the Belgian National Committee for Logic, History and Philosophy of Science with the support of :

ICSU
Ministère de la Politique scientifique
Académie Royale de Belgique
Koninklijke Academie van België
FNRS
FWO
Communauté française de Belgique
Région Wallonne
Service des Affaires culturelles de la Ville de Liège
Service de l'Enseignement de la Ville de Liège
Université de Liège
Comité Sluse asbl
Fédération du Tourisme de la Province de Liège
Collège Saint-Louis
Institut d'Enseignement supérieur "Les Rivageois"

Academic Press
Agora-Béranger
APRIL
Banque Nationale de Belgique
Carlson Wagonlit Travel - Incentive Travel House
Chambre de Commerce et d'Industrie de la Ville de Liège
Club liégeois des Exportateurs
Cockerill Sambre Group
Crédit Communal
Derouaux Ordina sprl
Disteel Cold s.a.
Etilux s.a.
Fabrimétal Liège - Luxembourg
Generale Bank n.v. - Générale de Banque s.a.
Interbrew
L'Espérance Commerciale
Maison de la Métallurgie et de l'Industrie de Liège
Office des Produits wallons
Peeters
Peket dè Houyeu
Petrofina
Rescolié
Sabena
SNCB
Société chimique Prayon Rupel
SPE Zone Sud
TEC Liège - Verviers
Vulcain Industries

D/2002/0095/13
ISBN 2-503-51199-6
Printed in the E.U. on acid-free paper

TABLE OF CONTENTS

Part one

IN MEMORY OF ADOLPHE P. YOUSCHKEVITCH

Adolf Pavlovitch Youschkevitch *in memoriam* (1906-1993) 11
† Pierre DUGAC

Yushkevich et les mathématiques de l'Occident médiéval chrétien 19
Guy BEAUJOUAN

Les travaux de A.P. Youschkevitch sur l'histoire des mathématiques en Chine 25
Karine CHEMLA

A.P. Youschkevitch et l'histoire des mathématiques en Russie 33
Serguei S. DEMIDOV

L'histoire de l'analyse mathématique dans les recherches de Youschkevitch 43
Natalja S. ERMOLAEVA

La correspondance scientifique entre A.P. Juschewitsch et K. Vogel 51
Mariam M. ROZHANSKAYA

Part two

MATHEMATICS AS A CULTURAL STRENGTH

Ethnoscience and Ethnomathematics : The evolution of Modes of Thought in the Last Five Hundred Years 59
Ubiratan D'AMBROSIO

Die ersten Schritte des Zählens - Sprachgeschichtliche Betrachtungen zu Verben des Zählens 73
Georg SCHUPPENER

Ulrich Wagner : Autor des ersten gedruckten deutschsprachigen kaufmännischen Rechenbuches 81
Eberhard SCHRÖDER

Christian Wolff (1679-1754) and his contribution for the Mathematics Education 89
Sergio NOBRE

Sebastián Fernández de Medrano (1646-1705) ... 95
Juan NAVARRO LOIDI

The Neapolitan School. Studying Pure Geometry in the Period of the Revolutions ... 107
Massimo MAZZOTTI

Part three

FROM ANTIQUITY TO THE CLASSICAL PERIOD

La tradition archimédienne sur la sphère et la complexité de sa reconstitution ... 115
Ioanna MOUNTRIZA

Problem by Apollonius of Perga ... 125
Albert V. KHABELASHVILI

Serenus d'Antinoé dans la tradition post-Apollonienne ... 141
Konstantinos NIKOLANTONAKIS

Les lecteurs byzantins de Diophante ... 153
Jean CHRISTIANIDIS

Traces of Maurolicus' influence on G. de Saint Vincent ... 165
Michela CECCHINI

Music according to Descartes ... 173
Oscar João ABDOUNUR

Histoire de la dynamique et de la prévision des vagues à la surface de l'océan. ... 187
Anne GUILLAUME

The Application of differential calculation by P. Varignon in the science about movement ... 201
Vera CHINENOVA

J.H. Lambert et la recherche d'une théorie du calcul intégral à l'époque des Lumières ... 207
Christian GILAIN

Leonhard Euler and the birth of modern structural mechanics. From the catenary to the beam theory ... 217
Aldo CAUVIN, Giuseppe STAGNITTO

Part four

PROBABILITY THEORY AND ITS APPLICATIONS

History of the least squares method and its links with the probability theory ... 237
Roger GODARD

Un regard nouveau sur l'oeuvre de Jules Bienaymé à la lumière des archives familiales et de la correspondance ... 251
F. JONGMANS

Part five

MATHEMATICS IN THE 19th CENTURY

Tactical configurations and finite groups (19th-20th centuries) ... 259
Valentina G. ALYABIEVA

Des quantités imaginaires au nombre complexe, d'après les Espagnols du XIXe siècle ... 269
Santiago GARMA

The Origin of the Hamilton-Jacobi Theory in the Calculus of Variations ... 277
Michiyo NAKANE

Leipziger Beiträge zur Theorie hyperkomplexer Systeme ... 285
Karl-Heinz SCHLOTE

Geometrical imagination in the mathematics of Karl Weierstraß ... 297
Peter ULLRICH

Part six

MATHEMATICS IN THE 20th CENTURY

Sobre las aportaciones de P.M. Gonzáles-Quijano a la geometría descriptiva ... 311
Miguel Ángel GIL SAURÍ

The Formation of Hayashi's Quantification Theory ... 319
Eiichi MORIMOTO

Pedro José da Cunha (1867-1945), historian of Portuguese mathematics ... 325
Luis M.R. SARAIVA

The impact of Zygmunt Janiszewski on the development of topology ... 339
Wiesław WÓJCIK

Mathematics and Marxism ... 345
Charles E. FORD

Contributors ... 363

PART ONE

IN MEMORY OF ADOLPHE P. YOUSCHKEVITCH

edited by Serguei S. Demidov

ADOLF PAVLOVITCH YOUSCHKEVITCH *IN MEMORIAM* (1906-1993)

† Pierre DUGAC

Je signale l'excellente interview de A.P. Youschkevitch par K. Chemla[1] qui donne de précieuses informations aussi bien sur l'homme que sur l'historien des mathématiques.

HISTORIEN DES MATHÉMATIQUES

La bibliographie des travaux de A.P. Youschkevitch[2] contient plus de 400 titres. Elle embrasse presque tous les domaines des mathématiques, de toutes les époques, essentiellement jusqu'à la fin du XIXe siècle, et de très nombreux pays.

Je me limiterai aux problèmes des fondements de l'analyse et même sur ce sujet je n'aborderai que très rapidement ceux du XVIIIe siècle

La correspondance de Clairaut, de d'Alembert et de Lagrange publiée en collaboration avec R. Taton est peut-être le chef d'oeuvre de A.P. Youschkevitch[3].

Les travaux d'Euler et de d'Alembert sur les équations des cordes vibrantes sont à l'origine d'importantes questions sur la notion de fonction et de ses propriétés, problèmes qui ont été au coeur des préoccupations des mathématiciens du XIXe siècle. A.P. Youschkevitch a écrit un article remarquable sur le développement de la notion de fonction jusqu'au milieu du XIXe siècle, traduit d'ailleurs en français[4].

1. K. Chemla (interviewed by), " Andrei Pavlovitch Youschkevitch ", *NTM-Schriftenr. Gesch. Naturw. Techn. Med.*, Leipzig, 28 (1991), 1-11.

2. " Liste des travaux de A.P. Youschkevitch " (en russe), *Istoriko-matematitcheskiye Issledovaniya*, 21 (1976), 312-327 ; 30 (1986) 352-357 ; n° 1 (36) (1995), 13-19 ; n° 2, 54.

3. L. Euler, *Correspondance avec C. Clairaut, J. d'Alembert et J.L. Lagrange*, (4A), vol. V, *Opera omnia*, Basel, 1980.

4. A.P. Youschkevitch, " The concept of function up to the middle of the 19th century ", *Archive for History of Exact Sciences*, 16 (1976), 37-85 = (en français) *Fragments d'histoire des mathématiques*, Paris, 1971, 7-68.

Ces questions ont été soulevées à partir de 1749 par la parution du mémoire de d'Alembert *Recherches sur la courbe qui forme une corde tendue mise en vibration*, et A.P. Youschkevitch a analysé ce problème dans son article[5] *Sur l'histoire de la discussion sur les cordes vibrantes*. Ce mémoire de d'Alembert va provoquer toute une suite de recherches où s'engageront les plus grands mathématiciens du XVIIIe siècle. Notons que A.P. Youschkevitch a étudié l'apport de d'Alembert dans *J. d'Alembert et l'analyse mathématique*[6].

A.P. Youschkevitch et R. Taton ont décrit admirablement le changement de style mathématique avec Lagrange[7] : " A maintes reprises — nous en avons de nombreux exemples en théorie des nombres, en algèbre, en analyse infinitésimale, en physique mathématique, etc. — Lagrange aborda ses recherches en partant du point même où s'était arrêté Euler, et apportant toujours aux résultats obtenus par ce dernier plus de précision et de généralité. Ce fait ne diminue en rien les mérites d'Euler : Lagrange appartenait à une nouvelle génération dont les aspirations et la mentalité avaient évolué. Les manières différentes avec lesquelles ils abordent les problèmes et orientent les recherches se reflètent clairement dans leurs oeuvres et dans le style de leurs ouvrages, plus détaillé et plus prolixe chez Euler, plus généralisé et concis chez Lagrange. Certes, Euler était un grand systématiseur — *ein Systembilder* selon l'expression de A. Kneser— mais ses traités d'analyse et de mécanique contiennent beaucoup d'explications très circonstanciées et abondent en " faits divers ", cas particuliers et exemples illustratifs, ce qui, d'ailleurs, renforçait leur importance et leur intérêt aux yeux des lecteurs de l'époque. Mais la conception de Lagrange était différente. Tout en maniant les formules avec la même virtuosité que ses prédécesseurs, tout en appréciant la valeur des faits particuliers, il souhaitait, prolongeant ainsi et approfondissant une tendance déjà marquée chez Euler, édifier sur un petit nombre de principes soigneusement choisis des systèmes compacts, unifiant des ensembles des méthodes et des propositions demeurées jusqu'alors dispersées. La méthode d'exposition de sa *Mécanique analytique* (1788), de sa *Théorie des fonctions analytiques* (1797) et de ses *Leçons sur le calcul des fonctions* (1801), fait déjà pressentir le style serré et élégant des cours de Cauchy et de ses successeurs "[8].

A.P. Youschkevitch a repris en 1971 ses études sur Lazare Carnot qu'il avait commencées déjà en 1929, dans son premier travail sur *La philosophie des mathématiques de L. Carnot*[9]. Son deuxième travail est son introduction de

5. A.P. Youschkevitch, " Sur l'histoire de la discussion sur les cordes vibrantes " (en russe), *Istoriko-matematitcheskiye Issledovaniya*, 20 (1975), 221-231.

6. A.P. Youschkevitch, " J. d'Alembert et l'analyse mathématique ", *Jean d'Alembert savant et philosophe*, Paris, 1989, 315-332.

7. L. Euler, *Correspondance avec C. Clairaut, J. d'Alembert et J.L. Lagrange*, *op. cit.*, 35.

8. A.P. Youschkevitch, " Euler und Lagrange über die Grundlagen der Analysis ", K. Schröder (Redaktion von), *Sammelband zu der Ehren des 250. Geburtstages Leonhard Euler*, Berlin, 1959, 224-244.

9. A.P. Youschkevitch, " La philosophie des mathématiques de L. Carnot " (en russe), *Estestvoznanie i Marksizm*, 3 (1929), 83-99.

1932 à la traduction russe des *Réflexions sur la métaphysique du calcul infinitésimal* de L. Carnot[10] qui a eu deux éditions, introduction intitulée[11] *Les conceptions sur fondements de l'analyse mathématique au* XVIIIe. Ces études sur Lazare Carnot seront couronnées par sa magistrale étude[12] *Lazare Carnot et le concours de l'Académie de Berlin de 1786 sur la théorie de l'infini mathématique*.

A ce propos A.P. Youschkevitch écrit avec raison[13] : " On émet très souvent l'opinion qu'au XVIIIe siècle on accordait peu d'attention aux fondements de l'analyse mathématique et que cette période, si l'on utilise les termes de F. Klein, était une période créatrice et non critique. Cette opinion est erronée. Au contraire, les mathématiciens de cette époque, y compris les plus grands d'entre eux, apercevaient de nombreuses difficultés se rapportant aux notions d'infiniment petits et d'infiniment grands et aux opérations qui les concernent, et ils essayaient de résoudre ces problèmes ardus ".

Ainsi la Classe de mathématique de l'Académie des Sciences de Berlin, présidée par Lagrange, propose pour le prix de 1786 le problème de l'infini mathématique, en demandant[14] de présenter " une théorie claire et précise ".

L'Académie des Sciences de Berlin a jugé[15] que tous ceux qui ont participé au concours se sont, " plus ou moins, écartés de la clarté et de la simplicité, et surtout de la rigueur qu'on exigeait ". Toutefois l'Exposition élémentaire des principes des calculs supérieurs de S. L'Huilier fut couronnée. L. Carnot a également présenté un mémoire au concours qui a été retrouvé par A.P. Youschkevitch. Carnot se proposait " de fonder rationnellement le calcul infinitésimal "[16] et dans cet effort il " a atteint des résultats qui ne sont pas inférieurs et qui, en quelques points, sont même supérieurs à ceux que L'Huilier a obtenus ". Ainsi, dans son travail[17], " Carnot anticipait partiellement la réforme de l'analyse qui fut entreprise avec tant de succès par Cauchy ".

Il faut noter que l'édition des Réflexions sur la métaphysique du calcul infinitésimal de Carnot diffère[18] du manuscrit présenté au concours " par une attention beaucoup moins accentuée portée à la théorie des limites ".

J'ai surtout voulu indiquer dans ce qui précède quelques éléments qui m'ont frappé dans les travaux d'un des plus importants historiens des mathématiques

10. L. Carnot, *Réflexions sur la métaphysique du calcul infinitésimal* (en russe), Moskva, 1932 ; 2e éd., Moskva, 1935.

11. *Idem*, 9-76.

12. C.C. Gillispie, A.P. Youschkevitch, *Lazare Carnot savant et sa contribution à l'infini mathématique*, Paris, 1979, 227-248.

13. *Idem*, 229.

14. L. Euler, *Correspondance avec C. Clairaut, J. d'Alembert et J.L. Lagrange*, *op. cit.*, 235.

15. *Idem*, 235.

16. *Idem*, 242.

17. *Idem*, 245.

18. *Idem*, 247.

du XXe siècle et dont l'influence sur la recherche en histoire des mathématiques n'est pas prête à s'éteindre. Il faut aussi souligner le rôle d'incitateur de A.P. Youschkevitch et nous sommes très nombreux qui lui devons d'avoir été publiés dans les revues ayant une très large audience internationale.

Il me semble utile de dire quelques mots sur un sujet qui ne touche pas seulement l'histoire des mathématiques : l'" affaire " Luzin.

Lorsque je faisais des recherches sur R. Baire, j'ai eu l'occasion d'interviewer à Paris en 1973 A. Denjoy, élève de Baire et ami de Luzin. Alors Denjoy m'avait invité à lui rendre visite au Cap d'Ail, sur la Côte d'Azur, où se trouvaient ses archives et où il avait un dossier important sur Luzin qu'il voulait me montrer. Sa mort en 1974 m'a empêché de faire ce voyage. Mais, peu de temps après, Jean Dieudonné, ami d'un des fils de Denjoy, m'a signalé que tous les papiers de Denjoy se trouvaient chez sa femme qui habitait Nice. C'est ainsi qu'en 1975 j'ai eu connaissance de l'" affaire " Luzin.

L'épouse de A. Denjoy, avec beaucoup de gentillesse, m'a laissé voir tous les papiers de son mari. J'ai pris une photocopie du dossier Luzin que j'ai montré à A.P. Youschkevitch dès notre première rencontre. Il est certain que, travaillant de 1930 à 1952 à l'École Supérieure Technique de Moscou, il a dû être au courant de cette " affaire " et des signatures des enseignants approuvant les attaques contre Luzin. C'est ce que signale la Pravda dans son article du 3 juillet 1936 " Des ennemis sous le masque soviétique " qui accuse Luzin de " sabotage caractérisé de la science ", indiquant qu'il avait " appartenu au troupeau venu de cette école tsariste sans gloire l'École mathématique de Moscou ", dont les idées directrices étaient " l'orthodoxie et l'autocratie ".

A cette époque j'ai constitué un dossier dactylographié de près de 100 pages que j'ai fait circuler et qui a eu pour lecteurs, entre autres, H. Freudenthal, K. Kuratowski, G. de Rham, A. Weil et A.P. Youschkevitch. Mais je n'ai pas voulu le publier dans les Cahiers du Séminaire d'Histoire des Mathématiques que je dirigeais. C'est seulement en 1988 que nous avons écrit ensemble[19] un article lorsque fut publiée la courageuse lettre de P. Kapitsa à Molotov du 6 juillet 1936 protestant contre les attaques à l'encontre de Luzin.

HOMME

Né le 15 juillet 1906 à Odessa, A.P. Youschkevitch n'avait que trois ans lorsque parut un livre qui n'a pas dû beaucoup impressionner les philosophes de l'époque, mais qui a dû assombrir une partie de sa vie. L'auteur en était V. Ilin, mais sa réédition en 1920 indiquait son véritable nom : Lénine. Il s'agit de son livre sur la philosophie des sciences *Matérialisme et empiriocriticisme. Notes critiques sur une philosophie réactionnaire*. Dans sa préface, Lénine écrivait :

19. A.P. Youschkevitch, P. Dugac, " L'" affaire " de l'académicien Luzin en 1936 ", *Gazette des Mathématiciens*, n° 38 (octobre 1988), 31-35.

“ Nombre d’écrivains qui se réclament du marxisme ont entrepris parmi nous, cette année, une véritable campagne contre la philosophie marxiste ”[20].

Lénine cite, entre autres livres parus en 1908, les Essais sur la philosophie marxiste, recueil d’articles où l’on trouve celui de P.S. Youschkevitch, père de notre historien des mathématiques. Lénine mentionne également le livre de P.S. Youschkevitch Matérialisme et réalisme critique. Sous l’impulsion de A. Bogdanov, et sous l’influence de R. Avenarius et E. Mach, s’opérait une mise en question et une révision du matérialisme dialectique et historique de Marx et Engels.

D’après Lénine[21], P.S. Youschkevitch — traité par lui de gentleman Youschkevitch, probablement une injure suprême pour Lénine qui rédigeait son livre dans la Bibliothèque du British Museum — “ déforme complètement les faits ”. Quant à H. Poincaré[22], un “ mince philosophe ”, ses “ erreurs constituent pour P. Youschkevitch le dernier mot du positivisme moderne ”. Lénine insiste aussi sur “ la prodigieuse ignorance de M. Youschkevitch ”, qui “ dissimule cette ignorance sous un amas de mots et de noms savants ”[23]. Toutefois, il n’est pas sans intérêt de signaler que le père de A.P. Youschkevitch avait, lui, une vaste culture scientifique et qu’il a étudié les mathématiques entre 1895 et 1900 à la Faculté des Sciences de Paris. Il a traversé la période soviétique en travaillant comme traducteur et commentateur d’oeuvres d’histoire des sciences.

En 1923, A.P. Youschkevitch commence ses études de mathématiques à l’Université de Moscou. La NEP, Nouvelle Politique Economique, instaurée par Lénine en 1921 et supprimée par Staline en 1928, apparaissait à travers mes conversations avec A.P. Youschkevitch comme une époque d’espoir, les années de 1923 à 1927 — depuis que la maladie a mis Lénine définitivement hors de circuit jusqu’à la fin de la pause dans la lutte pour le pouvoir qui a vu la victoire de Staline — étaient les années où une autre vie semblait possible. Marié en 1928, son fils Alexandre est né en 1930. Il est difficile de juger ce que fut sa vie jusqu’à la mort de Staline en 1953, mais je ne peux pas oublier son évocation des journées d’octobre 1941 où la population de Moscou était convaincue que les Allemands allaient prendre la ville. En 1945, la mort de son père a dû être un des grands chagrins de sa vie.

Maintenant je dois évoquer deux époques de sa vie qui ont été très dures à vivre pour lui en tant que juif. Il s’agit, dans la première, de ce qu’on peut appeler l’antisémitisme d’état, et dans la seconde période plus pudiquement l’antisionisme. La première époque plonge ses racines très loin dans l’histoire

20. V.I. Lénine, *Matérialisme et empiriocriticisme. Notes critiques sur une philosophie réactionnaire*, Moscou, 1970.

21. *Idem*, 70.

22. *Idem*, 220.

23. *Idem*, 280.

de l'Union Soviétique. Mais la grande offensive contre les juifs va commencer en 1948, impulsée par Staline et organisée par V. Abakumov, ministre de la Sécurité de l'État de 1946 à 1951 et qui sera fusillé le 19 décembre 1954. Le début en sera l'assassinat le 12 janvier 1948 d'un des plus grands acteurs soviétiques S. Mihoels, président du Comité antifasciste juif créé en 1942 dans le but " d'établir des contacts avec les organisations juives internationales " permettant " de drainer un flux important d'aide occidentale "[24]. V. Abakumov témoignera peu de temps après la mort de Staline que celui-ci lui " confia la tâche urgente de faire organiser " la liquidation de Mihoels. La femme de Molotov qui était juive et qui sera déportée dans un camp de 1948 à la mort de Staline déclarait le jour des obsèques de Mihoels à un ami que " c'est un meurtre "[25].

Le 20 novembre 1948[26], le Politburo du Comité Central décide " de dissoudre immédiatement le Comité antifasciste juif " et le 12 août 1952[27], après un procès à huis clos, 13 dirigeants du Comité furent fusillés. Entre ces deux dates[28], l'hystérie anti-intellectuelle et antisémite s'étendait " de jour en jour, englobant de plus en plus de noms, de régions et de domaines de création ". A.P. Youschkevitch qui travaillait à l'Institut d'Histoire des Sciences de Moscou depuis l'été 1952 a perdu sa place pendant quelques mois avant la mort de Staline et il la reprendra après son décès. Mais il n'a jamais pu devenir le chef du département d'histoire des sciences, car le directeur de l'Institut, juif lui-même, craignait de nommer un juif chef de ce département.

Le couronnement des persécutions antisémites de Staline fut le complot des blouses blanches. Le 13 janvier 1953 fut publié un communiqué de l'agence TASS intitulé Arrestation d'un groupe de médecins saboteurs. La plupart des médecins étaient juifs et le communiqué a indiqué que " les criminels ont avoué ". Notons que le principal metteur en scène, exécuteur du scénario stalinien, M. Riumine a été fusillé le 22 juillet 1954.

Comment A.P. Youschkevitch et sa famille pouvaient-ils se sentir en sécurité à cette époque ? Mais la mort de Staline apporta un certain apaisement.

En 1956, A.P. Youschkevitch a cinquante ans et l'importante revue mathématique *Uspehi Matematitcheskih Nauk* publie un article en son honneur. L'article est orné d'une photo montrant un très bel homme, en pleine forme, souriant. Était-il heureux d'avoir survécu à tous ces temps difficiles ? Cet hommage avait un double sens : l'importance de A.P. Youschkevitch comme historien des mathématiques et la reconnaissance de cette histoire comme faisant partie des mathématiques.

24. G. Kostyrtchenko, *Prisonniers du pharaon rouge*, Arles, 1998, 47.
25. *Idem*, 125.
26. *Idem*, 143.
27. *Idem*, 171.
28. *Idem*, 223.

Mais au temps de N. Krouchtchev on passa de l'espionnage sioniste à la criminalité économique. En 1967 on assiste à une violente campagne antisioniste et, en particulier, sous son couvert le nombre d'étudiants juifs inscrits à l'Université de Moscou diminua de façon spectaculaire.

C'est dans les années 1980 que j'ai vu A.P. Youschkevitch véritablement désespéré par la situation faite aux juifs en Union Soviétique. Je me rappelle d'une discussion devant l'Hôtel de France du boulevard La Tour Maubourg à Paris, où après un dîner, en compagnie de sa femme et d'une amie, il me présentait un tableau tragique de la situation faite aux juifs dans son pays. A tel point, qu'il considérait que leur situation était meilleure sous Staline ! C'était l'époque où G. Margulis recevait en 1978 le prix Fields, mais n'avait pas encore pu passer son doctorat de mathématiques !

Dans le volume de 1967 des Uspehi, à l'occasion de son 60e anniversaire, l'hommage porte la cosignature de A.O. Gelfond, un des plus grands théoriciens des nombres du XXe siècle. Cette fois-ci on y fait allusion à l'année 1929 et à N. Luzin[29] : “ A cette époque, l'école de la théorie des fonctions de N.N. Luzin était florissante et le jeune étudiant, déjà intéressé par l'histoire des sciences, s'est orienté de façon naturelle vers les questions d'histoire des fondements de l'analyse mathématique ”.

En 1977, pour son 70e anniversaire, l'hommage porte la cosignature de A.N. Kolmogorov, un mathématicien universel, et l'hommage affirme, que A.P. Youschkevitch est “ un des plus grands historiens des mathématiques et le leader reconnu de l'école soviétique d'histoire des mathématiques ”[30]. C'était l'époque où au Congrès international d'histoire des sciences à Edinbourgh il me disait qu'il avait besoin de venir en Occident pour prendre une provision d'oxygène.

La recherche en Union Soviétique d'un régime plus adapté aux conditions d'une économie moderne et l'espoir suscité par I. Andropov chef d'état en 1983-1984 faisaient l'objet de nos discussions passionnées avenue de Breteuil à Paris où nous déambulions pendant des heures. Cette époque était aussi celle où l'on pouvait espérer l'établissement d'un régime plus proche de ses souhaits, et ses collègues russes écrivent à juste titre dans leur notice nécrologique : “ Dans ses idéaux et ses aspirations et par son éducation il était démocrate, qui gardait sa confiance dans un futur basé sur les principes de rationalisme et de justice sociale. Il se considérait lui-même comme un internationaliste. Cependant, il n'a jamais oublié qu'il était juif et il prenait à coeur tout événement concernant de quelque façon que ce soit la vie ou la culture du

29. I.G. Bachmakova, A.O. Gelfond, B.A. Rozefeld, K.A. Rybnikov, S.A. Yanovskaya, “ Adolf Pavlovitch Youschkevitch ”, *Russian Mathematical Surveys*, n° 1 (22) (1967), 159.

30. I.G. Bachmakova, A.T. Grigorian, A.N. Kolmogorov, A.I. Markuchevitch, F.A. Medvedev, B.A. Rozenfeld, “ Adolf Pavlovitch Youschkevitch ”, *Russian Mathematical Surveys*, n° 1 (32) (1977), 145.

peuple juif. Étant né et ayant passé sa vie en Russie, il était un patriote russe avec un attachement profond pour son histoire, et il a placé son oeuvre dans le contexte de la culture russe "[31].

Les dernières années de sa vie furent assombries par le départ de son fils et surtout de son petit-fils aux États-Unis. J'ai assisté à leurs tristes adieux à Paris. Les derniers événements de son pays, le chaos qui s'installait à la suite de la décomposition de l'Union Soviétique en 1991, sa santé déclinante et le grave accident qu'il avait eu avant sa mort ont certainement contribué à son refus de se soigner sérieusement. Il est mort le 17 juillet 1993.

Mais je suis persuadé qu'au fond de lui-même il ne devait pas désespérer complètement de ce grand pays que reste, et pour tous ceux qui l'aiment doit rester, la Russie, à qui il a donné avec ses travaux le meilleur de lui-même.

31. I.G. Bachmakova, S.S. Demidov, I.S. Ermolaeva, B.V. Gnedenko, N.M. Korobov, Y.V. Prohorov, A.D. Solovev, V.M. Tihomirov, " Adolf Pavlovitch Youschkevitch ", *Russian Mathematical Surveys*, n° 4 (49) (1994), 77.

Yushkevich et les mathématiques de l'Occident médiéval chrétien

Guy Beaujouan

Nos réflexions tournent autour du livre de Yushkevich[1]. Ce vaste panorama des mathématiques médiévales était sans équivalent par ailleurs, ouvrant les grandes aires culturelles de l'Extrême-Orient à l'Europe. Pour être aujourd'hui équitable avec cet ouvrage, il faut avoir à l'esprit ses dates (1961-1964) et ne pas prendre pour un travail de recherche ce qui voulait seulement être un excellent exposé d'ensemble.

A l'époque, il m'a été donné d'en faire, dans la *Revue d'histoire des sciences*[2], un compte rendu que, bien sûr, je ne vais pas répéter ici.

Frappante était pour le lecteur la révélation des travaux d'historiens des sciences soviétiques alors peu connus chez nous. Apparaissait surtout la prééminente utilité de la partie consacrée aux mathématiques arabes, sujet sur lequel Yushkevich a beaucoup publié, souvent en collaboration avec Boris Rozenfeld.

Ainsi, pour la deuxième édition de *l'Histoire générale des sciences*[3] qu'il dirigeait aux Presses Universitaires de France, René Taton avait demandé à Yushkevich de réécrire et compléter ce qui, dans la première édition concernait, assez laconiquement, les mathématiques arabes. Lorsque, un peu plus tard, fut envisagée la traduction en français du livre de Yushkevich, seules furent retenues *Les mathématiques arabes*[4].

Peut-être du fait de ma spécialité, les pages consacrées à l'Occident médiéval chrétien m'apparaissent, à moi aussi, comme moins porteuses d'apports

1. Pour la circonstance " Juschewitsch ", *Geschichte der Mathematik im Mittelalter,* Leipzig, 1964, version allemande très améliorée de l'édition russe publiée en 1961.

2. *Revue d'histoire des sciences*, 19 (1966), 396 sq.

3. Paris, 1966.

4. Paris, 1976.

peu connus. Mais, avant d'y revenir, que me soient permis quelques mots sur leur auteur.

Depuis 1959, je crois, j'ai relativement bien connu Yushkevich auquel me liait une certaine amitié, sous réserve du fait qu'il avait, tout de même, dix-neuf ans de plus que moi. Il m'apparaissait comme un homme très intelligent, très fin, assez prudent dans ses propos. Je m'honore de ne jamais avoir posé à mes quelques amis soviétiques des questions embarrassantes, ni cherché à leur extorquer des confidences qu'ils risquaient, ensuite, de regretter par crainte qu'elles fussent indiscrètement colportées. Je me souviens de la réaction de Yushkevich face à l'évocation d'un point sensible : " Vous savez, chez nous quand il fait de l'orage, on cherche à se mettre à l'abri et on attend que cela passe ". Fin 1967 ou début 1968, j'ai eu avec lui un accrochage qui mérite peut-être d'être rapporté ici. Au sein du XII Congrès international d'histoire des sciences qui, non sans des grandes difficultés pour ses organisateurs, se tint à Paris en août de la fameuse année 1968, j'ai monté un colloque " Fautes et contresens des traductions scientifiques médiévales ". Vu le grand nombre de textes mathématiques médiévaux alors traduits, en URSS, de l'arabe au russe, il nous avait semblé intéressant de faire un rapprochement entre les difficultés rencontrées par les traducteurs soviétiques modernes et celles plus ou moins bien surmontées par les traducteurs tolédans du XIIe siècle. J'avais donc obtenu de Boris Rozenfeld un rapport dans ce sens. Dans la liste des traductions soviétiques d'oeuvres mathématiques médiévales, s'y trouvait, à côté des grands responsables, l'indication des collaborateurs plus modestes les ayant aidés, certains portant des noms musulmans comme, par exemple, Ahmedov.

Yushkevich étant passé par Paris quelques mois avant ce congrès de 1968, je crus utile de lui soumettre les épreuves pour vérifier la graphie des noms propres. La publicité faite à tous ces collaborateurs arabisants de second ordre suscita chez lui une vive irritation : armé d'un gros crayon gras de couleur rouge, il biffa toutes les indications jugées par lui indésirables. Le massacre était tel que nous dûmes recomposer l'article. Pour éviter d'ajouter à nos ennuis un incident supplémentaire, j'avais, sans discuter, acquiescé à l'exigence de Yushkevich, mais j'avoue que je n'ai jamais réellement compris sa motivation en cette circonstance. Par la suite, il me traita particulièrement bien, lors du congrès international d'histoire des sciences de Moscou en 1971.

Même si, en tant que Juif, il connut certaines difficultés, Yushkevich était animé d'un ardent patriotisme russe. Il s'impatientait de ce que si peu d'historiens des sciences sachent le russe et lisent des travaux écrits dans cette langue. Il s'indignait particulièrement de ce que, en Occident et même en France, certaines recherches fussent reprises à zéro sans tenir aucun compte de publications soviétiques antérieures sur le même sujet.

Je reviens à l'ouvrage de Yushkevich sur les mathématiques au Moyen Age. Les quelque cent pages consacrées à l'Occident chrétien comportent essentiellement deux parties assez différentes : l'une thématique portant surtout sur la pratique de l'arithmétique ; l'autre, articulée autour des grandes oeuvres des principaux mathématiciens de l'Occident médiéval.

Dans la première partie, surtout donc consacrée à la pratique de l'arithmétique, Yushkevich a fait un particulier effort pour bien présenter, en rapport avec l'usage de l'abaque, les premières apparitions des chiffres arabes en Occident. Il a, bien sûr noté les curieuses dénominations alors attribuées à ces chiffres : *igin* (1), *andras* (2), *ormis* (3), *arbas* (4), *quimas* (5), *caltis* (6), *zenis* (7), *temenias* (8), *celentis* (9). Yushkevich se contente de noter que, sur l'origine de ces mots, ont été avancées diverses hypothèses contestables. Il est curieux que, dans un ouvrage si important pour l'histoire des mathématiques arabes, n'ait pas été signalée l'évidente similitude des *arbas* avec l'arabe arbaca pour le 4, et de *temenias* avec l'arabe ṭamāniya pour le 8. Yushkevich ne s'est donc pas rallié à la position de Ruska et Millás Vallicrosa sur l'origine sémitique des dénominations attribuées par les premiers abacistes aux chiffres de 4 à 9 : *cf.* les pages 82 à 92 de J. Ruska, *Zur ältesten arabischen Algebra und Rechenkunst*[5], publication que, par ailleurs, Yushkevich inclut dans sa bibliographie sous le n° 97.

Je reviendrai, en fin de communication, sur la toute particulière attention qu'a portée Yushkevich à la plus ancienne version latine du traité d'al-Khwārizmī sur le calcul indien.

La seconde partie du texte consacré à l'occident chrétien est articulée autour de scrupuleuses analyses des grandes oeuvres mathématiques du Moyen Age, celles notamment de Fibonacci, Jordanus Nemorarius, Bradwardine, Oresme, Regiomontanus, Chuquet, etc. Yushkevich est très intelligemment fidèle à ses sources, sans artificiellement chercher à paraître brillant : c'est d'ailleurs pour cela qu'il l'est.

Sans tomber dans les pièges de la problématique des précurseurs, il se plaît à noter les coïncidences ou ressemblances que l'on peut retrouver dans l'histoire ultérieure des mathématiques. Je n'ai pas vérifié si, comme réciproquement, dans ses recherches sur les mathématiques de l'époque moderne, il lui arrive d'évoquer de telles parentés avec le Moyen Age.

Souvent l'orientation des analyses de Yushkevich s'est trouvée confirmée par des éditions critiques parues après 1964. C'est le cas pour l'algèbre de Jordanus de Nemore, *De numeris datis*. Lorsque, presque deux décennies plus tard, le Père franciscain Barnabas Hughes publie l'édition critique de ce texte[6], il y rend un particulier hommage à l'histoire des mathématiques médiévales de Yushkevich : " This is perhaps the best work in print on the history of medieval mathematics in China, India, Arabic lands and western Europe. It deserves special attention "[7].

5. Heidelberg, 1917.
6. University of California Press, 1981.
7. *Idem*, 200.

Le cas le plus intéressant est celui du *De configurationibus qualitatum et motuum* de Nicole Oresme qui, avant les mises au point d'Anneliese Maier, était habituellement tiré dans le sens d'une préfiguration de la géométrie analytique de Descartes. L'excellente analyse de Yushkevich rend fidèlement compte du contenu mathématique, en le replaçant bien par rapport à l'ensemble du traité. Cette réussite devait sans doute beaucoup aux conseils et aux recherches du grand historien des sciences V.P. Zoubov mort en 1963 (lequel avait, en 1958, consacré au *De configurationibus* une importante publication en russe que bien peu d'entre nous avions pu véritablement lire). L'analyse de Yushkevich apparaissait alors d'autant plus utile et judicieuse qu'allait sortir seulement en 1968 l'édition du *De configurationibus* due à M. Clagett.

Pour mon compte rendu dans la *Revue d'histoire des sciences*, j'avoue avoir écrit : " Malgré quelques références assez académiques à Marx, à Lénine et à Engels, les contextes historiques et les grandes lignes de force sont dessinés d'une main un peu hésitante ". Cette malice ne m'avait pas posé un grand cas de conscience, car j'étais convaincu que René Taton allait la censurer : ce ne fut pas le cas.

Je m'interroge aujourd'hui sur le bon goût de cette facétie jouant à blâmer l'auteur de ne pas avoir fait assez en matière de marxisme.

En relisant maintenant les passages incriminés, je les trouve finalement, pour l'essentiel, conformes à ce que l'on pouvait attendre d'un mathématicien cultivé évoquant des contextes historiques médiévaux. Il n'y a cependant pas là une forte volonté de lier mathématiques et mentalités, telle qu'on la trouve, par exemple, dans le beau livre d'Alexander Murray, *Reason and Society in the Middle Ages*[8].

Pour ce qui est de l'adhésion au marxisme, les gages donnés par Yushkevich dans l'introduction de son livre semblent bien avoir surtout servi à obtenir les moyens de publier. Mais, ailleurs, Yushkevich se révèle comme souscrivant sincèrement à l'approche marxiste de l'Histoire, par exemple l'éclairage de la Renaissance par la lutte des classes, selon Engels.

Mariam A. Rozhanskaya fait, à ce sujet, une intéressante remarque. Yushkevich était resté fidèle au courant de pensée menchevik dont son père avait été un brillant représentant. Même si elle devait être écrasée par les Bolcheviks plus radicaux, cette tradition menchévique était, elle aussi, adepte du marxisme.

A la lumière des travaux parus au cours de ces trente dernières années, on pourrait réfléchir sur les sujets relativement peu traités dans l'ouvrage de Yushkevich : liens avec la musique, tradition médiévale d'Euclide et d'Archimède, implication des mathématiques dans l'optique et l'astronomie, spécula-

8. Oxford, 1978.

tions sur l'infini, traités italiens antérieurs à Luca Pacioli, etc. Mais tout ceci nous entraînerait trop loin.

Pour ne pas me limiter à la *Geschichte der Mathematik im Mittelalter*, j'avais pensé présenter quelques observations sur l'article de Yushkevich, " Über ein Werk des Abū 'Abdallah Muḥammad ibn Mūsā al-Khwārizmī al-Mağusī zur Arithmetik der Inder ", dans *Beiheft zur Schriftenreihe Geschichte der Naturwissenschaften, Technik und Medizin, zum 60. Geburtstag von G. Harig*[9].

Malgré le titre, il s'agit bien d'un travail concernant l'Occident chrétien, puisqu'il porte sur la version latine incomplète considérée comme la plus proche du texte arabe perdu de ce traité d'al-Khwārizmī sur le calcul indien.

J'avais donc envisagé une relecture de cette étude de Yushkevich, en mettant à profit les travaux et l'aide d'André Allard, grand spécialiste des plus anciens algorismes. Celui-ci m'a, du reste, adressé à ce sujet une note dont j'ai fait circuler des photocopies lors de notre réunion et dont je m'inspire présentement.

En fin de compte, je renonce à disséquer ce travail de Yushkevich sur l'arithmétique d'al-Khwārizmī : ceci principalement pour deux raisons.

La première est que, l'année précédente, avait paru, sur le même sujet et le même manuscrit, l'opuscule de Kurt Vogel, *Mohammad ibn Musa Alchwarizmi's Algorismus. Das früheste Lehrbuch zum Rechnen mit indischen Ziffern. Nach der einzigen (lateinischen) Handschrift (Cambridge Un. Lib. ms. li 6. 5) in Faksimile mit Transkription und Kommentar herausgegeben*[10].

Ce genre de simultanéité est toujours désagréable. Il faut se souvenir de ce qu'était, à l'époque, l'absence de coordination culturelle entre les deux Allemagnes.

André Allard souligne que dix ans plus tôt, en 1954, Yushkevich avait déjà manifesté son intérêt pour le " calcul indien " d'al-Khwārizmī, par une publication en russe dans les " Travaux de l'Institut d'histoire des sciences et des techniques " de Moscou. " En quelque 42 pages, il s'agissait d'une longue analyse descriptive des textes bien connus publiés successivement par B. Boncompagni en 1857, M. Curtze en 1889 et A. Nagl en 1898.

André Allard poursuit : " Lors de la célébration en 1983, en Ouzbekistan, du 1200e anniversaire supposé de la naissance d'al-Khwārizmī, Yushkevich et moi-même [Allard], à sa demande, avons repris ensemble une analyse des algorismes latins, dans un volume commémoratif édité en russe par l'Institut d'histoire des sciences de Moscou ".

Pour ce qui est de la similitude et de la simultanéité entre les travaux de Vogel[11] et de Yushkevich[12] sur le *De numero Indorum* du manuscrit de Cam-

9. Leipzig, 1964, 21-63.
10. Aalen 1963.
11. *Ibidem*.
12. Leipzig, 1964.

bridge, on peut espérer un éclairage nouveau, puisqu'est annoncée la publication de la correspondance entre Vogel et Yushkevich. A la veille de notre symposium, j'ai reçu le tout récent et très important livre du professeur Menso Folkerts, *Die älteste lateinische Schrift über das indische Rechene nach al-Khwārizmī*, avec la collaboration de Paul Kunitzsch[13].

En 1963 et 1964, les études de Vogel et Yushkevich n'avaient pu couvrir la plus ancienne version latine de l'arithmétique d'al-Khwārizmī que d'après le manuscrit unique et incomplet conservé à Cambridge. En revanche, M. Folkerts a découvert, à New York, un second manuscrit qui, lui, est complet[14]. La précieuse collaboration de P. Kunitzsch a aidé à mieux deviner l'original arabe perdu, au travers de l'ancienne traduction latine.

Ainsi l'édition de M. Folkerts, sa traduction et ses commentaires périment donc l'article précité de Yushkevich : en pousser plus loin l'analyse conduirait surtout à souligner les mérites de M. Folkerts, ce qui serait très bien, mais hors de notre propos.

Un dernier mot sur l'influence exercée par la *Geschichte der Mathematik im Mittelalter.*

Il faut naturellement mettre à part la partie consacrée aux mathématiques arabes, synthèse alors sans équivalent, dont l'audience s'est trouvée renouvelée par la publication de sa traduction en français. Pour ce qui est de l'Occident chrétien, le succès est moins évident. L'impact eût, bien sûr, été plus grand si l'ouvrage avait été traduit en anglais plutôt qu'en allemand. J'ai dit plus haut que les pages consacrées à l'Occident faisaient une grande place à des minutieuses analyses des grands textes mathématiques du Moyen Age. Mais aujourd'hui, lorsque de jeunes chercheurs ont besoin de telles analyses, ils ont tendance à plutôt les prendre dans les notices correspondantes du *Dictionary of scientific biography* dirigé par Ch. Gillispie.

13. *Bayer. Akad. d. Wiss. Phil.-Hist. Kl. Abhandl. N. F., Heft 113*, München, 1997.
14. Hispanic Society of America HC 397/726.

Les travaux de A.P. Youschkevitch sur l'histoire des mathématiques en Chine

Karine Chemla

Le contexte et le cadre

Les circonstances politiques de l'Union soviétique des années 1950 jouèrent un rôle non négligeable pour amener A.P. Youschkevitch, à la différence de la plupart de ses collègues hier comme aujourd'hui, à se pencher sur l'histoire des mathématiques élaborées non pas seulement en Grèce ou en Europe, mais également en Chine, dans le monde arabophone ou en Inde. Du fait de l'amélioration, à l'époque, des relations entre l'Union soviétique et la Chine, comme il l'expliqua dans une interview qu'il m'accorda en juillet 1988, le conseil scientifique de son institut décida de publier un recueil consacré à l'histoire des sciences et des techniques en Chine. " A nouveau, en tant que *Mädchen für alles,* on m'a demandé de rédiger un rapport sur les mathématiques chinoises. La situation était pour moi un peu difficile : je ne disposais que du livre de Mikami[1] et d'un article de Needham et Wang Ling[2]. Mais à ce moment, il y avait des étudiants chinois à l'Université de Moscou, et un historien des mathématiques chinois, Li Yan, était chez nous. Il m'a fait présent de son livre sur l'histoire des mathématiques. En feuilletant ce livre, et en m'aidant des formules et des dessins, j'ai pu demander à l'un des étudiants de me traduire les pages correspondantes... "[3].

C'est ainsi que s'ébaucha ce qui devait devenir la première partie de l'ouvrage que nous connaissons le plus souvent, faute de pouvoir lire le russe,

1. Mikami Yoshio, *The Development of Mathematics in China and Japan, in Abhandlungen zur Geschichte der Mathematischen Wissenschaften mit Einschluss ihrer Anwendungen begründet von Moritz Cantor,* 1913, seconde édition : New York, 1974.

2. Wang Ling, J. Needham, " Horner's method in Chinese mathematics : its origins in the root-extraction procedures of the Han dynasty ", *Toung Pao*, 43 (1955), 345-401.

3. Une première partie de cette interview a été publiée : " Adolf Andrei Pavlovitch Youschkevitch ", *NTM Schriftenr. Gesch. Naturwiss., Technik, Med., 28* (1991), 1-11. Les seconde et troisième parties le seront ultérieurement.

sous le titre de *Geschichte der Mathematik im Mittelalter*[4]. De circonstanciel à l'origine, l'intérêt de Youschkevitch devait cependant rapidement se muer en passion, et il resta jusqu'à ses derniers jours à l'affût de tout nouveau résultat en la matière. Peu enclin à la vanité, il commentait avec détachement la liste révélatrice de traductions dont son ouvrage fut l'objet (roumain, allemand, polonais, tchèque, japonais, partiellement en français, hongrois — le projet d'une traduction anglaise n'aboutit jamais) : " Je n'attribue pas ce succès au fait que le livre aurait des qualités extraordinaires, mais plutôt à l'intérêt toujours croissant pour la culture du Moyen Age et au développement rapide des divers pays de l'Est après la dislocation des Empires coloniaux ".

Le traitement par Youschkevitch de l'histoire des mathématiques en Chine témoigne d'une sensibilité marxiste qui évoque par plus d'un biais l'approche de Joseph Needham à l'histoire des sciences. Tous deux partagent une hypothèse fondamentale : la science moderne, par essence internationale, mêle des contributions élaborées, à diverses époques, partout sur la planète, et, partant, l'histoire des sciences se doit d'être mondiale. Les conséquences de cette position se manifestent de la même manière dans leurs travaux traitant de l'histoire des mathématiques au Moyen Age, Youschkevitch prend en considération toutes les traditions importantes ; et même si son ouvrage les aborde dans quatre parties distinctes, il confronte systématiquement, chemin faisant, les approches qu'elles développèrent des mêmes sujets. Ces comparaisons lui permettent de décrire les concepts plus précisément, et non pas comme les simples répliques de leurs avatars modernes. Mais elles l'amènent aussi à formuler, tout comme J. Needham, nombre d'hypothèses sur la circulation des connaissances, cruciales pour une approche internationale.

Désireux tous deux d'élucider le processus de constitution de la science moderne, ils n'en restent pas moins également conscients de ce que les connaissances scientifiques élaborées en un endroit donné du globe peuvent présenter des spécificités. Et, sur ce point, ils partagent à nouveau la conviction que celles-ci doivent être comprises à la lumière de facteurs socio-politiques. Ainsi, dans le cas de la Chine, Youschkevitch insiste, à juste titre me paraît-il, sur l'impact que l'existence de la bureaucratie d'état eut, de par les tâches qu'elle eut à assumer (lever l'impôt, organiser les travaux publics, construire des systèmes hydrauliques), sur la manière dont les mathématiques se développèrent.

L'accord entre les deux historiens cesse cependant dès lors que l'on considère la représentation générale du cours global de l'histoire des sciences qui informe leurs recherches. A première vue, *Geschichte der Mathematik im Mittelalter,* son auteur le concède, paraît ne pas constituer un titre adéquat pour l'ouvrage qui retient ici notre attention. En effet, A.P. Youschkevitch n'éprouve pas le besoin de revenir sur les mathématiques de la Grèce ancienne, objet —

4. Traduction d'une version remise à jour de l'édition parue en 1961 en URSS, B.G. Teubner.

signale-t-il à ses lecteurs — respectivement des ouvrages de Kolman et de Wussing, en russe et en allemand. Mais il ne peut se limiter à considérer l'Inde et la Chine pour la seule période du " Moyen Age ", et traite ainsi, par exemple, l'histoire des mathématiques en Chine sur une période qui va des temps des premiers documents, après l'unification de l'Empire, jusqu'au XIVe siècle. Ce fait cependant, loin d'être contingent, entre en résonance avec une conception sous-jacente, qui se manifeste tout au long de l'ouvrage : la Grèce antique est prise comme unique point de référence, tant conceptuellement qu'historiquement. C'est aux développements de l'Antiquité grecque que l'ensemble des autres traditions se trouvent régulièrement confrontées. Plus encore, c'est à la suite de l'épisode grec qu'est censée s'être produite la diversification significative des traditions médiévales. En d'autres termes, l'Antiquité est en un sens essentiellement synonyme de Grèce, tandis que la diversité caractériserait le Moyen Age. En ce sens, le titre de l'ouvrage révèle bien une des représentations fondamentales de son auteur et annonce un plaidoyer en faveur d'une conception déterminée de la périodisation. Cette opposition renvoie de fait au projet auquel répond la rédaction de l'ouvrage : en finir avec une conception des mathématiques pour laquelle Antiquité et Moyen Age se fondraient indistinctement en une seule et même période. Le point semble aujourd'hui acquis. Mais on peut toutefois se demander si le cadre *a priori* à l'intérieur duquel Youschkevitch déploie son argumentation n'a pas entravé le développement d'une histoire des mathématiques plus résolument internationale, qui aurait secoué les périodisations de manière plus radicale.

Telles furent les circonstances et les hypothèses de base dans le contexte desquels il attaqua l'histoire des mathématiques en Chine. Aux premières publications disponibles dans les années cinquante, vinrent bientôt s'ajouter le volume 3 de *Science and Civilisation in China,* où Needham et Wang Ling traitaient des mathématiques, de nouveaux travaux chinois comme ceux de Xu Chunfang, et les premières recherches soviétiques sur le sujet, tout particulièrement par Elvira Biérëzkina. Les traductions de cette dernière donnèrent à A.P. Youschkevitch accès à quelques sources originales, comme *Les neuf chapitres sur les procédures mathématiques* et le *Classique mathématique de Sunzi.* Il gardait cependant une conscience aiguë des limites que lui imposait sa documentation. La lacune qui nous paraît aujourd'hui la plus préjudiciable concerne les commentaires aux *Neuf chapitres sur les procédures mathématiques* rédigés par Liu Hui (IIIe siècle) et par l'équipe dirigée par Li Chunfeng (VIIe siècle) : la littérature secondaire commençait alors à peine, dans les années soixante, à analyser les démonstrations que recèlent ces écrits. Cet aspect théorique de l'activité mathématique en Chine ancienne reste absent de l'aperçu que procure *Geschichte der Mathematik im Mittelalter,* et je peux témoigner du vif intérêt avec lequel A.P. Youschkevitch prit connaissance de ces nouveaux développements des recherches. Par ailleurs, contraint comme il l'était à travailler de seconde main, il hérita de certaines insuffisances des travaux sur lesquels il s'appuyait, par exemple dans le traitement de la question du plus petit commun multiple ou de la règle de fausse double position, deux questions maltraitées dans les traductions et les articles de l'époque.

LE CHAPITRE SUR LA CHINE DE *GESCHICHTE DER MATHEMATIK IM MITTELALTER*

D'entrée de jeu, A.P. Youschkevitch propose une périodisation en trois parties dans le cadre de laquelle il développera ensuite sa présentation de ce chapitre de l'histoire des mathématiques. De la première période, antérieure à la rédaction de l'ouvrage qui devait devenir *le* classique des mathématiques en Chine, *Les neuf chapitres sur les procédures mathématiques,* aucun document, à l'époque où il écrit, ne nous était parvenu.

L'archéologie a depuis 1984 comblé cette lacune. A.P. Youschkevitch souligne la relation étroite que les mathématiques entretenaient alors avec l'astronomie, une science très tôt fortement marquée par son impact sur le politique. La seconde période qu'il distingue s'étend des dynasties Han à Tang, et voit la rédaction des ouvrages qui devaient être réunis, au VIIe siècle, en *Dix livres de mathématiques.*

Youschkevitch relève l'importance de facteurs comme l'émergence de l'imprimerie, l'organisation de l'éducation des mathématiques et l'institution des examens, tout en restant attentif aux conditions historiques générales qui déterminent celles des aires géographiques, alors en contact étroit avec la Chine. La troisième période, la dynastie Song, s'achève sur la fin de l'âge d'or des mathématiques en Chine. A.P. Youschkevitch avance l'hypothèse de facteurs politiques et économiques pour rendre compte de la régression qui s'ensuit.

Une fois ce cadre chronologique posé, son traitement adopte une organisation fidèle à la manière dont les mathématiques se déployèrent en Chine. Il considère successivement les principaux sujets abordés dans *Les neuf chapitres sur les procédures mathématiques* et observe les développements dont ils furent ensuite l'objet : problèmes linéaires, règles de fausse double position, systèmes d'équations linéaires, extractions de racines carrée et cubique, équations quadratiques, géométrie du triangle rectangle, volumes. Il peut ainsi mettre en lumière la manière dont cet ouvrage classique façonna la recherche mathématique en Chine. A.P. Youschkevitch se tourne enfin vers les sujets qui ne se trouvaient pas explicitement thématisés dans *Les neuf chapitres sur les procédures mathématiques* et qui donnèrent cependant également lieu à d'actives recherches, comme les problèmes de congruence linéaire en théorie des nombres, ou les questions de série et d'interpolation — deux thèmes élaborés en relation avec des problèmes d'astronomie.

Le traitement de chaque point se conclut par un paragraphe où, prenant du recul, il envisage la manière dont des problèmes similaires furent abordés dans d'autres aires géographiques. Le contraste lui permet régulièrement de mettre en évidence des distinctions conceptuelles, je renverrai ici pour exemple aux pages remarquables qu'il consacre aux nombres négatifs ainsi qu'aux fractions décimales. Mais l'opposition entre diverses traditions lui permet également de dégager des différences dans les manières de développer un même sujet. C'est ainsi qu'il remarque, par comparaison, le caractère singulier du traitement des volumes dans *Les neuf chapitres sur les procédures mathématiques,* pour ce qui est de la richesse et de la variété des formes considérées, un fait qui appelle dès lors une explication. Enfin, pareilles confrontations mettent en évidence des similarités dont il rend compte en proposant des hypothèses quant à la transmission de connaissances mathématiques. Les recherches ultérieures sont venues en confirmer certaines, telles celles relatives à la règle de fausse double position — à la question des sources indiennes près. D'autres parmi ses hypothèses soulevaient un problème réel, mais la découverte de nouvelles sources appelle à en modifier la formulation. Ainsi, la similarité entre les modes de résolution d'équations algébriques d'al-Kashi et de Viète, aussi cruciale qu'elle reste, ne peut plus s'interpréter en les mêmes termes depuis la découverte du texte intitulé *Des équations,* achevé par Sharaf al-Din al-Tusi à la fin du XIIe siècle[5].

Malgré les limites imposées à son information, et tout particulièrement en dépit de son manque d'accès direct aux sources, les intuitions de A.P. Youschkevitch en matière d'histoire des mathématiques en Chine sont d'une rare justesse. Il insiste par exemple à plusieurs reprises sur l'intérêt des mathématiciens chinois pour le fait d'élaborer un unique algorithme, à même de résoudre des classes entières de problèmes. Il saisit là, me semble-t-il, une caractéristique cruciale de cette tradition mathématique, ainsi que diverses de ses manifestations, alors même que les spécialistes n'avaient pas encore souligné ce trait à l'époque. Ce n'est que plus tard, sous l'influence du développement de la théorie des algorithmes et de l'informatique, que les historiens se mirent à relire les sources anciennes de ce nouveau point de vue, et sa thèse s'avéra sans doute plus juste encore qu'il ne le pensait. Pourtant, quoiqu'il comprenne le terme même d'algorithme de manière probablement encore classique, lui-même avait déjà senti que cette tendance était à l'oeuvre dans de nombreux chapitres des mathématiques en Chine.

Le caractère étonnant de son intuition se manifeste également dans les reconstructions qu'il propose de la manière dont les algorithmes contenus dans *Les neuf chapitres sur les procédures mathématiques* ont pu être obtenus : plus d'une fois, ses suggestions rencontrent celles du commentateur de la tradition chinoise, Liu Hui, dont il ne pouvait lire les gloses. Parfois cependant, leurs

5. R. Rashed, " Résolution des équations numériques et algèbre : Saraf-al-Din al Tusi, Viète ", *Archive for History of Exact Sciences*, 12, n° 3 (1974), 244-290, repris dans *Entre arithmétique et algèbre*, Paris, 1984, 147-193.

reconstitutions diffèrent, et Liu Hui paraît alors plus crédible — c'est le cas pour ce qui est du volume de la sphère.

A.P. Youschkevitch se montre sensible, nous l'avons vu, à la spécificité des concepts utilisés ou des valeurs promues dans les sources chinoises, sans toujours chercher à en rendre compte. En particulier, son intérêt affiché dès l'introduction pour les rapports entre mathématiques et philosophie ne fait l'objet d'aucun développement dans la section consacrée à la Chine. Pourtant, avec son traitement de l'histoire des mathématiques en Chine A.P. Youschkevitch se propose d'en finir avec des préjugés selon lui trop répandus et qu'il résume avec une concision impitoyable. Contre ceux qui tiennent les mathématiques développées en Chine pour une collection de recettes, obtenues empiriquement, sans déduction, par des individus incapables de s'élever au-dessus des exemples, il tient une double thèse : certes, en Chine comme partout ailleurs, les mathématiques ont en partie eu des applications pratiques immédiates, mais dès que les érudits ont dû aller au-delà de mesures faciles ou de calculs portant sur de petits nombres, ils commencèrent à développer les mathématiques pour elles-mêmes, abstraitement et en toute généralité. Des résultats comme la résolution des systèmes d'équations linéaires ou la recherche de racine d'équations du 10ème degré, souligne-t-il, ne pouvaient présenter à cette époque d'intérêt que pour eux-mêmes. Aussi fermement qu'il tienne cette position, on peut parfois regretter que A.P. Youschkevitch n'ait pas été en mesure de se pencher sur les motivations spéculatives qui animaient les mathématiciens chinois. Une représentation se construit en conséquence au fil de son texte, opposant une Grèce, où les mathématiques étaient tournées vers la théorie, à un Orient principalement intéressé à des questions numériques et où prédominent l'arithmétique, l'algèbre et leurs applications à la géométrie et à l'astronomie. Un Orient qui, malgré sa diversité de fait dans le temps et dans l'espace, apparaît parfois sous sa plume comme une entité quasi-homogène, même d'un point de vue socio-politique.

CONCLUSION

Ne serait-ce que depuis la rédaction par A.P. Youschkevitch de sa *Geschichte der Mathematik im Mittelalter,* les lecteurs disposaient d'un panorama intelligent et vivant de l'histoire des mathématiques en Chine, auquel il m'est impossible de rendre véritablement hommage en l'espace de quelques pages. Comment donc expliquer que cette information soit en général si peu prise en compte, tant dans l'enseignement que dans la recherche, et que les préjugés soient toujours aussi tenaces ? Je crains que la clé ne soit à chercher du côté d'enjeux politiques, qui agitent de fait l'histoire des sciences bien plus que nous ne serions prêts à l'admettre et auxquels nous devrions envisager de consacrer une partie plus conséquente de nos efforts.

Dans son optimisme, celui des années soixante, A.P. Youschkevitch restait fermement convaincu de ce que son travail ne constituait qu'un point de départ. La page de garde de l'exemplaire de *Geschichte der Mathematik im Mittelalter* dont il me fit présent comporte la mention : " Hier gibt es viele Fehler und Lücken die *nur* in meinem eigenen Exemplar korrigiert (bzw. ergänzt) sind. A.J. 21.XII.1989 ". Des tâches ou des questions qu'il formula à l'intention des historiens futurs, certaines de simple histoire des mathématiques, d'autres plus générales, d'autres encore relatives à la transmission de connaissances, nombreuses sont celles qui attendent toujours d'être résolues, et je conclurai en en rappelant certaines :

- Etudier le *Jiuzhang suanshu bilei daquan* de Wu Jing, dans lequel l'auteur considère plusieurs racines d'une équation algébrique (p. 70)

- Pourquoi la géométrie ne reçut-elle pas une place à part dans l'édifice mathématique à Babylone, en Chine, à la différence de ce qui se produisit en Grèce ? (p. 6)

- Quand les coefficients négatifs d'une équation ont-ils acquis la signification de nombres négatifs ? (p. 37)

- Quelle relation historique y a-t-il entre l'instauration de systèmes décimaux de mesure et la pratique sur la table à calculer ? Lesquels, des noms des unités de mesure ou des noms de colonnes de l'instrument de calcul, sont-ils premiers ? (p. 22)

- Les développements sur les séries en Chine se sont-ils faits indépendamment des autres traditions mathématiques ? (p. 83)

- Pourquoi l'algèbre connut-elle un essor en Chine au XIIIe siècle alors que les conditions politiques étaient plutôt défavorables ? (p. 66)

- Comment expliquer la régression qui affecte les mathématiques en Chine après le XIVe siècle ?

On rencontre des formes d'interpolation quadratique en Chine, en Inde et dans le monde arabe. Quels liens historiques peut-on établir entre elles ? (p. 86)

Youschkevitch appelait plus généralement à travailler sur les relations scientifiques entre ces trois parties du monde (p. 87), convaincu de ce que les résultats mathématiques chinois avaient pour beaucoup rejoint le courant des mathématiques numériques de l'Orient médiéval (p. 88).

A.P. YOUSCHKEVITCH ET L'HISTOIRE DES MATHÉMATIQUES EN RUSSIE

Serguei S. DEMIDOV

INTRODUCTION

Parmi les questions que suscite l'écriture de l'histoire la plus actuelle est la suivante : comment pouvons-nous écrire l'histoire des mathématiques d'un pays puisque les mathématiques constituent un phénomène international ? Une histoire nationale est-elle artificielle ? Nous ne le pensons pas. L'étude de l'essor mathématique dans n'importe quel pays est un problème important d'abord pour la compréhension de la culture même du pays et ensuite (ce qui est l'essentiel !) pour la compréhension du processus du développement des mathématiques, envisagé dans les conditions concrètes de n'importe quelle société nationale. Par conséquent l'idée scientifique par le fait même de naître du contexte socio-culturel porte les traits où elle a vu le jour. Autant il y aura de différences dans les cultures nationales autant il y aura des différences relatives dans le caractère des recherches mathématiques entreprises au sein des diverses cultures. Aujourd'hui, à cause du caractère international de la discipline, nous ne pouvons certainement pas distinguer nettement les différentes écoles. Les articles mathématiques qui paraissent dans des revues américaines, françaises ou russes ne portent aucun " trait national " particulier et il faut les envisager indépendamment de leur contexte national originel. Néanmoins, ce contexte devient très important si nous nous intéressons à l'histoire même de la naissance du texte scientifique et si nous voulons comprendre n'importe quelle idée dans son cadre historique. De plus, non seulement le résultat est très important en ce moment pour nous, mais aussi la voie par laquelle il a été obtenu. Dans ce cas, le contexte socio-culturel devient essentiel car c'est dans ce cadre que les idées naissent. En outre, nous devons prendre en considération le caractère personnel et l'aspect psychologique de ce processus. C'est sur ce point que l'histoire se heurte aux problèmes liés à l'histoire sociale des sciences et ceux de la psychologie de la créativité scientifique.

Cependant en étudiant l'histoire des mathématiques dans un pays il faut toujours penser que les recherches mathématiques qui se sont effectuées à la même époque (ou plutôt avant) font partie organique de la pensée mathématique mondiale qui détermine ses courants locaux sous des aspects divers.

Cette dialectique des rapports entre deux processus — global-général et local-partiel — c'est-à-dire développement de la pensée mathématique mondiale et développement des mathématiques locales limitées à un pays, à un centre scientifique, voire (ce qui constitue une situation extrême) à la personne d'un mathématicien se retrouve dans les travaux de Youschkevitch sur l'histoire des mathématiques en Russie.

Lorsque nous étudions les diverses manifestations du processus de l'essor mathématique dans la culture sociale et scientifique russes, nous les considérons toujours comme la manifestation particulière d'un processus mondial de l'évolution des connaissances mathématiques.

LES PREMIERS TRAVAUX DE A.P. YOUSHKEVITCH SUR L'HISTOIRE DES MATHÉMATIQUES EN RUSSIE

Les circonstances extérieures de la vie ont considérablement favorisé la formation de Youschkevitch comme historien des mathématiques. Tout d'abord il naquit et fut élevé dans la famille d'un philosophe connu, qui s'intéressait vivement à l'histoire des sciences. Ainsi son père P. Youschkevitch a notamment traduit en russe les livres de Zeuthen sur l'histoire des mathématiques dans l'Antiquité et au Moyen Age, en Europe à l'époque de la Renaissance ainsi qu'au début du XVIIe siècle. Il envisageait les problèmes d'histoire des sciences comme les plus importants des sciences contemporaines. A l'issue de ses études secondaires Adolf Pavlovitch commença à étudier les mathématiques à la faculté de physique-mathématique de l'Université de Moscou. C'était alors le début de " l'époque dorée " des mathématiques moscovites : Egorov travaillait encore (A.P. Youschkevitch a suivi ses cours et l'a eu comme examinateur), l'activité brillante de Luzin à l'Université n'avait pas encore été interrompue par " l'affaire Luzin " et entre eux s'établirent de bonnes relations dont Youschkevitch conserve dans la suite les meilleurs souvenirs. De plus, à cette époque, à l'Université de Moscou rayonnaient les talents du grand A. Kolmogorov et de son ami Alexandrov (Adolf Pavlovitch eut avec eux des relations proches jusqu'à la fin de sa vie), de A. Khnitchin, de A.O. Gelfond (qui fut son ami proche), de L. Pontryagin, de M.A. Lavrentiev, de V.V. Stepanov. Youschkevitch d'ailleurs contribua au livre de ce dernier *Equations différentielles ordinaires*, en présentant la partie historique.

Nous devons encore noter qu'à cette époque, à l'Université de Moscou régnait un climat favorable aux recherches sur l'histoire des mathématiques. Deux amis de Youschkevitch plus âgés que lui — les grands historiens des mathématiques M.Ya. Vigodskii (1898-1965) et S.A. Yanovskaya (1896-1966) —

y entamaient leurs carrières. Ces deux scientifiques apprécièrent très tôt son talent et par leur comportement amical et par leur protection même (fait très important à cette époque dangereuse) l'aidèrent dans ses premiers pas. C'est avec eux qu'il marqua les débuts de l'école soviétique de l'histoire des mathématiques.

Un dernier facteur que nous devons mentionner concerne la manière dont les idéologues de la nouvelle société présentent les problèmes de l'histoire des sciences. Comme Lénine l'écrivait : “ La continuation de l'œuvre de Hegel et de Marx doit se placer dans l'étude dialectique de la pensée humaine, des sciences et des techniques ”.

A côté des circonstances extérieures de sa vie qui favorisèrent son devenir d'historien des mathématiques et de chef de l'école scientifique, nous devons prendre en considération les qualités personnelles qu'il mit en œuvre pour ce travail.

Tout d'abord il y a lieu de souligner sa grande culture générale dans le domaine de l'histoire générale et de l'histoire de la culture ainsi que sa vaste éducation scientifique et sa connaissance des langues étrangères.

Viennent ensuite les qualités nécessaires au chef et à l'organisateur de l'activité scientifique : principalement la confiance en soi et le jugement juste, le talent de diplomate et l'aisance dans les contacts sociaux. En témoigne l'histoire de ses relations avec G.F. Rybkin, fonctionnaire du parti qui avait une formation de mathématicien mais qui possédait le poste d'éditeur à cette époque. Adolf Pavlovitch a éveillé chez lui l'intérêt pour l'histoire des mathématiques et c'est avec son aide que Youschkevitch organisa la revue *Istorii Matematicheskii Issledovaniya* (Recherches sur l'histoire des mathématiques), fait qui constitue une de plus importantes œuvres de sa vie.

La capacité de choisir et de poser correctement les problèmes de mathématiques afin de présenter les solutions était une autre de ses aptitudes.

En choisissant et en formulant le problème, il prenait en considération et parfois utilisait avec succès l'occasion du moment, en ce compris la situation politique. Ainsi les manuscrits de Marx furent pour lui un bon prétexte idéologique pour développer des recherches sur l'histoire des fondements de l'analyse mathématique. En effet, pour mieux comprendre les notes historiques de Marx relatives à ce sujet, il était nécessaire de connaître l'histoire du problème et le contexte historique. Dans la biographie de Youschkevitch existent encore d'autres exemples analogues que nous allons présenter au fil de notre exposé. Nous voudrions seulement souligner qu'il n'a jamais commencé à étudier un problème à cause de ses explications. Avant tout, le problème devait être intéressant en soi et appréciable, y compris le point de vue moral. Il pouvait profiter d'une conjecture favorable comme nous le constatons d'une de ses principales directions d'activité scientifique — l'histoire des mathématiques en Russie.

LA THÈSE DE DOCTORAT

Au milieu des années trente les degrés scientifiques annulés après la révolution de 1917 par les bolcheviques qui les considéraient comme l'héritage du passé bourgeois, furent rétablis. Les premiers degrés ont été accordés par les commissions compétentes sans passer par le processus de la soutenance. Ainsi en 1935 Youschevitch a obtenu le degré de candidat en sciences physico-mathématiques (doctorat qui correspond au doctorat du 3e cycle qui existait en France ; mais il devait affronter le problème suivant : obtenir le degré supérieur, le doctorat d'Etat en France et l'habilitation en Allemagne).

Les sujets de ses premières recherches étaient : " La philosophie des mathématiques de L. Carnot " (1929) ; " Le premier cours imprimé de l'analyse différentielle " (1935) ; " L'école anglaise d'empirisme et la théorie des fluxions " (1936), etc. Les thèmes n'étaient point avantageux car tous abordaient le domaine de la philosophie et engageaient leur auteur dans les débats aigus liés au formalisme et à l'intuitionnisme qui, en URSS, avaient un caractère idéologique. Prenant en compte la sensibilité de l'époque, Youschkevitch a choisi à ce moment un autre sujet très proche, correspondant à la fois à ses propres préoccupations et à l'esprit du temps — les mathématiques et l'éducation mathématique en Russie aux XVIIe-XIXe siècles.

Le rêve que les bolcheviques avaient fait durant les premières années du pouvoir soviétique d'une révolution mondiale fut renvoyé aux calendes grecques. Avec l'abandon de ce rêve, l'idée d'une disparition immédiate des états nationaux perdit son actualité. La nouvelle époque de l'histoire soviétique commençait, caractérisée par l'idée d'un état soviétique se développant dans l'entourage hostile capitaliste et construisant la société communiste dans un pays isolé. Ainsi les problèmes de l'histoire nationale prenaient une signification spéciale. La formation du patriotisme soviétique devint un des problèmes les plus importants de la propagande soviétique. De cette façon la question du développement de la culture (et par conséquent de celui de la science) dans le pays devint un des problèmes les plus actuels de l'idéologie. En considérant cette tendance générale et aussi (nous voudrions souligner ce fait spécialement) en regardant ce problème comme un des plus importants de l'histoire des sciences, Youschkevitch a choisi l'histoire des mathématiques et celle de l'éducation mathématique en Russie aux XVIIe-XIXe siècle comme sujet de sa thèse de professorat.

Le choix du XVIIe siècle comme limite inférieure était très naturel. Tout ce qui précède les réformes de Pierre le Grand présente un intérêt historique et culturel certain, mais pour l'histoire des mathématiques en tant que science envisagée de ses résultats primordiale (et par conséquent le XVIIe siècle dans le domaine de ses recherches immédiates ; signification qui est indispensable pour la compréhension des conditions initiales de ce processus : qu'est-ce qui existait en Russie au sujet de science (au sens moderne du mot) et quel fut le terrain où furent ses germes transplantés ?

Youschkevitch en commençant ces recherches sur l'état des mathématiques en Russie au XVIIe siècle abordait les problèmes généraux de l'histoire du savoir scientifique de la Russie ancienne. Il conserva cet intérêt toute sa vie et, très vite, devint le grand spécialiste de ces thèmes sur lesquels il présenta quelques travaux remarquables. Nous devons souligner que ces questions furent l'occasion d'une introduction aux travaux sur l'époque médiévale qu devinrent ensuite une de ses directions principales de recherches. Youschkevitch pour commencer ses recherches sur les mathématiques médiévales fut, notons-le, à nouveau de nature " idéologique " : le prétexte fut en effet fourni par l'intégration à l'empire russe et par conséquent à l'URSS des régions d'Asie Centrale et de Transcaucasie. Il devenait donc permis d'envisager les cultures (y compris les mathématiques) en tant que la culture nationale. Ainsi l'étude de leur histoire se transforma en un problème national.

Naturellement les travaux d'Euler ainsi que son rôle dans le développement des recherches mathématiques et l'éducation mathématique en Russie devinrent pour Youschkevitch le centre de ses recherches relatives à l'histoire des mathématiques en Russie. Les élèves et les adeptes d'Euler (S.K. Lotelnikov, S.Ya. Rymovski, I.G. Kyrganov, N.I. Fuss, S.E. Gouriev) furent également l'objet de ses travaux scientifiques. Le premier travail publié par Youschkevitch sur l'histoire des mathématiques en Russie était un article intitulé " L'académicien Gouriev et son rôle dans le développement de la science russe "[1].

Nous devons souligner que la particularité suivante fut importante pour la compréhension de l'activité de Youschkevitch : Gouriev fut l'un des disciples d'Euler qui vit correctement la direction de l'essor de la pensée sur les fondements de l'analyse — la construction de l'analyse sur la théorie des limites.

Youschkevitch fut toujours et pour tout l'homme du présent. Notamment il s'intéressa à faire sortir la ligne générale du développement de la science, ce que nous pouvons voir à travers le prisme de la modernité. Les autres phénomènes lui étaient indifférents : il pouvait abandonner un article consacré à un sujet inintéressant sur un coup d'éclat.

Les recherches de Youschkevitch sur les travaux et l'activité des élèves d'Euler furent sa grande contribution à l'historiographie des mathématiques en Russie. Entre Euler et les premiers mathématiciens russes célèbres N. Lobatchevskii et M. Ostrogradskii on observe un intervalle de quarante ans que l'on peut considérer comme étant un temps mort. Ce fait a permis à quelques savants de parler de la faible utilité de l'activité des premiers académiciens c'est-à-dire les étrangers et Euler lui-même dans l'éclosion de la grande science. Les recherches de Youschkevitch ont pu révéler quelques élèves

1. " L'Académicien Gouriev et son rôle dans le développement de la science russe " , *Trudy Instityta istorii estestovoznaniya i techniki*, t. 1 (1947), 219-268.

d'Euler qui, même s'ils n'appartenaient pas au premier rang des mathématiciens de cette époque, possédaient néanmoins une bonne formation et ont joué un rôle important dans l'essor de la culture mathématique générale du pays. Quelques-uns parmi eux (Gouriev par exemple) furent de bons chercheurs et étudièrent les problèmes les plus importants de l'époque.

Les résultats obtenus par Euler et ses élèves de même que leurs activités suivaient l'orientation générale du développement des mathématiques, comme Youschkevitch l'a prouvé. C'est pourquoi tous ces thèmes furent l'objet de son intérêt ardent et constant. Dans la liste des travaux publiés par Youschkevitch (y figurent plus de 370 titres) le tiers est consacré à l'histoire des mathématiques en Russie tandis que un autre tiers comprend l'étude des travaux euleriens, un chapitre très important au répertoire de Youschkevitch. Une étude approfondie sur ces travaux va paraître prochainement.

L'étude des travaux de Gouriev, un cycle d'articles sur les mathématiques et l'enseignement des mathématiques en Russie au XVIIe-XIXe siècles publié en 1947-1949[2] et enfin son travail classique " Les Mathématiques à l'Université de Moscou pendant les premiers 100 ans de son existence "[3] constituent ses travaux principaux issus de sa thèse de professorat, soutenue en 1940 à l'Université. La cause du décalage de 10 ans qui existe entre la soutenance de sa thèse et la publication de ses articles.

L'HISTOIRE DES MATHÉMATIQUES EN RUSSIE JUSQU'EN 1917 ET LES TRAVAUX QUI ONT SUIVI

Déjà vers 1940 — l'époque de la soutenance de sa seconde thèse — a mûri dans sa tête un projet de livre sur l'histoire des mathématiques en Russie. Nous tirons ce renseignement de sa correspondance (*cf.* p. ex. sa lettre du 6. VII. 1940 à G.F. Rybkin publiée en 1995 dans *Istorico Matematichsekii Issledovaniya*). Pourtant à cette époque, il a perçu que la matière disponible était déjà suffisamment vaste pour couvrir le début du XIXe siècle. Comme Rybkin répondait à sa lettre mentionnée ci-dessus, pour signer le contrat avec la maison d'édition, il devait élucider les questions suivantes : " Premièrement, est-ce que vous pouvez continuer votre travail, car nous ne devons pas nous limiter à Gouriev ? "

La seconde question concernait le volume du travail : " Le directeur de la maison d'édition de la littérature physico-mathématique - S.D. pensait qu'avec 23 feuilles imprimées, la première partie était trop volumineuse et demandait

2. " Les mathématiciens et leur enseignement en Russie aux XVIIe-XIXe siècles ", *Les mathématiques à l'école*, n° 1 (1947), 26-39 ; n° 2, 11-21 ; n° 3, 1-13 ; n° 4, 17-30 ; n° 5, 23-33 ; n° 6, 26-37 ; 1948, n° 1, 14-23 ; n° 2, 1-14 ; n° 3, 1-10 ; n° 5, 10-19 ; 1949, n° 1, 7-18 ; n° 3, 1-14.

3. " Les mathématiques à l'Université de Moscou pendant les cent premières années de son existence ", *Istorico Matematichsekii Issledovaniya*, vol. I (1948) 43-140.

d'envisager comment vous pouvez diminuer le volume de votre manuscrit afin qu'il ne dépasse pas 5 pages ".

Il fallait attendre " la réponse " à ces questions très longtemps : la maison d'édition a accepté de faire éditer ce livre seulement en 1966.

La guerre et les années difficiles qui lui ont succédé ont imposé un très grand délai entre le projet et sa réalisation. Mais pour Youschkevitch, cette période fut très créative, il travaillait intensivement sur les problèmes de l'histoire des mathématiques en Russie. Mais en même temps, il étudiait les œuvres de Lobatchevskii, Ostrogradskii, Tchebychev et Kovalevskaya.

Finalement, en 1968 parut *L'Histoire des mathématiques en Russie jusqu'en 1917*[4]. Ce livre est un des meilleurs travaux historico-mathématiques du XXe siècle. Tout d'abord les recherches mathématiques en Russie y étaient envisagées en tant que partie organique de la culture russe, dans le contexte de l'histoire de la société russe et ensuite elles étaient considérées en tant que processus constitutif de l'histoire des idées traversées par l'idéologie et la philosophie mais en même temps comme une institution plongée dans la vie sociale. Nous pouvons y trouver des informations qui ne concernent pas seulement les savants de premier plan, comme par exemple Lobatchevskii ou Tchebytchev mais aussi des chercheurs comme le prêtre d'Ural I.M. Pervychin (1827-1900) ou le bibliophile juif Z.Ya. Sloninskii (1810-1904).

Après l'édition du livre 2, les recherches de Youschkevitch s'orientent dans deux directions : d'abord vers les recherches concernant l'œuvre d'Euler (nous préparons d'ailleurs un article sur le sujet) et ensuite sur la genèse de l'école de Moscou, celle de la théorie des fonctions, dont il fut le descendant. De plus il a écrit quelques essais — mémoires sur les héros qu'étaient Egorov, Luzin, Kolmogorov, Alexandrov et son ami A. Gelfond. Il a beaucoup travaillé sur les documents liés à l'activité de Luzin. Durant les dernières années comme chercheur autonome ou en collaboration avec d'autres chercheurs (p. ex. avec P. Dugac), il a publié quelques articles sur " l'affaire de l'académicien Luzin "[5], un événement qui a nui tout d'abord à la vie de Luzin même et ensuite à toute la communauté des mathématiciens moscovites. Ce sujet devait former le noyau du livre qu'il envisageait d'écrire avec P. Dugac et V. Tichomirov sur N. Luzin. Malheureusement cette idée est restée au stade de la planification et le livre n'a jamais vu le jour.

En ce qui concerne son livre 2 et ses autres travaux sur l'histoire des mathématiques en Russie nous devons souligner que :

1) Une recherche approfondie du matériel de l'analyse mathématique a été faite dans le cadre des théories mathématiques modernes (c'est pour cette rai-

4. *Les mathématiques en Russie jusqu'en 1917*, Moscou, 1968.

5. " *L'affaire* de l'académicien Luzin de 1936 ", *La Gazette des mathématiciens*, 3 (1988), 31-35 (en collaboration avec P. Dugac).

son que ses travaux principaux furent consacrés à l'analyse mathématique et essentiellement à ses fondements, car en tant que mathématicien il se sentait à l'aise pour discuter ces questions).

2) Le problème étudié était considéré par Youschkevitch dans un cadre historico-mathématique (et même socio-culturel) très vaste.

3) Il étudiait seulement les phénomènes historico-mathématiques qui furent la clé de voûte du développement des mathématiques : il considérait tout le reste comme dépourvu d'intérêt.

4) Quoiqu'il se soit intéressé aux questions méthodologiques (telles que l'opposition du " présentisme " et de " l'antiquarisme ", les différentes théories du développement des sciences comme les théories de Kuhn et celle de Lakatos) et qu'il les discutait avec plaisir, cependant dans ses recherches concrètes il n'a jamais suivi aucune méthodologie car il pensait que chaque recherche devait se développer librement, sans aucun soutien méthodologique.

5) Quant à son jugement concernant les gens, leurs travaux et leurs théories, il tâchait (et habituellement il y arrivait) d'être objectif. Il était parfois étonnant d'entendre son appréciation sur le travail de quelqu'un avec qui il entretenait des relations inamicales. Son opposition personnelle ne devait pas se confondre avec le jugement des résultats scientifiques. Pour des raisons naturelles il conserva des sentiments d'antipathie vis-à-vis de I.M. Vinogradov, mais cela ne l'empêcha pas, durant la séance solennelle consacrée au 200e anniversaire de la mort d'Euler dans la Maison des savants de Moscou, d'être le seul à avoir rendu hommage à Vinogradov pour ses mérites dans l'étude des travaux euleriens.

6) Il était ouvert à chaque discussion et à la compréhension de chaque question importante même si par nature elle lui était étrangère. Durant les années 70, l'auteur de cet article a commencé à s'intéresser à l'aspect théologique de l'idéologie des représentants de l'école physico-mathématique de Moscou et cette recherche ne fut pas un sujet intéressant pour Youschkevitch, cependant nous devons souligner qu'il a soutenu ces recherches et même qu'il les a traitées avec beaucoup d'attention.

A.P. YOUSCHKEVITCH ET LES PROBLÈMES MODERNES DE L'HISTOIRE DES MATHÉMATIQUES EN RUSSIE ET EN URSS

Nous évitons de nous référer à tous les problèmes relatifs à l'histoire des mathématiques en Russie et en URSS. Nous traitons seulement quelques problèmes qui ont été étudiés par Youschkevitch même ou qu'il a considérés comme importants.

1) Un groupe de questions unies par l'expression (acceptable aujourd'hui mais de notre point de vue pas très adéquate) d'histoire sociale des mathématiques — c'est-à-dire la question de l'essor des mathématiques en tant qu'ins-

titution d'un pays — la formation du système éducatif des mathématiques, la naissance et la croissance des écoles mathématiques principales, la politique de l'Etat par rapport aux mathématiques, la place des mathématiques dans la culture russe. Toutes ces questions étaient très intéressantes pour Youschkevitch, mais malheureusement il n'a pu au mieux que les aborder et les éviter dans ses travaux. L'étude libre de ces questions était pratiquement impossible dans le cadre de l'historiographie soviétique. Même que dans les conditions qui régnaient en URSS Youschkevitch faisait tout son possible. Pour confirmer cette attitude, il suffit de lire attentivement son livre *L'Histoire des Mathématiques en Russie jusqu'à 1917.*

2) Les recherches sur la physique mathématique de l'école mathématique pétersbourgeoise de P.L. Tchebytchev, A.M. Lyapounov[6] et V.A. Stkhlov jusqu'à H.M. Gunter et S.L. Sobolev.

3) L'école de la géométrie différentielle et celle de la théorie des équations différentielles partielles de Moscou de Peterson et d'Egorov jusqu'au milieu du XXe siècle.

4) L'école de la théorie des fonctions de Moscou d'Egorov jusqu'à Luzin.

5) La naissance de l'école mathématique soviétique.

Durant les dernières années de sa vie, Youschkevitch réfléchissait beaucoup à ces sujets et écrivait sur eux. Jusqu'à ses derniers jours son thème principal fut " l'affaire de l'académicien Luzin " : un événement très important de la vie mathématique des années 30, qui a déterminé sous plusieurs aspects l'avenir des mathématiques soviétiques et par conséquent de Youschkevitch lui-même. Nous avons déjà signalé qu'il a écrit des articles remarquables à ce sujet. Un heureux hasard avait voulu que les procès-verbaux sténographiés des séances de la commission de l'Académie des Sciences de l'URSS relatives à cette affaire, avaient été conservés. Dans les dernières années, en collaboration avec son équipe, il en a commencé la rédaction, en vue de les faire publier. Ce travail doit être achevé dans un proche avenir et nous espérons bientôt pouvoir étudier ces documents.

LA LEÇON DE A.P. YOUSCHKEVITCH

Pour terminer nous voudrions signaler que A.P. Youschkevitch nous a offert une leçon remarquable dont le noyau est le suivant : notre existence se situe sur deux axes : l'un est celui de temps concret et l'autre celui de l'espace concret. Cependant en grande mesure nous dépendons de circonstances extérieures. Il n'est pas possible de se soumettre à ces circonstances, tout simplement parce que dans ce cas, nous n'existons pas en tant que personnalité.

6. " La correspondance de A. Lyapounov avec H. Poincaré et P. Duhem ", *Istorico-Matematichsekii Issledovaniya*, vol. 29 (1985), 265-284 (en collaboration avec V.I. Smirnov).

En ce moment il est impossible de négliger les circonstances, car elles nous obligent à les prendre en considération. Mais nous pouvons et il faut les utiliser, les utiliser rationnellement, les rendre utiles, afin d'atteindre ou de réaliser un but et l'accomplir, ce que, malgré tout, on les considère comme primordiales dans notre vie.

Les mathématiques, dans l'histoire de la société, et dans l'histoire de la culture demeurent des intérêts principaux pour Adolf Pavlovitch. Il cherche à mieux comprendre les lois de leur développement et de leur croissance, indépendante ou dépendante de l'histoire sociale. Voilà la tâche à laquelle il a consacré toute sa vie. Doué d'un caractère fort et d'une personnalité incomparable il a pu atteindre ses buts, même aux prises avec des circonstances très difficiles. Et finalement sa meilleure période, une des plus créatives fut celle qui coïncida avec la période terrible de l'histoire de son pays — la période de la terreur de Staline, de la lutte contre le cosmopolitisme, etc.

C'est alors que Youschkevitch a fondé la revue *Istorico Matematichsekii Issledovaniya*, et qu'il s'est intéressé à la formation de l'école soviétique de l'Histoire des mathématiques, qu'il a mené ses recherches classiques sur l'histoire des mathématiques en Russie et entamé celle portant sur les travaux d'Euler et sur les mathématiques médiévales européennes et arabes.

L'esprit libre souffle où il veut. Un esprit pareil ne connaît ni frontières ni geôles.

L'HISTOIRE DE L'ANALYSE MATHÉMATIQUE DANS LES RECHERCHES DE YOUSCHKEVITCH

Natalja S. ERMOLAEVA

L'histoire de l'analyse mathématique occupe une place importante dans les recherches du professeur A.P. Youschkevitch — c'est presque la moitié de tous ses travaux[1]. On sait bien que l'histoire des notions fondamentales de l'analyse l'a intéressé toute sa vie. Il a débuté comme historien grâce à l'influence de son père, philosophe et mathématicien, alors qu'il était encore étudiant à l'Université de Moscou. D'après son propre récit, à cette époque-là, la théorie des fonctions d'une variable réelle retenait toute son attention.

Comme le début de la carrière scientifique de Youschkevitch est moins connu, ou oublié, je voudrais m'arrêter un peu plus longtemps sur ses premières publications.

Le premier article de Youschkevitch " La philosophie des mathématiques de Lazare Carnot " a paru en 1929 dans *Les sciences naturelles et le marxisme*. C'était une édition de la soi-disant " Académie Communiste " avec comme rédacteur en chef Otto Schmidt, l'algébriste de renom. Youschkevitch a écrit son article d'après l'exposé qu'il a fait à l'Institut de recherches Timiriasev, où il y avait une section d'histoire des sciences et où il avait commencé à travailler étant encore étudiant.

Dans une note au bas de la première page, la rédaction prévenait ses lecteurs qu'il y avait des passages discutables dans l'article que l'auteur n'avait pas assez étudié les questions concernant le matérialisme dialectique. Il faut ajouter que c'était le temps où, en URSS, on commençait à faire pénétrer l'idéologie marxiste dans toutes les sciences, y compris les mathématiques, et que même avec les infiniment petits on pouvait alors avoir des ennuis infiniment grands.

1. La liste des travaux de A.P. Youschkevitch se trouve dans les numéros suivants des *Istorico-mathematitcheskie issledovania* (Moscou) : n° 21 (1976), 312-327 ; n° 30 (1986), 352-357 ; deuxième série : n° 1 (36)-1 (1995), 13-19 ; n° 1 (36)-2 (1996), 54.

Au début de son article, l'auteur parle de la crise actuelle en mathématiques. Il montre que, malgré toutes les diversités entre les mathématiques du XXe siècle et celles du XVIIIe siècle, les crises connues par cette discipline ont des traits communs et que dans ces deux siècles la crise en mathématique se présente dans le même domaine : l'analyse.

Youschkevitch dit que l'activité théorique n'est pas du tout liée à la période de stagnation sociale, ni aux tendances réactionnaires (peut-être est-ce ce passage que visait la remarque rédactionnelle ?).

Selon Youschkevitch, il y a deux moyens de résoudre les paradoxes. Les uns tachent d'accommoder les méthodes nouvelles à la mentalité habituelle et rejettent les notions nouvelles, tandis que les autres essaient de fonder l'analyse d'une nouvelle manière. Carnot appartenait à cette deuxième catégorie.

En esquissant en grandes lignes l'état de l'analyse des infiniment petits, l'auteur nous présente le point de vue de Carnot à ce sujet et défend les idées de Leibniz. Il note également que Carnot quelquefois ne pouvait pas arrêter son choix de point de vue. Outre les " Réflexions " de Carnot, Youschkevitch examine également son article de Larousse et montre la différence entre les points de vue de Carnot et de Berkeley sur la compensation des erreurs.

Plus tard, dit Youschkevitch, les mathématiciens ont trouvé une autre voie pour résoudre ce problème, et les mathématiques nouvelles ont accepté les éléments de la logique formelle de Carnot, mais pas ses " Réflexions ". En terminant, il note que les trois siècles d'histoire de l'analyse nous montrent que la notion de l'infini est une source éternelle de contradictions, mais que ce sont les contradictions qui font progresser les mathématiques.

En 1933 est publiée la traduction russe des " Réflexions sur la métaphysique du calcul infinitésimal par citoyen Carnot " avec une préface de Youschkevitch. Trois ans plus tard paraît la deuxième édition, toujours avec son grand mémoire-préface, amélioré et augmenté — ce sont 68 pages de texte, tout à fait autres que dans son article de 1929. Youschkevitch donne ici l'histoire plus détaillée des idées du fondement de l'analyse aux XVIIe et XVIIIe siècles. Il dit qu'il a l'espoir de continuer son travail, et nous savons qu'il a bien réussi sur cette voie.

Comme rédacteur, Youschkevitch a corrigé beaucoup de fautes d'impression (y compris dans les formules), qu'on pouvait voir dans toutes les éditions françaises, et il a fait des commentaires sur le texte de Carnot. Beaucoup plus tard, en 1970 et 1979, Youschkevitch s'est encore intéressé deux fois à ce savant, puis, il a été invité par le prof. Ch.C. Gillispie à écrire de nouveau sur Carnot.

En 1935, paraît une autre édition remarquable : l'Hospital avec son " Analyse des infiniment petits pour l'intelligence de lignes courbes ". Youschkevitch s'affirme ici de nouveau comme le rédacteur en chef et l'auteur de la préface de la traduction russe. Il commence son récit en 1684, date de la première publication par Leibniz des principes d'analyse nouvelle, qui étaient assez incompréhensibles pour la plupart de ses contemporains. Il décrit avec nuance l'histoire de l'édition de l'Hospital et des débats autour de la priorité, commencés par Jean Bernoulli après la mort de son élève. Seulement en 1920, quand fut retrouvé le manuscrit de Bernoulli, on a pu voir que ses conférences servaient de base pour les quatre premiers chapitres de l'Hospital. De son côté, Youschkevitch a comparé ces deux textes dans ses notes de rédacteur, et a signalé quelques fautes dans les calculs ou les raisonnements de l'Hospital.

Je dois mentionner encore la traduction russe (1938) de la " Géométrie " de Descartes, complétée par " Le calcul de M. Descartes ", par quelques travaux de Fermat et par les morceaux choisis de la correspondance de Descartes. Le volume des commentaires de Youschkevitch dépasse un tiers de cet ouvrage.

Plus tard, il a publié aussi soigneusement d'autres livres de Descartes, de Newton, d'Euler, etc.

Je reviens en 1934 quand Youschkevitch a fait un exposé sur " La philosophie anglaise de l'empirisme et la théorie des fonctions " au 2e Congrès des mathématiciens de l'URSS, qui a eu lieu à Leningrad. On peut juger de son contenu seulement par une page et demi de sommaire. L'auteur parle des discussions commencées après le fameux " Analyste " de Berkeley et des reflets de ces discussions en France et en Allemagne, avec le développement de la théorie des limites comme suite. Donc, conclut Youschkevitch, on ne peut pas étudier l'histoire de l'analyse du XVIIIe siècle sans une analyse de la philosophie de ce temps. La même année, Youschkevitch traduit le mémoire de Hermann Weil sur la philosophie des mathématiques et écrit une préface.

Nous sommes toujours en 1934 quand Youschkevitch a débuté dans *la Grande Encyclopédie Soviétique* avec l'article " Les chiffres " et en 1937 — avec les deux autres : " La méthode d'exhaustion " et " Le calcul intégral ". Plus tard il a publié beaucoup d'autres articles pour les différentes encyclopédies, chez nous et a l'étranger, y compris dans le fameux dictionnaire de Gillispie et chez nous — dans le *Dictionnaire encyclopédique des mathématiques* (1988). En faisant le bilan, on voit que dans les encyclopédies, Youschkevitch a décrit presque toute l'analyse classique avec les biographies des créateurs de cette branche des mathématiques. On peut dire qu'il était également un grand encyclopédiste dans tous les sens de ce mot.

Après la guerre, Youschkevitch entreprend des recherches sur l'histoire des mathématiques en Russie. Ce domaine (mais pas unique) est d'ailleurs devenu le principal pour lui, pour un certain temps.

En même temps, Youschkevitch commence à travailler aux archives. Son grand mémoire sur l'académicien russe S.E. Gour'ev (1764-1813), parut en 1947, le prouve. Il a reconstitué la biographie et même le caractère de Gour'ev et fait un examen approfondi de ses travaux géométriques contenant l'application de la théorie des limites. Il a noté surtout le point de vue critique de Gour'ev sur les idées d'analyse infinitésimale.

En 1947, Youschkevitch a publié une série d'essais sur l'enseignement des mathématiques en Russie et 20 ans plus tard, en 1968, il a fait paraître un livre volumineux (591 pages) : *L'histoire des mathématiques en Russie jusqu'en 1917*. L'analyse mathématique y occupe 46 % du volume total.

Youschkevitch raconte qu'il a travaillé un certain temps sur ce livre à Leningrad, à la bibliothèque publique. Chaque jour, il recevait selon la liste qu'ils ont établi une montagne de livres. A ce moment-là, il écrivait une vingtaine de pages de texte par jour, tapées sur une machine à écrire.

Le temps passant, de nouvelles recherches sont apparues, mais dans ce livre remarquable on ne peut trouver de contradictions avec les faits nouveaux. On peut ajouter des faits dans les livres de Youschkevitch, mais la présentation des problèmes et les jugements portés sur tel ou tel moment de l'histoire restent toujours justes.

En ce qui concerne les premiers pas de l'analyse infinitésimale, Youschkevitch examine dans ses ouvrages les conceptions et les variantes de cette analyse chez Newton et Leibniz, mais ne passe pas sous silence la contribution des autres savants, connus ou moins connus.

Parmi ces derniers il faut noter le mathématicien portugais du XVIIIe siècle J.A. da Cunha, le précurseur de la réforme de l'analyse au XIXe siècle. Youschkevitch montre (1973) la nouveauté des idées de da Cunha, sa définition originale de la fonction exponentielle, ainsi que sa définition assez moderne de la fonction différentielle.

Dans un autre article, " Gauss et da Cunha " (1979), il a complété son travail par l'étude de la répercussion bien favorable de Gauss qui, comme a démontré Youschkevitch, a lu le livre de da Cunha. Youschkevitch a pu accomplir ces recherches grâce à l'aide de son ami allemand prof. K.-R. Biermann, qui lui a envoyé les copies de la lettre de Gauss et de la critique anonyme sur da Cunha.

Quant à Newton, Youschkevitch était très content de voir ses papiers mathématiques publiés, parce qu'ils lui donnaient la possibilité de voir les nuances et les variations de sa pensée, au cours des années.

Le développement de la notion de limite se trouve dans le grand mémoire (70 pages) de Youschkevitch, publié en russe en 1986. Ce sujet était déjà traité par divers historiens ; tout de même il reste toujours l'espace en blanc et le but de l'auteur était non pas seulement de combler quelques lacunes, mais de corriger les inexactitudes dans les ouvrages des autres chercheurs.

Youschkevitch commence par la préhistoire de cette notion en partant de la Grèce ancienne jusqu'au XIXe siècle (Gauss, Bolzano et Cauchy). Mais, souligne-t-il, la définition classique n'est apparue que plus tard, et avant Weierstrass, en 1844, Lejeune-Dirichlet a défini cette notion en utilisant le langage epsilontique.

Parmi les recherches de Youschkevitch sur les origines et le développement du calcul différentiel il y a également son étude (1983) du manuscrit inédit d'Euler *Calculus differentialis*. Youschkevitch le compare avec le texte publié d'Euler, en relevant que dans le manuscrit on ne trouve pas le soi-disant " calcul des zéros " qui n'est apparu chez Euler que beaucoup plus tard. La même année a vu le jour le recueil des travaux d'Euler sur la théorie des fonctions complexes (Leipzig, 1983) avec la préface de Youschkevitch contenant l'analyse de la contribution d'Euler à cette théorie.

La théorie des intégrales définies a pris aussi une place importante dans les recherches de Youschkevitch. En 1947 il a consacré un mémoire à la naissance de l'intégrale définie au sens de Cauchy. Il analyse d'abord les travaux des autres mathématiciens et qui apparaissent comme une sorte de prélude au fameux mémoire de 1825 de Cauchy ensuite il met l'accent sur les problèmes au premier plan dans les mathématiques de la deuxième moitié du XVIIIe siècle.

Dans son exposé, Youschkevitch nous montre que la définition de Cauchy, étant une construction logique sans appui sur l'intuition géométrique, n'a pas seulement joué un rôle didactique comme le prétendait Henri Lebesgue en écrivant que Cauchy n'a rien apporté de nouveau à cette notion. Sur ce point Youschkevitch n'est pas d'accord avec l'illustre mathématicien français. Il insiste sur le fait que la question de Cauchy ainsi posée avec les problèmes d'existence, liés étroitement à sa définition, jouait un rôle important dans le futur développement de l'analyse. Youschkevitch dit que Cauchy lui-même a employé sa définition pour en formuler une autre celle de l'intégrale le long de la ligne courbe dans le domaine complexe, et dans sa démonstration de l'existence des intégrales des équations différentielles. Au point de vue historique, l'apparition de l'intégrale de Cauchy est due à la nécessité scientifique.

Quelques précisions données par Youschkevitch à l'histoire des intégrales multiples, proviennent de son travail avec le professeur R. Taton sur le cinquième volume des œuvres d'Euler.

Youschkevitch examina une lettre de Lagrange à Euler d'où l'on pouvait percevoir qu'en 1762, avant la publication de son travail, Lagrange opérait librement avec l'intégrale double, et plus tard avec l'intégrale triple. Youschkevitch analysa une série de recherches de Lagrange et d'Euler effectuées dans ce domaine ainsi que les premières applications de ces intégrales, faites par les autres mathématiciens J.A. Euler et S.J. Roumovski.

En 1965, Youschkevitch a publié deux mémoires : " Sur l'histoire du théorème intégral d'Ostrogradski " et " Sur les mémoires inédits d'Ostrogradski " avec une édition de ces mémoires qu'il avait trouvés aux Archives de l'Institut de France. Il s'agit ici surtout de la formule bien connue de la transformation de l'intégrale triple en intégrale étendue sur la surface. Cette question était déjà traitée par V.I. Antropova, une élève de Youschkevitch, qui avait trouvé cette formule dans un mémoire de Poisson de 1828, antérieur donc à la publication d'Ostrogradski. Pourtant Youschkevitch note que, selon les documents conservés aux Archives de l'Institut de France, Ostrogradski a présenté son mémoire deux ans plus tôt, avant les publications de Poisson et de Green. Youschkevitch examine également le rapport inachevé de Poinsot avec le théorème d'Ostrogradski. Ce théorème figure de nouveau dans la note d'Ostrogradski sur la propagation de la chaleur, présentée en 1827 (les rapporteurs étaient Poisson et Fourier). Youschkevitch remarque ici un petit, mais bien significatif détail : Poisson a écrit sur le mémoire d'Ostrogradski le mot " lu ". Donc la priorité d'Ostrogradski est incontestable.

Youschkevitch a scruté les mémoires d'Ostrogradski et de Green, et voici sa conclusion : la formule de Green semble plus générale que celle d'Ostrogradski, mais pour sa part, Ostrogradski n'avait qu'une transformation à faire pour parvenir à la formule, mais il ne l'a pas faite parce que son but était autre dans cet ouvrage.

Ces travaux sur Ostrogradski étaient écrits en russe, tandis que le livre *Michel Ostrogradski et le progrès de la science au* XIXe *siècle* (1967) a été rédigé en français.

Pour terminer sur ce sujet il faut encore mentionner le mémoire de Youschkevitch, également écrit en français, sur *Poisson et la théorie de l'intégration* (1981) ou il jette la lumière sur l'idée novatrice de Poisson de réunir les deux différentes approches de la notion d'intégrale.

Hormis un article pour l'*Encyclopédie*, Youschkevitch n'a consacré aucun mémoire particulier à la théorie des séries, mais il a étudié la contribution de Newton, Euler, Lambert et d'autres mathématiciens y compris les mathématiciens russes, à cette théorie. Dans le troisième volume de *L'histoire des mathématiques* (" Les mathématiques au XVIIIe siècle " - 1972), il a exposé l'histoire des séries dans son chapitre " Le calcul différentiel et le calcul intégral ".

Il importe encore d'ajouter quelques mots à propos d'autres ouvrages de Youschkevitch, et d'abord sur le livre de A.T. Grigorian et B.D. Kovalev, *Daniel Bernoulli* paru en 1981. Selon la liste des ouvrages publiés par Youschkevitch, cet ouvrage figure dans la rubrique des travaux rédigés par lui. Mais en réalité Youschkevitch, étant le co-rédacteur en chef de ce livre, était aussi l'auteur des deux chapitres " Les vibrations linéaires " et " Les séries infinies ". Le même sujet était exposé l'année suivante en allemand par les trois mêmes auteurs dans l'essai *In memoriam Daniel Bernoulli*.

L'histoire de la théorie des équations différentielles ordinaires a été présentée par Youschkevitch dans le cours du professeur moscovite V.V. Stepanov en 1950, et pour beaucoup d'historiens russes ce fut un point de départ pour leurs propres recherches dans ce domaine. Puis il faut au moins mentionner le mémoire de Youschkevitch *Les origines de la méthode Cauchy-Lipschitz dans la théorie des équations différentielles* qui date de 1981.

Après avoir commencé mon énumération dans l'ordre chronologique, j'ai à présent quitté cette voie et mon exposé s'articule désormais autour des sujets du cours d'analyse classique : les limites, les dérivées et les différentielles, le calcul intégral, les séries, les équations différentielles. Vient aussi le tour de la fonction. On la détermine au début du cours, mais pour en comprendre les divers aspects, il faut maîtriser les chapitres précédents.

La notion de fonction prend chez Youschkevitch une place très importante. Ses recherches à ce sujet sont disséminées ça et là dans ses ouvrages consacrés aux mathématiques des différentes périodes. Son travail de longue haleine était une somme concentrée dans deux ouvrages. Il s'agit de ce mémoire bien connu de Youschkevitch dont la version russe parue en 1966 porte le titre *Sur le développement de la notion d'une fonction* est datée de 1966, tandis que la version élargie anglaise *The Concept of Function up to the Middle of the nineteenth Century* vit le jour en 1976.

Après son premier mémoire de 1966, Youschkevitch a publié un essai en 1975 consacré à un détail de la controverse bien connue au XVIIe siècle sur la " corde vibrante ". Il voulait attirer l'attention sur une lacune à combler : la controverse sur la nature des fonctions qu'on peut utiliser comme la résolution des problèmes de physique mathématique et surtout sur la position de d'Alembert en désaccord sur cette question avec Euler. Euler proposait d'élargir la notion de fonction et il parvint en fin de compte à persuader tout le monde, sauf d'Alembert. Mais, comme le montre Youschkevitch, le désaccord n'était pas si profond envers d'Alembert, puisque vers la fin de sa vie, celui-ci a changé d'avis.

Un des derniers mémoires (1993) de Youschkevitch était lié à sa publication du jugement de Jean Leray sur les travaux du mathématicien russe Serguei Sobolev, connu pour ses recherches dans la théorie des fonctions généralisées (la théorie des distributions). Youschkevitch a d'une part précisé la date de la première publication de Sobolev (1934), d'autre part, a émis quelques remarques importantes sur l'histoire de la question.

L'histoire de la science, disait toujours Youschkevitch, ce n'est pas seulement l'histoire des idées, mais c'est aussi l'histoire des savants et des institutions scientifiques. Vers la fin sa vie il a entrepris des recherches sur l'histoire de l'Ecole de la théorie des fonctions de Moscou et engagé les autres chercheurs à explorer ce sujet.

On connaît bien l'esprit critique de Youschkevitch. Ses recherches étaient fondées sur les textes originaux (quand c'était possible). Il lisait tout ce qui était écrit avant lui par les autres historiens et il énonçait souvent avec qui il était d'accord ou non et pourquoi. Ses arguments sont toujours solides, et sa logique, incontestable.

Les travaux de Youschkevitch se caractérisent par une analyse profonde et par une habileté à voir la question traitée dans son contexte historique. Ils sont et continueront à être d'un grand secours aux historiens des sciences.

La correspondance scientifique entre A.P. Juschewitsch et K. Vogel

Mariam M. Rozhanskaya

A.P. Juschkewitsch n'est pas seulement l'un des plus grands historiens des mathématiques de notre époque, mais également l'un des historiens des sciences (au sens général du terme) les plus réputés du XXe siècle, ou du moins, pour être plus précis, de la seconde moitié du siècle.

Il fait partie de ces chercheurs, peu nombreux, dont l'activité a déterminé les principales tendances du développement de l'histoire moderne des mathématiques.

C'est à partir de 1955 que A.P. Juschkewitsch noue ses premiers contacts avec des collègues étrangers : il a fallu attendre la mort de Staline, et les débuts du " dégel " khrouchtchévien, pour que la chose devienne possible. Mais, même alors, les échanges demeurèrent des plus limités.

Les chercheurs russes, on le sait, virent les relations normales qu'ils entretenaient avec leurs collègues étrangers, interrompues par les événements d'octobre 1917 et la guerre civile qui s'ensuivit. Les relations scientifiques internationales furent rétablies pour une courte période en 1922-1923, au moment où ce que l'on a appelé la " nouvelle politique économique " était instaurée.

Mais l'industrialisation et la collectivisation du pays, à la fin des années vingt, y mirent fin. Dès les premières années de la décennie suivante, les relations que les chercheurs russes entretenaient avec des collègues étrangers s'étaient éteintes. A l'époque de la terreur stalinienne et des répressions monstrueuses qui, ininterrompues depuis 1917, atteignirent leur paroxysme en 1937, des contacts avec leurs collègues pouvaient coûter aux scientifiques russes la prison, le camp de concentration, voire souvent la vie. Les exemples en sont innombrables. Si ces relations redevinrent possibles en 1955, elles restèrent néanmoins essentiellement limitées. Les échanges épistolaires se trouvaient sous le contrôle des organes du Parti et du KGB (Comité de la Sécurité de l'Etat). Quant aux contacts personnels, ils faisaient l'objet de la surveillance la plus étroite, tant en Russie qu'à l'étranger. Ces pratiques se poursuivirent du temps de Khrouchtchev et sous Brejnev, avec pour seule différence, peut-être, qu'un scientifique ne risquait plus sa vie, mais seulement sa carrière ou son emploi.

Telles furent les conditions dans lesquelles il faut replacer les relations que le Professeur A.P. Juschkewitsch entretint avec la communauté internationale des historiens des sciences.

Il fut l'un des premiers chercheurs russes à avoir " levé le blocus " et rétabli des liaisons tragiquement interrompues par les événements de la première moitié du XXe siècle.

Son activité se déploya sur plusieurs fronts. En plus d'organiser, il publia dans les revues internationales, donna des aperçus de contributions que les mathématiciens étrangers avaient réalisées en Russie, tenta d'informer les chercheurs étrangers des résultats obtenus par des scientifiques russes. Il faut tout particulièrement souligner le grand rôle joué par la correspondance scientifique que A.P. Juschkewitsch entretint avec nombre de collègues.

Il était en contact épistolaire avec beaucoup d'historiens des mathématiques parmi les plus importants, ainsi qu'avec de multiples historiens des sciences contemporains de divers pays. Une importante partie des ces lettres est conservée dans les archives de A.P. Juschkewitsch. Gardées au département d'histoire des mathématiques de l'Institut d'histoire des sciences et des techniques de l'Académie des sciences de la Russie, à Moscou, ces missives doivent être étudiées et publiées. La correspondance que A.P. Juschkewitsch a entretenu avec le professeur Kurt Vogel, illustre historien des mathématiques allemand, fondateur de l'Institut d'histoire des sciences naturelles à l'Université de Munich, en constitue une composante volumineuse et très importante.

Cet échange s'est poursuivi sur plus de trente ans (1955-1985) et ne fut interrompu que par le décès de K. Vogel. Il compte en tout près de 300 lettres qui se trouvent dans les archives de A.P. Juschkewitsch comme dans celles de K. Vogel à Munich. L'étude de leur correspondance permet de suivre l'histoire et l'évolution de l'œuvre scientifique de ces deux chercheurs, et d'apprécier leur rôle dans la formation de l'histoire moderne des mathématiques.

K. Vogel était polyglotte. Outre les langues européennes, le latin et le grec, il lisait également le russe, se débrouillait en chinois et dans des langues anciennes comme l'égyptien et le babylonien. Sa connaissance du russe lui permettait d'être toujours au courant des publications en russe que présentaient journaux et ouvrages concernant l'histoire des mathématiques. A.P. Juschkewitsch lui écrivait en général en russe et K. Vogel répondait en allemand.

Une collaboration entre le Professeur Menso Folkerts, élève de K. Vogel et son successeur au poste de directeur de l'Institut à Munich, le Dr. Irina Luther et moi-même, chercheurs de l'Institut de Moscou, a permis de publier en allemand et en russe leur correspondance, en l'accompagnant de commentaires et d'une introduction.

Publié sous le titre *Histoire des mathématiques sans frontières,* le livre confirme un fait incontestable et, si l'on veut, le principe du développement de la science : la tradition ne meurt pas ou, pour reprendre les termes du célèbre écrivain russe M.A. Boulgakov, " les manuscrits ne brûlent pas ". Autrement dit : ce qui fut créé par les générations antérieures de savants ne disparaît jamais sans laisser de traces, mais se trouve repris et développé par les générations suivantes.

Les centres d'intérêt scientifiques de K. Vogel concernaient les mathématiques de l'Antiquité (Egypte ancienne, Babylone, Byzance), les mathématiques grecques comme celles de l'Orient et de l'Occident médiévaux. Il portait une attention particulière à l'édition des manuscrits mathématiques nouvellement découverts ou de ceux qui n'avaient pas encore été publiés. Il s'intéressait également aux auteurs classiques et aux problèmes d'histoire de l'enseignement mathématique.

Quant à A.P. Juschkewitsch, il s'intéressait à tous les sujets : il n'est pas de branche de l'histoire des mathématiques à laquelle il n'ait touché et à laquelle il n'ait laissé de contribution fondamentale. Cependant il est un domaine spécifique auquel il attachait un intérêt tout particulier et auquel il est constamment revenu tout au long de sa carrière scientifique : l'histoire des mathématiques au Moyen Age. Et c'est justement de ce sujet d'intérêt commun que tous deux débattaient, en général ou sur un point particulier, dans quasiment chaque lettre. De même qu'ils discutaient continûment de la question de la naissance des mathématiques comme discipline scientifique, ou de l'apparition et du développement de leurs notions principales.

Leur correspondance les montre ainsi débattre de l'actualité de l'histoire des mathématiques paléobabyloniennes ainsi que du problème du zéro ; de l'apparition des nombres négatifs dans l'antiquité ; des spécificités des mathématiques arabes, aussi bien numériques et algorithmiques qu'axiomatiques. Mais ils discutent également des points principaux des mathématiques de l'Europe médiévale comme de celles de Byzance ou de la Chine, de la question des relations, de la circulation, entre les mathématiques d'Orient et d'Occident, du problème de la publication des sources médiévales et des œuvres des auteurs classiques, des problèmes de la formation dans le domaine des mathématiques et de ceux de l'enseignement de l'histoire des sciences.

On peut y suivre la vie de l'histoire des mathématiques elle-même, aussi bien que la vie de l'histoire des sciences, et, plus généralement, l'histoire moderne. Je voudrais présenter quelques extraits de certaines lettres de A.P. Juschkewitsch et de K. Vogel en traduction française à partir du russe et de l'allemand. Ils sont prélevés dans les débuts de l'échange épistolaire et revêtent, je pense, un intérêt certain pour l'histoire des mathématiques.

Vogel à Juschkewitsch, Munich, le 9.7.1955

" ...J'acquiers avec vous la conviction que ce que l'on appelle les mathématiques arabes furent pour l'essentiel fondées par les populations d'Asie Centrale. Il serait très important d'apprendre quelque plus de l'enseignement que reçut al-Khwārīzmi lui-même, et de l'activité scientifique des savants de Transkaspie, de Khiva, de Turkestan et d'autres régions de l'Asie Centrale avant al-Khwārīzmi. Heureusement l'étude des manuscrits préservés dans les bibliothèques russes apporte chaque jour des éléments nouveaux... "[1].

Juschkewitsch à Vogel, Moscou, le 28.7.1955

" ...Je constate avec plaisir que vous tombez d'accord avec les chercheurs soviétiques pour ce qui est de l'importance majeure des travaux des mathématiciens d'Asie centrale pour ce que l'on appelle les mathématiques arabes.

J'espère que vous êtes également d'accord sur notre sentiment commun que les mathématiques dites arabes sont pour l'essentiel numériques et algorithmiques.

...J'ai développé cette idée dans le cinquième volume des *Recherches d'histoire des mathématiques* dans les notes aux travaux d'al-Khāyyām et d'al-Kāshī, que j'ai écrites en collaboration avec le Prof. B. Rosenfeld. J'ai exprimé la même idée sur un plan plus général dans l'article consacré aux mathématiques de la Chine ancienne qui est paru dans le huitième volume des *Recherches d'histoire des mathématiques*. Je vous l'envoie immédiatement "[2].

Juschkewitsch à Vogel, Moscou, le 15.1.1956

" ...Comme je vous l'ai écrit, deux questions me sont venues à l'esprit alors que je lisais le manuscrit arithmétique du XVe siècle que vous avez publié.

J'ai résolu par moi-même la première. Permettez-moi de vous adresser la seconde.

Dans les manuscrits arithmétiques russes du XVIIe siècle, on rencontre également le problème de trouver un nombre qui produit des restes donnés lorsqu'il est divisé par 3, 5 et 7 (NN 286 et 311 de votre manuscrit).

La solution de ce vieux problème chinois est fournie dans quelques manuscrits russes sous la forme d'un tableau à trois entrées, de sorte que, dès que l'on se voit donner des restes, on trouve automatiquement le nombre cherché. Dans le tableau, il y a 7 colonnes et 15 lignes. Les colonnes contiennent les

1. *Mathematikgeschichte ohne Grenzen. Die Korrespondenz zwischen K. Vogel und A.P. Juschkewitsch,* Hrsg. von M. Folkerts, M.M. Rozanskaja, I. Luther, übers. aus russisch von M.M. Rozanskaja, München, 1997, 12.

2. А.П. Юшкевич, К. Фогель, История математики без границ, Переписка А.П. Юшкевича и К. Фогеля, Под. ред. и прим. М.М. Рожанской, И.О. Лютер, М. Фолькертса, пер. с нем. М.М. Рожанской, Москва, 1997, 45.

nombres correspondant aux restes donnés pour la division par 7, et les lignes contiennent les nombres correspondant aux restes déterminés que fournissent les divisions par 3 et 5.

Avez-vous vu pareille solution à ce problème sous forme tabulaire dans quelque manuscrit ancien de votre connaissance ? "[3].

Juschkewitsch à Vogel, Moscou, le 3.3.1956

" Je vous remercie pour les renseignements concernant le problème n° 268 du manuscrit arithmétique que vous avez publié et pour l'indication intéressante sur l'emploi de la notion générale du nombre réel chez Euclide.

Je dois simplement ajouter qu'avant Leonardo Pisano, la notion du nombre a été au fond généralisée dans les ouvrages des mathématiciens qui s'exprimaient en arabe, par exemple Khāyyām.

Cette procédure de généralisation a eu lieu parallèlement en Orient et en Occident, du fait de l'augmentation rapide de la précision et du volume des calculs, tout particulièrement trigonométriques.

Il est possible que les idées des mathématiciens d'Orient aient exercé une certaine influence sur les mathématiciens d'Europe Occidentale, par exemple par l'intermédiaire des travaux de Nāṣir al-Dīn al-Ṭuṣī... "[4].

3. *Idem*, 53.
4. *Idem*, 55.

PART TWO

MATHEMATICS AS A CULTURAL STRENGTH

Ethnoscience and Ethnomathematics : The evolution of Modes of Thought in the Last Five Hundred Years

Ubiratan D'Ambrosio

This paper will address the fact that the great navigations since the 16th century mutually exposed forms of scientific knowledge from different cultural environments. The several ethnosciences involved in the encounters, which obviously include European Science, have been subjected to great changes as a result. In this paper I will examine some of the consequences of this mutual exposure of cultures.

Ethnoscience and Ethnomathematics in Daily Life

I work with two definitions which should be stated in the very beginning of this paper.

Ethnoscience is the corpus of knowledge established as systems of explanations and ways of doing accumulated through generations in distinct cultural environments.

Ethnomathematics is the corpus of knowledge derived from quantitative and qualitative practices, such as counting, weighing and measuring, sorting and classifying. As with academic Western Science and Mathematics, the two have a symbiotic relation.

Both are not new disciplines. Rather they are research programs on history and epistemology. The pedagogical implications are obvious. Both research and educational programs take into account all the forces that shape a mode of thought, in the sense of looking into the generation, organization (both intellectual and social) and diffusion of knowledge.

The research program, typically interdisciplinary, brings together and interrelates, results from the cognitive sciences, epistemology, history, sociology and education. An essential component is the recognition that mathematics and science are intellectual constructs of mankind in response to needs of survival and transcendence.

The need for an intellectual framework to organize the corresponding systems of codes, norms and practices gave rise to many aspects of science and mathematics[1].

In these programs particular attention is given to those dimensions of knowledge, which bear some relation to what became known as the several discipline of science and mathematics in European civilization after the 15th century.

In the rest of this paper, unless there are specificities, I will refer only to Ethnoscience, which naturally includes Ethnomathematics.

Ethnoscience, both as a corpus of knowledge and as a pedagogical practice, is supported by the history of science and reflect the dynamics of cultural acquisition. Some examples illustrate this. All over the world, much of the weather explanations and predictions, agricultural practices, processes of cure, dressing and institutional codes, culinary and commerce, came from the European tradition developed in the Middle Ages and the Renaissance. But we see, all over the world, practices performed in a very distinctive way. These practices, which have their origins in native communities, are significantly modified as a result of mutual exposition of cultural forms since colonial times. For example, it is common to see indigenous peoples in the Americas using indo-arabic numerals, but performing the operations from bottom to top, explaining that this is the way trees grow. But it is also common to identify, in the more advanced notions, the influence of this mutual exposition in everyday life and practices.

Practices of daily life which are scientifically based are easily recognized. This is evident by looking into professions that require some scientific knowledge and mathematical abilities.

Practices and perceptions of learners are the substratum upon which new knowledge is built. Thus new knowledge has to be based on the individual and cultural history of the learner and it has to recognize the diversity of extant cultures, present in specific communities, all over the world. This is the essence of a new educational posture called Multicultural Education.

But this new educational posture depends on a new historical attitude which recognizes the contribution of past cultures in building up the modern world and modern thought, and which avoids omissions and errors of the past treatment of cultural differences.

We identify two categories of scientific knowledge : *Scholarly* (or " formal " or " academic ") *science*, supported by a convenient epistemology, and whose practice is restricted to professionals with specialities ; *Cultural* (or " practical " or " popular " or " street ") *science*[2]. These categories are closely related

1. U. D'Ambrosio, " Ethno-mathematics, the Nature of Mathematics and Mathematics Education ", in Paul Ernest (ed.), *Mathematics, Education and Philosophy : An International Perspective*, London, 1994.

2. Many scholars do not agree with the use of " cultural science ". We might say ethnoscience.

and their main distinction refers to criteria of rigor, to the nature, domain and breadth of its pursuits, that is to what and how much one can do with them.

For example, pre-Columbian cultures had different styles of doing their measurements and computations and these practices are still prevalent in some native communities. Most Amazonian tribes have counting systems that go as " one, two, three, four, many " and that is all, since with these numbers they can satisfy all their needs[3]. We also see important ways of dealing with pottery, tapestry and everyday knowledge with strong mathematics characteristics in several cultures[4]. The same is true with African cultures[5]. The people from these cultures have no problems at all in assimilating the current European number system and deal perfectly well with counting, measurement and money when trading with individuals of European culture. Land measurement, as practiced by peasants in Latin America, comes from ancient geometry transmitted to medieval surveyors. Land property and measurement (geometry) is strange to Pre-Colombian cultures. Carpenters, brick and carpet layers all over the world use very specific geometry in their work. They have to cut and produced pieces in the usual geometrical forms, such as squares, rectangles, regular polygons, and adjust them to the surface to be covered, practicing optimization techniques. The practical arithmetic of street vendors in Northeast Brazil is a peculiar way of dealing with money for which face value is not significant. An interesting situation occurred as a consequence of the high inflation in Brazil until three years ago. A new currency was introduced : " new cruzeiro (NCr$) " worth one thousand " cruzeiros (Cr$) ", that is, NCr$1.00=Cr$1,000.00. New bills were put in circulation before the old ones were destroyed. Thus a new bill showing " 10 " would have more value than an old bill showing " 100 "[6]. Another example comes from Africa, where the people deal with numbers and counting according to their specific cultural background[7].

The high prestige of science comes mainly from its recognition as the basic intellectual instrument of progress. It is recognized that modern technology depends on science and that the instruments of validation in social, economic and political affairs, mainly through storing and handling data, are based on science and mathematics. Particularly important in this respect are statistics. This evidently brings to science an aura of essentiality in modern society. There is a general feeling that there are practically no limits to what can be

3. M. Closs (ed.), *Native American Mathematics*, Austin, 1986.

4. M. Ascher, *Ethnomathematics. A Multicultural View of Mathematical Ideas*, Pacific Grove, 1991.

5. P. Gerdes, *Ethnomathematics and Education in Africa*, Stockholm, 1995.

6. G. Saxe, *Culture and Cognitive Development. Studies in Mathematical Understanding*, Hillsdale, 1991.

7. C. Zaslavsky, *Africa Counts : Number and Pattern for Teachers*, New York, 1979.

explained by science. Many of the applications which give science such a prestigious position are part of various forms of cultural conflict.

Studies of ethnoscience and ethnomathematics are motivated by the demands of the natural and cultural environment and are present everywhere. It is a fact that, even without recognizing it, just about everybody deals with mathematical practices, incorporated in daily routines. When walking or driving, people memorize routes, in most cases optimizing trajectories, which is a practice of a mathematical nature. Also when dealing with money, with measurements and quantification's in general, we recognize an intrinsic mathematical component. The same with the capability of classifying, ordering, selecting and memorizing routines.

These practices are generated, organized and transmitted informally, as language is, to satisfy the immediate needs of a population. They are incorporated in the pool of common knowledge which keeps a group of individuals, a community, a society together and operational, and this is what is called *culture*. Culture thus manifests itself in different, obviously interrelated, forms and domains. Cultural forms, such as language, mathematical practices, religious feelings, family structure, dressing and behavior patterns, are thus diversified. They are of course associated with the history of the groups of individuals, communities and societies where they are developed. A larger community is partitioned into several distinct cultural variants, each owing to its own history and responsive to differentiated cultural forms.

SOME REMARKS ON HISTORIOGRAPHY

History, as a major academic discipline, carries with it an intrinsic bias which makes it difficult to explain the ever present process of cultural dynamics which permeates the evolution of mankind. This paves the way for paternalism and arrogance, for intolerance and intransigence. And clearly interferes with the understanding, for different cultural groups, of each other processes of building up their cultural realities when trying to satisfy their needs of survival and transcendence.

These biases have been methodological as well as ideological, particularly in the History of Science. Helge Kragh says that " History of Science has its own " imperialism " that partly reflects the fact that viewed historically and socially science is almost purely a western phenomenon, concentrated on a few, rich countries. While science may be international, history of science is not "[8].

This seems to be almost unavoidable in the framework of historiographies which rely on reductionist approaches, such as it is the case of the various supposedly autonomous histories, in particular in the History of Sciences. The

8. H. Kragh, *An Introduction to the Historiography of Science*, Cambridge, 1987, 111.

mere fact that to pursue historical analyses one talks about the Sciences, such as Physics, Chemistry, Mathematics, as distinct from Religion, from Art, from Politics, obviously impedes the understanding of the processes of evolution of ideas and methods, of reflection and action, which underlie man's struggle to find explanations, to understand and cope with its environment, and of conviviality with nature.

The reductionism which characterizes several of the so-called autonomous histories and also histories based on facts and names, on places and dates, naturally derive from the prevailing ideology and justify current actions. Even when we move a step further than narrative history and go to historiography, the facts get immersed in the processes and we may be led to be satisfied with the false impression of having approached the past because we have data verified and facts described and explained. I agree with Armando Saitta in saying that historiography should be focused on a problem, never losing the view of all the forces which play in the historical reality, and avoiding the unilateral approach of the specialist and the reduction of the historical flow to a few elements. Saitta asks for the historian to look into " What today isn't but tomorrow will be "[9]. He clearly proposes a global history. When he refuses the history of the " if ", he opens the way to an evaluation of all the alternatives which were present in the process and he claims that the alternatives which have succeeded should not imply the rejection of the others. E.H. Carr has the same opinion when he says that the historical moment in which several alternatives were open does not imply abandoning those which did not succeed, but rather looking into the reason for which some did not succeed and what was the cost of these decisions[10].

Paraphrasing Miguel León-Portilla, it is a matter of listening also to the looser[11]. History has been mostly the history of the winners. This is particularly true in the History of Science.

For obvious reasons, the vision of the looser has been marginalized, and this is more noticeable in the chapters which deal with the origins of Modern Science. We use the term Modern Science as the set of ideas which have supported in paradigms established in the 17th and 18th centuries, mainly through the works of R. Descartes, I. Newton, G.W. Leibniz and followers.

The dawn of Modern Science is identified with the modern geography of the world, and the appearance of privileges for those capable of mastering Modern Science and Technology. How did this privileged role come into being ? Why do conquered and colonized people still have problems in mastering Science and Technology ? Why have Science and Technology progressed so rapidly

9. A. Saitta, *Il programma della Collezione storica*, Bari, 1955, 12.

10. E.H. Carr, *What is History ?*, Harmondsworth, 1968.

11. M. León-Portilla, " Visión de los Vencidos (Crónicas Indígenas Mexicanas) ", *Historia*, 16 (1985).

and in this progress have left aside, indeed eliminated, social and above all ethical concerns, thus paving the way for enormous social, political and environmental distortions ? These questions are germane to the concept of knowledge itself.

BUILDING-UP SCIENTIFIC KNOWLEDGE

We see knowledge as emanating from the people, essentially a product of man's drive towards explaining, understanding and coping with his immediate environment and with reality in general, reality understood in its broadest sense and in permanent change as a result of man's own action. This drive, obviously holistic, is dynamically subjected to a process of exposure to other members of society — people — and thanks to communication, both immediate and remote in time and space, goes through a process of codification, intertwined by an associated underlying logic, inherent to the people as a form of knowledge — some call wisdom. The modes of communication and the underlying logic are recognized as the result of the prevailing cognitive processes. Cognitive evolution, related to environmental specificity, gives rise to different modes of thought and different underlying logic, communication and codification. Hence knowledge is structured and formalized subjected to the specificity of a cultural nature. Power structure, which itself rises from society as a form of political knowledge, appropriates, indeed expropriates, structured knowledge and organizes them in institutions. In this form and under the control of the establishment and the power structure, which mutually support each other, knowledge is given back to the people, who in the first instance generated it, through systems and filters which are designed to keep the established power structure.

The generation, transmission, institutionalization and diffusion of knowledge is clearly a holistic approach to knowledge and to the dynamics of change. This is the essence of the research program on the History of Science which I call " Ethnomathematics "[12].

The disciplinary approach to knowledge in general focuses on cognition, epistemology, history and sociology. This clearly makes it difficult to understand the dynamics of change. Mutual exposure of distinct approaches to knowledge, resulting from distinct environmental realities, is global, embracing the entire cycle from the generation through the diffusion of knowledge.

The process of cultural dynamics which takes place in the exposure is based on mechanisms which balance the process of change, which I call *acquiescence* — that is, the capability of consciously accepting change (modernity) —

12. U. D'Ambrosio, *Etnomatemática. Arte ou Técnica de Explicar e Conhecer*, São Paulo, 1990.

and the cultural *ethos* — which acts as a sort of protective mechanism against change that produces new cultural forms.

This behavior can be traced back throughout the entire history of mankind. These conceptual tools are close to the ethos and schismogenesis introduced by Gregory Bateson in dealing with cultural contact and enculturation[13].

In the encounter of the two worlds (Europe and America) this was violated in many instances. The origin of these violations may be related to distinct views of nature. A scientific conceptualization, which resulted from an intertwining of medieval Judeo, Christian and Greco-Arabic thought, and developed in Europe, lead man to look at nature and at the universe as an inexhaustible source of richness and to exploit these resources with a mandatory drive towards power and possession.

This behavior towards nature and life has led man to favor a single model of development, hence to ignore the cultural, economical, spiritual and social diversities which constitute the essence of our species.

These reflections question the set of current concepts and models, and calls for the acceptance of the idea that survival depends on a global and holistic view of reality. This demands a radical change which applies to all levels of knowing and doing. Thus we are led to look for radical changes in our models of development, education and civilization, based on the recognition of a plurality of models, cultures, spirituality and social and economic diversity, with full respect for each one of the distinct options.

VISIONS OF THE WORLD

The European navigators of the end of the 15th and early 16th centuries reached all of America, Africa, India and China. In the case of Africa and Asia, previous contacts with civilizations which had shared before many encounters among themselves and with Europeans. Thus the encounters of the 15th and early 16th centuries were, indeed, an amplification and deeper contact. But meeting the " new ", the unknown, the unexpected, was experienced by Columbus and the Spaniards in 1492 and the subsequent voyages, although earlier contacts with the Americas are known.

But the motivations and behavior of earlier navigators was completely different from the Spanish and Portuguese, and afterwards the English, French and Dutch[14].

13. G. Bateson, *Steps to an Ecology of Mind*, New York, 1972.

14. See the careful study of Ivan Van Sertima, *They Came Before Columbus*, New York, 1976, and the reports on the voyages of the Chinese monk Huei Shen in the 5th century to Mexico. See the communication of Juan Hung Hui, " Tecnologia Naval China y Viaje al Nuevo Mundo del Monje Chino Huei Shen ", *III Congreso Latinoamericano y III Congreso Mexicano de Historia de la Ciencia y la Tecnologia (Ciudad de Mexico, 12-16 Enero 1992)*.

The influence of the navigators and chroniclers, particularly Portuguese, in building up the mode of thought which underlies modern European science is noticeable. In the words of Joaquim Barradas de Carvalho " the authors of the Portuguese literature of the navigations made possible the Galileos and the Descartes "[15] essentially through the development of " objective and serene curiosity, rigorous observations and creative experimentation "[16].

The low recognition of Portuguese science in the 15th and 16th centuries illustrates the observations above about biased historiography. Indeed, the important *Tractatus de sphera* (early 13th century) written by Johannes de Sacrobosco was recognized as " the clearest, most elementary, and most used textbook in astronomy and cosmography from the thirteenth to the 17th century "[17], and led to two important translations with commentaries in Portugal. By Pedro Nunes in 1537 and by João de Castro, possibly in 1546. The translation with comments by Pedro Nunes, an important mathematicians of the 16th century, incorporates much of the observational and experimental science which had been pursued by Portuguese navigators since the early 15th century and registered in their writings. Curiously enough, neither are recognized in the most important study of Sacrobosco, written by L. Thorndike.

Particularly important as chronicles are the *Crónica dos feitos de Guiné of Gomes Eanes de Zurara* (1453) and the *Esmeraldo de situ orbis* by Duarte Pacheco Pereira, written between 1505 and 1508, probably the first major scientific work reporting on what was observed and experimented in the newly " discovered " environments. In fact, we have to understand the sense of the word " discovery " among the Portuguese authors of that period to better realize the role of the navigations in paving the way for modern science. In his important historiographical contribution, Joaquim Barradas de Carvalho gives both an exhaustive study of the *Esmeraldo de situ orbis* and the discussion of the meaning of the word " discovery ".

The voyages themselves allowed a broader view of the world. Mainly venturing to the Southern Hemisphere demanded two major enterprises, the construction of the caravel, an extremely versatile ship built by the Portuguese in the 15th century as the result of a remarkable engineering project[18], and novel navigation techniques, relying on tables constructed from systematically-recorded observations carried on by the commanders of those ships. Themselves with commanding function they were also responsible for recording the " different skies " which they were the first Europeans to look at. The contri-

15. J. Barradas de Carvalho, *A la recherche de la spécificité de la Renaissance portugaise*, Paris, 1983, 13 (2 vols).

16. M. Correia, " Influência da Expansão Ultramarina no Progresso Científico ", *História da Expansão Portuguesa no Mundo*, vol. 3, Lisboa, 1940, 468.

17. L. Thorndike, *The Sphere of Sacrobosco and Its Commentators*, Chicago, 1949, 1.

18. See in this respect A. Cardoso, *As Caravelas dos Descobrimentos e os mais Ilustres Caravelistas Portugueses*, Lisboa, 1984.

butions of Gil Eanes crossing the Bojador Cape in 1434, Nuno Tristão reaching in 1443 the coast of Mauritania, and the major achievement of Diego Cão crossing the Equator line in 1483, all paved the way for Bartolomeo Dias to cross the Cape of Hope in 1488 and for Vasco da Gama to reach Calicut in India, in 1498. Together with Columbus reaching the Western lands in 1492, the vision of the World changed. All lands and peoples were within the reach of the navigators. It is the beginning of a new phase in the History of Mankind.

THE " NEW SCIENCES " SEEN IN THE ENCOUNTER

As said above, America and to some extent Africa, were more surprising to Europeans than what was seen in lands which had been reached before by land routes. Particularly, America showed peoples with new forms of explanation, rituals and societal arrangement. Reflections on the so-called Natural Philosophy or the Physical Sciences, particularly Astronomy, were part of the overall cosmovision of the pre-Colombian civilizations. In other words, the scientific establishment and scientists, surely present in the society of the conquered cultures, have not been recognized as such by the conquerors. One of the earliest registers of these cultures, Fray Bernardino de Sahagún writes, in the 16th century, that " The reader will rightfully be bored in reading this Book Seven [Which treats Astrology and Natural Philosophy which the naturals of this New Spain have reached], …trying only to know and to write what they understood in the matter of astrology and natural philosophy, what is very little and very low "[19]. The important report of Sahagún explains much of the flora and fauna, as well as of medicinal properties of herbs of Nueva España. But he does not give any credit to indigenous formal structured knowledge. This is typical of what might be called an epistemological obstacle of the encounter.

Another important book is the *Sumario compendioso … con algunas reglas tocantes al Aritmética* by Juan Diaz Freyle, printed in Mexico in 1556, the first arithmetic book printed in the New World. It has a description of the number system of the Aztecs. But this book soon disappeared of circulation and the Aztec arithmetic was replaced by the Spanish system.

Much research is needed on the Science of the encounter. But this needs a new historiography since names and facts, on which current history of science heavily rely, have not been a concern in the registry of these cultures. A history " from below ", which might throw some lights in the modes of explanation and understanding reality in these cultures, have not been common in the History of Science.

19. Fray Bernardino de Sahagún, *Historia General de las cosas de Nueva España*, vol. 2, Mexico, 1989, 478 (2 vols).

THE HEALTH SCIENCES

There is some more availability of sources for the history of the natural and health sciences.

For the health sciences, the importance of the encounter is easily recognized. It is easily recognized that the register of diseases which decimated the conquered populations, particularly smallpox, and reciprocally brought new diseases to Europe, such as syphilis, and the implantation of health systems in the colonies[20].

We have to keep in mind that the populations of Latin America have always been multicultural, with successive migrations of distinct cultural groups in pre-Colombian times. This internal migration was followed by waves of conquerors, colonizers, Creoles (whites born in the new lands), Africans (brought as slaves, with distinct cultural backgrounds) and European and other immigrants (including contingents from the Middle-East, India and the Far-East), roughly in this order. The New World, particularly Latin America, is a cultural cauldron.

Let us look into the late 15th and early 16th centuries, the moment when Europe was laying the ground for Modern Science, which would be firmly established with the publication of Newton's Principia. It should be noticed that much of the supporting observations given by I. Newton to his theories are the result of observations made in the New World, in particular Brazil.

Medical practices in the Iberian peninsula in the 15th century represented, as did most forms of knowledge, a synthesis of Greco-Roman Hippocratic and Galenic traditions, under the dominant position of the Catholic Church. The Islamic influence, a result of almost seven hundred years of domination, was strong. What was going on before Islam we learn from the writings of Isidore de Seville (b. *ca* 560 - d. 636), mainly in his works *Etymologiae* and *De Natura Rerum*, both highly influential during the Middle Ages. They bring together existing medical and related knowledge in a consistent encyclopaedic style[21].

Islam brought to the peninsula a distinct renewal of scholasticism, presented in the important work of Pedro Hispano (b. *ca* 1210 in Lisbon - d. 1277), who in 1276 became Pope John XXIth. Pedro Hispano wrote two of the most influential treatises in Medieval Medicine, the *Thesaurus Pauperum* and the *Dieta Hippocratis per Singulos Menses Anni Observanda*, looking into Greek medicine through an Islamic interpretation.

20. U. D'Ambrosio, " Specificity of the health sciences in the Iberian peninsula at the time of the discoveries ", in P. Belfort, J.A. Pinotti, T.K.A.B. Eskes (eds), *Advances in Gynecology and Obstetrics, The Proceedings of the XIIth World Congress of Gynecology and Obstetrics, (Rio de Janeiro, 1988)*, London, 1988, 29-32.

21. For a good account of Isidore's contribution, see the monograph by W.D. Sharpe, " Isidore de Seville : the medical writings ", *Trans. Am. Phil. Soc.*, New Series, vol. 54, 1-75.

In the period before the navigations, the Iberian peninsula was subjected to a renewed influence of Greek thought brought by the Islamic rulers, which favored an important presence of Jewish scholars and practitioners. With the reconquest under way, the tolerance of the Catholic kingdoms towards converted Jews (*Cristãos Novos*) allowed the transmission of Islamic science, particularly Medicine. Converted Jews were usually practitioners of a humble socio-economic status, by doctors and apothecaries. At the same time, the resistance of the Catholic Church focused on the internal struggles of Christianity itself, thus building up formidable instruments of conservatism. At the same time that a New World was open to them, conservatism was imposing the grips of traditional thinking. It is well known that all the Portuguese expeditions to the coast of Africa used to bring a number of black " informants " to the Portuguese court. These were usually versed individuals in the Sciences as practiced by the Africans. The same is true after the voyages to Brazil.

On the other hand, restrictions to modern development in the Iberian peninsula were strong. For example, anatomy was banished due to restrictions on dissection. These scientific restrictions added to the waves of Inquisition Tribunals against Jews and New Christians stimulated a particularly intense brain drain in the medical profession. European centers and also to the new possessions overseas were, even under the same government, these measures a safer refuge. Among the emigrants special mention must be made of João Rodrigues de Castelo Branco (b. 1511 - d. 1568), who went to Antwerp in 1534 and in 1541 became a professor at the University of Ferrara. This is a typical example of someone with a sound knowledge of the Greco-Roman traditions combined with the knowledge of Arabic and Jewish medicine and enriched with the newly discovered flora of the New World. All this was combined with expertise in anatomy acquired after his emigration from Portugal. He became known as Amato Lusitano. Another name to be recorded is Garcia d'Orta (b. *ca* 1499 - d. 1568), also of Jewish origin, who went to India in 1534 and published the *Coloquios dos simples, e drogas he cousas medicinais da India*... (Goa, 1563), which had a remarkable influence in medical developments in Europe, with several translations and editions being printed.

The voyages and excursions into the newly conquered lands demanded extensive participation of practitioners, with great flexibility in the use of their knowledge in very different situations. Clearly, scientific curiosity and research methodology were needed to face and understand new diseases and to propose new cures. The arrival and departure of ships from and to the New World were always a situation demanding more medical care, in most cases dealing with hitherto unknown diseases. The " Santas Casas " [Holy Houses] were first instituted in Lisbon in 1498 and showed to be an important institutional setting for the unexpected health needs of a population without family setting. The same model was adopted in the colonies, with the first " Santa Casa " founded in 1543 by Bras Cubas in Santos, in the Southern coast of Brazil. The role of the religious orders, particularly Jesuits, in these institutions was a major one and soon the clergy started to provide the most advanced doctors and researchers in native medicine. In the Spanish colonies, besides a similar role, the clergy was also running universities, where research was conducted. The clergy was then in competition with the few physicians with academic background or an official license to practice in the colonies. Meanwhile, public assistance was provided mainly by humble practitioners, the barber or barber surgeons and apothecaries. They had in most cases to derive new methods out of their practice in the new lands. Efforts to bring this to the attention of European physicians soon became a state priority. Thus Philip II sent his personal physician, Francisco Hernandez (*ca* 1514-1597) to Mexico to learn and to record new drugs and practices which might be used in the cities in Spain and Portugal. Hernandez never published his findings and his manuscripts were destroyed in a fire in the Escorial. Indeed, doctors announcing the practice of " American Medicine " were known in the cities of Europe.

The early flow of information from Portugal and Spain to Europe was mainly the result of immigrants going to work in other European countries and navigators of other nationalities working on Iberian ships. The colonialist ventures of England, France and Holland would bring to Europe new sources of knowledge from the Americas. Particularly relevant was the information coming to Holland through the Dutch settlement in Northeast Brazil from 1630 to 1661, specially from 1637 to 1645, while the Governor and Captain-General of the colony was Johan Maurits of Nassau-Siegen (1604-1679). According to Dirk J. Struik, " He was, as a whole, an able military and administrative officer (...) he was an equally able protector and patron of the arts and sciences "[22].

Nassau brought to Brazil artists and scientists of good standing and capable of reporting on the new world. Particularly important was the work of Willem Pies (1611-1678) known as Gulielmus Piso. He was the personal physician of Nassau and came to Brazil in the end of 1637. While in Brazil he was the General Surgeon in the colony and travelled extensively in the company of scientists and artists. He returned to Holland in 1644 and wrote several parts of the books *Historia Naturalis Brasiliae* (1648), *De Indiae, Utriusque re naturali et medica* (1658) and *De Aeribus, Aquis & Locis in Brasilia*, *De Arundine Saccharifera*, *De Melle Sivestri*, and *De Radice Altili Mandihoca* (1660). The parts written by Piso were put together with comments in a translation into Portuguese[23].

22. D.J. Struik, " Maurício de Nassau, Scientific Messenas in Brazil ", *Revista da Sociedade Brasileira de História da Ciência*, n° 2 (1985), 21.

23. G. Piso, *História Natural e Médica da India Ocidental, Em Cinco Livros, Coleção de Obras Raras*, Rio de Janeiro, 1957.

Piso's work were influential in the works of Ray, Buffon, Linnaeus and other European naturalists. It is also to be registered the personal friendship of G. Piso and the Huygens, Constantijn and his son Christian.

The writings of Piso were until the end of the 18th century the most important source of knowledge on Latin American natural history, since Spanish rulers did not allow exploration of its domains. Knowledge of Latin American natural history took a new course with Alexander von Humboldt and contemporaries in the close of the 18th century.

CONCLUSION

Other visitors to Latin America in the early colonial period surely have marked the imagination of intellectuals of the sixteenth and seventeenth centuries, the moment when Modern Science was setting its roots.

No one can deny that the encounter of cultures has opened for the whole of mankind new intellectual and material dimensions and new possibilities of a high quality of life. Regrettably, no one can deny either that many distortions in the course of 500 years after the major encounter of the civilizations on each side of the Atlantic have instead resulted in these enormous new possibilities only benefiting a few and threatening the planet of destruction. We hope an unbiased view of history will allow this to be amply recognized and corrected while there is still time left.

Die ersten Schritte des Zählens - Sprachgeschichtliche Betrachtungen zu Verben des Zählens

Georg SCHUPPENER

Die elementarste Voraussetzung und ursprünglichste Stufe jeder Arithmetik, sogar der Mathematik in ihrer historischen Entwicklung überhaupt, besteht im Zählen. Seine konkrete Entstehung liegt im Dunkel der Vorgeschichte. Der Frage, wie das Zählen in der Entwicklungsgeschichte menschlichen Denkens entstanden sein mag und aus welchen Voraussetzungen es sich entwickelt hat, kann man sich aus verschiedenen Richtungen nähern und ein Erklärungsmodell zur Beantwortung entwickeln.

Wichtig und aufschlußreich ist beispielsweise der philosophisch-erkenntnistheoretische oder auch der anthropologische Ansatz[1]. Bisher noch wenig beachtet wurde die Möglichkeit einer sprachgeschichtlichen Annäherung an diese Frage. Doch gerade auf diesem Wege könnten sich zumindest Einsichten zu Teilaspekten früher Stadien des Zählens gewinnen lassen. Denn die historisch-vergleichende Sprachwissenschaft hat seit ihrer Entstehung im 19. Jahrhundert anerkannte und zuverlässige Prinzipien und Verfahren entwickelt, mit denen auch frühe, nicht schriftlich belegte Sprachstadien rekonstruiert werden können.

Man denke hier beispielsweise an die Leistungen der Indogermanistik. Daher ist zu erwarten, daß sich auf diesem Wege der Rekonstruktion auch Aufschlüsse über die Ursprünge und Grundlagen sprachlicher Realisationen des Zählens gewinnen lassen.

Beschränkt man sich bei der sprachgeschichtlichen Analyse auf die Lexik, so existieren grundsätzlich zwei Ansatzpunkte, bei denen man hoffen kann,

1. E. Cassirer, *Philosophie der symbolischen Formen*, Bd. 1-3, Darmstadt, 1994 ; Vgl. W. Meyer-Lübke, *Romanisches etymologisches Wörterbuch*, Heidelberg, 1992 ; J. Pokorny, *Indogermanisches etymologisches Wörterbuch*, Bd. 1, Tübingen, Basel, 1994 ; bzw. T. Crump, " The Anthropology of Numbers ", *Cambridge Studies in Social and Cultural Anthropology,* 70, Cambridge, 1994, passim.

Erkenntnisse über die ersten Entwicklungsstadien des Zählens zu erhalten : die Zahlwörter und die Bezeichnungen für den Prozeß des Zählens, d. h. die Verben des Zählens.

Die wichtigste Voraussetzung, um sowohl in dem einen wie in dem anderen Fall zulässige und aussagefähige Rückschlüsse auf die Anfänge des Zählens erzielen zu können, liegt in der Annahme, daß Sprache als " kulturelles Gedächtnis " insbesondere auch in der Lexik vergangenes Kulturgeschichtliches, wenngleich z. T. überdeckt oder umgewertet, konserviert - eine Prämisse, die sich in der historisch-vergleichenden Sprachwissenschaft vielfältig bewährt und als zutreffend bestätigt hat. Auf der Basis dieser Grundannahme wird sodann der Rückblick auch auf die vorschriftliche Epoche möglich. Eine Erörterung der vielfältigen Implikationen, Restriktionen und Bedingtheiten, die die Aussagekraft der Resultate bei einem solchen Vorgehen beeinflussen (man denke beispielsweise nur an Entlehnungsprozesse oder die verschiedenen Formen des Sprachwandels) ist hier nicht zu leisten, da sie den Rahmen dieses Aufsatzes sprengen würde.

Während die Untersuchung der Zahlwörter mehr über die konkrete Art und Weise (Realisierung) der einzelnen Zählschritte zu vermitteln verspricht, gilt dies bei den Bezeichnungen für das Zählen mehr im Hinblick auf die ursprünglich der Zählhandlung zugrunde liegenden Vorstellungen (gedankliche " Konzepte "). Letztere sollen hier im Mittelpunkt der Betrachtung stehen. Da die Bedeutung " zählen " allen hier zu betrachtenden Verben gemeinsam ist, lassen sich in dieser Hinsicht keine spezifisch-differenzierenden Anhaltspunkte für die Entwicklung des Zählens gewinnen.

Wesentlich aufschlußreicher sind hingegen jene semantischen Gehalte, die die betreffenden Verben ursprünglich, vor oder zugleich mit der Bedeutung " zählen " besaßen oder noch besitzen. Somit können auch heutige Nebenbedeutungen der Verben des Zählens wichtige Hinweise liefern. Dies gilt sowohl mit Blick auf das historische (überkommene) wie auch auf das rezente Verständnis des Zählens in der jeweiligen Sprache. Insofern ergeben sich für die Untersuchung zunächst die beiden folgenden Fragestellungen :

1. Welche Nebenbedeutungen lassen sich sprachhistorisch in verschiedenen Sprachen bei den Verben für das Zählen nachweisen ?

2. Lassen sich dabei über Sprachgrenzen oder gar über die Grenzen von Sprachfamilien hinweg Gemeinsamkeiten erkennen ?

Nach einer hieran orientierten deskriptiven Analyse können die dabei erzielten Ergebnisse im Hinblick darauf gedeutet werden, ob und wie sich hieraus auf gemeinsame oder unterschiedliche Konzepte und Vorstellungen rückschließen läßt, die der Entstehung bzw. der Frühphase des Zählens zugrunde lagen.

Als Ausgangspunkt soll im folgenden exemplarisch zunächst mit der sprachgeschichtlichen Analyse des deutschen Verbs *zählen* begonnen werden :

Nhd. *zählen* geht über mhd. *zeln, zelen, zellen* auf ahd. *zellen* zurück[2].

In anderen germanischen Dialekten finden sich folgende Formen[3] : Im Mnd., Mnl., Nl. *tellen*, im As. *tellian*, im Ags. *tellan* (vgl. engl. *tell*), im An. *telja*[4], ebenso im Isl., im Afries. *tella*, im Dän. *tælle*[5] usw. Zurückführen lassen sich diese Formen auf die idg. Wurzel **del-*, der als Bedeutungsspektrum " zielen, berechnen, nachstellen " sowie " zählen, erzählen " zugeordnet werden können[6].

Ahd. *zellen* umfaßt semantisch " herzählen, verkünden, berichten, rechnen, durchforschen "[7], und auch mhd. *zeln, zelen, zellen* besitzt noch die Bedeutungsvariante im Sinne von nhd. *berichten*. Erst im Nhd. führt Begriffsverengung zur heutigen Intension von *zählen*.[8] Bezüglich der Bedeutungsverengung gilt Gleiches beispielsweise für dän. *tælle*, während sich mit engl. *tell* sowohl der Vorgang des Berichtens als auch der des Zählens ausdrücken läßt, ein Bedeutungsverlust somit theoretisch nicht aufgetreten ist, wenngleich in der Praxis die Verwendung im Sinne von " berichten " dominiert.

Die Bedeutung des Berichtens hat sich im Nhd. noch in präfigierten Verbformen erhalten, nämlich in *erzählen* sowie in bedingtem Maße auch in *aufzählen*, ebenso in nd. *vertellen* bzw. den entsprechenden md./od. Formen. Vereinzelt kann dieses mundartlich weiterhin im Sinne von nhd. *zählen* gebraucht werden.

In ahd. *zellen* lassen sich semantisch grundlegende Aspekte des Zählens belegen, die als seine Konstituenten oder zumindest Konnotate herausgearbeitet werden können ; dies sind zunächst Strukturierung und nachfolgende Auflistung sowie schließlich Zusammenfassung des Gegliederten. Sie zeigen sich in den semantischen Komponenten von " zählen " folgendermaßen : rechnen, durchforschen (Teilen, Strukturierung), herzählen (Auflistung, Gleichordnung), berichten, verkünden (Bilanzieren, Zusammenfassen)[9].

Diese Strukturelemente, die im ursprünglichen semantischen Spektrum von " zählen " als elementar erscheinen, lassen sich erkenntnistheoretisch auch für den kognitiven Prozeß des Zählens als konstitutiv identifizieren : Ausgangspunkt und notwendige Voraussetzung jeden Erkennens und damit z. B. auch

2. *Etymologisches Wörterbuch des Deutschen*, Bd. 2, erarbeitet von einen Autorenkollektiv des Zentralinstituts für Sprachwissenschaft, unter Leitung von W. Pfeiffer, Berlin, Akademie-Verlag, 1993, S. 1590.

3. Die teilweise nur graduellen semantischen Differenzen zwischen den einzelnen Formen sollen hier außer acht bleiben.

4. *Etymologisches Wörterbuch des Deutschen*, *op. cit.*, S. 1590.

5. A. Jóhannesson, *Isländisches etymologisches Wörterbuch*, Bern, 1956, S. 490.

6. J. Pokorny, *Indogermanisches etymologisches Wörterbuch*, Bd. 1, *op. cit.*, S. 193.

7. J. Grimm, W. Grimm, *Deutsches Wörterbuch*, Bd. 31, München, 1991, Sp. 36.

8. *Idem*, Sp. 36.

9. G. Schuppener, *Germanische Zahlwörter ; Sprach- und kulturgeschichtliche Untersuchungen insbesondere zur Zahl 12*, Leipzig, 1996, S. 20ff.

des Zählens besteht in der Strukturierung von Sinneseindrücken, also darin, das Ununterschiedene zu unterscheiden, Sinnenreize zu bewußten Wahrnehmungen zu machen. Erst hierdurch können Einzelheiten für sich, als das von anderem Unterschiedene, bewußt wahrgenommen und begriffen, d. h. auch in Begriffe gefaßt werden. Damit ist aber bereits die wesentliche Grundvoraussetzung zum Zählen gegeben : die bewußte Wahrnehmung von diskreten Objekten, von Einzelnen.

Der zweite Schritt, der als Grundlage für das Zählen notwendig ist, besteht darin, die zuvor unterschiedenen Einzelnen gleichzuordnen, d. h. von ihren Unterschieden zu abstrahieren, um sie zusammenfaßbar und somit zählbar zu machen. Die Gleichordnung abstrahiert von der Gesamtheit der vielfältigen Unterscheidungsmerkmale der einzelnen Objekte bis auf ein bestimmtes Merkmal (im weitesten Sinne), das jedem einzelnen der gleichgeordneten Objekte eigen und damit allen gemeinsam ist. Aus zuvor Unterschiedenen werden, zumindest hinsichtlich einer Kategorie, wieder Gleiche, jedoch ohne daß die Individualität, d. h. daß sie Einzelne sind, verlorengeht.

Schließlich erfolgt durch den Akt des Zählens die Zusammenfassung der zuvor Strukturierten und durch Gleichordnung (Reduzierung auf ein relevantes Merkmal) zählbar gemachten Objekte. Indem einer Menge von Objekten eine Zahl zugeordnet wird, sind diese nicht mehr einzeln für sich existente Entitäten, sondern sind zu einer Gesamtheit zusammengefaßt, die durch die zugeordnete Zahl charakterisiert wird.

Gerade diese Elemente des Strukturierens, Auflistens, Gleichordnens sowie Zusammenfassens finden sich auch in den ursprünglichen semantischen Gehalten des dt. Verbs *zählen* wieder. So sind in der Semantik des ahd. Verbs *zellen* noch die mutmaßlichen kognitiven Grundelemente erkennbar, die konstitutiv für die Erkenntnis- und Abstraktionsleistung des Zählens sind.

Nicht nur im deutschen *zählen* oder den verwandten germanischen Verbformen jedoch hat sich Grundlegendes zur Kognitionsleistung des Zählens sprachgeschichtlich konserviert, sondern analoge Befunde aus anderen Sprachen stützen die getroffenen Feststellungen : Ähnliches wie für das germ. " zählen " gilt auch für die romanischen Wörter für denselben Sachverhalt. Dies sind u. a. rum. *numāra*, it. noverare, frz. nombrer, prov./kat. nombrar[10], aber auch engl. *enumerate*, dt. *numerieren*, die über lat. *numerare* auf die indogermanische Wurzel **nem-* zurückgehen. Als Bedeutungen dieser Wurzel lassen sich einerseits " zuteilen, nehmen " rekonstruieren, woraus sich got., as., ags. *niman*, ahd. *nëman*, aisl. *nëma*[11] und weiterentwickelt wiederum rezent u. a. nhd. *nehmen* herleiten, sowie andererseits " anordnen, rechnen, zählen "[12]. In diesen Bedeutungen spiegeln sich die wesentlichen bereits dargestellten Ele-

10. W. Meyer-Lübke, *Romanisches etymologisches Wörterbuch*, *op. cit.*, S. 492.
11. J. Pokorny, *Indogermanisches etymologisches Wörterbuch*, Bd. 1, *op. cit.*, S. 763.
12. *Idem*, S. 763.

mente der kognitiven Leistung des Zählens wider, nämlich das Teilen und das Anordnen bzw. Gliedern.

Während im ursprünglichen Bedeutungsfeld bei **del-* neben " zählen " vor allem der Gesichtspunkt des Aufreihens liegt[13], setzt die Wurzel *nem- mit der Bedeutung " zuteilen " einen anderen Schwerpunkt, die Strukturierung. Beide Aspekte sind aber mit dem Akt des Zählens eng verbunden.

Auch der dritte Aspekt, der für die Erkenntnisleistung des Zählens neben Teilen/Strukturieren und Auflisten/Gleichordnen konstitutiv ist, nämlich der des Zusammenfassens/Bilanzierens kann im idg. Bereich an Verben des Zählens nachgewiesen werden : Bemerkenswerterweise besitzen nahezu alle aus der idg. Wurzel **del-* erwachsenen Verben, die das Zählen bezeichnen, zugleich auch die Bedeutung von " berichten ", beispielsweise dt. *erzählen* oder engl. *tell.*

Dasselbe Faktum läßt sich auch für lat. *computare* und die hieraus entstandenen romanischen Verbformen[14] beobachten[15]. Dabei geht lat. putare " rechnen, berechnen, vermuten, meinen " zurück auf die idg. Wurzel **peu-* " erforschen, begreifen, verständig sein "[16].

Das Phänomen läßt sich inhaltlich relativ einfach erklären : Sowohl Zählen wie auch Berichten haben eine bilanzierende und zusammenfassende Funktion bezüglich diskreter, zuvor unverbundener Einzelheiten. Insofern besteht zwischen Zählen und Berichten durchaus eine semantische Ähnlichkeit hinsichtlich des Charakters und der Struktur der jeweiligen Handlung. Ebenfalls im weiteren Sinne aus zusammenfassendem Grundgehalt sind die slawischen Verben des Zählens erwachsen, z. B. abg./aksl. *čisti* " zählen, rechnen, Geschriebenes lesen ; ehren ", lett. skaitît " zählen, Gebete aufsagen ", lit. skaitau " zählen, lesen "[17], tsch. čítat " zählen ", počítat " zählen, rechnen ". Zugrunde liegt dabei nämlich die idg. Wurzel **k^{u}ei-(t-)*, von deren umfänglichen semantischen Grundgehalt die Intension " schätzen " wohl der Bedeutung des Zählens vorausgeht. Auch hier liegt eine zusammenfassende Wertung vor[18], wobei sich in Bedeutungen wie " lesen " oder " Gebete aufsagen " sekundär auch die aneinanderreihende Funktion des Zählens widerspiegelt.

Somit finden sich in den idg. Wurzeln für Verben des Zählens mit unterschiedlichen Schwerpunktsetzungen die drei wesentlichen Aspekte wieder, die erkenntnistheoretisch für das Zählen als konstituierend feststellbar sind : Dabei

13. J. Pokorny, *Indogermanisches etymologisches Wörterbuch*, Bd. 1, *op. cit.*, S. 193. Ein möglicher Zusammenhang mit der gleichlautenden Wurzel *del- " spalten " ist allerdings nicht auszuschließen.

14. W. Meyer-Lübke, *Romanisches etymologisches Wörterbuch*, *op. cit.*, S. 199.

15. In engl. *count*, das aus derselben Wurzel stammt, hat sich die Bedeutung des Berichtens zwar verloren, jedoch findet sie sich in der Bedeutung " Bericht " von account.

16. J. Pokorny, *Indogermanisches etymologisches Wörterbuch*, Bd. 1, *op. cit.*, S. 827.

17. *Idem*, S. 637.

18. *Idem*, S. 637.

betont *del- mehr das Auflisten, *nem- das Teilen und schließlich *peu- bzw. *k^uei-(t-) das Zusammenfassen.

Die im Idg. mit dem Zählen in Verben verbundenen Konnotationen, die auf Vorstellungen und Konzepte rückschließen lassen, können auch in Sprachen anderer Sprachfamilien nachgewiesen werden. Angesichts der immensen Vielzahl von Sprachen können hier lediglich einige ausgewählte Beispiele genannt werden : Finn. *lukea* weist hinsichtlich seines Bedeutungsspektrums bemerkenswerte Übereinstimmungen mit den aus kuei-(t-) stammenden balt. bzw. slaw. Formen auf, die einer (hier nicht zu leistenden) näheren Betrachtung bedürften. Auch hier finden sich als Bedeutungen neben " zählen " wiederum " lesen, sagen, sprechen, beten " sowie " lernen " und " studieren "[19], betont wird dabei also insbesondere die aufzählende und aneinanderreihende Funktion, die sowohl dem Zählen wie auch dem Lesen, Sprechen, Beten usw. eigen ist.

Weiter sei exemplarisch arab. عد betrachtet. Neben " zählen ", " aufzählen ", " berechnen " bedeutet عد (im 1. Stamm) zugleich auch " ansehen für ", " betrachten als ", " erachten für " und " halten für "[20].

Inhaltlich nahezu identisch verhält sich auch türk. *saymak*, das ebenfalls neben " zählen " und " rechnen " die Bedeutungen " meinen ", " halten für ", " ansehen als ", " (hoch-)achten " usw. besitzt[21].

Schließlich verfügt ebenso im Swahili die Form *-hesabia* im Sinne von " zusammenzählen ", aber auch " (jemanden) einschätzen ", " betrachten als " über ein vergleichbares Bedeutungsspektrum[22]. In allen Fällen ist ein inhaltlicher Zusammenhang jener Bedeutungen darin zu sehen, daß Zählen als Akt zugleich bilanzierend, resultierend und analysierend ist. Insofern gibt eine Zahl auch ein Resultat, im weiteren Sinne eine Bewertung an. Die zugrunde liegende Vorstellung ist also resultatorientiert.

Ein sehr ähnliches Muster findet sich im Indonesischen :

Hier besitzt das Verb membilang " zählen " u. a. mit den Nebenbedeutungen " sich überlegen ", " etwas abwägen " ebenfalls bilanzierenden Charakter[23].

Ähnlichkeiten mit den Grundvorstellungen für die Entstehung und das Verständnis des Zählens als Akt, die sich in den idg. Wurzeln *del- und *nem-

19. P. Katara, I. Schellbach-Kopra, *Suomi-Saksa Suursanakirja - Großwörterbuch Finnisch-Deutsch*, Porvoo, Helsinki, Juva, 1992, S. 493.

20. H. Wehr, *Arabisches Wörterbuch für die Schriftsprache der Gegenwart und Supplement*, Beirut, 1976 ; Vgl. *Etymologisches Wörterbuch des Deutschen*, S. 535.

21. K. Steuerwald, *Türkisch-Deutsches Wörterbuch, Türkçe-Almanca Sözlük*, Wiesbaden, 1988, S. 993. Hier wäre im weiteren zu untersuchen, ob und inwieweit für die Semantik von saymak Einflüsse aus dem Arabischen relevant sind.

22. H. Höftmann, I. Herms, *Wörterbuch Swahili-Deutsch*, Leipzig, Berlin, München, Wien, Zürich, New York, 1992 ; A. Jóhannesson, *Isländisches etymologisches Wörterbuch*, *op. cit.*, S. 79. Verwandt ist -hesabu " zählen, rechnen, abschätzen ".

23. E.-D. Krause, *Wörterbuch Indonesisch-Deutsch*, Leipzig, Berlin, München, Wien, Zürich, New York, 1994, S. 210.

rekonstruieren lassen, weisen die hebr. Wurzel כסס und מנה auf, die beide " zählen " bedeuten[24]. Das Verb כסס bedeutet ahebr. noch " in kleine Teile zerlegen " ; von dort hat sich die Bedeutung im Nhebr. verschoben zu " zählen, rechnen "[25]. Diese Bedeutungsveränderung resultiert wie im idg. Bereich (und vielleicht auch von diesem beeinflußt) aus einer ähnlichen Vorstellung vom Zählen als wesentlich im Sinne von " einteilen " und " strukturieren ". Bereits im klassischen Hebräisch hingegen besitzt das zweite Verb, nämlich (מנה), die intensionale Ambivalenz von " zählen " und " zuteilen ", die ebenfalls schon im wurzelverwandten assyrischen *manû* präsent war[26]. Auch hier ist das Verständnis des Zählens als ein Akt von separierender, diskretisierender und strukturierender Funktion erkennbar, das sich in ähnlicher Form bereits oben mehrfach beobachten ließ.

Ein weiterer Beleg für den Zusammenhang von Zählen und Teilen zeigt sich schließlich auch in " häufigen Beziehungen von Ausdrücken für 2 mit Bezeichnungen für " spalten " in den Sudansprachen "[27]. In der elementarsten Zählung, nämlich derjenigen von 1 und 2, wird also eine Spaltung gesehen ; somit, da dieses elementare Zählen Grundstufe eines jeden Zählens ist, läßt sich berechtigt darauf schließen, daß die Vorstellung auch dem Akt des Zählens insgesamt zugrunde lag.

Trotz der relativ zur Gesamtzahl der Sprachen sehr geringen Anzahl der hier aufgeführten Belege aus unterschiedlichen Sprachen geben die bisherigen Untersuchungsergebnisse Anlaß zur Formulierung der Hypothese, daß die Bedeutungsentwicklung der Verben für das Zählen universal von denselben drei Grundmotiven ausging, die sich auch erkenntnistheoretisch als dem Zählen essentiell feststellen lassen, nämlich Teilen/Strukturieren, Auflisten/Gleichordnen und Zusammenfassen/Bilanzieren.

Wenngleich eine abschließende Verifikation dieser Hypothese schon aus pragmatischen Gründen unmöglich ist, so zeigt sie doch in ihrer Übereinstimmung mit den erkenntnistheoretischen Erwägungen zu den Konstituenten des Zählens große Plausibilität. Obwohl Beispiele für Thesen mit Allgemeingültigkeitsanspruch immer nur illustrierenden bzw. plausibilisierenden, niemals jedoch beweisenden Charakter haben können, läßt sich doch angesichts des obigen Materials folgende Aussage formulieren, die zumindest in Bezug auf das Idg. Gültigkeit besitzt und darüber hinausgreifend zumindest als Tendenz erkannt werden kann : Die Verben des Zählens gehen auf die semantische Basis entweder des Separierens, des Gleichordnens oder des Zusammenfassens

24. W. Gesenius, *Hebräisches und Aramäisches Handwörterbuch über das Alte Testament*, Berlin, Göttingen, Heidelberg, 1962, S. 356 und S. 436 ; Vgl. J. Pokorny, *Indogermanisches etymologisches Wörterbuch*, Bd. 1, *op. cit.*

25. *Idem,* S. 356.

26. *Idem,* S. 436.

27. M. Schmidl, " Zahl und Zählen in Afrika ", *Mitteilungen der Anthropologischen Gesellschaft in Wien*, 45 (1915), 165-209, S. 198.

zurück. Mit diesen drei Aspekten sind im wesentlichen auch die Konstituenten des Zählens erfaßt.

Natürlich konnten hier nur Ansätze gezeigt und Aspekte angerissen werden. Dennoch scheint den erzielten Ergebnissen Signifikanz zuzukommen ; weiteres muß Detailuntersuchungen vorbehalten bleiben.

Faßt man nun auch hinsichtlich der Methodik zusammen, so läßt sich folgendes feststellen : Während sich erkenntnistheoretisch analysieren läßt, welche kognitiven Elemente für das Zählen grundlegend sind, ermöglicht die sprachhistorische Rekonstruktion eine pragmatische Plausibilisierung dessen, indem sie in den Bedeutungsfeldern der Verben des Zählens oder ihrer Wurzeln exemplarisch belegen kann, daß sich in diesen die erkenntnistheoretisch als wesentlich für das Zählen festgestellten Aspekte tatsächlich nachweisen lassen.

Ulrich Wagner : Autor des ersten gedruckten deutschsprachigen kaufmännischen Rechenbuches

Eberhard SCHRÖDER

Ulrich Wagner ist der Autor des ersten in deutscher Sprache gedruckten kaufmännischen Rechenbuches. Zunächst liegt für das Jahr 1482 das Fragment eines bei Heinrich Petzensteiner in Bamberg gedruckten Rechenbuches vor. Darin ist auf dem Schlußblatt Ulrich Wagner als Nürnberger Rechenmeister und Verfasser genannt[1]. Dieser Ulrich Wagner, von dessen Lebensumständen später noch berichtet wird, ist mit grosser Wahrscheinlichkeit auch der Verfasser des wenig später (am 15.4.1483) erschienenen Rechenbuches, das gleichfalls bei Heinrich Petzensteiner gedruckt wurde. Dieses sogenannte " Bamberger Rechenbuch " ist uns in zwei vollständigen Exemplaren und einem Fragment in die Gegenwart überliefert[2]. Ein Exemplar befindet sich in der Ratsschulbliothek von Zwickau, das andere in der Zentralbibliothek von Zürich und das Fragment in der Staats- und Stadtbibliothek von Augsburg[3].

Dieses Rechenbuch umfaßt 77 Blätter (154 Seiten). Die Auswahl der Aufgaben, der methodische Aufbau des Lehrganges, der sichere Umgang mit den indisch-arabischen Zahlen und die perfekte Umrechnung von Münz-, Maß- und Gewichtseinheiten ineinander bezeugen, daß hier ein aus der kaufmännischen Praxis hervorgegangener Rechenmeister am Werk war, der sein Lebenswerk mit diesem Buch zu krönen suchte. Die letzte Zeile des Buches lautet zwar : " In Babenberg durch henrk petzen steiner begriffen : volendet ", aber

1. H. Brunner, " Das erste deutsche Rechenbuch ", *Mitteilungen des Vereins für Geschichte der Stadt Nürnberg*, 35, Nürnberg, 1937, 1-16 ; A. Jaeger, " Der Nürnberger Rechenmeister Ulrich Wagner, der Verfasser des ersten gedruckten deutschen Rechenbuches ", *Mitteilungen zur Geschichte der Medizin und der Naturwissenschaften,* 26, n° 11, Leipzig, 1927, 1-5.

2. J.J. Burckhardt, " Bamberger Rechenbuch von 1483 ", *Verhandlungen der Schweizerischen Naturforschenden Gesellschaft*, Glarus, 1958, 95-96 ; W. Günther, " Das Bamberger Rechenbuch von 1483 ", *Sächsische Heimatblätter*, H. 3, Dresden, 1960, S. 355-364 ; U. Wagner, *Das Bamberger Rechenbuch von 1483, Faksimile-Druck der Ausgabe von 1483 mit einem Nachwort von E. Schröder*, Berlin, Weinheim, 1988.

3. J. Köbel, *Ain New geordnet Rechenbiechlin auf den linien mit Rechenpfenningen*, Augsburg, 1514 ; K. Menninger, *Zahlwort und Ziffer*, Breslau, 1934.

mit Sicherheit kann ausgeschlossen werden, daß der als Buchdrucker für Bamberg von 1482 bis 1490 belegbare Heinrich Petzensteiner auch der Autor dieses Buches sein könnte[4].

Zur Zeit des Auftretens der ersten Rechenmeister in Nürnberg waren Kaufleute dieser Stadt bereits lebhaft am Fernhandel beteiligt, der im 14. und 15. Jahrhundert noch seinen Weg über die Alpen (Innsbruck) nach Oberitalien (Florenz, Venedig) nahm. So sind die Imhoffs seit 1376 im Nürnberger Fernhandel namentlich belegbar. Sie handelten mit Edelmetallen und waren an Investitionen bei Erschliessung von Silbergruben im Harz und im Erzgebirge beteiligt. Eine Schiffsladeliste für zwei Gewürzschiffe aus Beirut und Alexandria von 1446 für das Handelshaus Imhoff bezeugt die Lieferung von Pfeffer, Zimt, Muskatnuß, Ingwer und Gewürznelken, Seidenstoffen sowie Indigo aus Indien und der Arzneimittel Wurmkraut, Borax, Aloe und Sandelholz. Über Venedig kamen auch exotische Produkte, wie Straußeneier, Nautilusschalen und Kokosschalen nach Nürnberg. Dort wurden sie von Goldschmieden kunstvoll gefaßt und zu kostbarem Hausgerät verarbeitet. Auch mit Erzeugnissen des Kunsthandwerks, wie Majoliken aus Venedig Fayencen aus Faenza und Gläsern aus den Glasbläsereien von Murano wurde gehandelt.

Die internationale Verflechtung des Handels forderte solides Wissen über die Vielfalt der Währungs- und Maßsysteme. Das dürftige Angebot der offiziellen Schuleinrichtungen stand in dieser Zeit (14. Jahrhundert) im Widerspruch zu den Bedürfnissen der Kaufleute u.a. in Augsburg, Nürnberg und Regensburg. So schickten diese ihre Söhne zur Kaufmännischen Ausbildung in Schulen und Handelshäuser oberitalienischer Städte. Viele noch heute gebräuchliche Fachausdrücke aus dem Bank- und Finanzwesen sind sprachliche Dokumente dieses Vorganges. In dieser Frühzeit (12. bis 13. Jahrhundert) war das kaufmännische Rechnen mit den indisch-arabischen Zahlen bereits sehr weit entwikkelt. Als Repräsentant dieser theoretisch orientierten Kaufmannsgilde sei hier Leonardo Fibonacci von Pisa (ca. 1170-1250) genannt. Das Rechnen mit Rechenbrett und Zählsteinen war nach seiner Überzeugung ein Irrweg. So wurden die jungen Kaufleute aus einigen süddeutschen Städten vertraut mit der " Kunst der Kautmannschaft " und dem Rechnen nach der " welschen Art ".

Seit der Mitte des 15. Jahrhunderts findet man in größeren süddeutschen Städten den später in Zünften vereinigten Stand der Rechenmeister. Allerdings wurde das Rechnen am Abakus und das Rechnen mit der Feder nach der indisch-arabischen Methode in der Anfangszeit gleichrangig nebeneinander behandelt. Dieser Dualismus wurde erst im Laufe des 16. Jahrhunderts, nachdem der Algorismus auch in den Lehrplänen der Universitäten einen gesicherten Platz hatte, zugunsten des Rechnens mit der Feder überwunden.

4. K. Faulmann, *Illustrierte Geschichte der Buchdruckerkunst*, Wien, Pest, Leipzig, 1882.

In Nürnberg sind bereits für das Jahr 1457 drei miteinander im Wettbewerb stehende Rechenmeister belegt. Namentlich bekannte Rechenmeister dieser Stadt beginnen mit Michael Jöppel, Rupprecht Kolberger und Ulrich Wagner, der auch unter dem Namen H. Paur geführt wird. Aus Ratsprotokollen vom 10.7.1486 und 22.11.1487 ist zu entnehmen, daß sie miteinander im Streit lagen. Laut Ratsbeschluß sah man die Ursache der " Irrung " in einer " afterwett ", die die Rechenmeister in ihrem Konkurrenzneid gegeneinander aufgebracht hatte. Offiziell war man darauf bedacht, die Standorte der Rechenschulen innerhalb der Stadt möglichst weit auseinanderzuhalten. Keinesfalls wollte man Spannungen der Rechenmeister untereinander aufkommen lassen. Es ist anzunehmen, daß Wagners Schulbetrieb gut florierte. Davon zeugen zunächst die beiden von ihm verfaßten Lehrüicher.

Außerdem konnte er sich 1489 in Nürnberg ein Haus für 140 rheini Gulden kaufen. Allerdings muß er bis 1490 verstorben sein, denn in diesem Jahr erschien " Kunigund, Ulrich Wagners seligen eheliche wittib, auch Hans Wagner, ir sone " vor Gericht. Wagners Witwe Kunigund ist 1513 verstorben, denn ihr Name ist in diesem Jahr im Totengeläutbuch von St. Sebaldus registriert. Aus der Erwähnung als " Rechenmeisterin " kann gefolgert werden, daß sie die Rechenschule ihres Mannes mit Gehilfen weitergeführt hat. Der Sohn Hans Wagner ist zu dieser Zeit als " Rechenmeister auffm heffner Platz " belegt. Vermutlich konnte er mit seiner Schule dem bestehenden Wettbewerb auf Dauer nicht standhalten. 1523 mußte Hans Wagner das väterliche Haus verkaufen. Seine Nachfahren verarmten, wie sich aus Akten späterer Jahre folgern läßt.

Der baldige Tod und der Niedergang der Schule Ulrich Wagners mögen mit Gründe dafür gewesen sein, daß sein Buch keine weiteren Auflagen erlebte und sich somit die Nachwirkung dieses Werkes in Grenzen hielt. Dies ist deshalb bedauerlich, weil es mit der konsequenten Anwendung der indisch-arabischen Zahlen und dem Rechnen mit der Feder eine Pionierleistung darstellte. Auf Grund der urkundlich belegbaren Daten über die Familie des Rechenmeisters Ulrich Wagner ist das Geburtsjahr des Vaters zwischen 1430 und 1440 anzusetzen. Er lebte bis 1490. Seine Bücher schrieb er wohl in den vierziger Jahren seines Lebens.

Es drängt sich ein Vergleich der Lebenszeiten von Ulrich Wagner mit Adam Ries[5] auf. Für Adam Ries ist die Lebensspanne von 1492 bis 1558 urkundlich gesichert. Die Zeitabschnitte ihres Lebens und publizistischen Aktivitäten sind durch etwa 60 Jahre (zwei Generationen) voneinander getrennt[6]. Dem geringen Bekanntheitsgrad von Ulrich Wagner steht die hohe Popularität des Adam Ries

5. F. Deubner, *...nach Adam Ries. Leben und Wirken des großen Rechenmeisters*, Leipzig-Jena, 1959 ; H. Wußing, " Adam Ries — Rechenmeister und Cossist ", *Sächsische Heimatblätter*, H. 1, Dresden, 1985, S. 14.

6. A. Ries, *Rechnung auff der linihen und federn in zal, maß und gewicht...*, Erfurt, 1522.

gegenüber[7]. Diese unterschiedliche Bewertung der beiden Rechenmeister durch die Mit- und Nachwelt zu ergründen wäre bereits ein Thema für sich. Wir wollen uns hier mit der Feststellung des Sachverhaltes begnügen. Immerhin würdigt Moritz Cantor in seinem grundlegenden mathematikhistorischen Werk das Bamberger Rechenbuch als einen Ausfluß italienischer Lehren auf süddeutschem Boden[8].

Dank der Erfindung des Buchdruckes mittels beweglicher Lettern durch Johannes Gutenberg im Jahre 1450 für Europa hatten sich völlig neue Dimensionen zur Verbreitung wissenschaftlicher Kenntnisse in weiten Kreisen der Bevölkerung eröffnet. Infolge der technischen Durchbildung dieses Druckverfahrens und der Verbesserung der Papierherstellung wurde es möglich, Flugschriften politischen und religiösen Inhalts in größerer Stückzahl zu drucken. Unter den Büchern waren es zunächst vor allem Bibeln, Gebets- und Gesangbücher, gefolgt von Rechenbüchern, Kalendern und Zahlentafeln für die Kaufmännische, bergmännische und seemännische Praxis. Zu erwähnen ist an dieser Stelle das Bamberger Blockbuch, ein xylographisches Druckerzeugnis, das zwischen 1471 und 1482 entstanden ist. Es enthält 89 Exempel und stellt eine bibliographische Kostbarkeit höchsten Ranges dar.

Wenden wir uns der Frage zu, Wagners Werk auf seine Abhängigkeiten von früheren Autoren und seine mögliche Ausstrahlung auf spätere Rechenmeister zu untersuchen. Als Vergleichsobjekt bietet sich das Bamberger mathematische Manuskript von ca. 1462 (im folgenden mit B.m.M. abgekürzt) an. Dieses Manuskript entdeckte Kurt Vogel in der Staatsbibliothek Bamberg[9]. Es war dem bereits erwähnten Bamberger Blockbuch als Anhang mit 126 Blättern beigebunden. Zunächst ist festzuhalten, daß Wagners Buch (im folgenden mit B.R. abgekürzt) mit einer kurzen Vorrede und der Aufzählung der 20 Kapitel seines Werkes beginnt. Der Stoff ist systematisch und anwendungsbezogen gegliedert. So fand der lernende Kaufmann an Hand des Registers schnell den Zugriff zur Lösung von in der Praxis anfallenden Aufgaben. Die ersten fünf Kapitel handeln von den positiven ganzen Zahlen und den Anwendungen der vier Grundrechnungsarten. Das B.m.M. hat hierzu nichts Entsprechendes zu bieten. Erst ab dem 6. Kapitel des B.R. finden sich mit dem Einstieg in die Bruchrechnung viele numerische und imerklärenden Text wörtliche Überein-

7. Ders., " Adam Ries, der Rechenmeister des deutschen Volkes ", *Zeitschrift Geschichte, Naturwissenschaften, Technik, Medizin,* 1 (1960/62), H. 3, S. 11-44.

8. M. Cantor, *Vorlesungen über Geschichte der Mathematik*, 2, Leipzig, 1913, S. 227.

9. K. Vogel, " Das älteste deutsche gedruckte Rechenbuch Bamberg 1482 ", *Gymnasium und Wissenschaft, Festausgabe zur Hundertjahrfeier des Maximiliansgymnasiums in München*, München, 1949, 231-277 ; K. Vogel, " Die Practica des Algorismus Ratisbonensis ", *Schriftreihe zur Bayrischen Landesgeschichte,* 50, München, 1954 ; K. Vogel, " Adam Ries, der deutsche Rechenmeister ", *Deutsches Museum, Abhandlungen und Berichte,* H. 3, 27, München, 1959, S. 1-37 ; K. Vogel, " Der Trienter Algorismus von 1475 ", *Nova Acta Leopoldina*, N.F.27, Nr. 167, Halle, 1963, 183-200 ; K. Vogel, *Das Bamberger Blockbuch. Ein xylographisches Rechenbuch aus dem 15. Jahrhundert*, München, 1980.

stimmungen. Man vergleiche hierzu ab Seite 35 der Neuauflage des B.R. von 1988. Die Erläuterung der damals das kaufmännische Rechnen beherrschenden " Goldenen Regell " behielt sich Wagner bis zum 10. Kapitel vor. Etwa 20 größere Aufgaben sind wörtlich und numerisch dem B.m.M. entnommen. Bei 40 Aufgaben zur " Rechnung über Land " im 17. Kapitel (Schluß von der Einheit auf die Vielheit) ist mindestens im Aufbau eine Analogie erkennbar. Aufgaben zum Handel am Stich, Weinhandel mit Berücksichtigung des Fuhrlohnes, Gedinge bei der Arbeit im Weinberg, anteilige Abfindung von 6 Bürgern bezüglich einer Schuldforderung, Begegnungsaufgaben für zwei nach Rom laufende Pilger, Tabellen über Münz- und Gewichtsbeziehungen und Aufgaben von Gesellschaft bezeugen Gemeinsamkeiten bezüglich der Problemstellungen und des rechnerischen Vorgehens. Die Berechnung der Legierungsanteile für einen Glockenguß und die Ermittlung der Ausflußzeiten von Wasser aus einem Faß bei einem und mehreren gezogenen Zapfen sind weitere Belege für die Abhängigkeit des Ulrich Wagner von dem B.m.M., dessen Autor nicht bekannt ist.

Ferner spricht die an Exempeln demonstrierte Summation sowohl von arithmetischen wie auch von geometrischen Zahlenfolgen mindestens für eine gemeinsame Quelle dieser beiden aus der zweiten Hälfte des 15. Jahrhunderts stammenden mathematischen Zeugnisse.

Offensichtlich läßt sich der Bogen über den unbekannten Verfasser des B.m.M. weiter zurückspannen zu dem Benediktinermönch Frater Fridericus (Friedrich Gerhart) aus dem Kloster St. Emmeran in Regensburg. Von diesem seit 1445 durch wissenschaftliche Arbeiten nachweisbaren Frater Fridericus stammt auch der Algorismus Ratisbonensis, eine Handschrift, in der das Rechnen mittels der indisch-arabischen Zahlen erklärt wird. Die darin enthaltene Practica, eine umfangreiche Aufgabensammlung, diente in der Folgezeit unmittelbar oder mittelbar als Fundgrube für Autoren von Rechenbüchern und für Rechenmeister. Frühestens ab 1461 könnte die Practica dem unbekannten Verfasser des B.m.M. als Vorlage gedient haben.

Bemerkenswert sind einige aus inhaltlicher Sicht gravierende Unterschiede von Wagners Rechenbuch mit dem etwa 20 Jahre älteren Manuskript. So sind viele Aufgabenstellungen des B.m.M., die auf lineare Gleichungssysteme mit zwei, drei oder auch vier Unbekannten hinauslaufen. Solche Aufgaben löste der unbekannte Rechenmeister mittels falschem Ansatz und anschließender Anwendung der Regeldetri. Daher vermißt man in Wagners Rechenbuch Aufgabenstellungen von der Art : " 3 Gesellen finden einen Geldbeutel. Spricht der erste... " oder " 3 Gesellen kaufen ein Pferd. Spricht der erste... " Ein Vorgehen nach der " Regula falsa ", also ein iteratives Herangehen an die Lösung, war Ulrich Wagner vermutlich fremd[10]. Problemstellungen, die aus heutiger

10. F. Unger, " Das älteste deutsche Rechenbuch ", *Zeitschrift für Mathematik und Physik,* 33 (1888), 125-145.

Sicht auf lineare Gleichungssysteme mit zwei und mehr Unbekannten führen, fanden im B.R. keine Aufnahme.

Bezüglich geometrischer Anwendungen erreichte Wagner gleichfalls nicht die Breite seines Vorläufers. So finden sich in seinem Buch keine Anwendungen für den Lehrsatz des Pythagoras. Aufgaben über eine schräg an die senkrechte Mauer angelehnte Leiter oder über das Positionieren eines Luders zwischen zwei Türmen verschiedener Höhe, auf denen je ein Falke sitztg trifft man in diesem Buch nicht an. Man vermißt auch Aufgaben zur Ermittlung des Volumens von Brunnen mit kreisförmigem Querschnitt oder des Steinbedarfs für den Baueiner ringförmigen Mauer. Solche Fragestellungen erfordern den Umgang mit einem Näherungswert für π und der Problematik der Kreisquadratur und Kreisrektifikation.

Zusammenfassend ist festzuhalten, daß das B.R. gegenüber dem B.m.M. in methodischer Hinsicht und in der Stoffauswahl einen Fortschritt bot und den Anliegen von jungen lernwilligen Kaufleuten gut entgegenkam. Aus mathematischer Sicht ist jedoch zu bemerken, daß einige der im B.m.M. enthaltenen Ansätze zur Lösung von Aufgaben der linearen Algebra (Auswertung linearer Gleichungssysteme mittels regula falsi, iteratives Vorgehen bei der Lösungsfindung), Entfernungsbestimmung von zwei Punkten im Raum (Lehrsatz des Pythagoras), Bestimmung des Volumens zylindrischer Körper (Kreislehre) und Problematik der Zinseszinsrechnung im B.R. des Ulrich Wagner von 1483 keine Aufnahme fanden[11].

Schwierig ist der Nachweis von Belegen für die ausstrahlende Wirkung des Nürnberger Rechenmeisters auf folgende Generationen. Die Auflagenhöhe des B.R. ist auf Grund der geringen Zahl von überlieferten Exemplaren (3 Stück) nur sehr niedrig anzusetzen. Immerhin fand und findet sich ein Exemplar in der Ratsschulbibliothek von Zwickau. Diese Stadt spielt aber im Leben des Adam Ries keine unwichtige Rolle. Verbürgt ist die Nachricht, daß er sich mit seinem jüngeren Bruder Conrad im Jahre 1509 in Zwickau aufhielt. Dieser Bruder besuchte in Zwickau die hochangesehene Lateinschule. Adam Ries lernte dort einen Thomas Meiner kennen, der später Ratsherr in Annaberg wurde. Gemeinsam mit ihm rechnete er mathematische Exempel. Eine von Meiner gestellte Aufgabe fand sogar Aufnahme in dem Rechenbuch des Adam Ries von 1550. Ohne einen schriftlichen Beleg zu besitzen, kann mit hoher Wahrscheinlichkeit angenommen werden, daß sich die beiden an Problemen der Rechenkunst interessierten jungen Männer des B.R. bedienten, um sich im Umgang mit Zahlen nach der indisch-arabischen Methode zu üben. 1517 verstarb der jüngere Bruder Conrad in Zwickau, so daß man von mehreren Aufenthalten des Adam Ries in dieser zwischen Etfurt und Annaberg liegenden Stadt ausgehen kann. Erschwert wird die Erforschung der Abhängigkeiten ein-

11. J. Tropfke, *Geschichte der Elementarmathematik*, 4. Auflage, Bd. 1, *Arithmetik und Algebra*, Berlin-New York, 1980.

zelner Rechenmeister voneinander durch die verschiedenen parallel zueinander verlaufenden Entwicklungslinien des numerischen Rechnens. Lediglich die zuweilen auftretenden Rechen- und Übertragungsfehler beim Abschreiben erlauben es, dann eindeutig auf benutzte Quellen zu schließen[12].

Eine Schlüsselstellung nimmt der von Pater Fridericus im Kloster St. Emmeran zwischen 1450 und 1461 verfaßte Algorismus Ratisbonensis mit der darin enthaltenen Practica für die weiteren schriftlichen Zeugnisse ein. So hängen von dieser Practica eine Wiener Algorismusschrift mit 40 Aufgaben, das B.m.M. mit 80 Aufgaben und Wagners B.R. mit 30 Aufgaben ab. Johannes Widmann wiederum entnahm der " Practica " und dem B.R. für sein 1489 erschienenes Rechenbuch " Behend vnd hüpsch Rechnung avf allen Kauffmannschaften " eine Reihe von Aufgaben[13]. Mit Sicherheit hat Adam Ries wenigstens eines der drei Werke, die Regensburger " Practica ", das B.R. des Ulrich Wagner oder den Wiener Algorismus eingesehen.

Abschließend bleibt noch festzuhalten, daß der Nürnberger Rechenmeister Ulrich Wagner mit der Herausgabe seines Rechenbuches im Jahre 1482/83 eine Pionierleistung vollbracht hatte, die nicht nur dem kaufmännischen Rechnen seiner Zeit einen wesentlichen Impuls gab, sondern auch dem Druckverfahren mit beweglichen Lettern nach Johannes Gutenberg ein neues Anwendungsfeld erschloß. Anregend für das publizistische Auftreten des Rechenmeisters mag mit das geistig und kulturell aufgeschlossene Umfeld von Nürnberg gewesen sein.

Johannes Regiomontanus (1436-1476), der zu den bedeutendsten Mathematikern und Astronomen des 15. Jahrhunderts gehört, forschte in der ebenen und sphärischen Trigonometrie und ließ um 1474 in eigener Druckerei 5 Bücher über Trigonometrie und 2 Kalender herstellen.

Der Mathematiker und Astronom Johannes Werner (1468-1528) publizierte im Jahre 1522 ein Buch über Kegelschnitte, das erste Buch zu diesem Gegenstand nördlich der Alpen, allerdings in lateinischer Sprache. Wenig später trat der vielseitig engagierte Künstler Albrecht Dürer (1471-1528) mit drei Büchern auf den Plan, seiner " Underweysung der messung mit dem zirckel un richtscheyt ", der " Befestigungslehre " und seiner " Proportionslehre " von 1527 bis 1528. In keiner anderen Stadt Deutschlands läßt sich durch schriftliche und künstlerische Zeugnisse so augenfällig der menschliche Fortschritt um die Wende vom 15-ten zum 16-ten Jahrhundert belegen wie in Nürnberg. Das Tor zur Neuzeit wurde in vielschichtiger Weise aufgestoßen und ermöglichte einen Wandel in Handwerk, im Handel, in Kunst und Wissenschaft. In der

12. F. Unger, *Die Methodik der praktischen Arithmetik in historischer Entwicklung*, Leipzig, 1888.

13. W. Kaunzner, *Das Rechenbuch des Johann Widmann von Eger. Seine Quellen und seine Auswirkungen*, Diss. München, 1954 ; J. Widmann, *Behende und hubsche Rechnung auf allen kauffmannschaft*, Leipzig, 1489.

Folgezeit profitierte das kaufmännische Rechnen und später auch die Mathematik sehr viel von dieser Symbiose mit der Kunst des Buchdruckes nach Johannes Gutenberg. Ulrich Wagner steht mit seinem Werk an der untersten Stufe bei der Herausbildung dieser fruchtbaren Partnerschaft[14].

14. H. Wußing, " Zum Charakter der europäischen Mathematik in der Periode der Herausbildung von frühkapitalistischen Verhältnissen (15. und 16. Jahrhundert) ", *Mathematik, Physik und Astronomie in der Schule,* 8 (1961), 519-532 und 585-593.

Christian Wolff (1679-1754) and his contribution for the Mathematics Education

Sergio Nobre[1]

Introduction

For his great activity at the beginning of the German Enlightenment, the philosopher and mathematician Christian Wolff is known nowadays as " the Philosopher of the Enlightenment in Germany ". Nevertheless, because he is not considered as a " creator " in Mathematics, he does not receive an appropriate attention by the Historians of Mathematics. But the historical development of Science, specially of Mathematics, cannot be only based on the development of their concepts and main personages. There is a great relationship between these two points and what contributed to their existence. From this view, it is very important for the History of Science, the investigation about the thinking and persons who contributed indirectly to the development of Science. Christian Wolff, with his mathematical work, was one of these. Son of the Protestant Christoph Wolff and his wife Ana, Wolff was born in Breslau (today Wroclaw - Poland) on January 24th, 1679. He studied Theology at the University of Jena and Philosophy at the University of Leipzig, where he worked at the Philosophy College. Recommended by his friend G.W. Leibniz (1646-1716), Wolff became a Mathematics Professor at the University of Halle in 1706. Three years later he also assumed the responsibility for the Philosophy lectures. Accused as a " religions enemy " and " adept at the determinism ", Wolff was expelled from the country (at that time Prussia) in 1723 and started working as a Philosophy Professor at the University of Marburg. In 1740 Frederick II — the Great (1712-1786) became the king of Prussia and probably, under Voltaire's influence (1694-1778) — as a friend of both —

1. S. Nobre is doctor in History of Mathematics and works in the Departments of Mathematics at the University of São Paulo - UNESP. He is also a member of the Post-Graduated Program of Mathematics Education at the same University.

Wolff returned to his place in Halle and many years later he became the " Chancellor of the University ". In 1745 the prince of Bavaria Maximilian Joseph gave him the honorific title of Baron. Wolff was a member of the Berlin Academy of Science, of the Royal Society of London and of the Academy of Paris. He was also an Honorific Professor of the Imperial Academy of Saint Petersburg. Christian Wolff died on April 9th 1754 in Halle.

Christian Wolff's Main Mathematical Work

Christian Wolff was a pioneer in the diffusion and popularization of Science in Germany. He gave the first mathematics lecture in the German language in a German University. In opposition to refute the academic indications at that time, when the Latin predominated as an official language, Wolff wrote his main mathematical books in German too. Wolff's most important book is the scholastic book *Anfangsgründe aller mathematischen Wissenschaften* (Basic principles of all the mathematical sciences), published in four volumes. The first edition is from 1710[2]. The importance of this book is confirmed by the quantity of editions. There were 11 editions until the end of the 18th century. In the first half of that century, this book was practically the unique scholastic book in Germany. With translations into Dutch, Polish, Russian and Swedish, the *Anfangsgründe...* has also been diffused and used outside Germany[3]. The book is divided into four parts, whose contents are more than we understand as Mathematics nowadays. The contents are :

I. About the pedagogic method used for mathematics ; arithmetic ; geometry ; trigonometry and architecture.

II. Artillery ; fortification ; mechanics ; hydrostatics ; hydraulics.

III. Optics ; reflection ; perspective ; spherical trigonometry ; astronomy ; chronology ; geography and sundials.

IV. Algebra (differential and integral calculus) ; algebra's applications ; selected mathematical texts (history of mathematics) ; table of trigonometry and roots.

As we can see, the mathematics presentation is large and current for the time of the publication. An example of this is that Wolff introduces in the 4th volume the differential and integral Calculus in 1710, the great mathematical subject from that period. Another important subject, which Wolff also intro-

2. Another important book from Wolff was the mathematical Dictionary *Mathematisches Lexikon* published in 1716. This Dictionary was the first mathematical dictionary in German. Wolff translated many mathematical words into German, that are still used nowadays. In this paper I will not explain this dictionary.

3. There are many evidences that the translation of this book into Latin *Elementa Matheseos Universae* - published in 1713 was diffused in many Europeans countries. Specially in Spain and Portugal. In Portugal, Wolff had a great influence on Ignácio Monteiro's mathematical work (1724-1812), a Jesuit Professor of the University of Coimbra.

duces with relative originality, is the history of mathematics. Wolff wrote a chapter about published mathematical works from 16th century until his epoch. This text is not specific about History of Mathematics, but for the Historiography it is a rare document from the beginning of the 18th century, because it contains a lot of information about the mentioned period that they lost with time. The chapter about the differential and integral calculus and the chapter about the mathematical works show the currency of the book. The first book about calculus was published in 1696, *Analyse des infiniment petits* from L'Hospital (1661-1704), and the first specific book about History of Mathematics is the one written by Montucla (1725-1799) published in 1758. Nevertheless I will not talk about these chapters in this paper. My purpose is to detach Christian Wolff as one of the beginners in thinking about mathematics education. As an introduction of his book, Wolff wrote the chapter *Kurzer Unterricht Von Der Mathematischen Methode oder Lehr-Art*, a text about mathematical methods and their teaching.

LECTURE ABOUT THE MATHEMATICAL METHODS, OR THEIR TEACHING

The text *Kurzer Unterricht Von Der Mathematischen Methode oder Lehr-Art* is the first chapter in the volume I of the book *Anfangsgründe....* As the title indicates, the author's preoccupation is about the mathematical methods and their teaching. In the introduction, Wolff points out : " ...there is not in the mathematics teaching a rigorous attention about its certainty and the recognition of its contradictions, but mathematics can be understood through its quick application in other sciences. This application is enough for everybody that in their life will not need to know anything about the mathematical truths "[4]. Nevertheless, Wolff adds, the preoccupation with the mathematical truths is important when one teaches and recommends mathematics to the students. As a theoretical basis of his studies, Wolff mentions three authors : John Locke (1632-1704), Nicolas Malebranche (1638-1715) and Ehrenfried W. Tschirnhaus (1651-1708), and the book written by the latter, *Medicina mentis...* from 1687, was his main inspiration source.

Preoccupied with the readers' understanding about what would be introduced in the following chapters, Christian Wolff actually makes an explained treatise about the " mathematical elements ", which are presented in a mathematical text and are not rarely explicated, as for example : What is a definition ?, What is a theorem ? ...It should be pointed out, that this practice is not adopted by the authors so far. Of course, answering some questions is very difficult.

Published in the first edition of the book (1710), the text retracts Wolff's preoccupation to diffuse the scientific knowledge, in this case the mathematical

4. *Kurzer Unterricht...*- Vorrede (translated by the author)

knowledge, to those that are not initiated or specialist in the area. Some of his explanations are naturally of the discussible interpretation, however he demonstrated his sensibility and daring trying to present a theme that the majority of the mathematicians does not point out in their works. For them, Wolff's presented and discussed themes are inherent to the mathematical knowledge and do not need explanations. Wolff begins his text with a general explanation : " The method to teach mathematics begins with the definitions followed by the axioms, and from these appears the theorems and exercises : depending on the occasion, there are usually complements and observations "[5].

For each new term, Wolff gives a specific explanation and it is disunited several times for a large and better understanding, for example : " Definitions are presented in two forms : nominal definitions and real definitions ".

" Nominal definitions give some characteristics that make possible the recognizing of the things. In geometry it is said : a square is a figure, that has four equal sides and four equal angles ".

" Real definitions are clear and precise concepts about the art and the form of the things. In the geometry it is said : a circle is traced when a straight line turns around a fixed point ".

Whenever there is a new term, as for example the term " concept " above, Wolff gives a new explanation. There are many detailed explanations of " concept ". For him, a mathematical concept can be " clear and not clear ", " complete and not complete ", " confused and not confused ". His opinion about it is : " The concept must be precise, complete and not confused ". After explanations about how a mathematical concept must be introduced, Wolff completes :

" All the subjects in the mathematical sciences must be explained with precise and complete concepts, as in the nominal definitions as in the real definitions ".

After some considerations about the definitions, caring ever about them to be well presented, Wolff explains what is an axiom and why it does not need a demonstration.

" The nominal and real definitions can be compared one another or with others. It must be considered what is contained in the definition and what goes directly to conclusions. This is what we denominate as an axiom. For example : when you think about the definition of the circle, where the line, which turns around a central point, preserves always the same length, you will understand that all the lines which are extracted from the central point up to the periphery are equals. This truth is an axiom ".

" As the axiom is directly extracted from the definition, it does not need to be demonstrated, however its truth elucidates, as soon as we can see the defi-

5. The translations from German into English are done by the author.

nition, its flow". We cannot be sure if the axiom is truth or not until the possibility of the definitions being researched ".

For having the security that an axiom is truth, Wolff evidences the necessity of the " experience about the theme ", and, although naïvely, he exemplifies : " I see that, when a light is on, everything around me is illuminated. This intuition is called experience ". The detailed explanations about this " experience " are followed, until the theorem appearance : " When different definitions are compared and from them it is concluded that it is impossible to have an understanding through isolated considerations, then it is called theorem. For example : when a triangle is compared with a parallelogram, both having the same basis and height, and in this comparison we have part of it immediately done by the definition and another part from other qualities which were found in anterior definitions, it can be concluded that the triangle has half the size of the parallelogram. And the sentence : the triangle is the half of the parallelogram with the same basis and height, is a theorem ".

Because of the complexity to explain these mathematical concepts, Wolff always makes use of examples, then his explanations are as confused as their meaning. The sequence of explanations about mathematical terms goes on. After the theorem it comes the demonstration ...Christian Wolff presents his ideas about demonstrations with explanations about their natures and their grounds. Finishing, we have Wolff's considerations about the corollary : " Many times it happens to apply a sentence for a special cause, in a special case, or another sentence is directly deduced by it too... This art of truth is called corollary ".

Conclusion

Wolff's difficulty to explain his explanations about " mathematical elements " is noted in any confused explanations that he gave. But we have to recognize that his contribution is very important for the history of the mathematics education. Wolff was not a single writer of books. His educational ideas were based on his philosophical thinking. His philosophical ideal that gave him so much problem is, in the most part, the grounds of the later great philosophical thinking from the 18th century — the European Enlightenment. The questions about mathematics and its teaching, explained to Wolff in the beginning of the 18th century, show his pioneering in mathematics education. His text here presented is, without doubt, one of the rare existence that makes this subject in evidence. His contribution for the history of mathematics is not given to his originality in mathematics, but to his originality and pioneering in the mathematics education. The book *Anfangsgründe...* was widely diffused in many Europeans countries, specially in Germany, and it is possible that some great mathematicians of the 18th century had learned something with Wolff's ideas.

Bibliography

H.M. Gerlach, (ed.), *Halleschen Wolff-Kolloquium 1979 anlässich der 300 Wiederkehr seines Geburtstages : C. Wolff als Philosoph der Aufklärung in Deutschland*, Beiträge zur Universitätsgeschichte, Halle, 1980.

S. Nobre, *Über die Mathematik in Zedlers " Universal-Lexicon " (1732-1754) : Ein historisch-kritischer Vergleich mit der Mathematik bei C. Wolff*, Dissertation zur Erlangung des akademischen Grades, Leipzig, Universität Leipzig, 1994.

S. Nobre, " La contribuición de C. Wolff (1679-1754) a la popularización de las matemáticas en la primera mitad del siglo XVIII ", *Mathesis*, vol. X, n° 2 (1994), 153-169.

SEBASTIÁN FERNÁNDEZ DE MEDRANO (1646-1705)

Juan NAVARRO LOIDI

Sebastián Fernández de Medrano a été pendant trente ans, de 1675 à 1705, professeur de mathématiques et de techniques militaires des officiers de l'armée du roi d'Espagne aux Pays-Bas[1].

Il naquit à Mora de Toledo et son vrai nom était Fernández de Mora, mais un gentilhomme dont le nom était Medrano, l'emmena avec lui à Madrid où il prit le nom de son protecteur. En 1660 et 1661, à 15 ans, il était soldat à la frontière avec le Portugal. Puis il retourna à Madrid et y resta jusqu'en 1667. Peut-être s'est-il initié aux études militaires à Madrid. Si c'est le cas, il est cependant peu probable qu'il soit allé à l'école la plus importante : la *Cátedra de Matemáticas y Fortificación* dépendante du Conseil de Guerre. En effet, il ne cite nulle part dans ses oeuvres les professeurs de la " Chaire de Mathématiques " de l'époque comme Aflitto, Juan de la Rocha, Jerónimo Soto ou Jorge del Pozo, et les citations qu'il fait des professeurs antérieurs comme Carduchi ou Firrufino sont plutôt critiques.

En 1667, il obtint une place de sous-lieutenant dans un régiment qui partait pour les Pays-Bas. Il arriva dans ce pays en 1668 et participa aux guerres successives qui s'y déroulèrent ainsi qu'à la reconstruction des places fortes, ordonnée par Francisco de Agurto. En outre, il servit durant un certain temps dans l'artillerie. Licencié en 1674, il devint professeur de Mathématiques des officiers de l'armée du roi d'Espagne à Bruxelles. En 1679, il est nommé capitaine ; en 1689 *Maestre de Campo* ; et en 1694 *General de Batalla*. Les diverses promotions lui sont accordées au moment où son activité militaire se limite à ses cours de mathématiques. Avant 1686, il perdit la vue, mais sa cécité ne l'empêcha pas de continuer à faire ses cours jusqu'à sa mort en 1705. Au décès de Carlos II d'Espagne il se rangea, comme son chef le marquis de Bedmar, parmi les partisans de Felipe V. Il mourut avant la perte des Pays-Bas

1. Pour connaître la vie de F. de Medrano : A. Rodríguez Villa, *Noticia Biográfica de Don Sebastián Fernández de Medrano*, Madrid, 1882.

méridionaux, mais sa famille et une bonne partie de ses disciples rentra en Espagne avec les troupes françaises. Les élèves de Fernández de Medrano formèrent un des piliers du nouveau corps du génie espagnol. On le considère comme l'initiateur d'un enseignement organisé des ingénieurs militaires tant de l'armée belge que de l'armée espagnole[2].

Medrano n'était pas un grand scientifique. C'était surtout un professeur et un militaire, mais son rôle a été important dans le renouveau qui s'est produit à la fin du XVIIe et pendant le XVIIIe siècle dans les sciences et les techniques espagnoles. Il a été une des voies par lesquelles les nouvelles connaissances scientifiques de l'Europe ont commencé à entrer en Espagne[3].

Dans cette communication nous nous proposons de classifier et commenter les livres publiés par Medrano et analyser ses rapports avec d'autres mathématiciens ou professeurs des Pays-Bas espagnols. Pour ce faire nous étudierons les personnages qui ont préfacé ses oeuvres et ceux qui ont pris part aux mêmes polémiques que lui.

Les livres

La plupart des chercheurs qui ont étudié l'oeuvre de Fernández de Medrano n'ont considéré qu'une petite partie de sa production, et assez souvent avec des erreurs quant aux dates des premières éditions[4]. Entre 1676 et 1793, on compte une trentaine d'éditions et rééditions des livres de Fernández de Medrano. Elles se répartissent en quatre périodes différentes.

Ses premiers livres quand il débutait comme professeur de mathématiques dans l'armée, à peu près de 1676 à 1680, l'époque des éditions les plus importantes, entre 1686 et 1691, ensuite les traductions, révisions et rééditions faites par Fernández de Medrano lui-même, et enfin de 1696 à 1702 et les rééditions faites après sa mort, à partir de 1708.

2. E. Jordens, *Histoire de L'École Militaire*, Chapitre premier : " Les Établissements d'Enseignement militaire aux Pays-Bas ", Bruxelles, 1935 ; *Estudio Histórico del Cuerpo de Ingenieros del Ejército [...] Por una comisión redactora*, Madrid, 1911.

3. Pour le professeur J.M. López Piñero, Fernández de Medrano est un traditionaliste modéré. C'est un résumé juste, mais il faut le considérer comme une moyenne de ses opinions, parce qu'il était novateur quant aux méthodes d'enseignement, assez progressiste pour les techniques militaires, et très conservateur en cosmographie. Voir J.M. López Piñero, *Ciencia y técnica en la Sociedad española de los Siglos XVI y XVII*, 1979, 453-454.

4. Il y a plusieurs bibliographies assez complètes de l'oeuvre de F. de Medrano, par exemple : J. Almirante, *Bibliografía Militar de España*, Madrid, 1876 ; *Palau y Dulcet, Manual del Librero Hispano-Americano*, t. 5, Segunda Edición, Barcelona, 1951 ; J. Peeters-Fontainas, *Bibliographie des Impressions Espagnoles des Pays-Bas Méridionaux*, t. I, mise à jour par A.-M. Frédéric, Nieuwkoop/Pays-Bas, 1965 ; Capel Horacio, " La geografía española en los Paises Bajos a finales del siglo XVII ", *Tarraco cuadernos de Geografia Dpto. de Geografía Fac. Fil. y Lt. Tarragona*, vol. II, 1981, 7-34. Mais, ou bien ils ne font aucun commentaire sur le contenu des livres, comme Palau ou Peeters et Fontainas, ou ils ne font qu'une étude partielle, comme Capel, de la géographie, ou sont assez imprécis, comme Almirante.

1676-1680 :

Fernandez de Medrano venait d'être nommé professeur et voulait, d'un côté, être reconnu comme mathématicien et d'un autre avoir les matériaux imprimés nécessaires pour sa tâche. Il publia d'abord en 1676 la *Nueba ynvencion y metodo, de la quadratura del circulo* ; un ouvrage qu'il a édité pour prouver qu'il était un bon mathématicien, mais qui démontre, en réalité, l'insuffisance de sa formation[5]. Très vite, en effet, il encourut les critiques du jésuite P. Zaragoza[6] et dut reconnaître que sa quadrature n'était qu'une approximation géométrique. Il n'essaya plus ultérieurement d'écrire des livres de ce genre.

En 1677, il publia *Rudimentos geometricos y militares* un traité militaire portant sur les fortifications, la manière d'ordonner les soldats en escadrons, les cadrans solaires, les mathématiques pratiques, et quelques définitions et propositions des *Éléments* d'Euclide. Pour ses cours de formation militaire il lui manquait encore un livre d'artillerie, il le publia en 1680 sous le titre *El practico artillero.*

1686-1691 :

Fernández de Medrano s'intéresse à la géographie et publie en 1686 une *Breve descripcion del mundo, y sus partes, ó Guia geographica.* Ce livre est en partie dédié à l'explication des notions géographiques, telles que latitude, parallèle ou isthme, par exemple ; une autre partie concerne la cosmographie, et plus de la moitié est une description des continents, des rivières, des montagnes, villes et royaumes. Il a publié cette partie descriptive, versifiée par son disciple Manuel Pellicer Velasco, en 1688 avec le titre *Breve descripcion del mundo ó Guia geographica de Medrano*. Deux éditions en ont été établies, une pour être vendue à Bruxelles et l'autre à Barcelone par Ioseph Teixidó. Une troisième édition fut faite à Cadix en 1693 par Cristobal Requena. On ignore s'il avait la permission de l'auteur pour l'imprimer. En 1688, un autre éditeur publia la version française de cette géographie en vers, traduite par Pierre Henri de Vaernewyck. Ce livre a sans doute été le " best-seller " de Fernández de Medrano.

D'autre part, Medrano a voulu améliorer ses oeuvres déjà publiées en profitant l'expérience qu'il avait acquise comme professeur de l'Académie. Il a divisé les matières du livre de rudiments géométriques et militaires en deux parties. C'est ainsi qu'il a publié la première qui traitait de la géométrie pratique nécessaire pour tout ingénieur sous forme d'un manuel relatif à la fortifi-

5. J. Navarro Loidi, " El primer escrito de Sebastián Fernández de Medrano (1646-1705) su cuadratura del círculo ", *Communication présentée au XIXe ICHS de Zaragoza, 1993*, non publiée.

6. On peut trouver un résumé des lettres échangées à Santucho A. (s.a.), *Engaños de la Otra Vida. Manifestales Don Antiogo Santucho, Capitan de Cauallos, y Sargento Mayor de las Plaças de Oran. para Desengaño de los hombres de juyzio, que no professan las Mathematicas*. C'est une brochure polémique écrite probablement en 1678.

cation, c'est *El ingeniero*, publié en deux volumes en 1687. D'autre part, il a fait paraître une version simplifiée des *Éléments* d'Euclide, *Elementos de Euclides Megarense*, pour les militaires qui voulaient approfondir en architecture et avaient besoin d'une formation mathématique plus importante. Il ne considérait plus comme intéressante la formation des escadrons ainsi que les cadrans solaires, et les a supprimés dans les nouvelles éditions. Pour l'artillerie, le livre qu'il avait déjà publié étudiait surtout les canons, les batteries ou les mortiers, mais il ne traitait presque pas des poudres, des bombes ou des mines. Pour compléter cette matière, il publia en 1691 *El perfecto bombardero, y practico artificial.*

1696-1702 :

Après quelques années, il publia deux nouvelles versions de *El Ingeniero*, l'une en français en 1696, *L'ingénieur pratique*, l'autre en 1698 comprenant seulement le chapitre sur l'attaque et la défense des places, versifiée et en espagnol, avec le titre *Breve tratado del ataque y defensa de una plaza real y todo en verso.* Les vers, cette fois, sont de Fernandez de Medrano et ne sont guère meilleurs que ceux de Pellicer de Velasco. Mais il ne faut pas oublier que le motif de la versification était de favoriser la mémorisation des connaissances et non de faire œuvre littéraire.

L'épuisement des existences, le bombardement de Bruxelles par les troupes françaises dans lequel avaient brûlé ses livres, la possibilité de vendre, aux élèves de l'Académie militaire que le roi voulait ouvrir à Barcelone[7] des exemplaires de son ouvrage, le poussèrent à en faire une nouvelle édition. Cette fois les changements furent moins importants. Il commença par unifier les deux livres d'artillerie en un seul intitulé *El perfecto artificial, bombardero y artillero* publié en 1699. Il élimina du *Practico Artillero* la partie dédiée aux poudres et les chapitres sur les grades et les emplois des officiers d'artillerie, qu'il avait prélevée d'un livre d'artillerie et de fortification publié en 1611 par l'espagnol C. Lechuga.

Il réédita en un seul volume *El Ingeniero* éliminant les presque deux cents pages de tables de sinus, sécantes et tangentes qu'il avait mises à l'édition de 1687. Le livre est sorti en 1700 avec le titre *El architecto perfecto en el arte militar.* Il réédita aussi les *Éléments* d'Euclide, avec une nouvelle préface mais sans grands changements pour le reste. Le nouveau titre en étant *Los seis primeros libros, onze, y doze, de los Elementos geometricos del famoso philosopho Euclides Megarense.* Le livre n'est pas daté, mais il doit être de 1701 ou 1702 parce que le permis de l'imprimeur est du 4 Novembre 1701.

7. F. de Medrano explique les raisons de ces rééditions dans la préface de plusieurs livres, par exemple dans *Geographia o Moderna Descripcion del Mundo, y sus Partes, [...] por Don Sebastian Fernandez de Medrano*, rééditée en 1709 par Henrico y Cornelio Verdussen à Anvers.

Dans cette période, il a commencé à publier en espagnol des récits des voyages faits en terres lointaines par plusieurs explorateurs européens. Du P. Hennepin, un Belge d'origine mais qui voyageait au service du roi de France, il a traduit la *Relacion de un pais que nuavemente se ha descubierto en la America Septentrional*, qui fut publié en 1699[8]. Du docteur en médecine François Bernier, il a traduit le récit de voyage à l'Empire du Grand Mogol et du Père Tachar, celui au Siam. Les récits parurent en 1700 dans un livre qui a pour titre *Breve tratado de geographia divido en tres partes*, avec une relation des découvertes en Guyane et en Amazonie et un écrit sur les attaques que les pirates et corsaires faisaient en Amérique aux possessions du roi d'Espagne. Il publia en 1701 un troisième récit de voyage utilisant la relation faite par Adam Brant de son ouvrage de Moscou vers la Chine, intitulé *Relaciones modernas que nuevamente han salido a la luz de la Moscovia y Tartaria Mayor.* La même année il publia à nouveau la Brève description du monde avec les relations des voyages dans un livre en deux volumes qui portait le titre de *Geographia o moderna descripcion de el mundo.* Finalement il réédita sa géographie en vers avec quelques changements mais en conservant le même titre en 1702.

1708 et postérieurs :

Fernández de Medrano est mort en 1705. Les Espagnols sont partis de Bruxelles mais les éditions de ses oeuvres en Belgique ont continué. Les premières rééditions datent de 1708 et 1709, puis de 1723 à 1728. Pour *El Architecto* seulement, il y a eu une dernière édition en 1735. Les rééditions concernent toujours des dernières versions des textes, c'est-à-dire celles qui comportent les corrections apportées par Fernández de Medrano vers 1700. Et ne portent en outre que les livres les plus importants : pour les mathématiques *Los seis primeros libros, once y doce de los Elementos* ; l'artillerie *El perfecto artificial bombardero y artillero* ; la fortification *El Architecto*, et *La Breve descripcion del mundo* en vers, et *La Geografia o moderna descripcion* pour la géographie.

Enfin, il y a eu une édition assez remaniée de la *Breve descripcion* à Madrid en 1793. Curieusement, le vers qui concerne l'immobilité de la terre et la note de bas de page affirmant que la théorie de Copernic est une hérésie ont disparu dans cette réédition. Au XXe siècle, certains de ses écrits sur l'Amérique ont été republiés.

8. La version adaptée par F. de Medrano est prise du livre édité par L. Hennepin, *Nouvelle découverte d'un très grand pays situé dans l'Amérique entre Le Nouveau Mexique et la mer Glaciale*, Utrecht, 1698.

Comparaison avec la bibliographie de Jean Peeters-Fontainas[9] :

La meilleure bibliographie existante pour les auteurs espagnols qui ont publié aux Pays-Bas est la Bibliographie des Impressions Espagnoles des Pays-Bas Méridionaux de Peeters-Fontainas, mise au point par Anne-Marie Frédéric en 1965.

La plupart des oeuvres qu'il juge douteuses comme l'édition de *El Ingeniero* de 1696, ou les éditions de la *Geografia o Moderna descripcion del Mundo* de 1700 ou 1709 n'y figurant pas, pas plus d'ailleurs qu'une réédition générale de 1735. Parmi les œuvres qui s'y trouvent, il ignore l'existence de l'édition de *Los seis primeros libros once y doce de los Elementos de Euclides* de 1701[10] et il ne mentionne pas celle de la *Descripcion del Mundo* de 1702[11].

Dans sa liste ne sont pas incluses les rééditions faites en Espagne, ni les traductions en français. Pour les livres de voyages, *Breve Tratado de Geografia dividido en tres partes* est considéré comme étant de Fernández de Medrano, mais la relation de la découverte d'un pays en Amérique et celle du voyage en Tartarie sont considérées comme étant de Hennepin[12]. Le récit du voyage en Amérique du Nord peut être attribué à Hennepin, mais Peeters-Fontainas se trompe quand il prétend que le voyage en Tartarie est aussi de Hennepin. On a vu que Medrano dit l'avoir traduit de la relation publiée en 1695 par Adam Brant, compagnon de voyage d'un ambassadeur de l'empereur de Russie appelé Evert Isbrant, de nationalité allemande. D'ailleurs on ne le trouve pas parmi les oeuvres de Hennepin, ni dans l'article d'Armand Louant publié dans la *Biographie Nationale de Belgique*[13], ni dans le livre de Servais Dirks *Histoire Littéraire et Bibliographique des Frères Mineurs de l'Observance de St. François en Belgique et dans les Pays-Bas*[14].

Éditions des livres de Fernández de Medrano :

Au lieu d'étudier les livres par date d'édition il serait possible de les examiner par matières. Dans la liste suivante sont reprises toutes les publications trouvées, classifiées en mathématiques, fortification, artillerie, et géographie. Quand il n'y a pas de changement dans le texte dû à Fernández de Medrano l'ouvrage est considéré comme une " réédition ", l'imprimerie et la date de

9. J. Peeters-Fontainas, *Bibliographie des Impressions Espagnoles des Pays-Bas Méridionaux*, t. I, 1965, 229-240.

10. Elle se trouve par exemple à la B.N. de Madrid cote 3 26227.

11. On peut la trouver par exemple à la B.N. de Madrid cote 2 48479.

12. J. Peeters-Fontainas, *Bibliographie des Impressions Espagnoles..., op. cit.*, t. I, 315-316.

13. A. Louant, " Hennepin (Louis) ", *Biographie Nationale publiée par l'Académie Royale des Sciences, des Lettres et des Beaux-Arts de Belgique*, t. 29, Bruxelles.

14. S. Dirks, *Histoire Littéraire et Bibliographique des Frères Mineurs de l'Observance de St. François en Belgique et dans les Pays-Bas*, 1885.

publication sont mentionnés et dans ces cas le titre reste inchangé. Les " rééditions " sont toujours du livre antérieur dans la liste.

Mathématiques :

Nueba ynvencion y metodo, de la quadratura del circulo,
Bruselas, Juan Dandjin, 1676.

Elementos de Euclides Megarense,
Bruselas, Lamberto Marchant, 1688.

Los seis primeros libros, onze, y doze, de los Elementos geometricos del famoso philosopho Euclides Megarense , [...]
En Lamberto Marchant Bruselas, s.a. (Après le 4 Novembre 1701).

Rééditions :
- Amberes, Henrico y Cornelio Verdussen, 1708.
- Amberes, Viuda de Henrico Verdussen, 1728.

Fortification :

Rudimentos geometricos y militares,
Bruselas, Viuda Vleugart, 1677.

El ingeniero : primera parte/segunda parte,
Bruselas, Lamberto Marchant, 1687 (2 vols).

L'ingénieur pratique,
Bruxelles, Lambert Marchant, 1696.

Breve tratado del ataque y defensa de una plaza real y todo en verso,
Bruselas, Lamberto Marchant, 1698.

El architecto perfecto en el arte militar,
Bruselas, Lamberto Marchant, 1700.

Rééditions :
- Amberes, Henrico y Cornelio Verdussen, 1708.
- Amberes, Viuda de Henrico Verdussen, 1735.

Artillerie :

El practico artillero,
Bruselas, Francisco Foppens, 1680.

El perfecto bombardero, y practico artificial,
Bruselas, Francisco Foppens, 1692.

El perfecto artificial, bombardero y artillero,
Bruselas, Lamberto Marchant, 1699.

Rééditions :
- Amberes, Henrico y Cornelio Verdussen, 1708.

- Amberes, Cornelio y la viuda de Henrico Verdussen, 1728.

Géographie :

Breve descripcion del mundo, y sus partes, ó Guia geographica,
Bruselas, Herederos de Francisco Foppens, 1686.

Geographia o Moderna descripcion de el mundo,
Bruselas, Lamberto Marchant, 1701.

Geographia o Moderna descripcion del mundo, y sus partes, dividida en dos tomos,
Amberes, Henrico y Cornelio Verdussen, 1709.

Relacion de un pais que nuavemente se ha descubierto en la America Septentrional, [Traduction et adaptation du livre du P. Louis Hennepin],
Bruselas, Lamberto Marchant, 1699.

Breve tratado de geographia divido en tres partes,
Bruselas, Lamberto Marchant, 1700.

Relaciones modernas que nuevamente han salido a la luz de la Moscovia y Tartaria Mayor,
Bruselas, Lamberto Marchant, 1701.

Breve descripcion del mundo ó Guia geographica de Medrano,
[Versos de Manuel Pellicer Velasco],
Bruselas, Lamberto Marchant, 1688.

Breve descripcion del mundo ó Guia geographica de Medrano,
[Versos de Manuel Pellicer Velasco],
Lamberto Marchant, 1688. Vendese en Barcelona en casa de Ioseph Teixidó.

La géographie de Medrano,
[traduite de l'espagnol en vers français par Pierre Henri de Vaernewyck],
Bruxelles, Jean Leonard, 1688.

Breve descripcion del mundo ó Guia geographica de Medrano,
[Versos de Manuel Pellicer Velasco],
Cristobal Requena Cadiz, 1693.

Breve descripcion del mundo ó Guia geographica de Medrano,
[Versos de Manuel Pellicer Velasco],
Bruselas, Lamberto Marchant, 1702.

Rééditions :
- Amberes, Henrico y Cornelio Verdussen, 1708.
- Amberes, Viuda de Henrico Verdussen, 1726.

Breve descripcion del mundo, en verso,
Cano, Madrid (avec changements faits par l'éditeur), 1793.

" Maximas y ardides de que se sirven los extranjeros para introducirse en todo el mundo "

" Relacion de un pais que nuevamente se ha descubierto en la America Septentrional por el P. Luis Hennepin ",

in *Coleción de libros de América,* Tomo XX, Madrid, 1902.

" Maximas y ardides de que se sirven los extranjeros para introducirse en todo el mundo ",

in *Territorio y fortificación*, Madrid, Ed. Tuero, 1991.

L'INFLUENCE BELGE DANS L'OEUVRE DE FERNÁNDEZ DE MEDRANO

Une analyse de l'oeuvre de Fernández de Medrano en mathématiques, fortification, artillerie et géographie serait trop longue pour cette communication. Fernández de Medrano était autodidacte. Il enseignait une géométrie traditionnelle et avait de bonnes connaissances en fortification. En artillerie, il connaissait bien les questions les plus pratiques, mais il se méfiait des théories. En cosmographie il était traditionaliste et orthodoxe et adhérait aux théories des partisans catholiques de Ptolémée.

Les auteurs qu'il dit suivre dans ses livres sont au commencement de sa carrière antérieurs à lui et espagnols, il change un peu au fil des éditions en augmentant les références à des auteurs français plus contemporains ou à des auteurs des Pays-Bas. Il ne se montre en général pas très novateur. Cependant il faut dire que les citations qu'il fait sont plus immobilistes que ses livres. Par exemple, en mathématiques, il cite Clavius, mais il suit Tacquet. C'est dans l'enseignement qu'il se montre plus novateur et tout à fait opposé aux méthodes scolastiques.

C'est un autodidacte et ses relations avec d'autres personnes cultivées de Bruxelles ou d'Espagne ont dû compter beaucoup dans sa formation scientifique, mais elles ne sont pas faciles à connaître. A Bruxelles il était surtout en relation avec des membres de l'armée espagnole. Mais il faut dire aussi qu'il était marié avec une dame d'Alost et que ses quatre filles sont nées aux Pays-Bas. Pour connaître ses relations et les personnes qui ont pu influencer sa formation en mathématiques et en sciences, aux auteurs qui ont préfacé ses livres et aux mathématiciens avec lesquels il a discuté, ou qui l'ont appuyé, lors des deux polémiques sur la quadrature du cercle.

Les auteurs des préfaces :

Les premiers livres ont été approuvés par de Mansueto de Castronovo, probablement Mansuet de Neufchâteau, capucin[15] représentant secret du Saint

15. P. Hildebrand, *Les Capucins en Belgique et au Nord de la France*, 1957.

Siège en Angleterre, en 1680. Il est l'auteur de deux livres sur la vie d'une sainte dame d'Anvers, mais d'aucun de mathématiques ou sciences.

Pour plusieurs livres, surtout de géographie, l'approbation est due à Oliver y Fullana (Palma 1623-1695 ?). Il a été d'abord officier durant les guerres de Catalogne, puis devin à Madrid, condamné par l'Inquisition de Tolède comme nigromante en 1662, puis il émigra à Amsterdam vers 1670 où il se fit passer pour juif, sous le nom de David Juda. En 1676, on le retrouve à Bruxelles avec la charge de cosmographe du roi d'Espagne. Plus tard, en 1689, il fut nommé chroniqueur royal. Sa production scientifique est petite. La plupart de ses livres sont des louanges au roi ou à ses représentants à Bruxelles[16].

Les derniers livres de Fernández de Medrano comportent quelques mots de présentation et d'éloge de l'auteur écrits par Chrysostomus de Montpleinchamp (Concionator Regis). Il s'agit probablement de Jean Chrysostome Bruslé de Montpleinchamp (Namur 1641-Bruxelles 1724), prédicateur royal, chapelain de l'électeur de Bavière, auteur de plusieurs oeuvres d'histoire et chanoine de Sainte Gudule ; aussi connu pour avoir signé de son nom des livres qu'il n'avait pas écrits. Il n'était en outre ni philosophe, ni scientifique ou mathématicien[17].

Finalement, le seul auteur connu qui a écrit quelques vers de présentation de Fernández de Medrano et qui a été un militaire apprécié est son disciple Verboom. Ingénieur militaire aux Pays-Bas comme son père, il servit d'abord dans les guerres contre le roi de France puis du côté français contre les Habsbourg et leurs alliés, il fut plus tard général en chef des troupes du génie de Philippe V d'Espagne[18].

Les polémiques :

Fernández de Medrano participa à deux polémiques, au moins, sur la quadrature du cercle. La première à propos de son premier livre sur la quadrature du cercle. Il fut très vite critiqué par le jésuite Zaragoza, professeur du Colegio Imperial de Madrid. Fernández de Medrano accepta ses critiques et les deux hommes continuèrent à s'écrire et à s'envoyer les publications. Zaragoza était probablement le meilleur mathématicien espagnol de la fin du XVIIe. Il faut remarquer qu'il était en rapport avec les jésuites espagnols, mais on n'a pas trouvé trace de relations personnelles qu'il aurait eues avec les jésuites belges, néanmoins on peut relever leur influence dans ses livres de mathématiques.

16. J. Navarro Loidi, " Algunos nuevos datos de la vida de Nicolás Oliver y Fullana (Palma 1623-1695 ?) ", *Actes de les II Trobades d'Història de la Ciència i de la Tècnica als Països Catalans*, Barcelona, S.C.H.C.T., 1995, 173-182.

17. A. Vander Meersch, " Bruslé de Montpleinchamp (Jean-Chrysostome) ", *Biographie Nationale publiée par l'Académie Royale des Sciences, des Lettres et des Beaux-Arts de Belgique*, t. III, Bruxelles, Ed. H. Thiry-Van Buggenhoudt, 1870.

18. Wauvermans, " Le Marquis de Verboom ingénieur militaire flamand au service de l'Espagne au XVIIe siècle ", *Annales de l'Académie d'Archéologie de Belgique*, t. 47 (1892), 276-317 y 418-424.

Fernandez de Medrano participa en 1692 à une autre polémique sur une quadrature du sicilien Coppola[19]. Il demanda une critique de cette quadrature à plusieurs mathématiciens des Pays-Bas méridionaux. Van Velden et Van der Baren de l'Université de Louvain, le mathématicien et chanoine Poignard et le géomètre Laboureur, envoyèrent une réponse critiquant Coppola. Poignard était un bon géomètre classique et auteur d'un livre sur les carrés magiques. Il est considéré par Quetelet comme le meilleur mathématicien belge de la fin du XVIIe siècle[20]. Laboureur était un géomètre arpenteur, duquel on conserve quelques travaux et le certificat sanctionnant la réussite de son examen d'entrée dans la profession[21].

Van Velden, professeur de mathématiques et philosophie à Louvain, doit être Martin Van Velden condamné en 1692 par l'Université de Louvain pour avoir défendu la théorie copernicienne dans ses cours[22].

Les auteurs des préfaces et des présentations élogieuses sont des personnages de la Cour de Bruxelles, sans trop d'importance, tandis que les participants aux polémiques sur la quadrature du cercle auxquelles a pris part Medrano sont un reflet d'une communauté scientifique, pas trop créative mais vivante qui existait à Bruxelles à la fin du XVIIe et dans laquelle Fernandez de Medrano, avait sa place.

Le contraste entre les participants des polémiques auxquelles a pris part Medrano et les auteurs des dédicaces est grand. Fernández de Medrano était d'un côté un personnage de la Cour et comme tel il cherchait, et avait, l'appui de certains courtisans, pas trop recommandables du point de vue scientifique. D'un autre côté il était un mathématicien connu à Bruxelles, dans un temps où

19. Le prêtre sicilien N. Coppola avait publié à Madrid quelques brochures sur les trois problèmes classiques de la quadrature du cercle, l'inscription de l'heptagone et la trisection de l'angle. Il disait avoir résolu tous ces problèmes, mais ses méthodes étaient très erronées et elles furent critiquées par plusieurs mathématiciens espagnols, parmi eux F. de Medrano. Son premier livre fut : N. Coppola, *De Quadraturae Circuli Geometrica Resolutione Nobilissima, ac Exacta Inventio, ab V.I.D. N. Coppola, Siculo Panormitano, in Mathesis Professore*, 1690. Il continua à écrire en proposant des solutions pour l'inscription de l'heptagone, trouver trois quantités en proportion continue et autres, mais aussi pour se défendre des attaques qui avaient été publiées contre ses fausses solutions. Parmi les écrits contre ses critiques se trouve, par exemple : N. Coppola, *Respuesta del Doctor Don N. Coppola Natural de la Ciudad de Palermo en el Reyno de Sicilia, Professor de Mathematica. Contra los Pareceres y Juizios hechos de sus Problemas y Particularmente Contra las Mal Fundadas Censuras del Maestre de Campo D. Sebastian Fernandez de Medrano, Director de la Real Academia de los Militares en los Paises Baxos, Madrid 3, Março 1692*. Il publia aussi une autre brochure pour se défendre des écrits de Poignard, Van Velden, Laboureur et Van der Baren.

20. J.A. Quetelet, *Histoire des Sciences Mathématiques et Physiques chez les Belges*, Bruxelles, 1864.

21. J. Mosselmans, R. Schonaerts, *Les géomètres-arpenteurs du XVIe au XVIIIe siècle dans nos provinces, exposition organisée à l'occasion du Centenaire de l'Union des Géomètres- Experts de Bruxelles [...]*, Bruxelles, Bibliothèque Royale Albert I, 1976.

22. G. Monchamp, *Galilée et la Belgique. Essai historique sur les vicissitudes du système de Copernic en Belgique*, Saint Trond, 1892 ; G. Monchamp, *Histoire du Cartésianisme en Belgique*, Bruxelles, 1886.

les sciences et les mathématiques se trouvaient dans un mauvais moment aux Pays-Bas méridionaux.

THE NEAPOLITAN SCHOOL. STUDYING PURE GEOMETRY IN THE PERIOD OF THE REVOLUTIONS

Massimo MAZZOTTI

INTRODUCTION

In this talk, I shall present the outline of some research which relates the practice of a community of mathematicians to the wider social and cultural context. In order to do this, I shall sketch a description of the environment which saw the emergence and the success of a particular problem-solving method in geometry. Having done this, I shall argue that this environment played a *causal role* in determining the features of this method. With reference to the philosophical question about the development of mathematical knowledge, this means attributing a decisive weight to the contingent conditions in which mathematicians take certain crucial decisions about the foundations, the practice and the boundaries of their own discipline. Of course, the community under study utilized pre-existing traditions in solving geometrical problems, so that it is possible to trace back its practices to a number of previous geometricians. In fact, the members of the community themselves claimed to be the heirs of Greek geometricians. But the point to keep in mind is that, facing the same heritage, different geometricians made different choices about which method was the fundamental one, *i.e.* had epistemological priority. More specifically, the main choice was between geometrical and analytical methods[1]. In the following, we will take a closer look to the " space " of this choice.

" THE SPIRIT OF ANALYSIS ", OR PLANNING THE NEW SOCIETY

The second half of the eighteenth century saw a flourishing intellectual milieu in Naples. It was the short season of the Neapolitan Enlightenment,

1. The choice did not appear so sharp in everyday practice. " Mixed " methods were commonly used. Nevertheless, the choice was sharp at the foundation level. That is, in choosing if geometry or algebra had to be considered as the founding discipline for the whole corpus of mathematics.

which reached its more interesting results in the fields of economics and science of society. Think, for example, of the institution of the new chair of economics at the Royal University of Naples (1754), which, in fact, was the first chair of political economy created in Europe. It was given to the philosopher Antonio Genovesi[2] whose followers were to constitute the core of the Neapolitan Enlightened intelligentsia. These scholars, mainly economists and jurists, were called upon to actively participate to the reformist politics of the government. Indeed, the Neapolitan government was engaged, at that time, on two main fronts : the anti-feudal campaign and the anti-curial campaign, to reduce the influence of the Roman Church on the political, social and cultural life of the Kingdom. Within this framework, the intellectuals linked to Genovesi's school played a central role : they were to become the main allies of the government in its attempt to transform the feudal Kingdom of Naples into a modern, administrative monarchy. The works of these philosophers can be characterized by a common aim : the " demystification " of their disciplines, that is to say, detaching the current theories of economics and society from their metaphysical background. This metaphysical background bulked large the main stream of Neapolitan philosophical thought. Untying these disciplines from metaphysics was seen as the first step towards their reconstruction according to the eternal principles of natural reason. Analysing the empirical data, the philosopher-reformers would find the " real " principles and the " real " laws of human society. These principles and laws were to replace the ones of the present social and political setting, considered as heritage of the " obscure " Middle Ages. The instruments of this regeneration of society were mainly two : empirical investigations, and the rational elaboration of data in order to obtain new theories. This is why the works of the philosopher-reformers in Naples often seem to contain counterpoised tendencies : one towards the empirical pole, the other towards the rational pole.

Mathematics played a central role in this program. Mathematical reasoning was taken as rational reasoning at its best. Given this, applying mathematics to a discipline was equal to " rationalising " it. But an important question arises : *which* mathematics was supported by the reformers ? As in contemporary France, in Naples the term " Analysis " soon became synonymous for " mathematics ". In fact, during the eighteenth century, the term " Analysis " was given a broad meaning : roughly, it comprises the whole of algebra and calculus, included their physical applications. The opposite term was " Synthesis ", which traditionally indicated purely geometrical procedures. For present purposes, it will be sufficient to point out that Analysis became in Naples, as in France, the " style of reasoning " of the reformist philosophers.

2. A. Genovesi (1712-1769). He originated an important empiricist philosophical movement in Naples. His empiricism was mainly derived from Locke. His " school " was to be characterized by the influences of Locke, Condillac and French sensationalism. Materialistic positions can be attributed to some of his followers.

" Analyzing " a particular discipline meant decomposing the objects of that discipline into their elementary, simple parts ; then re-assembling them according to the rules of calculus. In particular the wholly " algebraized " calculus by Lagrange was to be considered as the most natural (and rational) way of thinking by the Neapolitan reformers. At the end of the century, the great part of mathematics had been already reduced in " analytical terms ", mainly by the works by Lagrange himself. What the Neapolitan reformers were aiming at now, was the algebraization of the other fields of human action : economics, politics, and the science of society. A later Neapolitan mathematician referred to the " spirit of analysis " as something that, once grasped, can be applied to any field[3]. After having shaped the new mathematics, the spirit of analysis was to permeate the human and social sciences, with revolutionary effects on the feudal social setting of the Kingdom.

THE CONSERVATIVE TURN IN POLITICS, AND THE RISE OF THE SYNTHETIC SCHOOL

In his book on the history of geometry, Chasles reports on the state of this discipline in Naples, during the first half of the century. Naples, he says, is the only place where, geometricians still practice their discipline according to the purely geometrical methods inherited from the classic tradition, the analytic approach being dominant in the rest of Europe[4]. In fact, Chasles was referring to the " Neapolitan school ", a community of mathematicians which favoured, both in researching and in teaching, the synthetic methods of classical geometry. The school had grown around the charismatic figure of Niccolò Fergola (1752-1824), who opened a private studio in Naples around 1770, to teach philosophy and mathematics. By the early 1780s, the studio was already famous, attracting students from all the provinces of the Kingdom. In the meantime, Fergola had become professor at the *Liceo del Salvatore,* a former Jesuit College turned by the government into a prestigious institute of higher education. This public recognition of his activity was only the first of a brilliant career, which saw Fergola reaching prominent positions in the Royal Society of the Sciences and in the Royal University of Naples. At the turn of the century Fergola was not only the incontestable leader of mathematical studies in Naples, but also one of the most famous men of science living in the Kingdom, constantly consulted by the government during the reforms of the educational system. I shall not go into further historical detail about Fergola's career. What I wanted to point out is that the story of Fergola's synthetic school, from the foundation until the first years of the nineteenth century, is the story of a rapid

3. F. Padula, *Raccolta di problemi di geometria risoluti con l'analisi algebrica,* Napoli, 1838, 13.

4. M. Chasles, *Aperçu historique sur l'origine et le développement des méthodes en géometrie*, Paris, 1835, seconde édition, Paris, 1875, 46.

academic success. An obscure private teacher and his pupils were to become, in less than fifteen years, the protagonists of mathematical activity in their country, monopolizing the (scarce) resources liberally given by the government for the mathematical sciences.

As we have seen in § 2, Naples during the second half of the century was a main centre of the Italian Enlightenment, it had also been affected, in the 1780s, by the new analytical trend in mathematics, which played a central role in the programs of the reformist philosophers and administrators. Now, how could it happen that, around 1800, the dominant school in the city was the synthetic one ? In order to satisfactorily reply to this question it is necessary to refer to different kinds of causal explanation. In the remainder of this talk, I shall sketch the cultural and social background of this mathematical " revolution ", and I shall argue that this background was indeed an important cause for the changes in mathematical practice.

My research has focused on the *conservative turn* which occurred at the political and social level, around 1790. The French Revolution was the principal reason for the shift from the Enlightened reformism to the theocratic and conservative politics of the late 1790s. After the " facts of France ", the Bourbons of Naples, strictly linked to the French branch of their family, promoted the most hostile politics against the new Republic, as later against the Empire. In doing this, they joined the Pope : a secret alliance between the State of the Church and the Kingdom of Naples was made already in 1791. This was a radical change in the foreign politics of the Kingdom, which had been characterized, until then, by strong anti-curial interests. Such a change was not to remain without consequences on the cultural and social level. As a first and very important consequence, the link between the monarchy and the class of reformer intellectuals was irreparably broken. According to the interpretation of the government, the " pernicious ideas " spread all over Europe by the French *philosophers* had been the main cause for the revolution. In fact, this was the interpretation of the Catholic Church itself, which saw in the " perverse doctrine " of the " sect of the philosophers " the reason for the generalized attack against religion and social order in Europe. As a result, the entire system of education in the Kingdom of Naples was entrusted to the local Church, and ecclesiastics were asked to reform the curricula of the different levels of private and public education. The control of education, together with the renewed " spirit of mission " of the popular predicators, made the influence of the Catholic Church over social life stronger than never before.

Teaching and researching in natural sciences and in mathematics were affected by this momentous process. In mathematics, as in the natural and the human sciences, only those who supported an apologetic interpretation of their own discipline could maintain their position. One might wonder how is it possible to make an apologetic usage of mathematics. I shall say something about this towards the end of this presentation. For now, I just observe that, if in the

1790s Fergola's way to mathematics and physics became the " official " approach, this was largely because of the changed atmosphere in the social and political life of the Kingdom. Fergola's mathematics, I claim, was organically connected to the new conservative trend. No wonder that the mathematical opponents to Fergola's school, the supporters of the analytic approach, were to be prosecuted in the 1790s, being constantly associated with revolutionary Jacobinical plots.

God always geometrizes

The fact, roughly speaking, is that supporters of analytic method were politically engaged in reformist or even revolutionary programs, whereas supporters of synthetic methods were loyalists, fervent Catholics, and defenders of the *status quo*. This is still not enough to maintain that the scientific production of these mathematicians was essentially affected by social processes. By " essentially affected " here I mean that the contents of their works and the features of their methodologies were shaped and " coloured " by social processes. One could say that the synthetic school was actively supported by the government and the Church because of the loyalty of its members. It could also be noticed that synthetic mathematics was less compromised with the new mathematics arriving from revolutionary France. In this case, the " social influence " would consist in the boycott of French scientific production. These influences are certainly part of the story, and they should be further investigated. But, in concluding this talk, I wish to indicate a quite different direction for research, *i.e.* considering the possibility of using the very contents of mathematical knowledge to support social interests. If we take a look at the two methods at work, we observe that the way in which analysts solve geometrical problems is easily *generalizable*. According to the analytic procedure, the steps to be followed in solving geometrical problems are always the same, whatever are the figures and the questions. This procedure makes problem-solving a rather mechanical matter, relatively easy if compared with the synthetic method. Only, it requires much longer calculations. The generality of the analytic procedure eliminates the problem of how to face a particular problem : the point is simply that of crunching numbers correctly. If we accept this procedure as legitimate, then we are introducing into geometry principles and rules of algebra and calculus, *i.e.* we are treating geometry as a field of application for these disciplines. As we have seen before, some mathematicians considered it legitimate not only to apply the calculus to other branches of mathematics or physics, but also to the political and social sciences.

By contrast we can characterize the synthetic method as highly *specific*. The synthetic procedure requires that, for every problem, the geometrician is able to find out which geometrical construction is the most appropriate. Solutions, we could say, are reached (if they are reached) only thanks to the perspicuity of the geometrician. Of course there are classes of similar problems, but there is nothing like the generality of the analytic method. Even when dealing with the same kind of problem, say, to trace a tangent at a certain point to a certain curve, completely different constructions have to be performed when considering different curves. The synthetic problem-solving method is purely geometrical. It does not require the application of other mathematical tools, such as algebra or calculus. If we accept this procedure as the only legitimate one, then the boundaries between algebra-calculus and geometry would remain intact. A reason to make a point of the integrity of this boundary is that it permits to give geometry a role as the foundation branch of mathematics, and to make the calculus dependent on a geometrical basis. This was exactly the approach of the members of the synthetic school. A significant consequence of this approach was that of questioning the value of applied mathematics. Indeed, according to the synthetic school, calculus can be considered a reliable tool only when dealing with geometrical entities. Leaving the pure realm of geometry, the use of calculus loses this reliability. Empirical applications can be of some practical interest, in physics for example, but they are doomed not to participate in the *certainty* of pure mathematics. If analysts were trying to bring mathematics everywhere, and especially in the social, in order to rationally reform feudal society, the synthetics warned that outside pure geometry there is no certainty. Using mathematical tools in human sciences is irrational, they said, because we are not dealing any more with geometrical figures, therefore we cannot guarantee the certainty of our conclusions.

In 1799 Naples experienced a Jacobinic revolution, the creation a new republic *(Repubblica Partenopea),* and eventually a sanguinary restoration of the monarchy. The analytic trend ended with the fall of the last fortress held by the republicans, whereas the synthetic school became dominant. Mathematical practice during the Restoration was to be something very different from applying calculus to social reality. The primary activity of the " pure "[5] mathematician of the Restoration was to be the *contemplation* of the immaterial world of geometrical entities. A world far from mere material reality, and close to the mind of the Almighty[6].

5. Fergola and his school put particular emphasis on the need for a " pure " mathematics to be taught and practised. According to them, mathematics is " pure " when not related to material reality, but only to spiritual entities.

6. The synthetic conception of mathematics was supported by a theory of knowledge shaped on the Thomistic model. According to Aquinas, mathematical knowledge is an intermediate form of knowledge, lying between empirical knowledge and theology.

PART THREE

From Antiquity to the Classical Period

La tradition archimédienne sur la sphère et la complexité de sa reconstitution

Ioanna Mountriza

Dans le domaine de l'histoire des sciences, la reconstitution des traditions scientifiques est considérée comme une tâche indispensable, malgré les difficultés majeures qui interviennent dans la recherche historique. Et certes, plus on recule dans le temps, plus les problèmes se multiplient. L'existence de sources importantes qui ne nous sont pas parvenues ou de textes qui ont subi des corruptions au fil des âges, nous oblige souvent à nous limiter à faire des suppositions afin de combler les lacunes éventuelles.

Dans le cas du traité archimédien *De la sphère et du cylindre* dont la tradition se développait presque sans cesse, pendant vingt siècles, la tâche de l'historien est devenue extrêmement difficile. Du " créateur " Archimède, à Pappus, Eutocius, et les nombreux mathématiciens arabes et latins du moyen âge qui ont étudié la figure sphérique sous l'influence directe ou non d'Archimède, on doit remonter jusqu'à Francesco Maurolico et même à Evangelista Torricelli.

La *Mesure du cercle* et *De la sphère et du cylindre* sont les seuls traités parmi ceux du corpus du géomètre grec reconnus comme authentiques aujourd'hui, qui ont sans doute connu des traductions arabes. Plus précisément, *De la sphère et du cylindre* a été traduit en arabe au moins deux fois pendant le IXe siècle[1]. Dans le monde latin, la première traduction à partir du grec, produite par Guillaume de Moerbeke en 1269, resta marginale jusqu'au XIVe siècle, et après une période d'usage par Nicole Oresme, Leonardo da Vinci, Jacques de Cremone et d'autres, elle a été finalement remplacée par l'édition de Bâle en 1544.

Pendant ces premiers siècles du silence du texte grec à l'occident, la diffu-

1. R. Lorch, " The arabic transmission of Archimedes' *Sphere and Cylinder* and Eutocius' commentary ", *Zeitschrift für Geschichte der arabisch-islamischen Wissenschaften*, 5 (1989), 94-114.

sion des principaux résultats d'Archimède sur la sphère s'est accomplie par l'intermédiaire de deux œuvres mathématiques importantes, liées par conséquent entre elles au moins d'une façon indirecte, et liées surtout au texte d'Archimède, bien qu'elles n'utilisent pas ce dernier comme modèle unique. Il s'agit du *Verba filiorum*[2] composé par les frères arabes Banū Mūsā au IXe siècle et traduit en latin par Gérard de Cremone, et du *Liber de curvis superficiebus*[3] attribué dans des nombreux manuscrits latins datant du XIIIe et du XIVe siècle, à Johannes de Tinemue, un personnage pas encore clairement identifié[4].

La reconstitution de la tradition en question consiste alors à répondre aux questions suivantes, parmi d'autres : Qui est l'auteur du *Liber de curvis superficiebus* ? Quelles sources avaient à leur disposition les Banū Mūsā et l'inconnu Johannes de Tinemue ? Pourrait-on supposer un lien direct entre le texte latin et le texte arabe ?

Ces deux œuvres ne sont pas considérées comme des rééditions du traité archimédien, étant donné qu'elles laissent de côté l'étude des segments et des secteurs sphériques, et en même temps elles adoptent des résultats et des méthodes en dehors du corpus archimédien.

Liber de curvis superficiebus est plutôt vu comme un travail indépendant, écrit dans le but de construire des démonstrations plus courtes pour la surface et le volume sphérique, en associant d'une façon remarquable trois œuvres : *De la sphère et du cylindre,* la *Mesure du cercle* et le XIIe livre des *Éléments* d'Euclide. Quant au *Verba filiorum,* bien qu'il soit sûrement un travail dans la même direction, pourtant il paraît plus synthétique en traitant plusieurs sujets différents.

Leur grande diffusion est constatée par les nombreuses traces qu'on trouve dans les œuvres des mathématiciens du moyen âge comme Gérard de Bruxelles, Leonardo Fibonacci, Roger Bacon, Johannes de Muris, Nicole Oresme et d'autres.

Un autre fait significatif de la propagation que surtout le texte latin de Johannes de Tinemue a connu, est lié au mathématicien de la Renaissance, Francesco Maurolico. Notre étude de l'édition d'Archimède préparée par Maurolico entre 1534 et 1550[5], les manuscrits du scientifique étant perdus, nous a conduit à la découverte de certaines particularités textuelles frappantes, qui ont mis en évidence ce qui suit.

2. M. Clagett, " The *Verba filiorum* of the Banū Mūsā ", *Archimedes in the Middele Ages*, vol.1, Madison, 1964, 223-367

3. M. Clagett, " The *Liber de curvis superficiebus* of Johannes de Tinemue ", *loc. cit.*, 439-557.

4. Voir la proposition faite par W. Knorr, " John of Tynemouth *alias* John of London : emerging portrait of a singular medieval mathemaician ", *BJHS*, 23 (1990), 293-330.

5. F. Maurolico, *Admirandi Archimedis Syracusani Monumenta omnia mathematica quae extant ex traditione Francisci Maurolyci*, Palermo, 1685.

Vu le nombre restreint des manuscrits comportant le texte d'Archimède, par rapport au nombre des manuscrits du *Liber de curvis superficiebus*, Francesco Maurolico a dans une première étape composé une remarquable expansion du texte latin, ayant apparemment l'impression qu'il travaillait sur l'œuvre originale d'Archimède. Pourtant, dès qu'il a pris conscience de son malentendu, il a ajouté des éléments complémentaires dans son texte déjà préparé, et de plus, il a écrit un traité original sur ce sujet, son *Praeparatio ad Archimedis opera*.

Le rôle important que ces deux textes ont joué dans le cadre de l'activité mathématique au moyen âge, ainsi que leur forte liaison avec la science grecque, ont poussé les historiens à faire des suppositions afin de combler les lacunes de la tradition telle qu'elle nous a été léguée. Marshall Clagett a le premier supposé la provenance du *Liber de curvis superficiebus* d'une source grecque de l'antiquité tardive ou byzantine[6].

Quelques années plus tard, Wilbur Knorr[7], en examinant les rapports du *Liber de curvis superficiebus* avec certains travaux géométriques grecs, dont la *Mesure du cercle* et le fragment anonyme *De ysoperimetris*, a soutenu la thèse de M. Clagett. Mais il a en plus fait la supposition que la même source grecque a été utilisée par les Banū Mūsā d'une façon plus délibérée.

L'édition récente par R. Rashed de la rédaction du *Verba filiorum* faite par Naṣir al-Dīn al-Ṭūsī au XIIIe siècle[8], a finalement apporté des nouveaux aspects sur l'œuvre des Banū Mūsā.

La présente étude comparative du *Verba filiorum* et du *Liber de curvis superficiebus*, se borne à éclaircir le rapport entre les deux œuvres en établissant leurs analogies et leurs variations.

CONTENU

Le schéma déductif qui suit, montre bien qu'on peut toujours trouver des propositions qui appartiennent à l'un de textes, et qui manquent dans l'autre. Le *Verba filiorum*, étant un compendium mathématique, contient diverses parties liées aux problèmes de la trisection de l'angle et de deux moyennes proportionnelles, ou encore à la démonstration de la formule de Héron, pour l'aire triangulaire, absentes toutes dans le texte de Johannes de Tinemue.

6. M. Clagett, " The *Liber de curvis superficiebus* of Johannes de Tinemue ", *op. cit.*, 440-443.

7. W. Knorr, " The medieval tradition of Archimedes' *Sphere and Cylinder* ", in E. Grant, J.E. Murdoch (eds), *Mathematics and its applications to science and natural philosophy in the middle ages*, Cambridge, 1987, 3-42.

8. R. Rashed, " Les Banū Mūsā et le calcul du volume de la sphère et du cylindre ", *Les mathématiques infinitésimales du IXe au XIe siècle. Fondateurs et commentateurs*, vol. I, London, 1996, 1-138.

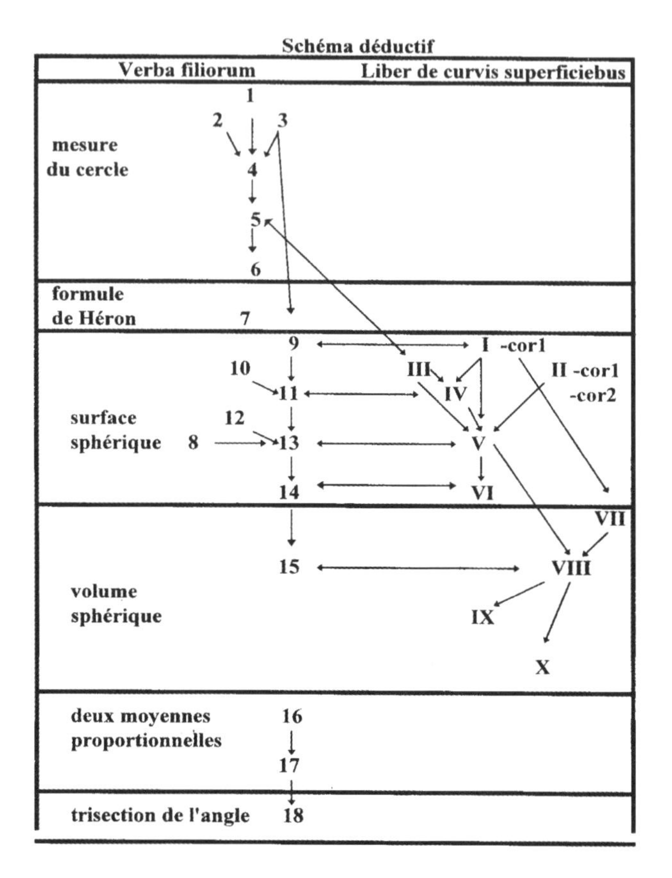

La mesure du cercle

Dans le traité de Banū Mūsā, les quatre premières propositions aboutissent à une nouvelle démonstration de la première proposition de *La mesure du cercle*. Cette partie manque dans le texte latin, qui pourtant utilise les propositions de ce court traité d'Archimède, en donnant simplement la référence à l'œuvre du géomètre grec.

La proposition 5 est la première proposition dans *V.F* pour laquelle on trouve une équivalente dans le texte latin (III). Elle démontre que *le rapport du diamètre au périmètre est le même pour tout cercle*, dans le but d'être utilisée une seule fois dans la proposition 6. D'après les Banū Mūsā, la proposition 6 sert à *déterminer, par la méthode appliquée par Archimède — Mesure du cercle* 3 — *la grandeur du diamètre par rapport au périmètre avec n'importe quel degré d'approximation voulu*.

De l'autre côté, la proposition III dans *L.C.S.* démontre que les circonférences de deux cercles sont proportionnelles à leurs diamètres, afin qu'elle soit utilisée dans les deux propositions suivantes pour la mesure des surfaces. On est donc dans un contexte complètement différent de celui du texte arabe. En plus, Johannes de Tinemue utilise pour la démonstration sa méthode de passage à la limite que nous décrirons dans la suite, tandis que les Banū Mūsā donnent une démonstration de double réduction à l'absurde, abusive d'ailleurs puisqu'elle fait usage de l'aire du cercle (prop. 4), et de la proposition XII.2 d'Euclide. En ce qui concerne le calcul du rapport entre la circonférence et le diamètre, Johannes de Tinemue ne l'examine pas. Par contre, au cours de la dernière proposition (X) il calcule un autre rapport approximatif : celui entre le volume de la sphère et le cube de son diamètre $\left(\frac{V_{sph}}{d^3} = \frac{11}{21}\right)$. Mais cette fois ce sont les Banū Mūsā qui omettent ce résultat.

La surface et le volume sphérique

Passons maintenant à cette partie commune dans les deux traités concernant la mesure de la surface et du volume sphérique. La proposition I du *L.C.S.* mesure la surface latérale du cône, équivalente à un triangle rectangle, dont l'un des côtés de l'angle droit est égal à la génératrice (l) et l'autre est égal au périmètre (p) de la base conique. Elle est suivie d'un corollaire assez fonctionnel pour la suite, équivalent d'ailleurs à la proposition 15 dans *La sphère et le cylindre*, $\left(\frac{\textit{Surface}\ \text{latérale}\ \textit{conique}}{\textit{base}} = \frac{\text{génératrice}}{\text{rayon}}\right)$.

La proposition correspondante dans *V.F.* (9) exprime la même surface sous forme de produit : $s_{con} = \frac{1}{2}p \cdot l$, le corollaire étant complètement omis. Remarquons ici que tous les deux travaux ne font jamais usage de mesures circulaires, omniprésentes dans *La sphère et le cylindre*. Archimède mesure, par exemple la surface conique latérale, équivalente au *cercle dont le rayon est la moyenne proportionnelle entre la génératrice du cône et le rayon du cercle de base*.

La proposition II du *L.C.S.* traite la surface latérale cylindrique afin qu'elle soit utilisée à la suite, dans le cas des solides engendrés par la révolution de semi-polygones dont le nombre des côtés est impair. Elle manque dans *V.F.* qui n'examine pas ce genre des solides.

Ensuite, la proposition IV de Johannes de Tinemue qui mesure la surface du cône tronqué, correspond à la proposition 11 des Banū Mūsā. Pourtant les deux énoncés, et les démonstrations proposées diffèrent. Dans *L.C.S.* on traite la différence entre les surfaces de deux cônes semblables. La démonstration, purement géométrique, est un analogue de la mesure de l'aire du trapèze :

$$s_2 - s_1 = \frac{1}{2}(l_2 - l_1)(p_2 + p_1).$$

Les Banū Mūsā de l'autre côté, calculent plutôt algébriquement l'aire latérale du cône tronqué, $s = \frac{1}{2}(p_1 + p_2)l$, ayant précédemment démontré (prop. 10) un lemme excessivement élémentaire : *l'intersection entre tout cône droit et un plan parallèle à sa base est un cercle dont le centre est sur l'axe du cône.*

La surface du solide engendré par la révolution d'un polygone inscrit dans un cercle, autour du diamètre, est présentée dans la proposition V de *L.C.S.* comme *le produit du côté du polygone par la somme de circonférences décrites par la révolution des angles du polygone, ou encore, comme le produit de la circonférence du cercle circonscrit au polygone par le segment de droite qui avec le diamètre du cercle et un côté du polygone forment un triangle rectangulaire.*

Dans *V.F.*, la proposition 13 démontre des inégalités qui impliquent la moitié de ce genre de solide — présenté pourtant d'une façon différente, comme nous le verrons ensuite " et les deux demi-sphères, de rayon R_1 et R_2 respectivement, dont l'une lui est inscrite et l'autre circonscrite :

$$2\pi \cdot R_1^2 < S < 2\pi \cdot R_2^2$$

Le texte attribué à Johannes de Tinemue est reconnu plus fidèle à *La sphère et le cylindre* par rapport au *V.F.*. Seulement que dans le cas de l'expression utilisée pour la surface sphérique, les rôles s'inversent. Car, *L.C.S.* (VI) démontre que *la surface sphérique est égale au rectangle contenu entre le diamètre de la sphère et la circonférence de son cercle le plus grand*, tandis que les Banū Mūsā (14) démontrent que *la surface de l'hémisphère est égale au double du plus grand cercle.*

En ce qui concerne le volume sphérique, les expressions utilisées diffèrent encore. Dans *L.C.S.*, la proposition principale (VIII) démontre que *le cylindre dont la hauteur est égale au diamètre de la sphère et dont la base est égale à son plus grand cercle, équivaut aux trois demies du volume sphérique*. La proposition IX contient d'ailleurs l'expression suivante pour le volume sphérique : *Toute sphère équivaut au cône dont la base est égale à la surface sphérique et dont la hauteur est égale au rayon de la sphère*. Quant au *V.F.* (15), on conclut que *pour toute sphère, le produit de son demi diamètre par le tiers de sa surface latérale est égal à son volume.*

La méthode

Entreprenons maintenant d'analyser les méthodes utilisées par Johannes de Tinemue et Banū Mūsā. Dans les deux cas, on se différencie de la méthode archimédienne, en dévoilant en même temps une claire influence euclidienne. Rappelons-nous que la proposition XII.18 des *Éléments* d'Euclide, démontre l'égalité du rapport entre deux sphères au rapport des cubes de leurs diamètres, à l'aide de deux constructions préliminaires qui assurent le passage à la limite. Plus précisément, la proposition XII.16 démontre que *deux cercles concentriques étant donnés, on peut décrire dans le plus grand un polygone dont les côtés égaux et pairs en nombre ne touchent pas le plus petit cercle*. La proposition XII.17 de l'autre côté, énonce que *deux sphères étant concentriques on peut décrire dans la plus grande un polyèdre dont les faces ne touchent pas la plus petite sphère.*

L'auteur du *Liber de curvis superficiebus*, influencé par le raisonnement euclidien, mesure les surfaces du cône, du cylindre et de la sphère, et le volume sphérique, et il démontre la proportionnalité entre le diamètre et la circonférence du cercle, à l'aide d'une méthode de double réduction à l'absurde qui effectue le passage à la limite par l'intermédiaire de la proposition XII.16 des *Éléments* d'Euclide.

De leur côté, Banū Mūsā mesurent l'aire du cercle, les surfaces coniques et sphériques et le volume sphérique à l'aide d'une méthode qui implique sans doute la proposition XII.16 d'Euclide mais qui n'est pas identique à celle de Johannes de Tinemue. Le manque de référence précise à l'œuvre d'Euclide est une caractéristique commune aux deux traités en question. Prenons maintenant un exemple concret qui pourtant reflète bien la méthode générale dans chacun de deux travaux.

Pour mesurer la surface conique, Johannes de Tinemue admet que si la surface S n'est pas égale au triangle rectangle F — dont l'un des côtés de l'angle droit est la génératrice et l'autre est le périmètre de sa base — on peut supposer l'existence d'un autre cône de même hauteur, dont la surface S_1 est égale au triangle donné. Prenons d'abord le cas où ce cône (S_1) a pour base un cercle concentrique et plus petit que celui du cône donné. On inscrit dans le plus grand cercle un polygone dont les côtés ne touchent pas le plus petit cercle et on en déduit une pyramide du même sommet, inclue dans le cône (S). L'absurde est facilement démontré en combinant la supposition faite, la surface de la pyramide et les inégalités entre les surfaces de deux figures dont l'une est inclue dans l'autre. Ces dernières inégalités, démontrées explicitement par Archimède dans *La sphère et le cylindre*, sont utilisées par Johannes de Tinemue et les Banū Mūsā sans aucune explication. Dans la seconde partie de la démonstration, Johannes garde la même figure en inversant simplement les rôles des cônes et il en déduit l'absurde de façon tout à fait identique.

La même surface est mesurée par les Banū Mūsā comme le produit du demi-périmètre et de la génératrice, par une procédure de double réduction à l'absurde, différente de celle de Johannes sur les points suivants. La supposition faite que la surface conique S n'est pas égale au produit souhaité, implique l'existence d'une autre longueur p_1, — et pas d'une autre surface conique — telle quelle $S = \frac{1}{2}p_1 \cdot l$.

En plus, à cette étape les Banū Mūsā font usage de leur proposition 3 à la place de la XII.16, pour effectuer le passage à la limite et déduire l'absurde par l'introduction d'une pyramide, à la manière de Johannes. Seulement que la pyramide construite dans la seconde partie de la démonstration ($p_1 > p$), est circonscrite au cône donné, puisqu'elle correspond à un polygone pris circonscrit au cercle de base du cône, au cours de la proposition 3. Mais étudions de plus près la proposition 3. Un cercle de périmètre p et un segment de longueur h étant donnés, si (h<p) on peut inscrire dans le cercle un polygone dont le périmètre est plus grand que h. Si (h>p), on peut circonscrire au cercle un polygone dont le périmètre est inférieur à h. Banū Mūsā admettent pour la démonstration l'existence d'un cercle de périmètre donné h et ils appliquent toujours d'une façon implicite la XII.16 des *Éléments*. Mais dans la deuxième partie de la démonstration le passage du polygone inscrit dans le plus grand cercle, au polygone souhaité circonscrit au cercle donné, implique une procédure d'homothétie que les Banū Mūsā appliquent sans commentaire. Des procédures analogues sont pourtant appliquées de nouveau dans *V.F.*, au cours de la mesure du volume sphérique. (prop. 15)

Un autre point qui nous parait significatif pour la relation entre les deux traités, concerne l'usage fait des solides engendrés par la révolution d'un polygone inscrit dans un cercle autour de son diamètre. C'est évidemment dans l'œuvre d'Archimède que tels polygones s'introduisent, pour servir à la mesure de la surface et du volume sphérique. Dans le *L.C.S.* on les utilise de manière identique à celle d'Archimède, en décrivant plus que clairement leur production par révolution. Par contre dans le *V.F.* ces mêmes solides constitués de plusieurs cônes et cônes tronqués, sont présentés d'une façon différente. Examinons l'énoncé de la proposition 13 qui calcule des bornes supérieures et inférieures pour ce genre de solides :

Si un solide est inscrit dans une demi-sphère et si ce solide est composé d'autant de portions de cônes circulaires qu'on veut, de sorte que la base supérieure de chaque portion est une base pour la portion qui est au-dessus d'elle, que la base de la portion inférieure est la base de la demi-sphère, que le sommet de la portion supérieure du cône est un point qui est le pôle de la demi-sphère, que les bases sont parallèles, que les droites menées à partir des bases des portions à leurs bases supérieures sont égales, et si ensuite se trouve dans le solide une demi-sphère inscrite dans ce solide, dont la base est un cercle dans le plan de la base de la première demi sphère, alors la surface latérale du solide est plus petite que le double de l'aire de la base de la première demi-sphère et plus grande que le double de l'aire de la base de la seconde demi-sphère.

Pourquoi alors on ne décrit pas la révolution d'un polygone et de deux cercles — dont l'un est circonscrit au polygone et l'autre lui est inscrit — autour du diamètre, en raccourcissant ainsi considérablement l'énoncé ? En plus, une étude attentive de la démonstration de la proposition 13 révèle l'usage fait de la proposition 8, afin de prouver que la sphère intérieure a le même centre que la sphère extérieure. La proposition 8, considérée jusqu'à présent comme isolée dans le texte, démontre en fait l'unicité de la sphère passant par quatre points non coplanaires. Mais quel besoin de prouver l'homocentricité de deux sphères si elles se produisent par la révolution de deux cercles concentriques ?

La seule explication que nous pouvons donner est que les auteurs ont une conception plutôt constructiviste pour ce genre de solides par révolution.

De nouveau, cette conception parfois obscure intervient au dernier cas de différenciation entre les Banū Mūsā et Johannes de Tinemue que nous présenterons dans le cadre de ce travail. En ce qui concerne la mesure du volume sphérique, le *L.C.S.* condense dans une seule proposition (VIII) la démonstration complète de cette mesure, tandis que la proposition suivante donne une autre expression originale pour le même volume. Par contre, dans *Verba filiorum*, la démonstration du volume sphérique (15) reste énigmatique. Car les auteurs font usage de deux résultats concernant le volume des solides inscrits ou circonscrits à une sphère, sans préciser le genre exact de ces solides. Pourtant ils considèrent ces résultats comme démontrés. Est-ce qu'il s'agit des solides constitués de plusieurs cônes et cônes tronqués, décrits dans la proposition 13, ou plutôt des polyèdres analogues à ceux introduits au cours de la XII.17 des *Eléments* ? Dans le premier cas, on est obligé de remarquer que les auteurs n'ont pas examiné — au moins au cours de ce travail — le volume de ces solides. Certes, nous pourrions considérer Archimède comme leur source, si les frères arabes n'avait pas soutenu l'originalité de tous leurs résultats, à l'exception de la proposition 6. L'autre cas des polyèdres euclidiens pose également des problèmes, du point de vue de l'existence d'une sphère, supposée par Banū Mūsā comme inscrite dans le solide.

En arrivant à la fin de cette étude restreinte, quoique notre exploration de la tradition archimédienne continue, il nous paraît hardi pour le moment de supposer l'existence de liens directs entre le *Verba filiorum* et le *Liber de curvis superficiebus* ; et cela malgré certains analogies reconnues dans les deux textes. Les différences signalées nous conduisent à juger comme injustifiable l'hypothèse d'une source commune pour ces deux oeuvres. La production de plusieurs reconstructions de *La sphère et le cylindre*, s'explique par la grande diffusion que cette œuvre d'Archimède a connue au fil des âges. En ce qui concerne la méthode de passage à la limite d'origine euclidienne dans les deux textes, elle nous incite à réfléchir sur l'existence dès l'antiquité grecque d'un type de méthode d'exhaustion, analogue à celle qu'on trouve à la fin du XIIe livre des *Éléments* d'Euclide. Espérons que les fonds manuscrits inexplorés — surtout ceux de la tradition arabe d'Archimède — nous permettront à l'avenir de donner des réponses à toutes ces questions afin de combler les lacunes de la tradition.

PROBLEM BY APOLLONIUS OF PERGA

Albert V. KHABELASHVILI

Apollonius of Perga (260-170 B.C.) included into his work *On tangency* which has not remained the problem with the solution : to carry out a geometrical construction of a circle tangent to three given circles.

According to the ancient classification this problem refers to plane problems. It means that the problem can be solved with a compass and a rule (in contrast to corporeal problems solved with the help of conical and linear problems, *i.e.* all others).

The Apollonius's problem is a planimetrical one : all given and desired geometrical figures are constructed in one plane.

Planimetrical features of curves of the second degree were as a rule studied in books on conical sections, where they were constructed stereometrically — by crossing conical planes with a section. Such method of construction guaranteed not only their existence, but also the continuity. The curves were thoroughly studied in ancient times and even then they were the basic geometrical subjects equal to straight lines and circles.

For the first time the curves of the second degree were considered in view of the solution of the cube doubling problem. It is a known fact that Hippocrates of Chios (5th century B.C.) connected the sides of the given cube and the desired one inserting two average proportional segments between them, the concept of the segments was introduced into geometry by him. And in order to get these average proportional segments Menaechmus (4th century B.C.) used two parabolas and also a parabola and a hyperbola.

Menaechmus managed to introduce the ellipse, the parabola and the hyperbola (the terms by Apollonius) as sections of acute-angled, obtuse-angled and right-angled circular cones by plane perpendicular to one of the ruling of the cone. Before Apollonius they were even called so : sections of an acute-angled, right-angled and obtus-angled cone revolution, Eratosthenes of Cyrene (276-194 B.C.) called the curves the " Menaechmusis triad ".

By the 3rd century B.C. the conical section theory was worked out sufficiently enough, Aristaeus (before 300 B.C.) wrote the book *On spatial places*. Then comes the Euclid's (365-300 B.C.) manual *Laws of conical sections* which has not reached us. A number of suggestions from this book can be found in Archimedes's (287-212 B.C.) works.

Archimedes himself making definitions of squares and sections incidentally proved several points on conical sections that he needed. Apollonius of Perga was not only the first to combine and bring to harmonious and strict system everything connected with conical sections that became known before him, but he also significantly enriched this theory with his own discoveries and made it perfect.

Special attention deserves the fact that " Apollonius's approach to conical sections differs from methods of all his predecessors, including Archimedes, by an exclusive power to generalize "[1] :

- he received all three types of conical sections on one cone of revolution with an arbitrary angle at the vertex, changing the direction of the section only ;
- he considered the total conical surface and in this way he got both branches of hyperbola in the section.

Did " the great geometrician ", as the ancients called him, go further in his generalization ?

Let us try to follow the Apollonius's reasoning step by step.

All other sections of one even full conical surface would not bring us to any new interesting results. Intersection of two or three cones are not of great interest either.

And then as a next step of the generalization Apollonius creates a magnificent composition of four right circular cones with the same angles at the vertex : one of the cones is directed with its vertex down and is tangent to others.

Apollonius crosses this " pressed package " of cones with a section parallel to the basic surface and receives an excellent result : four circles on the surface one of which is tangent to three others ! (Fig. 1).

So was the famous problem by Apollonius of Perga born. Putting the section in the appropriate way Apollonius finds similar fours of ellipses, parabolas, hyperbolas.

Therefore putting and solving his famous problem Apollonius could consider tangency of conical sections in general. And the reduction of his problem to circles (more than that, to straight lines and points) may be explained by extreme difficulty of its solution in general.

1. E. Kolman, *History of mathematics in ancient times*, 1961, 172.

The analysis of the first results of generalization could bring to life a lot of new suggestions and give enough material worthy of writing a separate treatise " On tangency ". Unfortunately the treatise was lost and the conditions of Apollonius's problem we managed to about them only due to commentators.

So why has the information on the connection of this problem with the sections of the " package " of cones not remained ? And did Apollonius actually write down his solution anywhere ? Van der Waerden, a Dutch scientist, a well-known expert in the history of mathematics of the ancients, wrote, perhaps not without reason : " Apollonius is a virtuoso of the geometrical algebra but he is not less virtuoso in concealing his initial way of thinking. That is why his book is difficult to understand, his reasoning are elegant and crystal dear but what brought him to these very reasoning and not other ones one can only guess "[2].

Mathematics of different countries and epochs turned to the Apollonius's problem many times but only few of them managed to show the way to construct the desired circle.

The palm belongs to F. Viète (1540-1603), a famous French mathematician of the Renaissance. Though before him Pappus of Alexandria (the 3rd century A.C.) an ancient Greek commentator and a mathematician worked at this problem but he made the conditions much easier : he considered the diameter of the desired circle as a given one[3].

F. Viète was so enthusiastic about his success that he called himself the French Apollonius (" Apollonius Gallus ")[4]. He immediately suggested A. Roomen (1561-1615), his rival in mathematics, a geometrician from Holland, solving the problem. Roomen found the center of the desired circle using the intersection of two hyperbolas. But Viète wrote to him : *Dum circulum per hiperbolas tangis rem acu non tangis*, " When the circles are tangent through hyperbolas this is not tangency "[5].

René Descartes (1596-1650) gave two analytical solutions for the case of external tangency[6]. He suggested solving the problem to his friends : Pierre Fermat (1601-1665) and Princess Elizabeth of Bohemia (Pfaltz) (1618-1680). Elizabeth, the daughter of Frederick V the King of Bohemia (Pfaltz), the great granddaughter of Maria Stuart met Descartes in 1640. She was fond of philosophy, astronomy, mathematics and was a passionate admirer of the famous mathematician's talent. Descartes devoted his *Basis of philosophy* to her. The Princess managed to solve the problem in the analytical way of what she wrote to Descartes.

2. Van der Waerden, *Science awakening. Mathematics*, 1959, 338.
3. Pappi Alexandrini, *Collectionis quae supersunt*, vol. I, libro IV, prop. X, Berolini, MDCCCLXXVI.
4. F. Vietae, *Opera Mathematica*, 1646, 345.
5. A.N. Krylov, *Collection of works*, vol. VII, 1936, 112.
6. Oeuvres de Descartes. *Correspondance*, 1901.IV.lettre, CCCXXVIII.

Later Descartes confessed to Pellet : " By the way, I am very sorry to have suggested solving the problem of three circles to Madame Bohemian, it is so difficult that I think that only a saint person can solve it in some miraculous way "[7].

About his own solution Descartes himself wrote : " There are so many difficulties on the way that I won't cope with them even within three months "[8].

The second solution is not that difficult " yet not in such a degree that he would start working at it "[9].

I. Newton (1643-1727) also found two solutions[10]. One of them is the same as the A. Romanus's one with the only difference that Newton in an original way drives the search of the two points of intersection between two hyperbolas to constructions made with a compass and a rule " as if thus showing that it is possible to *rem acu tangere* using hyperbolas as well "[11].

M. Chasles (1793-1880) a French mathematician and an expert in the history of mathematics in his book *Historical review of the origin and the development of geometrical methods* (1837) wrote about the Apollonius's problem that " many great geometricians worked at it and offered different solutions among which solution of Th. Simpson " (1710-1761) an English mathematician should be specially mentioned.

L. Euler (1707-1783) re-reading Pappus's works stopped at the theorem in book IV where the diameter of the circle tangent to three given circles is considered the given one. He started thinking of the way to find this diameter if it were not given and found an excellent solution of which he informed the Academy on November 4, 1779... Euler used trigonometrical angles and features (N. Fuss)[12].

After Euler, N. Fuss (1755-1826) publishes his analytical solution in *The speculative researches of the Imperial Saint-Petersburg Academy of Science*[13].

J. Lambert (1728-1777) a German mathematician in his letter to Baron de Holland (1742-1784) set forth two solutions of his own of Apollonius's problem[14].

7. Oeuvres de Descartes. *Correspondance*, 1901.IV.lettre, CCCXX.

8. *Idem*, lettre GCXXV.

9. M.E. Vaschenko-Zacharchenko, *History of mathematics*, vol. I, 1883, 106.

10. I. Newton, *Universal arithmetics or the book on arithmetical synthesis and analysis*, 1948, problem XLVII and *The Mathematical Principles of Natural Philosophy*, 1936, lemma XVI.

11. A.N. Krylov, *Collection of works*, vol. VII, 1936, 112.

12. L. Eulero, *Solutio facilis problematis, quo quaeritar circulus qui datas tres circulus tangat*, t. VI, NAASP, 1788, Col. 1790, 95-101 or : *Commentationes geometricae*, t. 1, 270-275.

13. *The speculative researches of the Imperial Saint-Petersburg Academy of Science*, vol. V, 1789, 21-32.

14. Lamberts (deutscher) gelehrter Briefwechsel, 5-ter Tb., 1785.

The attempt to solve the problem was also made by Baron de Holland in the introduction to his publication N. Fuss characterized these solutions as follows : " two solutions offered by late Lamberts were by all means much more complicated than mine " and further : " de Holland was driven to the equation of the fourth degree as almost unsolvable ".

In 1803, Lazare Carnot (1753-1823) a French mathematician, one of the founders of projective geometry, issued his *Geometry of position* in which he included his solution of the problem of Apollonius[15].

Ten years after L. Gaultier a French mathematician gave a full solution of the problem using new concepts of radical axis, radical center and axes of similarity introduced by him[16].

Using these very new concepts J.D. Gergonne (1771-1859) a famous French geometrician, gave his own construction of the center of the desired circle (1816)[17].

In the first half of the 19th century German mathematicians J. Steiner (1824) and G. Magnus (1830) worked out the principally new method of geometrical transformation — transformation of inversion.

Further researches of the new method are connected with such names as A.F. Mobius (1790-1868), J. Liouville (1809-1882), J.A. Serret (1819-1885), A. Cayley (1821-1895), W. Magnus (1832) and F. Klein (1843) worked at inversion in geometry of globular surface.

Due to transformations of inversion the Apollonius's problem is reduced to elementary tasks :

a) to draw up a circle tangent to a pair of parallel straight lines and a given circle, or
b) to draw up mutual lines tangent to two circles (repeated inversion turns us back to the images of the initial problem).

Having previously considered the auxiliary problem from Mathematic collection of Pappus, T. Heath gives one more solution of the Apollonius's problem.

The generalization of the results or the initial data is the most characterizing and important principle of the mathematical thinking. The Apollonius's problem was not an exclusion.

Overcoming the first difficulties in the construction of the center of the desired circle mathematicians naturally went further in generalizing the problem.

P. Fermat having got a suggestion from his friend R. Descartes that he should solve the Apollonius's problem in 1640 put a more complicated

15. L.N.M. Carnot, *Géométrie de position*, 1803, 390.
16. *Journal de l'École Polytechnique*, t. IX, cahier 16 (1813), 201.
17. E. Catalan, *Théorèmes et problèmes de géométrie élémentaire*, 1872, 206.

problem : “ Four spheres are given. The sphere tangent to the three others must be found ” and he solved it[18]. The same problem was also solved by other French mathematicians : L. Carnot[19], J. Hachette (1769-1834)[20], S. Poisson (1781-1840)[21], J. Binet (1786-1856)[22], Th. Olivier (1793-1853), L. Gaultier[23]. In 1779 L. Euler published his solution of the tangency of spheres[24] and in 1828 J. Steiner (1796-1863) did it.

More general problem of tangency of planes of the second degree was also studied.

In the process of generalization special and particular case could not be avoided.

F.E. Neumann (1798-1895) and J. Steiner in 1826 changed the tangency of circles for their intersection under a given angle.

A row of relative problems was put and solved by G. Cramer (1704-1792), C.A. Castigliano (1708-1794), J.L. Lagrange (1736-1813), G. Malfatti (1731-1807).

Some mathematicians have generalized the Apollonius's problem without leaving the field of planimetry F. Dupin (1784-1873), M. Chasles (1793-1880) and spread the problem into the plane sections of surfaces of the second degree, i.e. without realizing they returned back to the initial author's wording of the conditions of the problem. When Apollonius wrote (or pronounced) : “ Three things are given... ” by the word “ things ” he surely meant arbitrary conical sections. They were exactly what he got in the sections of the “ package ” of four cones !

The points, the straight lines, the circles are particular or maximum cases of “ things ”, conical sections.

This is the reason why in Apollonius's work On tangency purely planimetrical problem on tangency turned up.

It should be stressed that in all solutions of the Apollonius's problem without exclusion the authors use geometrical facts, features of geometrical figures or geometrical notions of unknown to the mathematicians of the Apollonius's epoch. And so not a single solution gave a response to the question which raised in ancient times — how Apollonius from Perga solved his problem himself ?

18. P. de Fermat, *Varia opera mathematica*, Tolosae, 1679, 74.

19. L.M.N. Carnot, *Géométrie de position*, 1803, 416.

20. *Journal de l'École Polytechnique*, t. X (1815), 129.

21. *Bulletin de la Société Philomatique* (septembre 1812), 141.

22. *Journal de l'École Polytechnique*, t. X (1815), 113.

23. *Journal de l'École Polytechnique*, t. IX (1813), 128.

24. *The speculative researches of the Imperial Saint-Petersburg Academy of Science*, vol. IV, 1779 or L. Euler, *Commentationes geometricae*, vol. I, 1953, 334.

The purpose of the solution given in the article is to give the response to this most difficult question at last.

The solution of the problem is introduced by the generally accepted scheme.

THE ANALYSIS OF THE SOLUTION OF THE PROBLEM

Three circles with centers in points O_1, O_2, O_3 in surface Γ are given. It is required to construct the fourth circle tangent to three given ones (Fig. 1).

Let us consider a general case : each of the given circles is outside the three others. We should also accept that the radius of the given circles are different. Let them be for example $r_1 > r_2 > r_3$.

Now we shall construct in the semi-space above surface Γ Apollonius's composition of four cones. For that let us construct on the given circle, as on the foundations three rights cones AO_1, BO_2, CO_3 with the same angles a at the vertex and the fourth circular cone DO_4 with the same angle a at the vertex, arbitrary radius of foundation and the altitude parallel to altitudes of the constructed cones, direct with the vertex D down to plane Γ and keeping the parallelness of the altitudes we shall remove it until it touches all three cones externally simultaneously.

Conical surface DO_4 will cross surface Γ by the desired circle O. For finding DO position relatively to altitudes AO_1, BO_2, CO_3 let us draw up surface Γ through vortexes A, B, C. It will cross DO_4 conical surface by ellipse and surface Γ by KL[25] straight line. Having found the axis of EF ellipse and its position relatively to points A, B, C it is easy to find DO_4 position.

However for the construction of the ellipse the task of the three points only belonging to it the task is insufficient : through three given points it is possible in general case to draw up a countless number of ellipses.

For the construction of an ellipse not only coming through three given points A, B, C but also totally lying on the conical DJ_4 surface one should also know for example the direction of its main axes and their relationship.

Vortexes of ellipse E and F lies in the points of intersection of the sides of the axis triangle DEF with the surface Δ and the big axis of the ellipse is directed perpendicularly to the KL straight line. Therefore, FG is the line of the maximum inclination and angle FGH is a linear angle β between surfaces Δ and Γ.

The relationship of lengths of the main axes of the ellipse is determined by angle β.

Thus we come to the problem : to construct the ellipse going through three given points in case the direction and the relationship of its main axes are known.

25. KL is the directrix of the ellipse.

It is quite problematic to solve this problem[26] with a compass and a rule in the surface Δ .

We shall make it in a different way.

Let us remember that an ellipse may also be constructed as a section of a right circular cylinder. It was Archimedes who wrote that " ...if you cross a cylinder with two parallel planes facing all sides[27] of the cylinder the sections will make either circles or equal and similar ellipses "[28]. Later Serenus of Antissa (11th century A.C.) " seeked to show despite the common opinion that the ellipse constructed by crossing of a cone has no difference from the ellipse got from crossing of a cylinder "[29].

It means that for any ellipse which is a section of a right circular cone it is always possible to indicate such right circular cylinder for which this ellipse will be one of the plane sections (Fig. 2).

It is evident that a small axis of the given ellipse serves as a diameter of the foundation of such ellipse. It means that the direction of the axis of the cylinder is such that the right-angled projection of the big axis of the ellipse to the W plane is the foundations of the cylinder and is equal to the small axis of the ellipse.

It is easy to show that if ellipses are formed on the conical plane by parallel sections (Fig. 3), then :

a) the relationship of the main axis of the ellipses is constant :

b) the main axes of the ellipses lies in mutually perpendicular planes, the plane of big axes is also perpendicular to the plane of the Γ foundation and it goes through the altitude of the cone (crosses the cone by the triangle of the axis section) :

c) the axes of the corresponding straight circular cylinders plane sections of which these ellipses serve lie in the plane of big axes of ellipses and cross the altitude of the cone with one and the same angle γ .

Therefore, for finding angle g it is sufficient to consider arbitrary section of cone DO_4 with the plane parallel to Δ.

If the circle of the basis of the cylinder is the rectangular projection of the ellipse then projections belonging to ellipse of three vertexes A, B and C must also lie on it.

This geometrical fact defines the final step of the solution of the problem (Fig. 2).

26. A peculiar case of this problem is a known elementary problem of drawing a circle through three given points. That's true, for the circles the direction of the main axes and their relationship loses sense and in a general case it is possible to always draw up a circle and it may be the only one.

27. *I.e.* forming ones.

28. Archimedes, " On conoids and spheroids ", *Writings*, 1962, 171.

29. M.E. Vaschenko-Zakharenko, *History of mathematics*, t. 1, 1883, 133.

On the plane of the foundation of cylinder W we are constructing three projections of vortexes of cones A', B', C' and through them we draw up a circle, by the diameter of which we find a big axis of the ellipse and by the angle a we find the position of the DO_4 cone and in this way — the center of the desired circle.

This is in short the idea of solving the problem.

CONSTRUCTIONS

Now we can realize this idea with a compass and a rule. Let us connect in pairs with straight lines centers of the given circles O_1 and O_2, O_1 and O_3 (Fig. 4). Let us draw up $AO_1 \perp O_1O_2$, $BO_2 \perp O1O_2$, $A_1O_1 \perp O_1O_3$, and $CO_3 \perp O_1O_3$.

Perpendiculars BO_2, $AO_1 = A_1O_1$ and CO_3 are the Images of the altitudes of the auxiliary cones, therefore theirs lengths are those that at the vortexes of these cones angles equal to a are formed.

KL straight line going through crossing points AB with O_1O_2 and A_1C with O_1O_3 is the line crossing Γ and Δ planes.

For finding the angle between Γ and Δ from O_1 point we shall lay off $O_1I_1 = O_1I$, where $O_1I \perp KL$. Angle $AI_1O_1 = \beta$ is the desired one.

Let's draw up $O_2O2' \perp IO_1$, $O_3O_3' \perp IO_1$ and proceed solving of the problem in the surface of AI_1O_1 triangle $-\Omega$ (Fig. 5).

By two sides α and β we must construct the axis section DEF of cone DO_4 from its vertex D to section D. Here EF is a big axis of the ellipse.

Through the center of ellipse S we must draw up PR $\perp$ DP, where PR is the radius of the circular section of the cone. From P as a center with the radius of PR we shall construct a semi-circle QmT. Chord MN $\perp$ PR going through point S is a small axis of the ellipse.

Then from point S as from the center with the radius of SE let us draw up a semi-circle EnF and inscribe a right-angled triangle hypotenuse of which serves the diameter of EF semi-circle and one of the cathesus EQ_1 = MN. Then the second cathesus FQ_1 will form with DO_4 altitude angle γ, determining the direction of the projecting cylinder (There are two of such cylinders : catheti may be replaced).

To make the construction more comfortable we shall accept the fact that the plane of the foundation of the cylinder W goes through KL straight line, then EQ_1 cathesus shall be the intersection between planes W and W.

Now we shall lay off successively on EE_1 ray sections $EO_3' = IO_3'$, $O_3'O_2'$ and $O_2'O_1$. Let us restore perpendiculars in points O_3', O_2' and O_1 till their crossing EF accordingly in points C', B', A'.

Let us put perpendiculars from points A', B', C' to EQ_1 with the foundations in points A", B", C".

For the construction of the right-angled projections of vortexes A", B", C" to plane Γ (Fig. 4) we must note that the distance between the right-angled projections of arbitrary points of one of the planes Γ , Δ , W to any other in the direction of KL are constant.

Therefore points A", B" and C" lies on $IO_1 \perp KL$, $B_1O_2 \perp KL$ and $C_1O_3 \perp KL$ accordingly. Here $B_1B" = EB"$, $IA" = EA"$ and $C_1C" = EC"$.

Trough three points A", B", C" let us draw up a circle with the center in point S" and the diameter E"F" for $F"G \perp KL$.

Accepting GE" = EE" we may note points E" and F" on EQ_1 (Fig. 5). Let us draw up $E"E' \perp EQ_1$ and $F"F' \perp EQ_1$. Then E'F' is a big axis of the ellipse which goes through the vortexes of A,B,C cones. Having constructed E'D' || ED and F'D' || FD we can find vertex D of the fourth cone.

The solution is finished with the construction of $D'O_4' \perp EE_1$. Having laid off $GO = EO_4'$ (Fig. 4) we can find the center of the desired circle O.

Proofs

For solving the problem mathematical methods or devices which need a basement were not used. However the correctness of some geometrical facts, simple but very important, for the solution of the problem may be shown.

Cone tangency

The possibility to solve the Apollonius's problem was proved analytically[30]. Four circles O_1, O_2, O_3 and O (Fig. 1) in general case always exists.

Let's consider axis sections of codes AO_1 and DO_4 going through the point of tangency of circles - K_1 (Fig. 6).

Since the angles at the vortexes are equal and their altitudes are parallel AK_1 and K_1D cuts make a straight line AD. And it serves a general line forming AO_1 and DO_4 cones.

On drawing 6 AO_1 cone may be replaced in turn by $BO2$, CO_3 cones and make sure that DO_4 cone is tangent to three others.

On the parallel conical sections

Planes of the big and the small ellipses (Fig. 3) are parallel, therefore :

AB || ab and CD || cd

It is clear from the similarity of triangles SMA and Sma that :

30. See for example R. Gourant, H. Robbins, *What is mathematics ?*, 1967, 153.

AM:am = SM:Sm

Similary : MC:mc = SM:Sm

From here : AM:am = MC:mc

or : AM:MC = am:mc = const

for any angle between the planes of ellipses and the foundation of the cone.

Ellipses going through three given points

Let the ellipse on plane Γ be given as well as three points A, B, C belonging to it. We must choose an arbitrary one but it must not be either parallel or perpendicular to Γ plane W and construct right-angled projections of points A, B and C on it (Fig. 7) - A', B' and C' let us draw the circle through points A', B' and C' and on the found circle as the foundation let's build up a straight cylinder. It will cross plane Γ by ellipse going through points A, B, C but in a general case not coinciding with the given ellipse.

If you change the position of surface W in space and construct cylinders on it with the mentioned method then as a result of crossing the cylinders by section Γ you can get a big number of ellipses going through points A, B and C but in general cases not coinciding with the given ellipse.

Ellipse as a section of the cone and the cylinder

Now if you draw section W parallel to the small axis of the given ellipse then the later must make a projection on it of its natural size. Rotating plane W around the projection of the small axis of the ellipse it is possible to find such angle of turning that the projection of the big axis of the ellipse on it will be equal to its small axis. Then the right-angled projection of the given ellipse on plane W will be a circle coinciding with the circle drawn up through points A', B' and C'.

The study of the solution

On drawing 4 the basic solution of the problem is shown : circle O is tangent to three given ones externally.

If the desired circle is tangent to all given ones internally then the problem is solved in the same way with the only difference that all four cones are built with the vortexes on one side from plane Γ. The desired center O_5 also lies on F"G ⊥ KL (Fig. 4).

In case of combined tangency cones on the given circles should be constructed in such a way that their tangency with the fourth cone were of the same type with the tangency of the corresponding circles.

In the general case the problem has 8 solutions. The desired circle may be tangent to all three given ones externally or internally These two types of tangency give eight different solutions. It may also be demonstrated analytically[31].

For defining all possible cases of mutual disposition of three circles on the plane let us use the same number for two circles (Fig. 8).

Making combinations of three elements out of five (a, b, c, d, e) with repeated ones we shall get 35 cases. Excluding impossible (b, e, e) and unsolvable cases (a, a, e and e, e, e) 32 cases will be left for examination.

It is possible to define special cases. If for example one demands that all three centers of the given circles lie on one straight line then some problems solvable in some cases will become unsolvable. There are problems (for example b, b, d and d, d, d) with a countless number of solutions.

The offered method of solving the Apollonius's problem may be applied to any case solvable.

FIGURES

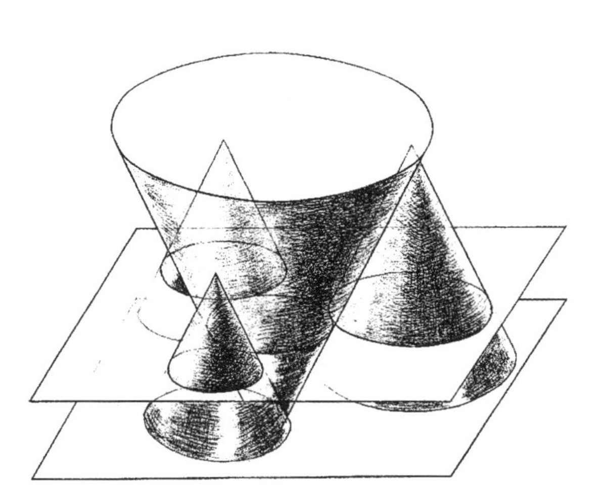

Figure 1.

31. R. Gourant, H. Robbins, *What is mathematics ?*, *op. cit.*

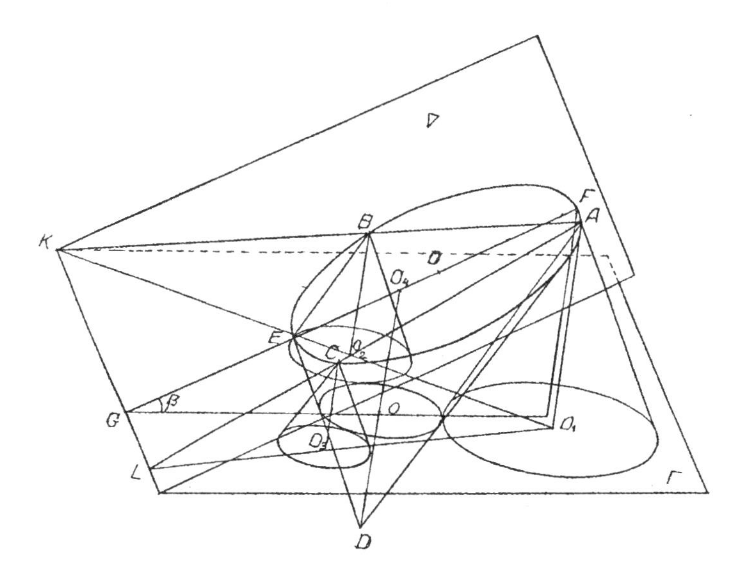

Figure 2.

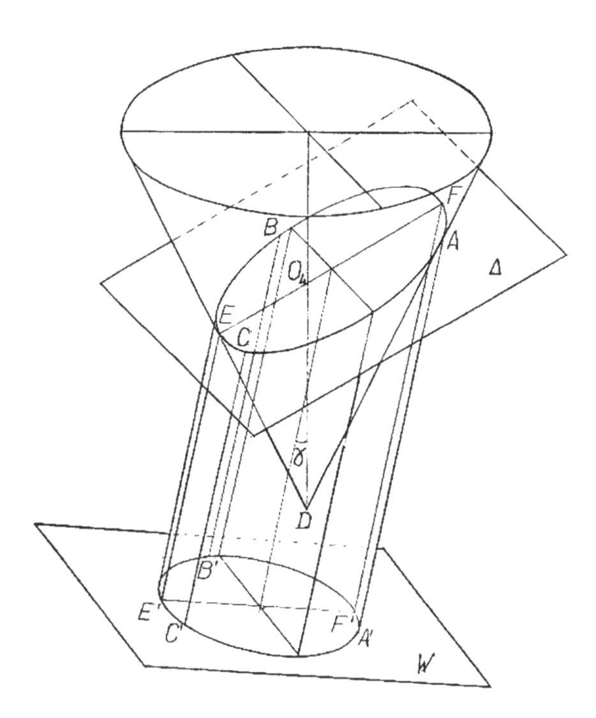

Figure 3.

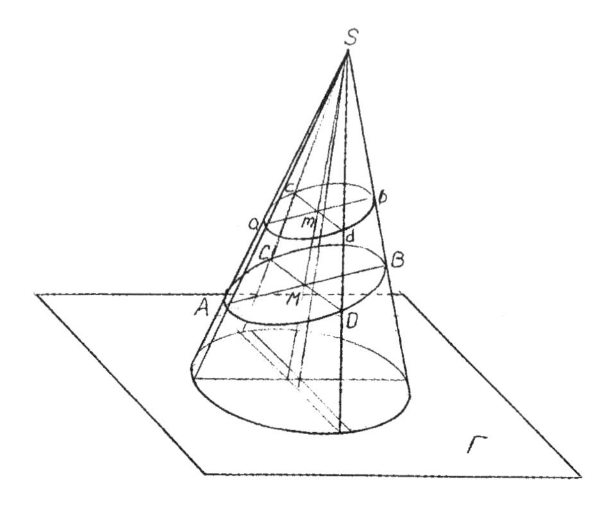

Figure 4.

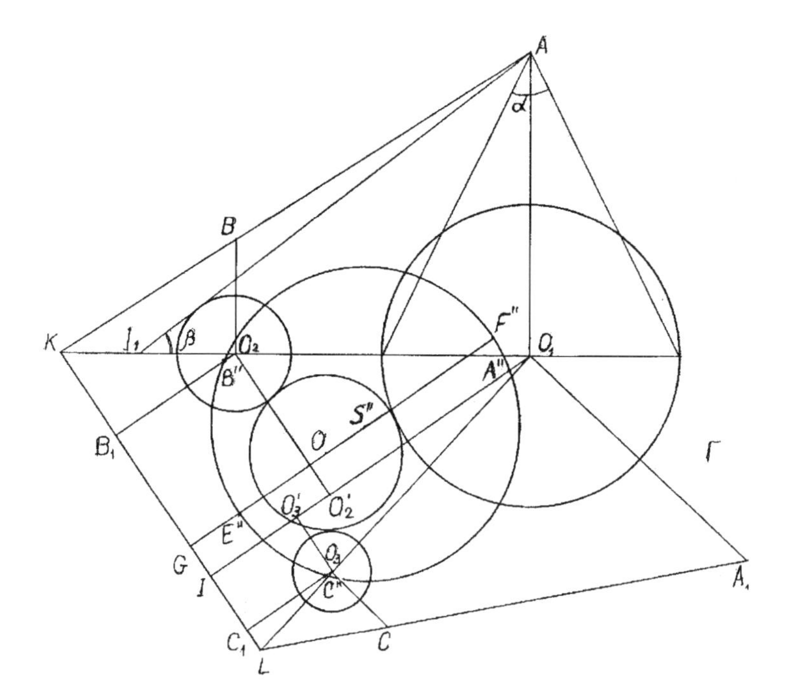

Figure 5.

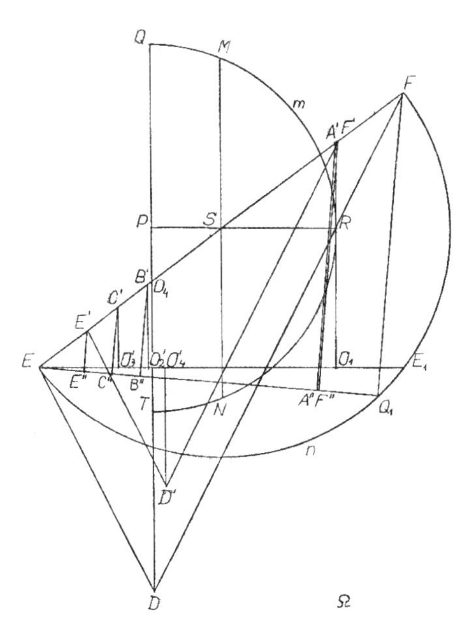

Figure 6.

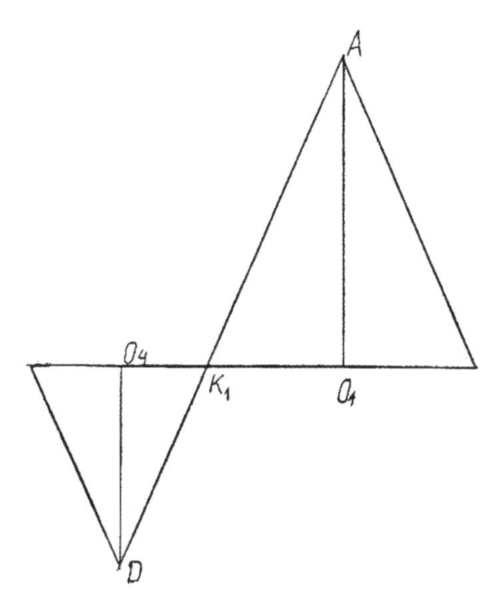

Figure 7.

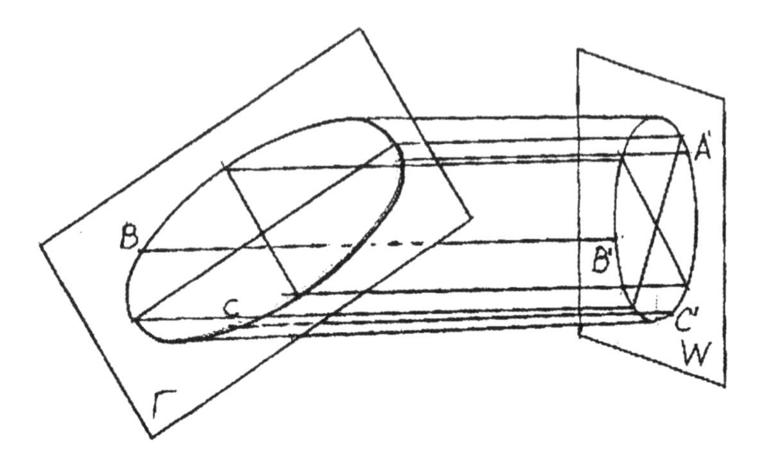

Figure 8.

Serenus d'Antinoé dans la tradition post-Apollonienne

Konstantinos Nikolantonakis

Serenus d'Antinoé est l'auteur de deux traités mathématiques *Sur la section du cylindre* et *Sur la section du cône* que la tradition manuscrite nous a transmis à la suite des quatre premiers livres du traité des *Coniques* d'Apollonios de Pergè.

Serenus avait également écrit un commentaire (qui ne nous est pas parvenu) de cet ouvrage (*Les Coniques*) auquel il nous renvoie dans la proposition 17 de la Section du cylindre.

Les historiens de l'Antiquité ne nous ont laissé aucun renseignement sur la personnalité et sur les circonstances de la vie du géomètre alexandrin Serenus. Nous ne savons rien de Cyrus, le dédicataire de *la Section du cylindre* et de *la Section du cône*, ni du géomètre Pithon dont Serenus veut par amitié appuyer la théorie sur les droites parallèles.

Le titre reproduit par le copiste à la fin de *la Section du cylindre* dans le *Vaticanus graecus* 206 (fin XIIe siècle/début XIIIe siècle) donne à Serenus la qualification de philosophe et sa ville d'origine. Nous lisons *Σερηνοῦ᾽ Ἀντινσέως φιλοσόφου περί Κυλίνδρου τομῆς*. J.L. Heiberg a proposé la correction *Ἀντινοέως*, conformément au titre d'un manuscrit du Mont-Athos, conservé à Paris (*Codex Parisinus* gr. 2363, XVe siècle), qui nous a permis de retrouver le nom de la ville d'Antinoeia ou Antinoupolis, ville des bords du Nil, bâtie par l'empereur Hadrien en l'année 122 de notre ère en l'honneur de son favori Antinoüs. La révélation du lieu d'origine de Serenus indique que l'époque où il a vécu ne peut remonter au-delà du IIe siècle après J.-C.

Par manque d'éléments nous en sommes réduits à des conjectures quant à l'époque où il vécut.

Halley fait vivre Serenus après Hypatie, par conséquent au cinquième siècle après J.-C. P. Tannery place Serenus entre Pappus et Hypatie et donc situe sa période d'activité dans la deuxième moitié du IVe siècle. Paul Ver Eecke fait vivre Serenus entre Pappus et Théon d'Alexandrie, vers la fin du IVe siècle.

Une nouvelle recherche par Micheline Decorps-Foulquier démontre que Serenus est postérieur au philosophe du moyen platonisme Harpocration et elle situe sa période d'activité au début du IIIe siècle.

Serenus d'Antinoe, Pappus d'Alexandrie et Eutocius d'Ascalon dans la tradition Apollonienne

Dans cette partie de notre travail nous examinerons les propositions communes dans les oeuvres de trois auteurs. Le but de cette comparaison est de voir l'appartenance de trois auteurs dans la tradition Apollonienne et l'équivalence des énoncés et des méthodes de démonstrations.

Si on fait le compte des lemmes relatifs au texte des Livres I-IV des *Coniques*, qui ont été transmis par l'intermédiaire de la *Collection mathématique* de Pappus ou du *Commentaire aux Coniques* d'Eutocius, on obtient encore un total assez impressionnant. Pappus et Eutocius se transmettent ainsi, si l'on compte les lemmes et leurs variantes, 59 démonstrations. Pappus reproduit 40 démonstrations, et Eutocius, 22 (3 leur sont communes). Il faut ajouter à cet ensemble toutes les variantes du *Commentaire* d'Eutocius, 29 au total. Certaines sont des variantes de la proposition entière, d'autres proposent des variantes valant pour un point de la démonstration ; d'autres traitent de cas particuliers. Si l'on ajoute encore la démonstration relative à l'existence d'un côté maximum et d'un côté minimum dans le cône oblique, démonstration commune, comme nous le verrons avec Serenus, Pappus et Eutocius et toutes les démonstrations de nature diverse comme la proposition sur l'équation du cercle (4 chez Serenus dans *la Section du cylindre*, 168 chez Pappus dans le livre VII de la *Collection* et 5 chez Eutocius dans *le Commentaire aux Coniques*) on reconstitue concrètement les éléments d'une tradition qui a alimenté l'étude du traité durant l'Antiquité.

La plupart des démonstrations que la tradition d'exégèse du traité d'Apollonios a produites, devait figurer dans les commentaires ou dans les marges des manuscrits de l'ouvrage.

Contrairement aux propositions de Pappus et de Serenus qui sont illustrés de figures propres, les lemmes d'Eutocius reprennent les lettres affectées aux figures des propositions des Coniques et sont donc directement applicables au texte d'Apollonios. Nous allons maintenant examiner les propositions communes dans les oeuvres de ces trois auteurs.

En regardant minutieusement, les trois énoncés[1], nous constatons l'équiva-

1. Proposition 4 de la *Section du cylindre,* J.L. Heiberg, *Sereni Antinoensis opuscula*, Leipzig, 1896, 16, 2-18.

Proposition 168 du livre VII de la *Collection Mathématique* de Pappus, J.L. Heiberg, *Apollonii Pergaei quae exstant cum commentariis antiquis,* vol. II, Leipzig, 1891-1893, 146, 7-147, 2.

Proposition 5 du *Commentaire aux Coniques* d'Eutocius, *loc. cit.,* 204, 19-212, 12.

lence des hypothèses. L'énoncé de Serenus reste plus proche des étapes démonstratives de la méthode euclidienne (énoncé général) que celui de Pappus et d'Eutocius dans lequel ils introduisent des lignes bien précises ABΓ et HΘK respectivement. Cette constatation peut s'expliquer par le fait que Pappus avait introduit dans sa *Collection* des lemmes qui peuvent faciliter la lecture des livres et qu'Eutocius donne un commentaire sur des propositions qu'il croyait qu'il fallait expliquer et certaines fois qu'il fallait prouver de petits lemmes qui manquaient dans les parties de démonstrations. Les lecteurs de Pappus et d'Eutocius avaient normalement le livre original à la main. En outre, Serenus introduit ce lemme pour établir une relation mathématique dont il a besoin pour démontrer des propriétés plus importantes contenues dans les 19 premières propositions du livre de *La section du cylindre*.

En passant aux démonstrations, nous remarquons que les trois auteurs construisent des lignes courbes, ils tracent des perpendiculaires et ensuite ils introduisent les mêmes relations entre ces perpendiculaires et les segments qu'elles découpent sur les droites sous-tendantes, AΔ chez Serenus, AΓ chez Pappus et HK chez Eutocius. Par la suite, ils prennent le milieu de la droite sous-tendante, H chez Serenus, K chez Pappus et N chez Eutocius. C'est par l'intermédiaire des propositions II, 5 et I, 47 des *Éléments* d'Euclide, qu'ils prouvent l'égalité des droites qui joignent les milieux des droites AΔ, AΓ et HK et les points des lignes ABΔ, ABΓ et HΘK respectivement d'où les perpendiculaires on été menées. Eutocius décrit en détail le théorème (II, 5), tandis que Serenus et Pappus ne l'annonce même pas. Eutocius écrit explicitement que l'angle au point Z est droit, propriété qui lui permet de justifier l'utilisation de la proposition (I, 47), tandis que Serenus et Pappus ne l'écrivent pas explicitement. Ils concluent que toutes les droites de jonction du centre à la ligne courbe sont égales. Donc, chez Serenus ABΔ est un demi-cercle, AΓ, et chez Eutocius HΘK est un cercle et HK est son diamètre. Nous remarquons que Serenus est le seul qui ne parle pas du diamètre de son demi-cercle. Nous pouvons encore remarquer que dans le diorisme, Eutocius exprime la ligne à 4 lettres HΘOK, tandis qu'à la conclusion il l'exprime à 3 lettres HKΘ. Serenus et Pappus expriment de la même manière la ligne à 3 lettres dans le diorisme et dans la conclusion (ABΔ chez Serenus) et (ABΓ chez Pappus).

Nous constatons alors la similitude des démonstrations.

Pappus introduit celle proposition dans la partie du livre VII qui est consacrée aux *Coniques* d'Apollonios afin de l'utiliser pour démontrer la proposition 5 du livre I de ce dernier.

Chez Serenus cette proposition sert de base pour le développement d'autres propositions qui vont l'aider à démontrer que “ la courbe fermée déterminée par la section transversale d'un cylindre quelconque, non parallèle ni antiparallèle aux bases est identique à l'ellipse déterminée dans les mêmes conditions dans un cône quelconque ”.

Eutocius introduit cette proposition dans son commentaire de la proposition 5 des *Coniques*. Il la met parmi d'autres explications sur les étapes démonstratives et plus précisément pour montrer une relation qui a besoin pendant la démonstration de la proposition d'Apollonios.

Serenus utilise la propriété mathématique de la proposition 4 dans la démonstration de la proposition 6. Les propositions 5 du livre I des *Coniques* d'Apollonios et 6 du premier livre de Serenus sont aussi équivalentes. Nous voyons donc que les trois propositions que nous venons de présenter se caractérisent par le rigoureux parallélisme des procédures de démonstrations et d'expression que nous pouvons supposer depuis longtemps attachées à la tradition d'étude des sections coniques. Il faut aussi noter que les deux propositions ont le numéro 4 dans les oeuvres de Serenus et de Pappus.

Dans son édition du livre de Serenus, Paul Ver Eecke critique l'expression *κύκλου περιφέρεια ἔσται* comme étant défectueuse. Par contre dans son édition de la *Collection,* il ne fait pas ce même commentaire a propos de l'expression *κύκλου πριφέρια ἐστιν* utilisée par Pappus à la proposition 168 qui est équivalente, comme nous venons de le démontrer, avec la proposition 4. Eutocius utilise l'expression *κύκλος ἄρα ἐστὶν ἡ τομή* sans être non plus caractérisée comme expression de la décadence scientifique de la part des historiens des mathématiques. Par cette position nous voyons que Paul Ver Eecke place Serenus parmi les mathématiciens de la période dite de la " décadence scientifique ", c'est-à-dire que ses oeuvres n'avaient rien d'intéressant et d'original et il place aussi Pappus et Eutocius parmi les mathématiciens les plus célèbres de leur époque. Mais si nous étudions les oeuvres de ces trois mathématiciens nous constatons facilement que c'est l'oeuvre de Serenus qui montre la plus grande originalité, tandis que les deux autres écrivent et analysent des lemmes et des commentaires sur des propositions déjà démontrées par Apollonios. Serenus est aussi le seul qui démontre plusieurs propositions dans le but d'examiner deux problèmes différents dans la *Section du cylindre* et 22 problèmes différents dans la *Section du cône.*

Après l'énoncé, Eutocius précise sa méthode de démonstration en écrivant que *καὶ δυνατὸν μέν ἐστιν ἐπιλογίσασθαι τοῦτο διὰ τῆς εἰς ἀδύνατον ἀπαγωγῆς. εἰ γὰρ ὁ περὶ τὴν ΚΗ γραφόμενος κύκλος οὐχ ἥξει διὰ τοῦ Θ σημείου, ἔσται τὸ ὑπὸ τῶν ΚΖ. ΖΗ ἴσον ἤτοι τῷ ἀπὸ μείζονος τῆς ΖΘ ἢ τῷ ἀπὸ ἐλάσσονος ὅπερ οὐχ ὑπόκειται. δείξομεν δὲ αὐτὸ καὶ ἐπ' εὐθίας.* Il explique qu'on peut démontrer cette proposition par la réduction à l'absurde mais il préfère nous donner la démonstration par la méthode directe.

Les deux autres mathématiciens ne précisent pas leurs méthodes de démonstration, mais il utilisent la même méthode qu'Eutocius.

Ensuite nous examinerons la démonstration relative à l'existence d'un côté maximum et d'un côté minimum dans le cône oblique, démonstration commune, comme nous le verrons à Serenus, Pappus et Eutocius.

Dans son commentaire sur la définition I[2] des *Coniques,* Pappus expose une série de trois propositions 165-166-167 qui établissent l'existence d'un côté minimum et d'un côté maximum dans le cône oblique. Serenus consacre à la même propriété la proposition 16[3] de la *Section du cône.* Dans son commentaire de la *Définition* III[4], Eutocius expose une longue démonstration qui établit l'existence d'un côté minimum et d'un côté maximum dans le cône oblique. Donc, chez Pappus et Eutocius cette proposition a la place d'une démonstration complémentaire relative à la définition du cône oblique.

Nous proposons une comparaison de ces trois versions pour mieux faire apparaître les liens qui les unissent.

Dans un premier temps, Serenus démontre que dans le cône oblique ayant pour sommet le point A, pour base le cercle EΓΔ, et pour axe la droite AB,laquelle est inclinée du côté du point Δ, la droite ΔΓ est plus grande que la droite AΔ. Il considère un seul cas de figure, à savoir le cas où la perpendiculaire AΘ, menée du sommet au plan de la base, tombe à l'extérieur du cercle (cas 3) selon Pappus et (cas 2) selon Eutocius. La démonstration a recours au théorème de Pythagore (I, 47). Serenus établit dans un deuxième temps que la droite ΔΓ est la plus grande des droites menées du sommet à la base, en menant les droites ΘE, ΘZ, ΘH du point Θ sur la circonférence, et en démontrant que ΔΓ est plus grande que chacune des droites AE, AZ, et AH. La démonstration a recours aux propositions III, 8 et I, 47 des *Éléments.* Serenus utilise la proposition (III, 8) pour obtenir que la droite ΓΘ soit plus grande que toutes les autres droites ΘE, ΘZ et ΘH. Serenus laisse ensuite le soin à son lecteur de démontrer en suivant la même procédure que AΔ est la plus petite des droites menées du sommet sur la circonférence de la base et que les droites les plus proches de ΔΓ sont plus grandes que les plus éloignées.

Dans son commentaire sur la définition I, Pappus se propose de trouver le côté maximum et le côté minimum du cône oblique. Dans le cône de sommet Γ et de base AB, il mène du sommet la perpendiculaire au plan de la base, la droite ΓΔ, et traite successivement le cas où ΓΔ tombe à l'intérieur du cercle (cas 1), le cas où ΓΔ tombe à la circonférence du cercle (cas 2), et le cas où ΓΔtombe à l'extérieur du cercle (cas 3). La démonstration utilise les propositions III, 7 et I, 47 pour le cas 1, les propositions III, 15 et I, 47 pour le cas 2, et les propositions III, 8 et I, 47 pour le cas 3. Dans le cas 3 Pappus utilise, comme Serenus précédemment, la proposition (III, 8) pour obtenir que la droite BΔ qui passe par le centre soit plus grande que la droite ΔZ. Ensuite, Pappus traite le second point dans la deuxième partie de sa démonstration qui est de prouver que la droite AΓ est la plus petite de toutes les droites. Serenus écrit

2. Proposition 5 du *Commentaire aux Coniques* d'Eutocius, J.L. Heiberg, *Apollonii Pergaei quae exstant cum commentariis antiquis,* vol. II, *loc. cit.,* 143, 6-145, 19.

3. *Idem,* 152, 12-156, 2.

4. *Idem,* 190, 4-198, 25.

en détails sa démonstration, tandis que Pappus laisse à son lecteur le soin d'utiliser le théorème de Pythagore (Euclide, I, 47) et aussi la relation selon laquelle si nous avons une inégalité entre droites nous pouvons mettre les droites au carré sans changement de l'inégalité (Serenus, *Section du cône,* proposition 18) pour établir la plus grande et la plus petite droite.

Eutocius, dans un premier temps, essaie d'établir que les droites qui se trouvent à la même distance par rapport à la droite ΔB ou ΔΘ sont égales. Il démontre cette partie en utilisant respectivement l'égalité des arcs et des triangles (Euclide, I, 4). Par cette procédure il obtient que $\Delta Z = \Delta H$ et que $\Delta A = \Delta \Gamma$ donc il se permet de travailler dans un demi-cercle, c'est-à-dire le demi-cercle ΘZAB.

Ensuite, par la proposition (III, 8) il obtient que $\Delta\Theta < \Delta Z$. Par les propositions (III, 36), (VI, 17), (III, 8) et (V, 14), il obtient que $\Delta Z < \Delta A$ Enfin, par une construction, il arrive à la relation $BE > AE$ par laquelle il obtient que $\Delta A < B\Delta$. Donc, il arrive à une série d'inégalités par laquelle il conclut que la droite ΔΘ est la droite minimum et la droite ΔB est la droite maximum.

C'est la même proposition qui est traitée par les trois mathématiciens. La similitude entre les trois auteurs est moins apparente, mais elle n'en est pas moins profonde. Serenus établit une propriété relative au cône oblique, propriété du triangle axial principal, conformément à la perspective de son traité. Il nous fournit la version la plus sommaire puisqu'il ne démontre que la première partie de son énoncé. Nous remarquons l'équivalence de la troisième partie de la démonstration de Pappus et de la deuxième partie de la démonstration d'Eutocius avec la partie unique de Serenus. Pappus démontre les points 1 et 2 et il fait de cette propriété un commentaire sur la définition I des *Coniques.* Eutocius offre de loin la version la plus élaborée en utilisant pour chaque cas de figure les points 1, 2, 3 et 4. Les procédés de démonstration sont les mêmes. Nous pouvons donc parler de trois versions différentes d'une même proposition. Pappus n'a pas choisi d'omettre une troisième partie à son énoncé, comme Serenus, puisqu'il n'avait pas besoin dans son commentaire de la définition I.

Les deux versions correspondantes de Pappus et d'Eutocius affirment une étroite parenté et sont nettement plus développées.

Le parallélisme des énoncés de Serenus et d'Eutocius fait supposer que la proposition originelle établissait les points 1, 2 et 3. Serenus a été beaucoup influencé par la proposition (III, 8) d'Euclide pour établir les 3 points de son énoncé. L'auteur de la version présentée dans le *Commentaire* d'Eutocius a vraisemblablement ajouté la démonstration du point 4 en prenant modèle sur la proposition III, 8 des *Éléments*. Les deux versions de Pappus et d'Eutocius affirment plus étroitement leur parenté. Elles sont développées, toutes deux, dans le même contexte, et certains passages sont rédigés de manière presque identique.

Il est clair aussi qu'Eutocius n'a fait que reproduire sans la réécrire, une proposition trouvée dans ses sources. On ne peut lui imputer le formalisme de cette démonstration et son exceptionnelle longueur. Le rigoureux parallélisme des procédures et de l'expression que l'on peut observer dans la démonstration des trois cas de figure est tout à fait étranger aux habitudes d'Eutocius.

On voit que les trois propositions différentes que nous avons présentées sont trois adaptations d'une même démonstration, dont on peut supposer qu'elle était depuis longtemps attachée à la tradition d'étude des sections coniques. Si l'on se fie au contexte dans lequel elle a été rapportée par Serenus, Pappus et Eutocius, on peut penser qu'elle appartenait à la tradition d'exégèse du traité des *Coniques*, et qu'on devait la trouver, sous des formes diverses, dans les commentaires à l'ouvrage d'Apollonios ou en marge des Premières définitions dans les manuscrits des *Coniques*.

Contrairement à ce qui se présente dans le manuscrit de Paris (codex *Parisinus graecus*, 2342, saec. XIV), où il n'y a qu'une seule figure, dans laquelle le pied Θ de la perpendiculaire tombe en dehors du cercle de base du cône oblique, le manuscrit du Vatican (codex *Vaticanus graecus*, 206, saec. XII) présente une seconde figure dans laquelle le pied Θ de la perpendiculaire tombe en Δ sur la circonférence du cercle de base, et une troisième figure dans laquelle le point Θ tombe à l'intérieur du cercle de base. J.L. Heiberg remarque que si Serenus a placé le pied de la perpendiculaire AΘ sur le prolongement du diamètre du cercle de base, il est peu probable qu'il ait accompagné son texte de deux autres figures qui ne répondent pas à des cas particuliers du point de vue de la démonstration qui reste la même. Nous voyons qu'il existe aussi un manuscrit où nous avons les trois cas de figure pour la démonstration de la proposition de Serenus.

Serenus d'Antinoe, Thabit ibn Qurra et Ibn al-Samh

Nous allons maintenant examiner les définitions et les propositions équivalentes entre ces trois auteurs et nous allons constater l'existence d'une tradition de travail sur les sections cylindriques chez les mathématiciens arabes.

Thabit ibn Qurra considère[5], comme Serenus l'avait déjà fait pour le cylindre[6], la surface cylindrique comme une surface conique, et le cylindre comme un cône dont le sommet serait rejeté à l'infini dans une direction donnée. Il remplace en effet droites et plans passant par un point, dans le cas du cône, par droites parallèles et plans parallèles à une droite, ou contenant cette droite, dans le cas du cylindre.

5. R. Rashed, *Les mathématiques infinitésimales du IXe au XIe siècle*. Vol. I : *Fondateurs et commentateurs — Banu Musa, Ibn Qurra, Ibn Sinan, al-Khazin, al-Quhi, Ibn al-Samh, Ibn Hud*, Londres, 1995, 502.

6. *Idem*, 4, 12-20.

Ibn al-Samh définit le cylindre de révolution — solide engendré par un rectangle tournant autour d'un de ses côtés — et ses éléments : surface latérale et bases. Cette définition est celle d'Euclide — *Éléments* Livre XI, définition 14 — et diffère de celles de Serenus et d'Ibn Qurra qui envisagent le cylindre de révolution comme un cas particulier du cylindre oblique à bases circulaires. Il reste qu'Ibn al-Samh mentionne à la fin de ce même paragraphe le cylindre oblique. Notons que celui-ci ne peut pas être obtenu par révolution, ce qui explique qu'Ibn al-Samh reviendra plus loin à une définition plus générale du cylindre[7].

En effet, dans le second paragraphe, Ibn al-Samh donne une définition plus générale du cylindre à partir de deux courbes rondes admettant chacune un centre, et situées dans deux plans parallèles. Il est clair qu'on doit supposer que l'une des deux courbes se déduit de l'autre par translation. Une droite mobile s'appuyant sur les deux courbes en restant parallèle à la droite joignant les centres, engendre la surface latérale du cylindre. Celui-ci peut être droit ou oblique. Notons que, si les courbes considérées sont des cercles, on retrouve la définition de Thabit ibn Qurra dans son traité *Sur les sections du cylindre et sur sa surface latérale,* ainsi que celle de Serenus. C'est précisément ce cas qui intéressera finalement Ibn al-Samh.

Parmi les définitions données par Ibn al-Samh au début de son texte, on trouve celle du cylindre oblique à base circulaire. Comme on peut le vérifier, elle est analogue à celle de Thabit. Mais elle paraît également dans le livre de Serenus d'Antinoé, *De la Section du cylindre.*

C'est encore l'ordre d'Apollonios et par analogie à Serenus qu'il suit pour les définitions : axe, génératrice, base, cylindre droit ou oblique.

Serenus donne encore quatre définitions d'après Apollonios : diamètres, diamètres conjugués, centre, ellipses semblables — qui ne figurent pas dans l'introduction de Thabit. Ce dernier donne en revanche celle de deux génératrices opposées, qui ne figurent pas chez Serenus et Apollonios.

Serenus définit la génératrice comme une ligne « qui, étant droite et située dans la surface du cylindre, touche chacune des bases », et il ajoute que c'est aussi la droite mobile, ou, dans ses termes, « c'est aussi la droite ayant circulé que nous avons dit avoir décrit la surface cylindrique ». C'est cette dernière phrase que Thabit donne comme définition (définition 3)[8], mais il démontre ensuite que la génératrice est parallèle à l'axe et que les seules droites situées sur la surface du cylindre sont les génératrices.

Dans la proposition 7, Serenus pose le problème suivant : mener la génératrice du cylindre passant par un point donné ; et dans la proposition 8, il montre que la droite qui joint deux points du cylindre non situés sur une même

7. R. Rashed, *Les mathématiques infinitésimales du* IX*e au* XI*e siècle,* vol. I, *op. cit.*, 931.
8. *Idem,* 502.

génératrice tombe à l'intérieur du cylindre, et n'est donc pas sur la surface. Ces deux propositions sont à rapprocher respectivement des deux premières propositions de Thabit, dans lesquelles il démontre que " tout côté d'un cylindre est parallèle à son axe et à tous ses autres côtés " (proposition 1)[9] et " toute droite située sur la surface latérale du cylindre est l'un de ses côtés ou une portion de l'un de ses côtés " (proposition 2)[10].

Thabit définit la hauteur du cylindre issue du centre d'une base. Même si une définition analogue n'apparaît pas chez son prédécesseur (al-Hasan ibn Musa), le rôle, chez Thabit, du plan contenant l'axe et la hauteur (donc perpendiculaire à la base) et, chez Apollonios et chez Serenus, du plan passant par l'axe perpendiculaire à la base, est patent chez les deux auteurs, dès la proposition 5 d'Apollonios, 6 de Serenus et la proposition 9 de Thabit. Ce plan, que nous appelons plan principal est un plan de symétrie pour le cône et pour le cylindre, d'où son importance.

On a confirmation de l'analogie de la démarche des deux auteurs lorsqu'on examine les premières propositions du livre de Thabit. Les propositions 1, 2, 3 et 4, 8, 9, 10 et 11 correspondent respectivement aux propositions 1, 2, 3, 4, 5, 9 et 13 d'Apollonios. Nous savons que les propositions 2, 3, 4, 5, 9 et 13 d'Apollonios étaient équivalentes aux propositions 8, 2, 5, 6, 9 et 15 de la *Section du cylindre* de Serenus. Nous pouvons donc remarquer l'équivalence respective des propositions entre les oeuvres de Thabit et de Serenus, c'est-à-dire entre les propositions 2, 3 et 4, 8, 9, 10, 11 de Thabit et les propositions 8, 2, 5, 6, 9, 15 de Serenus.

C'est dans les propositions 2 et 3 que Serenus traite des sections planes d'un cylindre droit ou oblique par un plan passant par l'axe ou parallèle à l'axe — sections qui sont des parallélogrammes. Thabit démontre dans la proposition 4 que, " si un plan coupe un cylindre en passant par son axe ou parallèlement à lui, la section engendrée dans le cylindre est un parallélogramme "[11]. Il précise à la fin de la 4 qu'" il est clair à partir de ce que nous avons dit que si un plan coupe un cylindre droit et passe par son axe ou est parallèle à cet axe, alors la section engendrée dans le cylindre est un rectangle ".

Les propositions 5[12] et 6[13] de Thabit exposent une condition nécessaire et suffisante pour que la section du cylindre par un plan parallèle à l'axe ou le contenant soit un rectangle, proposition qui correspond à la proposition 3 de Serenus. La condition est que " le plan coupe le cylindre oblique et qu'il passe par son axe perpendiculairement au plan qui passe par sa hauteur et par son axe ". Les notions relatives au rectangle n'apparaissent pas chez Serenus.

9. R. Rashed, *Les mathématiques infinitésimales du IXe au XIe siècle*, vol. I, *op. cit.*, 504.

10. *Idem*, 506.

11. *Idem*, 510-512.

12. *Idem*, 512-514.

13. *Idem*, 516-518.

La proposition 7[14] qui définit la projection cylindrique, n'a pas d'équivalent chez Apollonios et chez Serenus. Thabit, nous l'avons vu, définit dans la proposition 7 la projection cylindrique (translation) d'une figure d'un plan P sur un plan P' parallèle à P, et en déduit dans la proposition 8[15] que la section plane par un plan parallèle à la base du cylindre est un cercle dont le centre est le point sur lequel le plan coupe l'axe. Serenus étudie cette section dans la proposition 5 en recourant à sa proposition 2 et à un lemme démontré dans la proposition 4, dans lequel il établit l'équation du cercle.

Dans les propositions 9 de Thabit, 5 d'Apollonios et 6 de Serenus, c'est entre les méthodes qu'il y a correspondance. En effet, la méthode employée pour l'étude d'une section par un plan antiparallèle au plan de la base est la même : elle repose sur une propriété caractéristique du cercle, que nous traduisons algébriquement par $y^2 = x(d-x)$, d étant son diamètre (avec la tangente à l'une de ses extrémités, il définit le système d'axes).

Thabit étudie la section par un plan qui coupe l'axe, et qui n'est ni parallèle ni antiparallèle au plan de base, en appliquant la projection cylindrique, pour montrer dans la proposition 10[16] que cette section est un cercle ou une ellipse, et dans la proposition 11[17] que c'est nécessairement une ellipse. Serenus fait la même étude dans les propositions 9 à 17 ; il commence par montrer que cette section n'est pas un cercle et n'est pas non plus composée de droites ; puis il fait apparaître le diamètre principal D (qui devient le grand axe dans deux cas), le second diamètre D' qui est le diamètre conjugué de D, et enfin les propriétés des points de l'ellipse par rapport à D et à D', pour aboutir dans les propositions 17 et 18 à la proposition 15 d'Apollonios, une fois défini le côté droit associé au diamètre transverse. La section est donc une ellipse et il déduit une propriété caractéristique dans la proposition 19 chez Serenus et 21 chez Apollonios : c'est à ces dernières que Thabit fait appel dans les propositions 10 et 11, lorsqu'il établit que la section plane obtenue n'est autre que l'ellipse définie par Serenus et Apollonios.

Si Thabit a trouvé dans la *Section du cylindre* de Serenus et les *Coniques* d'Apollonios un modèle pour l'élaboration de sa théorie du cylindre, il développera, pour les besoins de celle-ci, l'étude des transformations géométriques. On observe ici que les voies commencent à diverger, en raison de l'application explicite par Thabit de projections géométriques. Ici on franchit le seuil où Thabit se sépare de Serenus : ce dernier est bien loin de cette géométrie où projections et transformations sont des instruments importants, même si l'on peut distinguer en filigrane dans sa première proposition l'idée de translation. A

14. R. Rashed, *Les mathématiques infinitésimales du* IX*e au* XI*e siècle,* vol. I, *op. cit.*, 518-520.
15. *Idem,* 520-522.
16. *Idem,* 528-532.
17. *Idem,* 532-540.

partir de là, les divergences deviennent rupture : Serenus et Thabit ne traitent plus des mêmes problèmes.

Les recours à ces transformations sont trop nombreux, et leur rôle trop fondamental dans le progrès du livre, pour que l'on puisse y voir de simples acquis de circonstance. De plus, ils survivront à Thabit, dans ce domaine comme dans d'autres. Ce sont tous ces moyens qui ont permis à Thabit de poursuivre l'élaboration de la théorie du cylindre et de ses sections.

Thabit ibn Qurra a montré dans la proposition 8 du traité *Sur les sections du cylindre et sur sa surface latérale* que, d'une manière générale, les sections d'un cylindre à bases circulaires, droit ou oblique, par deux plans parallèles coupant l'axe, sont des figures égales. Il a montré dans les propositions 8, 9, 10 et 11 que ces sections sont des cercles ou des ellipses, en utilisant la propriété caractéristique du cercle et celle de l'ellipse, donnée dans la proposition 19 de la *Section du cylindre* de Serenus et I, 21 des *Coniques*. Dans la proposition 9, Thabit étudie les cercles antiparallèles qui ne sont pas évoqués par Ibn al-Samh.

Ibn al-Samh note que le cylindre droit à base circulaire était connu des anciens. Cette remarque suggère qu'il ne connaissait des écrits où l'on trouve une définition du cylindre que les *Eléments* d'Euclide ; ce qui laisserait supposer notamment qu'il ignorait le livre de Serenus.

Ibn al-Samh rappelle ensuite la nature des sections planes d'un cylindre de révolution, suivant la position du plan sécant. Si celui-ci passe par l'axe ou est parallèle à l'axe, la section plane est un rectangle — cas qui ne sera pas étudié.

Si le plan sécant est perpendiculaire à l'axe, la section est un cercle. Si le plan n'est pas parallèle aux bases et coupe l'axe, la section est une ellipse (paragraphe 10)[18]. Ibn al-Samh montre que la section plane engendrée par la rotation d'un segment pivotant autour d'une de ses extrémités qui est fixe, est nécessairement un cercle. En effet, tous les points pris sur le contour de cette section sont à la même distance du point fixe, et on retrouve ainsi la définition du cercle à partir du centre et du rayon. Ainsi, Ibn al-Samh a identifié la courbe obtenue ici comme section plane ou cercle défini comme lieu de points (paragraphe 11)[19].

Notons cependant qu'Ibn al-Samh n'a pas précisé que le cercle comme section plane est égal au cercle de base. Observons d'autre part que Thabit ibn Qurra dans la proposition 8 de son traité mentionné ci-dessus, montre que la section plane d'un cylindre à base circulaire, droit ou oblique, est un cercle égal au cercle de base, déduit de celui-ci par la translation qu'il avait étudiée dans la proposition 7. Il s'agit là d'un argument supplémentaire pour montrer qu'Ibn al-Samh n'est pas parti du traité de Thabit.

18. R. Rashed, *Les mathématiques infinitésimales du IXe au XIe siècle*, vol. I, *op. cit.*, 933.
19. *Idem*, 934.

Ibn al-Samh se place délibérément à partir de la proposition 7[20], dans le cas d'un cylindre droit à base circulaire, où le diamètre principal D devient le grand axe, et le second diamètre, D', le petit axe. A partir de la septième, toutes les propositions d'Ibn al-Samh utilisent les deux axes.

Ces analogies permettent de montrer que Thabit pratiquait le livre de Serenus. Thabit avait directement accès aux définitions et aux résultats sur les coniques empruntés par Serenus à Apollonios. Quant aux rapports d'Ibn al-Samh avec Serenus, il sont bien pauvres : la définition du cylindre et un résultat semblable, mais obtenu par deux voies différentes.

Il n'y a aucun doute qu'Ibn al-Samh ignorait le livre de Serenus, de même qu'il est certain que Thabit ibn Qurra le connaissait bien.

20. R. Rashed, *Les mathématiques infinitésimales du IXe au XIe siècle*, vol. I, *op. cit.*, 953.

Les lecteurs byzantins de Diophante

Jean Christianidis

Dans la mesure où elle a jamais existé, la contribution des Byzantins à l'accroissement du corpus des connaissances scientifiques légué par l'Antiquité, qu'il s'agisse des oeuvres classiques d'Euclide, d'Archimède, d'Apollonius, de Ptolémée, de Diophante, ou d'autres, est mince. Au contraire, le monde byzantin a joué un rôle très important dans la conservation de l'héritage scientifique ancien et sa transmission, tant à l'Est (au monde Islamique) qu'à l'Ouest ; un fait dont l'importance a été reconnue par l'historiographie. Une dimension de ce rôle d'intermédiaire a pourtant, à notre avis, été insuffisamment estimée par la recherche historique. Nous parlons de la tradition scolastique et, en particulier, de la contribution des scoliastes byzantins à l'éclaircissement de certains points de la pensée scientifique ancienne qui, dans les textes originaux, ne sont pas suffisamment élucidés et, pour cette raison sont susceptibles de multiples interprétations. Notre objectif est ici de relever cet aspect du rôle d'intermédiaire des commentateurs byzantins, notamment en ce qui concerne l'oeuvre mathématique de Diophante.

Les Scoliastes

Si l'on laisse de côté la référence à Diophante contenue dans l'article de *Suidas* (seconde moitié du dixième siècle) sur Hypatia, référence d'ailleurs par laquelle on ne déduit point que l'auteur de l'article avait étudié, si peu soit-il, l'oeuvre du mathématicien alexandrin, le premier Byzantin dont on sait avec certitude qu'il a travaillé sur les " Arithmétiques " est le polymathe Michel Psellos (1018 - environ 1078). Pourtant un témoignage de Ioannis Hierosolymitanus, hagiographe du douzième siècle qui fut Patriarche de Jérusalem entre 1156 et 1166, laisse entendre que Diophante était connu des cercles lettrés de Byzance bien plus tôt, depuis le huitième siècle. Le témoignage se trouve dans la biographie de Jean Damascène[1] et il est cité par Tannery dans le second

1. I. Hiérosolymitanus, *De Vita Ioannis Damasceni*, chapitre XI.

volume des oeuvres de Diophante. D'après ce témoignage Jean Damascène (environ 674/5 - 749), qui est connu dans l'histoire ecclésiastique comme partisan des iconophiles dans la querelle iconoclaste, a acquis, quand il était jeune, des connaissances profondes des quatre disciplines du *Quadrivium*, c'est-à-dire arithmétique, géométrie, musique et astronomie. Son maître était un moine originaire d'Italie qui s'appelait Cosmas. Se référant à leurs connaissances en l'arithmétique, Ioannis Hiérosolymitanus écrit : " Ils ont exercé les proportions arithmétiques avec autant d'habileté que Pythagore et Diophante "[2]. Le sens propre de ce passage n'est pas absolument clair, et une interprétation possible pourrait être que Jean Damascène a étudié sous la direction de Cosmas l'arithmétique de Diophante à un degré assez avancé pour l'époque. Bien qu'une interprétation à la lettre, comme la précédente, ne puisse être rejetée, nous gardons néanmoins des réserves quant à la crédibilité du témoignage. D'une part, Ioannis Hiérosolymitanus est éloigné de Damascène de plus de quatre siècles, d'autre part on ne peut pas exclure la possibilité qu'il ne connaissait les sciences mathématiques que par ouï-dire et non parce qu'il les avait étudiées sérieusement, ce qui était d'ailleurs habituel pour les hagiographes de l'époque[3]. Il y a pourtant deux conclusions importantes qu'on tire de ce témoignage de Ioannis Hiérosolymitanus :

1. Il semble que l'enseignement de l'arithmétique d'après l'ouvrage de Diophante (non dans son ensemble, bien entendu, mais en cette partie qui contient l'introduction et les premiers problèmes du premier livre) était ordinaire, sinon à l'époque de Damascène, du moins à l'époque où écrivait Ioannis Hiérosolymitanus, c'est-à-dire au douzième siècle[4]. Il est donc probable que l'oeuvre de Diophante s'était insérée dans les programmes de l'enseignement de l'arithmétique et, éventuellement, dans certains *Quadrivia*, bien avant cette époque.
2. Le témoignage de Ioannis Hiérosolymitanus ainsi que le *Quadrivium* de Georges Pachymère, sur lequel nous reviendrons ci-après, mettent en relation l'oeuvre de Diophante avec la théorie arithmétique des proportions. Quelle pourrait être cette relation ? C'est une question que nous examinerons par la suite.

Nous n'avons aucun indice prouvant que les humanistes des neuvième et dixième siècles s'étaient intéressés à Diophante. En particulier, nous ne savons pas si la conservation et la transmission du texte grec des " Arithmétiques " se rattachent aux activités des hommes tels que Léon le " Philosophe " ou " Mathématicien " (env. 795 - après 869), Photios (env. 810 - env. 893) ou

2. P. Tannery (ed.), *Diophantus Alexandrinus Opera Omnia*, t. II, Leipzig, 1895, 36.

3. P. Lemerle, *Le premier humanisme byzantin*, traduction grecque, Athènes, 1985, 95.

4. On en déduit ainsi que le choix de Pachymère, vers la fin du treizième siècle, d'écrire le chapitre sur l'arithmétique de son *Traité des quatre sciences* [*Quadrivium*] en se basant sur l'oeuvre de Diophante n'est pas tout à fait original.

Arethas (né peut être autour de 850 - mort après 932). Pourtant, d'après Tannery, le manuscrit actuellement perdu qui a servi comme prototype pour le plus ancien parmi les manuscrits conservés en grec des " Arithmétiques " se ramène au temps de Léon[5].

On a dit ci-dessus que le premier byzantin dont on sait avec certitude qu'il s'est intéressé à Diophante et qu'il a étudié au moins l'introduction et les premiers problèmes du premier livre des " Arithmétiques " est Michel Psellos ; ceci résulte d'un extrait conservé d'une de ses lettres, dans lequel on reconnaît immédiatement " des passages littéralement copiés ou fidèlement transcrits " des " Arithmétiques "[6]. D'après Tannery, Psellos devait avoir à sa disposition un manuscrit de Diophante portant des scolies marginales, empruntées à un ouvrage actuellement perdu d'Anatolius[7].

Il est question de Diophante au siècle suivant, par Nicéphore Blemmyde (environ 1197/98 - environ 1272) ; celui-ci écrit dans son autobiographie qu'il est allé, quand il avait vingt trois ans (autour de 1220), à Skamandros — ville de Troade qui était alors sous l'occupation latine —, auprès d'un précepteur renommé, l'ermite Prodrome. A l'école de Prodrome, il a appris l'arithmétique d'après les ouvrages de Nicomaque et de Diophante. Pour ce dernier il dit qu'il n'en a appris que la partie que son maître comprenait le mieux[8]. Il est probable que Prodrome, qui semble avoir été élève de Constantin Kaloèthes —*oikoumenikos didaskalos* à l'école patriarcale de Constantinople sous le patriarcat de Jean Kamateros (1198-1206) et ensuite évêque de Madyta — avait fondé à Skamandros une école bien organisée qui devait avoir une riche bibliothèque[9]. Il est probable aussi que la bibliothèque de Prodrome comprenait un manuscrit de Diophante.

Vers la fin du treizième siècle, l'oeuvre de Diophante fait l'objet d'études systématiques par Georges Pachymère et Maxime Planude, deux représentants éminents de la renaissance des lettres sous les premiers Paléologues. Georges Pachymère (1242 - env. 1310) a fait ses études à Nicée, mais il est possible qu'il les a achevées à Constantinople[10] où il s'est installé après la reprise de la ville en 1261. Il occupa divers hauts postes tant au Palais qu'à l'officialité patriarcale. Pachymère est connu principalement comme l'auteur d'une histoire des cinquante premières années de la dynastie des Paléologues, c'est-à-dire de 1258 à 1308, mais son activité de professeur à l'école patriarcale l'obli-

5. P. Tannery, *Diophantus Alexandrinus Opera Omnia*, t. II, *op. cit.*, XVIII.

6. P. Tannery, " *Psellus sur Diophante* ", *Mémoires Scientifiques*, t. IV, Paris, Toulouse, 1920, 276.

7. *Ibidem*.

8. A. Heisenberg (ed.), *Nicephori Blemmydae curriculum vitae et carmina*, Leipzig, 1896, 5, 1. 1-4.

9. C.N. Constantinides, *Higher Education in Byzantium in the thirteenth and the early fourteenth centuries (1204 - ca. 1310)*, Nicosia, 1982, 8.

10. *Idem*, 61.

gea à écrire aussi un nombre de manuels, dont le " Traité des quatre sciences, arithmétique, musique, géométrie et astronomie " qui est mieux connu sous le titre abrégé de *Quadrivium*. D'après V. Laurent, la composition de l'ouvrage se situe " à la fin du XIIIe siècle ou dans les premières années du XIVe "[11] ; elle est donc postérieure, comme on le verra, à l'intérêt de Planude pour Diophante.

Le niveau de l'ouvrage de Pachymère est avancé, surtout si on le compare à un autre ouvrage parallèle conservé, daté du début du onzième siècle, et il est devenu populaire tant en Byzance que parmi les humanistes de l'Italie[12].

Le chapitre sur l'arithmétique, qui se fonde sur l'oeuvre de Diophante, contient une paraphrase de l'endroit du préambule des " Arithmétiques " où Diophante définit le nombre, les puissances et les inverses des puissances des nombres ; les pages suivantes contiennent une paraphrase des problèmes 1 à 6 et 8 à 11 du livre I. Étant donné que l'enseignement de l'arithmétique se faisait, jusqu'à cette époque là, d'après " l'Introduction arithmétique " de Nicomaque et non d'après l'ouvrage, beaucoup plus difficile, de Diophante, le fait a été considéré comme frayant de nouvelles voies[13]. Néanmoins, le témoignage de Ioannis Hiérosolymitanus cité auparavant rend douteuse cette thèse et par conséquent nous rend sceptiques quant au degré de l'innovation de Pachymère.

A notre avis, plus que n'importe quelle innovation de Pachymère, ce qui est important est que le *Quadrivium* prouve que vers la fin du treizième siècle les Byzantins étaient familiarisés avec au moins une partie de l'ouvrage de Diophante et qu'ils l'utilisaient comme manuel pour l'enseignement.

Le commentaire de Maxime Planude (1255-1305 ou 1260-1310) marque le plus haut niveau de l'intérêt des Byzantins pour l'oeuvre diophantienne. Sur le contenu du commentaire, ainsi que sur les conclusions qu'on en tire sur certains aspects de la pensée propre de Diophante — aspects sur lesquels le texte des " Arithmétiques " est peu clair — nous reviendrons dans la deuxième partie de ce travail. Nous voulons ici rappeler brièvement les conclusions auxquelles d'autres collègues plus spécialistes que nous, dont le Professeur André Allard, sont arrivés sur le rôle que Planude a joué dans la conservation que dans la reconstitution du texte de Diophante. Ce rôle fut d'ailleurs définitif puisque le texte grec des " Arithmétiques " fut reconstitué dans son état actuel à la fin du treizième siècle, et que c'est à Planude qu'on doit principalement cette restitution.

L'intérêt de Planude pour l'oeuvre de Diophante date environ de 1292/93 ; ceci découle de deux de ses lettres, datées exactement de cette période, comme

11. P. Tannery, *Quadrivium de Georges Pachymère ou Σύνταγμα τῶν τεσσάρων μαθημάτων, ἀριθμητικῆς, μουσικῆς, γεωμετρίας, καὶ ἀστρονομίας* (Studi e Testi, 94), préface de V. Laurent, Città del Vaticano, 1940, XXIX.

12. C.N. Constantinides, *Higher Education in Byzantium in the thirteenth and the early fourteenth centuries (1204 - ca. 1310)*, *op. cit.*, 62.

13. P. Tannery, *Quadrivium de Georges Pachymère...*, *op. cit.*, préface XXXIII.

A. Turyn l'a démontré[14]. La première lettre (sous le numéro 67 dans l'édition de M. Treu)[15] est adressée au Grand Logothète Théodore Muzalon († 1294) — nommé protovestiaire en 1291 par l'Empereur Andronic II Paléologue puis, en 1292, protosébaste —. La seconde (sous le numéro 33 dans l'édition de M. Treu[16]) fut envoyée à l'astronome Manuel Bryennios[17]. D'après ces lettres, Planude s'efforça de rassembler le plus de manuscrits de Diophante qu'il put, afin de les collationner entre eux et établir ainsi un texte fiable des " Arithmétiques ". On apprend ainsi qu'il existait à cette époque-là à Constantinople, plus précisément dans les milieux proches de Maxime Planude, au moins trois manuscrits des " Arithmétiques ".

1. La lettre à Bryennios montre qu'un manuscrit appartenait à Planude lui-même[18]. Des fragments de ce manuscrit, un autographe de Planude comme A. Turyn et A. Allard l'ont démontré, sont conservés dans l'actuel Mediolanensis *Ambrosianus Et 157 sup.*[19]

2. De la même lettre on déduit qu'un second manuscrit était en la possession de Bryennios. Planude le lui a demandé afin de le comparer avec le sien qui devait être dans un état très mauvais[20]. Le passage correspondant de la lettre est : " vous nous enverrez votre livre de Diophante — nous voulons en effet le collationner avec le nôtre — pendant le temps qui vous conviendra "[21].

3. Le troisième manuscrit appartenait à une " bibliothèque impériale " qui semble avoir été sous la surveillance de Muzalon. Planude s'était chargé de restaurer un manuscrit abîmé de Diophante, et il semble qu'il avait tardé de le rapporter à la bibliothèque, ce que Muzalon lui signalait par lettre. La lettre de réponse de Planude, qui est publiée sous le numéro 67 dans l'édition de Treu, comprend plusieurs renseignements sur l'activité scientifique de Maxime Planude. Nous considérons utile d'en rapporter ici deux, qui concernent la tradition manuscrite des " Arithmétiques ".

a. Dans lignes 31-36, Planude décrit l'état du manuscrit de Diophante emprunté à la " bibliothèque impériale ", ainsi que les travaux — auxquels

14. A. Turyn, *Dated Greek Manuscripts of the thirteenth and fourteenth centuries in the Libraries of Italy*, I-II, Urbana, Chicago, London, 1972, 80.

15. M. Treu (ed.), *Maximi monachi Planoudis epistulae*, Breslau, 1890, lettre n° 67, 81-85.

16. *Idem*, lettre n° 33, 53-55.

17. A. Allard, " *L'Ambrosianus Et 157 sup.*, un manuscrit autographe de Maxime Planude ", *Scriptorium*, 33 (1979), 227.

18. M. Treu, *Maximi monachi Planoudis epistulae*, *op. cit.*, 53, l. 8 ; A. Allard, " Les scolies aux *Arithmétiques* de Diophante d'Alexandrie dans les *Matritensis Bibl. Nat. 4678* et les *Vaticani gr. 191 et 304* ", *Byzantion*, 53 (1983), 669.

19. Il est probable pourtant que le manuscrit autographe soit un autre manuscrit que Planude a copié après avoir collationné son manuscrit avec le manuscrit de Bryennios.

20. A. Allard, " *L'Ambrosianus Et 157 sup.*, un manuscrit autographe de Maxime Planude ", *op. cit.*, 226-227.

21. M. Treu, *Maximi monachi Planoudis epistulae*, *op. cit.*, 53, l. 7-10. La traduction française est de A. Allard, *op. cit.*, 227.

il participa personnellement — effectués pour le restaurer. Il écrit : " le livre de Diophante que nous devions vous renvoyer — votre lettre nous en priait — vous revient maintenant rajeuni de ses vieilles rides. On pourrait dire, pour l'extérieur, que le serpent s'est débarrassé de sa vieille peau ; pour l'intérieur, c'est comme si on voyait une maison restaurée et reconstruite après de gros dégâts "[22].

b. Dans les lignes 106-111, Planude nous restitue les titres d'autres oeuvres qui étaient reliés ensemble avec les " Arithmétiques ". Ce sont l'Introduction arithmétique de Nicomaque, l'Harmonique de Zosimos et enfin le Sectio Canonis du (pseudo-) Euclide.

D'après ces renseignements, on a essayé d'identifier le manuscrit soit avec l'actuel *Matritensis 4678* soit, selon Allard, à un archétype commun aux manuscrits tant de la famille Planudéenne que de la famille non-Planudéenne[23].

Après Planude et Pachymère, aucun autre Byzantin n'a essayé de commenter l'oeuvre de Diophante. Néanmoins, " les Arithmétiques " étaient connus des mathématiciens du quatorzième siècle, comme en témoignent deux références, l'une de Nicolas Rhabdas, l'autre de Démétrius Cydone.

La référence de Rhabdas à Diophante est implicite et elle dérive de deux de ses lettres —adressées, la première à un Georges Khatzyce, la seconde à un Théodore Tzavoukhe —, dans lesquelles il expose la logistique ancienne[24].

Les deux lettres commencent à peu près avec le même passage du préambule des " Arithmétiques " que Rhabdas copie presque *ad verbum*[25]. La seconde lettre a été écrite en l'an 1341, et c'est de la même époque que doit être datée aussi la première[26].

La deuxième mention de Diophante est due, comme on l'a dit, à Démétrius Cydone (environ 1324-1397/98) et elle est, cette fois-ci, explicite. Elle apparaît dans une lettre adressée à un ami non nommé, à qui Démétrius Cydone envoie un extrait de Diophante auquel il a ajouté quelques démonstrations pareilles à celles qu'il avait faites pour les livres arithmétiques d'Euclide[27].

22. La traduction française est de A. Allard, " *L'Ambrosianus Et 157 sup.,* un manuscrit autographe de Maxime Planude ", *op. cit.*, 227.

23. A. Allard, " *L'Ambrosianus Et 157 sup.,* un manuscrit autographe de Maxime Planude ", *op. cit.*, voir M. Treu, M. Treu, *Maximi monachi Planoudis epistulae*, *op. cit.*, 669-670.

24. P. Tannery, " Notice sur les deux lettres arithmétiques de Nicolas Rhabdas ", *Mémoires Scientifiques*, t. IV, Paris, Toulouse, 1920, 61-198.

25. *Idem*, 87, 118. Voir aussi du même auteur, " Manuel Moschopoulos et Nicolas Rhabdas ", *Mémoires Scientifiques*, t. IV (1920), 9.

26. P. Tannery, " Notice sur les deux lettres arithmétiques de Nicolas Rhabdas ", *op. cit.*, 72.

27. R.-J. Loenertz (ed.), *Démétrius Cydones, Correspondance* (Studi e Testi, 208), t. II, Città del Vaticano, 1960, lettre n° 347, 287.

Les commentaires byzantins de Diophante

Nous avons dressé, dans les pages qui précèdent, l'inventaire des Byzantins qui, à différents titres — simple lecteur, éditeur ou commentateur — se sont intéressés à l'oeuvre diophantienne. A présent, examinons de plus près le contenu des scolies, notre but principal étant de déceler parmi elles des renseignements qui pourraient jeter de la lumière sur certaines matières qui, dans le texte des " Arithmétiques " tel qu'il existe, ne sont pas absolument claires. Puis, essayons de répondre à la question de savoir si les contributions des écrivains byzantins sont originales ou, si au contraire, elles ne sont que l'écho de la tradition ancienne, dont les Byzantins sont, de toute façon, les héritiers les plus directs.

I. La lettre de Michel Psellos est une première source de nouvelles informations, source dont l'importance est depuis longtemps soulignée par la recherche historique[28]. En effet, grâce à cette lettre on sait aujourd'hui qu'il existait dans l'Antiquité une seconde échelle d'appellation des puissances successives d'un nombre (connu ou inconnu), échelle qui n'est pas identique à celle donnée par Diophante dans le préambule de son ouvrage. L'échelle comportait dix degrés (de l'unité y comprise), c'est-à-dire trois degrés de plus que l'échelle utilisée par Diophante dans les livres grecs. D'après le témoignage de Psellos, cette deuxième nomenclature avait été utilisée dans un ouvrage actuellement perdu d'Anatolius, qui devait traiter d'une façon abrégée des mêmes matières que les " Arithmétiques ".

II. La définition IX des " Arithmétiques " se rend dans la traduction française de Paul ver Eecke dans les termes suivants : " ce qui est de manque, multiplié par ce qui est de manque, donne ce qui est positif ; tandis que ce qui est de manque, multiplié par ce qui est positif, donne ce qui est de manque "[29]. Certains historiens des mathématiques ont vu dans cette phrase diophantienne " la règle des signes " ; ils l'ont considérée comme introduisant les nombres négatifs[30]. Dans son commentaire, Planude ne laisse aucun doute sur le vrai sens de la phrase. Il écrit : " Il ne dit pas simplement " ce qui est de manque ", comme s'il n'y a pas aussi une certaine présence [d'où quelque chose manque], mais [il dit d']une présence qui a quelque chose qui manque "[31]. En d'autres termes les espèces qui manquent ne sont mentionnées ici qu'en connexion avec les espèces présen-

28. P. Tannery, " Psellus sur Diophante ", *op. cit.*, 275-282.

29. Diophante d'Alexandrie, *Les six livres arithmétiques et le livre des nombres polygones*, Paris, 1959 (nouveau tirage), 7.

30. Voir par exemple : I.G. Bachmakova, " Diophante et Fermat ", *Revue d'Histoire des Sciences*, 19 (1966), 289-290 ; du même auteur, " Diophantine Equations and the Evolution of Algebra ", *American Mathematical Society Translations*, 147 (1990), 90-91 ; E.S. Stamatis, *Diophantus' Arithmetica. The Algebra of the Ancient Greeks* (éd. grecque), Athens, 16.

31. P. Tannery (ed.), *Diophantus Alexandrinus Opera Omnia*, *op. cit.*, 139.

tes[32]. La notion " simplement ce qui est de manque ", tant pour Diophante que pour Planude, n'a pas de sens. Ainsi, le commentaire de Planude rend clair que la règle énoncée par Diophante se rapporte comme on dirait aujourd'hui au calcul des polynômes — permettant de " développer " des produits tels que $(a \pm b)(c \pm d)$ — et non au calcul sur les nombres positifs et négatifs.

III. Les scolies byzantines, en particulier celles de Planude, s'avèrent utiles pour l'éclaircissement du sens de la phrase et ceci est *plasmatikón*, phrase avec laquelle Diophante accompagne les conditions qu'il impose à une classe de problèmes des " Arithmétiques ". Il s'agit des problèmes 27, 28 et 30 du premier livre grec, ainsi que des problèmes 17 et 19 du quatrième et du problème 7 du cinquième livre arabe ; tous ces problèmes se ramènent à une équation déterminée du second ou du troisième degré pour laquelle l'existence de solutions en nombres rationnels positifs dépend de la validité d'une ou de plusieurs conditions qui doivent être satisfaites par les coefficients. La phrase diophantienne a attiré l'attention des éditeurs et des traducteurs modernes de Diophante, et pour son sens on a proposé une foule de suggestions. La dispute a été de nouveau remise à propos, à l'occasion des éditions des livres arabes des " Arithmétiques " par J. Sesiano (1982) et R. Rashed (1984). Pour Sesiano, le terme plasmatikón caractérise la condition qui assure une solution rationnelle et positive de l'équation chaque fois à résoudre, tandis que pour Rashed le terme ne se réfère pas à la condition mais au problème dans son ensemble. Dans un article récent nous signalons que la phrase diophantienne a attiré l'attention des scoliastes byzantins dès le treizième siècle ; ils en réfèrent, tant à Maxime Planude qu'à un autre scoliaste dont le nom n'est malheureusement pas connu[33]. Les deux commentaires ne laissent aucun doute sur le sens du terme : le qualificatif *plasmatikón* se réfère au problème dans son ensemble et non pas à la condition seule[34].

IV. Les renseignements les plus importants qu'on tire des scoliastes byzantins de Diophante se rattachent à la question des méthodes employées par le mathématicien alexandrin au cours de la résolution de ces problèmes indéterminés. On sait que les procédés de résolution de Diophante ont fait l'objet de nombreuses discussions, les positions extrêmes étant, l'une que Diophante avait à sa disposition une méthode bien déterminée, et l'autre que chaque problème recevait une résolution différente. Cette question cruciale reçoit aujourd'hui une nouvelle lumière grâce aux auteurs byzantins.

32. Voir J. Klein, *Greek Mathematical Thought and the Origin of Algebra*, traduit par E. Brann, New York, 1992, 252, note 187.

33. J. Christianidis, " Maxime Planude sur le sens du terme diophantien *plasmatikón* ", *Historia Scientiarum*, 6, n° 1 (1996), 37-41.

34. Il faut noter ici que le Professeur Allard avait remarqué déjà en 1983 que la scolie anonyme implique que le qualificatif *plasmatikón* se réfère au problème dans son ensemble. Voir A. Allard (M. Treu), *op. cit.*, 728.

Nous avons cité ci-dessus le témoignage de Ioannis Hiérosolymitanus, qui associe l'oeuvre de Diophante à la théorie arithmétique des proportions. Georges Pachymère en outre, utilise abondamment dans son commentaire les rapports et les proportions. Mais, quelle pourrait être la relation entre la théorie arithmétique des proportions et les procédés de résolution de Diophante ? Le commentaire de Planude au problème II 8 des " Arithmétiques " nous fournit la réponse.

Le problème II 8 est équivalent à l'équation $X^2 + Y^2 = a^2$ (Diophante choisit la valeur $a = 4$). La clef pour la résolution de cette équation se trouve dans la substitution $Y = mx - a (m = 2)$, substitution introduite par Diophante avec la phrase " formons le carré d'une quantité quelconque d'arithmes diminuée d'autant d'unités qu'en possède la racine de 16 unités "[35]. Planude reconnaît très bien l'importance de cette phrase et c'est pour cette raison qu'il lui consacre trois pleines pages, dans l'édition de Tannery, pour la commenter.

Or, c'est précisément ici que Planude explique sans ambiguïté que la substitution découle de la proportion

$$(a + Y) : x = x : (a - Y) ;$$

il écrit : " Car généralement, pour tout carré qui se partage en deux [autres] carrés, le côté de celui qui se partage plus le côté d'une des [deux] parties est au côté du reste dans un certain rapport ; donc, si on soustrait l'une des deux parties résultantes du partage, le côté de l'autre sera autant de fois le côté de la [partie] soustraite moins le côté du [carré] partagé, que le côté de l'autre [partie] plus le côté du [carré] partagé est du côté de la [partie] soustraite "[36].

Dans ce passage Planude nous explique comment, selon lui, Diophante a été amené à faire la substitution $Y = mx - a$. Soit $X = x$ (un arithme) et soit aussi à soustraire x^2 de a^2. Alors, le côté de l'autre carré, c'est-à-dire de Y^2, sera égal à autant de fois le côté x du carré soustrait moins le côté a du carré partagé que la somme $Y + a$ est multiple du côté x. C'est-à-dire :

$$\text{si } \frac{Y + a}{x} = m \text{, alors } Y = mx - a .$$

A la suite, Planude remarque que le nombre m dans $Y = mx - a$ peut prendre une valeur quelconque. Il écrit : " comme les côtés peuvent avoir entre eux un rapport quelconque, moins toujours le côté du [carré] partagé, c'est pour cette raison qu'il [Diophante] dit : " d'une quantité quelconque d'arithmes diminuée d'autant d'unités qu'en possède la racine du partagé "[37].

Pour résumer, le procédé de résolution de l'équation $X^2 + Y^2 = a^2$ par Diophante se développe, d'après Planude, en deux phases : une première phase de factorisation — mise de l'équation sous la forme $(a + Y)(a + Y) = X^2$ —, puis

35. D'après la traduction de P. ver Eecke.

36. P. Tannery (ed.), *Diophantus Alexandrinus Opera Omnia*, *op. cit.*, 217, l. 18-27 (notre traduction).

37. *Idem*, 218, l. 22-25 (notre traduction).

la phase de reformulation proportionnelle — $(a + Y):x = x:(a - Y)$ — ou, du moins, de la formation de l'un des deux rapports de la proportion. L'interprétation par proportion de la méthode de Diophante que nous venons de développer s'applique à une classe très étendue d'équations indéterminées traitées par lui.

Le tableau qui suit contient divers types d'équations à deux inconnues des " Arithmétiques ", ainsi que les proportions correspondantes. Il ne reste plus qu'à poser à chaque proportion le premier rapport égal à une valeur particulière m pour avoir immédiatement la substitution de Diophante.

Type d'équation	Proportion correspondante
$y^2 = a^2x^2 + bx + c$	$(y - ax):1 = (bx + c):(y + ax)$
$y^2 = ax^2 + bx + c^2$	$(y - c):x = (ax + b):(y + c)$
$x^2 + y^2 = a^2 + b^2$	$(b + y):(x - a) = (x + a):(b - y)$ en posant $(b + y):(x - a) = m$, $x - a = t$ on a, $x = t + a$, $y = mt - b$
$y^2 = ax^2 + b$, $a + b = \square = k^2$ l'équation s'écrit : $y^2 = ax^2 + k^2 - a$	$(y + k):(x - 1) = a(x + 1):(y - k)$ en posant $(y + k):x - 1) = m$, $x - 1 = t$ on a, $x = t + 1$, $y = mt - k$
$y^2 = ax^2 + bx$	$y:x = (ax + b):y$
$y^2 = ax^3 + bx^2 + cx + d^2$	$(y - d):x = (ax^2 + bx + c):(y + d)$
$y^3 = a^3x^3 + bx^2 + cx + d^3$	(y - d):x = (a3x2 + bx + c):(y2 + dy + d2)
$x(a - x) = y^3 - y$	$(y + 1): = (a - x):y(y - 1)$
$y^2 = a^2x^4 + 2abx^2 + b^2 - cx^3 - dx$ l'équation s'écrit : $y^2 = (ax^2 + b)^2 - cx^3 - dx$	$(ax^2 + b - y):x = (cx^2 + d):(ax + b + y)$
$y^2 = x^6 - ax^3 + bx + c^2$	$(y - x^3):1 = (c^2 - ax^3 + bx):(y + x^3)$

De la discussion qui précède, il ressort que nous pouvons interpréter les substitutions effectuées par Diophante au cours de la résolution des équations indéterminées à deux inconnues, sans utiliser de connaissances dépassant le niveau des mathématiques grecques. Il suffit de connaître :

1. Certaines identités arithmétiques, comme :

$m^2 \pm 2mn + n^2 = (m \pm n)^2$,
$m^2 - n^2 = (m + n)(m - n)$,
$m^3 - n^3 = (m - n)(m^2 + mn + n^2)$
$m^3 + n^3 = (m + n)(m^2 - mn + n^2)$

2. La factorisation :

Que Diophante ait connu et utilisé la factorisation est attesté par le fait qu'il la décrit de façon explicite dans divers cas particuliers, par exemple aux problèmes 6 et 8 du livre six. Il utilise même l'expression " division [...] suivant [...] "[38] pour désigner les deux facteurs.

3. La connaissance de la théorie arithmétique des proportions et l'identification d'équation et de proportion d'après la propriété :

$$A : B = C : D \Leftrightarrow A \cdot D = B \cdot C .$$

Exactement soixante-dix ans plus tôt, Paul ver Eecke, se faisant l'interprète de la grande majorité des historiens des mathématiques, évaluait le commentaire de Maxime Planude des deux premiers livres de Diophante dans les termes suivants : " A part l'intérêt que présentent les variantes [des résolutions des problèmes 4, 18, 19 et 21 du premier livre], qui n'innovent cependant en rien en ce qui concerne les procédés employés par Diophante, le commentaire de Planude n'offre aucune originalité ; il n'ajoute pas de connaissances nouvelles à celles que Diophante possédait déjà plus de mille ans avant lui, et il caractérise bien les derniers temps de la décadence byzantine, où la science progressive se dégage avec peine de la simple érudition "[39]. D'après la discussion qui précède, nous sommes en mesure de dire que cette évaluation n'est plus exacte. Le commentaire de Planude au problème II 8 nous offre une interprétation capable de mettre en évidence l'unicité et la généralité des procédés de Diophante et les met en relation avec la théorie des proportions arithmétiques, une caractéristique majeure des mathématiques grecques. Mais, est-ce que l'interprétation par proportion revient définitivement à Planude ? Il est clair que nous ne sommes pas en état de donner une réponse satisfaisante à cette question. Nous pouvons pourtant remarquer que Planude était principalement un scoliaste, un homme lettré, et non un mathématicien au sens strict du terme. A notre avis, il est peu probable qu'une interprétation aussi générale que celle développée ci-dessus soit l'oeuvre d'un simple scoliaste. Nous jugeons qu'il est plus probable de supposer que cette interprétation a ses origines dans l'ancienne tradition issue de Diophante lui-même, et que c'est de cette tradition que le commentaire de Planude se fait l'écho.

38. Dans la traduction de P. ver Eecke.

39. Diophante d'Alexandrie, *Les six livres arithmétiques et le livre des nombres polygones*, *op. cit.*, liv-lv.

Traces of Maurolicus' influence on G. de Saint Vincent

Michela Cecchini

The problem

In an introductory part of Giovanni Alfonso Borelli's *Elementa conica Apollonii Pergaei et Archimedis opera nova et breviori methodo demonstrata,* which was published in 1679, this sentence can be found :

Post Arabes Fr. Maurolycus Messanensis primo nitidissime libros 4 conicorum Apollonii exposuit, quintum proprio marte et sextum libros adinventos adiunxit anno 1547 deinde libr. 2 de lineis horariis anno 1553 breviarium conicorum composuit, in quo egregias demonstrationes excogitavit linearum tangentium sectiones conicas et asymptotorum, quas ob eorum summam praestantiam duo viri praeclari Midorgius anno 1639 et Gregorius a St. Vincentio anno 1647 amplexati sunt et iis sua opera exornarunt[1].

In this talk I would like to present what I have found out investigating the exactness of this statement of Borelli's regarding Gregoire de Saint Vincent. First of all I would like to remind you, Borelli was Saint Vincent's contemporary and he knew Maurolicus'[2] and G. de Saint Vincent's[3] conical material as we can deduce from his Apollonius' edition[4]. So, there are no evident reasons for thinking that Borelli's assertion is not trustworthy or, at least, that Borelli was not really convinced of that. Moreover, Maurolicus' *De lineis horariis* was

1. G.A. Borelli, *Elementa conica Apollonii Pergaei et Archimedis opera nova et breviori methodo demonstrata*, Romae, 1679.

2. F. Maurolicus, *Emendatio et restitutio conicorum Apollonii Pergaei*, Messinae, 1654.

3. G. de Saint Vincent, *Opus Geometricum quadraturae circuli et sectionum coni decem libris comprehensum,* Antverpiae, 1647.

4. G.A. Borelli, *Apollonii Pergaei conicorum lib. v, vi, vii paraphraste Abalphato Asphahanensi nunc primum editi. Additus in calce Archimedis assumptorum liber, ex codicibus Arabicis m. ss. Serenissimi Magni Ducis Etruriae Abrahamus Echellensis maronita* [...] *latinos reddidit. Io. Alfonsus Borellus* [...] *curam in geometricis versioni contulit, & notas uberiores in universum opus adjecit*, Florentiae, 1661.

published in 1575[5], but we know Maurolicus' edition of Apollonius was first published in 1654, that is after G. de Saint Vincent's *Opus Geometricum* publication.

Against this apparent contradiction, we also know, Apollonius' edition was finished by Maurolicus in 1547. From that time Maurolicus' manuscripts were able to circulate in the scientific society. We have some traces about Maurolicus' circulation in the jesuitical scientific context[6], but they are not enough for giving us a complete vision of the situation about it.

The valuation of Borelli's assertion is not an isolated problem, only in connection with G. de Saint Vincent's mathematical production. Indeed, it is a branch of the most " general " question about the conical material available in the XVIth and XVIIth centuries in Europe.

G. DE SAINT VINCENT

Books 3, 4, 5, and 6 of Saint Vincent's *Opus Geometricum* are dedicated to the study of conic sections, respectively to circle, ellipse, parabola and hyperbola.

In his *Prolegomena ad Sectiones Coni* Saint Vincent explains his decision of having a different approach from Apollonius to the conic sections :

Conicorum sectionum affectiones et accidentia indagaturi, alieno nonnihil ab antiquis consilio rem aggredimur : illi etenim proprietates quam pluribus sectionibus communes esse adverterunt, communi quoque demonstratione involuerunt nec immerito, exigente talem scribendi rationem ipso doctriae tenore, ordine ac nitore : nos autem in alium scopum collimantes [...] *singillatim singulas explanare intendimus, quo faciliore methodus & minus confusa. tyrones ad conicarum speculationum contemplationem invitentur et alliciantur.* [...] *conabimur autem ita planas reddere quas prae manibus habemus conicas materias ut vel leviter in Elementis Euclidis versati eas percipere queant sine ullo taedio, immo vero cum orexi ad ulteriora tendendi et has lucubrationes in universum extendendi* [7].

Moreover, he always underlines the originality of his work by his special demonstrative procedure[8]. I am particularly interested in the sections regarding

5. Maurolicus' " *De lineis horariis libri tres* ", in F. Maurolicus, *Opuscula Mathematica*, Venetiis, 1575.

6. R. Gatto, *Tra scienza e immaginazione. Le matematiche presso il collegio gesuitico napoletano* (1552-1670 ca.), Firenze, 1994 ; R. Moscheo, *F. Maurolico tra Rinascimento e scienza galileiana Materiali e ricerche*, Messina, 1988.

7. G. de Saint Vincent, *Opus Geometricum quadraturae circuli et sectionum coni decem libris comprehensum, op. cit.*, 219.

8. The terms of some theorems of these books are the same as Apollonius' ones, but Saint Vincent shows his special demonstrative procedure. Other propositions are *inventa et demonstrata* by himself.

ellipse, entitled *Sectionis polos, & lineam a puncto in axe dato ad peripheriam, brevissimam designat* and *Varias exhibet ellipsis geneses,* regarding parabola entitled *Sectionis focum, & mutuas parabolarum vel circulorum intersectiones Geometrice designat* and *Varias parabolae geneses exhibet,* regarding hyperbola, entitled *Geneses variae hyperbolae, & ex hyperbola reliquae sectiones eductae, quidem hyperbolam, sectionesque, tam oppositas quam coniugatas, dein asymptotos e cono educit : primasque ac fundamentales hyperbolae proprietates exhibet* and *Solutio variorum problematum, aliaque theoremata ad pleniorem hyperbolae cognitionem spectantia.*

The topics of these sections concern substantially four kinds of problems. The first one deals with the construction of the shortest line joining a point, placed on the axis, with the curve. We can easily realize that this problem is equivalent to that of drawing a circle inside the curve, the centre of which is placed on the axis and which is tangent to the curve.

G. de Saint Vincent analyses the problem, in both of these equivalent formulations and gives the resolution for ellipses and parabolas. For demonstrating it, he uses the focal properties of the conic sections. In other words, in the case of ellipse, it is possible to locate two points on the axis, in such a way that the rectangles constructed on the two segments in which the axis is divided by everyone of these points is equal to a quarter of the figure (that is the rectangle, the sides of which are *latus rectum and latus transversum* of the conic section). This one is also Apollonius' definition of the so called *puncta ex comparatione facta.* In an optical point of view we can notice that a ray of light passing through one of these points is reflected by the curve in such a way that it passes through the second one (that is the angle of incidence of a ray of light is the same as the angle of reflection). Indeed Saint Vincent explains this property with the following optical reasoning :

ponatur in A oculus sinister, & dexter in C. Dico illum per totum speculum apparere oculo dextro in C posito ; & vicissim oculum dextrum in C per totum speculum videri ad oculo sinistro in A [...] hinc sequitur quod minimum et visibile positum in C, maximum apparebit oculo in A posito[9].

A parabola has only one real point, placed on the axis which has this peculiarity, in modern terms we say that, in the case of parabola, the second focal point is placed to infinity and this is the reason why straight lines parallel to the axis of this curve, are reflected in other lines passing through the real focal point (focus). As in the case of ellipse Saint Vincent explains the focal property of parabola using optic reasoning. In particular he shows parabola's peculiarity to be a " burning glass " :

radii igitur solares in speculum incidentes ut vere paralleli assumuntur, quo posito demonstrari facile posset, focum in circulo & omni sectione coni (prae-

9. G. de Saint Vincent, *Opus Geometricum quadraturae circuli et sectionum coni decem libris comprehensum, op. cit.*, 310.

terquam in parabola) latitudinem admittere, adeoque figuram parabolicam ad comburendum omnium esse praestantissimam, sed de his alio tempore & loco, si Deus vitam dederit[10].

In the section regarding ellipse, Saint Vincent arrives to find out, thanks to the focal properties, the smallest straight line joining a point of the axis with the curve (*a puncto in asse ellipseos assignato lineam ad perimetrum brevissima ducere*). The resolution of this problem leads directly to the demonstration of the equivalent problem, we have already spoken of[11].

In the section regarding parabola first of all, G. de Saint Vincent shows parabola's focal properties and then he arrives slowly to proposition 136 in which he presents the construction of the largest circle, we have already spoken of. Then, in the following proposition he presents the equivalent problem.

In Saint Vincent's manuscripts[12] we can find other information about this problem. One of Saint Vincent's manuscripts contains a geometrical essay written by François D'Aguillon before 1617. This work presents these two equivalent problems for ellipse with an optical approach. Aguillon's propositions and demonstrations are substantially the same as Saint Vincent's.

Moreover in one of Saint Vincent's manuscripts of the early period 1617-1625 there is a list of propositions Saint Vincent wanted to demonstrate in which we can find these two equivalent problems with references to Aguillon. Moreover an annotation in the margin shows Saint Vincent's project to elaborate a similar result also for parabola and hyperbola Saint Vincent's *Opus geometricum* does not present this result for hyperbola and the presentation of its focal points either, but Saint Vincent's manuscripts of the last period show focal points in hyperbola with optical reasoning.

The second topic, I would like to stress, is the construction of conic sections starting from relations among other conic sections or segments. In some way, this topic is related to the previous one.

Saint Vincent shows how to construct a parabola thanks to particular relations among chords drawn in ellipse, how to construct a hyperbola thanks to particular relations among chords drawn in parabola.

In the case of hyperbola Saint Vincent's constructions are based on proposition 192, which Saint Vincent easily deduces from Apollonius' proposition 12, I[13].

10. G. de Saint Vincent, *Opus Geometricum quadraturae circuli et sectionum coni decem libris comprehensum, op. cit.*, 415.

11. *Idem,* prop. 134, 135, 314-315.

12. The collection of the manuscripts left by Saint Vincent can be found in the Royal Library Albert I in Bruxelles, Department of Manuscripts, under the numbers 5770-5793.

13. *Vides ingenue lector varios esse casus praecedentium propositionum quae de constructione hyperbolae tractant per interpositionem rectarum HI quae mediae sint inter rectas FI, FG* [...] ; G. de Saint Vincent, *Opus Geometricum quadraturae circuli et sectionum coni decem libris comprehensum, op. cit.*, 538. *Cf.* fig. 1.

FIGURA 1[14]

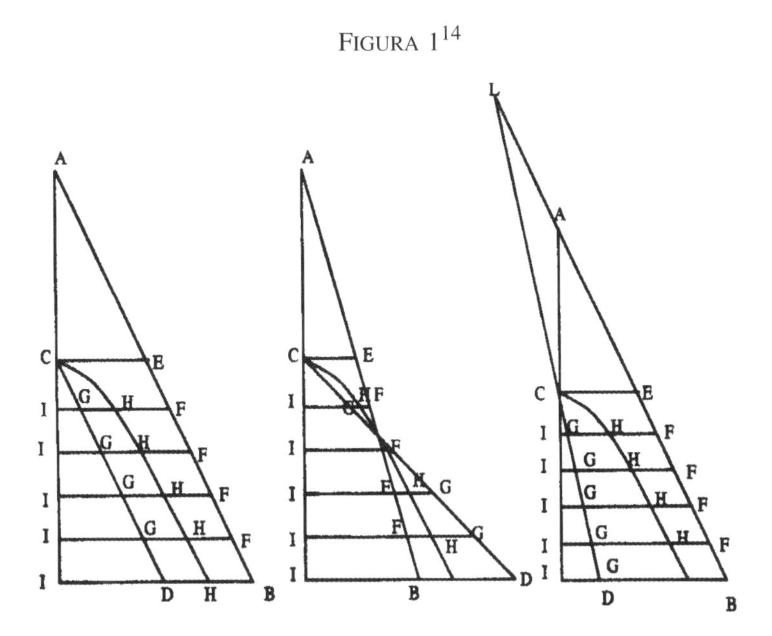

I would also like to explain something about the similarity of two conic sections. There are only few propositions about it in Saint Vincent's *Opus*. He writes explicitly the definition for hyperbola, but does not give the definition for ellipse and that one regarding parabola is explained in addition to a proposition regarding similar parabolas[15].

In this last case Saint Vincent gives a double definition : one of these, he writes, is Archimede's definition. And then he sometimes uses the first definition and sometimes the other one.

In the case of hyperbolas, even if Saint Vincent gives a definition of similarity[16], he does not use this one for his results, but two other definitions. As in the first case one of these is the " classical " definition for which two hyperbolas are similar if and only if :

ordinatim applicatas ad unius diametrum, aequale esse iis, quae ad diametrum alterius applicantur, si a distantiis aequaliter [a verticibus], ad aequales angulos constituantur.

14. G. de Saint Vincent, *Opus Geometricum..., op. cit.*, 538.

15. It deals with the proposition 276 regarding parabola : *Nota : duplici modo superficies duas curvilineas dici similes. Primo quando similes figurae in infinitum inscribi possunt & hoc sensu Archimedes & Euclides, similia esse curvilinea quaedam ostendunt. Secundo similes dicuntur figurae curvilineae quarum essentiales proprietates eadem sunt ;* Saint Vincent, *Opus Geometricum..., op. cit.*

16. *Hyperbolas similes dicuntur, quarum triangula quae contingentibus & asymptotis aequales angulos habentibus continentur, aequalia sunt* ; G. de Saint Vincent, *Opus Geometricum..., op. cit.*, 529.

The second one is called by him Archimedes' definition :

[...] *quare cum operatio illa in utraque hyperbola sine termino continuari possit, ut figurae omnes hyperbolae ABC inscriptae, similes sunt figuris inscriptis hyperbolae IFK, patet ex Archimede ABC, IFK hyperbolas esse similes*[17].

Indeed he gives an unclear definition of similarity.

Against this opinion, we can notice that Saint Vincent writes clearly the definition of similarity for ellipse and hyperbole in the ninth book of *Opus Geometricum*, entitled *De Cylindro, Cono, Sphaera, Sphaeroide, & utroque Conoide Parabolico & Hyperbolico*[18], on the basis of which he proves propositions regarding similarity for sections of conoides or spheroides. Moreover from Saint Vincent's manuscripts we can deduce that a definition of similarity for ellipse and hyperbola was known by Saint Vincent since the early period 1617-1625 and we can find in Aguillon's manuscripts a clear definition for ellipse.

The fourth question I would like to stress in Saint Vincent's *Opus* is the introduction of the asymptotes of a hyperbola. He defines them as straight lines, passing through the centre, which, even though they never touch the curve, become closer and closer to it. Then he demonstrates in proposition 9 and 10 the existence of them with their construction in the plane. After that he shows the same results of propositions 9 and 10 in propositions 11 and 12 with a stereometric point of view, in other words he constructs asymptotes directly in a cone.

F. MAUROLICUS

Maurolicus in his Apollonius' fifth book tries to reconstruct Apollonius' lost fifth book. In doing this he follows suggestions according to which the contents of this lost book should concern something about maximum and minimum in conic sections' theory. Thanks to these few indications he elaborates a text which is not exactly the same as Apollonius' one. Maurolicus studies the tangencies between two conic sections, finding out the maximum or minimum conic section, among conic sections of a same type, tangent to a given one inside, respectively outside, it. The demonstrative procedure always presents the same outlines. In a first time he shows what kind of conic sections of the same kind is tangent in the vertex and inside a given conic one, then he proves what kinds are secant and finally which one is the maximum among conic sections of the first kind. t. i. tangent and inside a given conic section. He uses comparisons among triangles, two sides of which are the *latus rectum* and the

17. G. de Saint Vincent, *Opus Geometricum..., op. cit.*, 484.

18. *Definitio tertia : Similes hyperbolae sunt quae rectos & transversas diametros proportionales habent* ; G. de Saint Vincent, *Opus Geometricum..., op. cit.*, 1073. *Definitio Quarta : similes ellipses dicantur quae axes habent proportionales* ; G. de Saint Vincent, *Opus Geometricum..., op. cit.*, 1059.

latus transversum of conic sections with a centre as prof. A. Brigaglia has shown in his study about it[19].

Maurolicus' sixth book of Apollonius is not very far from Apollonius' and presents similarity for conic sections.

In the third book of de *lineis horariis* we can find new point-constructions of the conic sections which are strictly connected with the procedure used by Maurolicus' in his fifth and sixth book and which can be recognized in Saint Vincent's constructions of conic sections.

We can see that the procedure used by Maurolicus and Gregoire de Saint Vincent in this case is exactly the same[20].

In the same book we can find a very interesting way of showing asymptotes in a cone.

Conclusion

It is not easy giving a direct and precise conclusion. G. de Saint Vincent did not acknowledge Maurolicus' conical material as a source used for his Opus Geometricum .

On one hand *Opus Geometricum's* references show Apollonius', Archimedes' and Pappus' names and the only editor Federico Commandinus and also in Saint Vincent's manuscripts regarding conic sections we can not find references to Maurolicus. Moreover the mathematical procedure, used for demonstrating theorems regarding ellipse and parabolas, the terms of which can be related to Maurolicus' ones, is far from Maurolicus'. Saint Vincent uses his constructions for arriving to different results from Maurolicus'.

Saint Vincent's results are very close to the one of Aguillon's manuscripts.

Saint Vincent's definition of similarity is also different from Maurolicus' one and is still an open question because presents some contradictions.

On the other hand we realize, there are theorems in both of Maurolicus' and Saint Vincent' work, which present some analogies. Saint Vincent's approach to the conic section through a point-construction is close to Maurolicus' thought, as we can see from his Apollonius' edition and his *De lineis horariis*.

Another analogy of Maurolicus' procedure in Saint Vincent can be the stereometric introduction of the asymptotes.

On the basis of these considerations Borelli's statement seems to be too strong and a question regarding Saint Vincent's and Maurolicus' conical material comes out : is there really something more than a unique content similarity ?

19. A. Brigaglia, University of Palermo, Italy. His study about Maurolicus' V book of Apollonius' is in course of printing.

20. For instance, the procedure used by Maurolicus in the case of hyperbola is the same as that one used by Saint Vincent in proposition 192 about hyperbola (see fn. 13).

MUSIC ACCORDING TO DESCARTES

Oscar João ABDOUNUR

INTRODUCTION

This word, focusing on Descartes' contribution in his *Compendium Musicae*, intends to provide subsidies not only to show common schemata between mathematics and music but between intellectual capabilities and aptitudes in general. This paper shows also the importance of analogical thought, supported in concepts of " Net of Meanings and Collective Intelligence "[1] as well as " Multiple Intelligences "[2] in the representation of processes in the history of science. To understand in a larger way the dynamics of the construction of knowledge and also to reproduce, directly or analogically, these dynamics in a didactic/pedagogical mood, one contextualizes the contribution of Descartes in the scientific community by laying emphasis in the participation of analogies in the construction of meanings in the mathematical/musical work of this author and of those related to him either directly or silently.

SOME WORDS ABOUT NETS OF MEANINGS

Knowledge organizes itself in nets of meanings. This idea, in opposition to that of linear or vertical construction of knowledge, is becoming increasingly important in the areas of epistemology and didactic. In this words of Capra[3] " now we are moving towards the metaphor of knowledge as a net, a tissue where all elements are connected ".

Machado (1995) speaking on the construction of meanings, reminds us that to understand is to apprehend the meaning ; to apprehend the meaning of an object or fact is to see it in its relations with other objects or facts ; meanings

1. P.L. Lévy, *Intelligence Collective* : *Pour une Anthropologie du Cyberspace*, Paris, 1994.
2. H. Gardner, *Inteligências Múltiplas* : *a Teoria na Prática,* Porto Alegre, 1995.
3. F. Capra *et al.*, *Belonging to the Universe*, London, 1992.

constitute sheaves of relationships ; relationships weave around each other, articulate themselves in webs, in nets, constituted socially and individually, and in a permanent state of actualization ; at a social level, as well as at an individual level, the idea of knowing resembles that of catching in a web.

Pierre Lévy created the expression " Cognitive Ecology " to designate the relationship between individual thought and social institutions and communication techniques that, when articulated, form thinking collectives men-things, that overtake the traditional boundaries of species and kingdoms.

Collective intelligence and the spectrum of multiple competencies

Levy's reflections led us to regard as intelligent not only individuals taken separately, but systems capable of exhibiting certain competencies. Starting from this idea, a strong contribution to the manifestation of intelligence comes from the interaction of various kinds with all thinking beings, also of different natures, transcending also the notions of individual and system. We can see some resemblance between Lévy and Arbib, when the later says : " Intelligence is not a simple " thing ", but an intertwining of properties that, taken separately, do not evoke great admiration, but that taken together produce a behavior we label as intelligent " Arbib *apud* Machado (s.d.).

The diversity of accessories and technologies favors the manifestation of different forms of competencies of intelligence. In this paper we evaluate the historical process of mathematics/music under the idea of Collective Intelligence. Which the didactic point of view we apply the conceptions mentioned above in workshops on mathematics/music using multiple intelligences[4], technologies and other resources of the " cognitive ecology "[5] in the (re)construction of meanings.

Modifications in the " Cognitive Ecology "[6] provide new ways for articulation in collectives. For example, Internet allows collective work between researchers of different parts of the world.

Collective, in Lévy's conception, does not mean only persons, the advent of computer sciences gives a new configuration to this collective, peopling it with new characters and so allowing for new forms of construction of knowledge.

According to Gardner[7], intelligence manifests itself in a spectrum of competencies, classified as mathematical, linguistic, corporal-cinestesic, spatial, intrapersonal, interpersonal, musical, etc. From this point of view, Descartes' conjectures on the construction of the preliminary axioms in the *Compendium*

4. H. Gardner, *Estruturas da Mente : A Teoria das Inteligências Múltiplas*, Porto Alegre, 1994.

5. P.L. Lévy, *Tecnologias da Inteligência : O Futuro do Pensamento na Era da Informática*, Rio de Janeiro, 1993.

6. *Ibidem*.

7. H. Gardner, *Estruturas da Mente*..., *op. cit.*

Musicae are supported by analogies between logic-mathematical competencies, associated for example to acoustics in the sympathy between strings, and interpersonal competencies, when the French philosopher generalizes the concept to any object of the different senses.

Analogy in the construction of meanings

To explain a possible dynamic in the construction of meanings through analogies, we can think of the famous story of the six blind men when asked to describe an elephant using touch. Each one describes the animal by means of the part he touched : the one who touched a leg says that the animal looks like a tree, the one who touched the tail says the elephant is like a rope and so on. In this sense, the meaning of the elephant is built through the union and interaction of the distinct analogic associations, establishing a multi-analogy (Duit, 1991).

Similarly, the construction of meanings in the dynamics of teaching/learning may be made in different intellectual scenarios which, by associating and interacting among themselves, build the concepts involved.

By the use of the different intellectual competencies[8], and with the support of the work of Descartes on music, this dynamic was reproduced in the already mentioned workshops by means of successive activities corresponding for instance to the conceptions of consonance established by Pythagoras, Archytas, Zarlino, Descartes, Galileo, Fourier, etc.

In a way that was similar to the story of the six blind men, each activity (re)builds the idea of consonance, forcing the distinct interpretations and building a larger meaning to this concept.

Mathematics/music according to Descartes

Under a collective scientific point of view, the work of Descartes, clearly influenced by *Institutione Armonique* (1588) of Gioseffe Zarlino (1517-1590), not only is seen as responsible for a great part of the material contained in Mersenne's *Questiones Harmoniques* (1634), *De la Nature des Sons* (1635) and *Harmonie Universelle* (1636) but represents the Keystone for various later works like the well-known *Traité de l'Harmonie* de Jean-Philippe Rameau[9].

To organize the experiences of his senses in accordance with his acoustic-mathematical-musical knowledge, Descartes establishes in the *Compendium Musicae* a generalized theory for the senses, through preliminaries in axiomatic form, described as follows :

8. H. Gardner, *Estruturas da Mente...*, *op. cit.*

9. R. Descartes, *Compendium of Music,* American Institute of Musicology, 1961. (original in Latin, dated of 1618).

I - “ All senses are able to experience pleasure ”.

II - “ To feel this pleasure there must exist a proportional relationship of same kind between the object and the sense in itself. For example, the noise of weapons or of thunder is not adequate for music, because it hurts the ear, just as the excessive luminosity of the sun hurts the eyes, if one looks directly at it ”.

III - “ The object must be such as not to impress the sense in too complicated or confusing a way. So a too complex drawing, even if regular, is not as pleasing to the eye as another consisting similar lines. The reason for this is that the sense finds more satisfaction in the later than in the first, where there is much that can not be perceived distinctly ”.

IV - “ Senses perceive an object more easily when the difference between the parts is smaller ”.

V - “ We can say that the parts of a whole object are as much less different as the greater is the proportion between them ”.

VI - “ This proportion must be arithmetic, not geometric, because in the first there is less to perceive, since the differences are all totally equal. So the attempt to perceive all differently does not strain so much the sense. For example, the proportion obtained between :

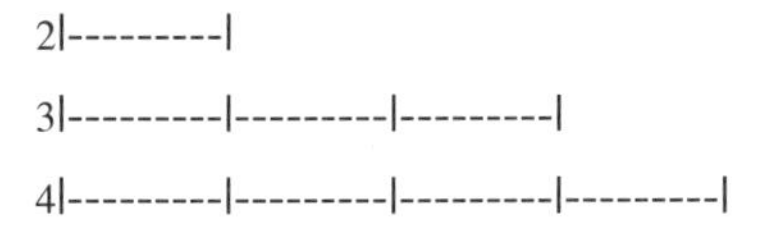

is easier to perceive than that between :

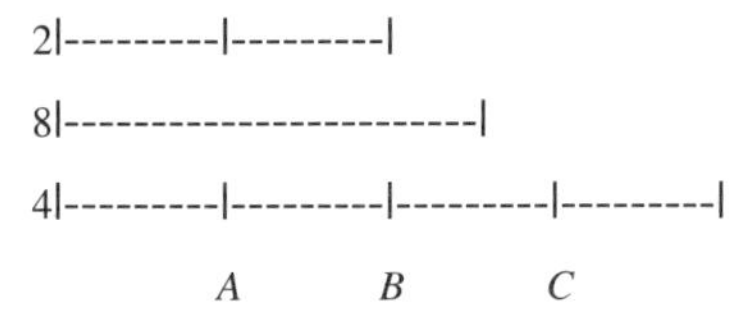

for, in the first case, one has only to perceive that the difference between consecutive lines is the same while in the second example it is necessary to compare the parts, which are incommensurable.

So they cannot, in any circumstances, be immediately and completely perceived, but only in relation to an arithmetic proportion, by perceiving that AB consists of two parts, while BC consists of three. It is clear that in this case the mind is constantly perplexed ”.

VII - “ Among the objects of the senses, the most pleasing to the soul is not the one that is most easily perceived or with most difficulty, but the one that is neither so easily perceived that the natural desire taking the senses to the object is not entirely satisfied nor equally the one so difficult that it fatigues the sense ”.

VIII - " Finally it must be observed that in all things variety is more pleasing "[10].

Expression used by Lévy to characterize all the set of men-things that participate in the collective intelligence.

Now we intend to contextualize Descartes proposal in the trajectory of mathematics/music starting from Ancient Greece. As we look at these axioms, Descartes shows a humanist side and in a sense not very " Cartesian ", in the commonest meaning of the word, which suggests are — signification in the set of ideas and relationships that come to mind when we think of the French philosopher and that thus symbolize the dynamics of his thought[11].

With the structure presented, this philosopher shows, besides, some common points with Pythagorism, with Archytas of Tarento and Zarlino, providing a continuity and silent respect for the ideologies defended by them, at the same time as he sheds new lights and promotes deeper changes in the trajectory of mathematics/music[12].

FROM ZARLINO TO DESCARTES

Analyzing Axiom II we observe a certain empathy between Descartes and Zarlino, when the later cites Aristoteles in *Institutioni Armonique* saying that the " eye, looking at the sun, is attacked because this object is not proportional to the eye ".

To understand better the path that unites Pythagoras, Zarlino and Descartes, we have to go back to Pythagoras' experiment with the monochord, which contributed strongly to the course of the relationship mathematics/music through history.

Starting with the mentioned experiment, Pythagoras established relationships between mathematics and music by associating, respectively, to musical intervals related to perfect consonances — octave, fifth and fourth —, the simple relations 1/2, 2/3 and 3/4.

These correspond to the fractions of a string which furnish the higher notes of the mentioned intervals, when one produces the lower note by the whole string. Pythagoras, to justify that small integers underlie the consonances, used the fact that the numbers 1, 2, 3 and 4, involved in the mentioned fractions, generate all the perfection.

In the 16th century, the intervals of third and sixth were used in the musical discourse with the character of consonances. But the fractions of the string that

10. R. Descartes, *Compendium of Music, op. cit.*

11. B.C. Boyer, *História da Matemática*, 2nd ed., São Paulo, 1996.

12. S. Dostrovsky, J.F. Bell, C. Truesdell, " Physics of Music ", *The New Groves Dictionary of Music and Musicians*, New York, 1980.

generate these intervals involved the numbers 5 and 6 — for example, the major third is produced by 4/5 of the string. To modify formally the status of these intervals, Zarlino established a system — *Senario* — in which thirds and sixths are classified as consonances.

The *Senario* is a set of the six — sound number or harmonic number — first nature numbers and to it is attributed the power of generating all musical consonances. Besides looking at 6 as the first number equal to the sum of all its prime factors — perfect number —, the Italian thinker emphasizes the perfection of this number arguing besides that God needed six days to create the world, that then were six planets — at the time, Moon, Mercury, Venus, Mars, Jupiter and Saturn —, that there were six natural characteristics — size, color, form, interval, state and gesture —, that there were six directions — upwards, downwards, to the left, to the right, frontwards and backwards — that the cube has six faces and symbolizes perfection[13], etc.

Zarlino realized that Pythagorism did not explain satisfactorily the musical consonances, but so as not to go frontally against this conception, he established the *Senario* as a generalization of the Pythagorean idea. From the epistemological point of view, the mentality of Pythagoras does not differ substantially from that underlying Zarlino's ideas.

In spite of its innovations, this new model respects yet the idea of a musical system based on relations of simple fractions, core of the Pythagorism in what concerns this art, at the same time explaining consonances, enlarging the mathematical domain that underlies music.

The *Senario* will give theoretical support to music or some time, until the need for free modulation in this art, as well as the impossibility of constructing keyboards with too many notes inside each octave, required the establishing of *Temperament*[14].

This resolution in the musical system is reflected in the intimation of an underlying mathematical model peopled with irrational numbers, which characterized a significant weakening of Pythagorism in the field of music.

Descartes shows some congruence with Zarlino different parts of the *Compendium*. For example, when discoursing on consonances, the French thinker says that to obtain consonances one should take intervals provided by notes produced by the free string and by those notes provided by the division of the string in up to six parts, for beyond this the ear would not be sharp enough to perceive great differences of pitch without an effort[15].

13. H.F. Cohen, *Quantifying Music. The science of music at the first stage of the Scientific Revolution, 1580-1650*, Boston, 1985.

14. Musical systems in which to equivalent intervals correspond the same relationships of frequency.

15. R. Descartes, *Compendium of Music, op. cit.*, 17.

FROM ARCHYTAS TO DESCARTES : THE ANALOGICAL THOUGHT MANIFESTS ITSELF

Present, for example, in axioms II to VI of the Compendium Musicae, Descartes' generalizations of the idea of simple proportions of the length of the string to obtain resonance — discovered since this Pythagoreans — resemble in certain moments to those realized by Archytas when he considers that proportional means do not apply only to music but possess a transcendental value for knowledge in a wide sense[16].

In the mentioned situations there is, underlying the idea of the mentioned thinkers, a certain valorization of the analogical thought, as well as a belief in schemata underlying concepts that define a kind of archetype in the sense of Ricoeur[17]. The later mentions also the importance of analogies in the repertory catalogue of inferences of the thinkers involved, for an archetype manifests itself in several guises, that correspond one to the other through analogies.

The presence of analogies, of mathematics and Pythagorism in the work of Descartes is manifest in the formulation of the preliminary axioms, as well as in arguments that illumine harmonic processes in music. For example, the analogy between food and music proposed by Descartes in the explanation of the consonant character in intervals of fifths shows itself as an indicator of the previous dynamics. In this case, the French thinker justifies the permission to use consecutive octaves and the prohibition of the process with fifths by arguing that, by having its harmonics in greater concordance in relation to the interval of fifths — less pure intervals — that keep the ear busier, the octave — more neuter interval — resembles to bread, while the interval of a fifth may be compared to sweets. According to Descartes, if we eat only sweets we'll loose our appetite quicker than by eating only bread, though nobody denies that bread is less pleasing to the palate than sweets. Under the lights of Multiple Intelligences[18], Descartes is comparing palate phenomena, associated to the intrapersonal aptitude, to acoustic-musical phenomena, pertaining not only to the intellectual competence mentioned but related also to the logic-mathematical aptitude.

Mersenne opposes strongly the given justification, asserting that the purest, that is, the octave, is the best. This thinking shows itself as in accord with his ecclesiastic identity but with the structure of thought in the Middle Ages, that manifests itself in music with the Gregorian chant and the parallel organ, forms that excel in unity. In the light of the collective intelligence, the discussion

16. L.A. Fallas, " La analogia pitagorica. Estudio interpretativo del pensamiento de Arquitas de Tarento ", *Revista de Filosofia de la Universidad de Costa Rica*, número extraordinário (1992), 263.

17. P. Ricoeur, *Teoria da Interpretação*, Lisbon, 1976.

18. H. Gardner, *Inteligências Múltiplas*, *op. cit.*

between Mersenne and Descartes is representative of the conflict resulting from the transition from the Middle Ages to the Renaissance, where diversity dominates everywhere. The diversity in music shows itself also in the elevation of the intervals of third and sixth to the status of consonances at this time, which show the importance not only of the coincidence of harmonics in the classification of a consonant interval but also of the quality of its divergences, which diversify the harmonic spectrum of the interval in consideration. Mathematically, this diversity is evident in Zarlino's aggregation of the numbers 5 and 6 to the fractions underlying the consonances. These observations reflect the tensions unity/diversity, purity/impurity pertinent to this article historical period.

Descartes uses also other analogies, mathematizing human emotions as he compares, maybe in an inadequate way, sympathy of feelings with sympathy in the caustic sense of the word. He justifies that the voice of a friend is more pleasing than that of an enemy, which relationship can be related to the fact that a lamb skin extended over a drum will not resound if another such instrument covered with the skin of a wolf is sounding at the same time. This comparison does not seem to be very effective, for acoustically the phenomena does not occur, this making sense maybe in another plane, which shows a certain mystical Cartesian seasoning in the elaboration of the *Compendium*. In the light of Multiple Intelligences, Descartes conjectures interpersonal phenomena by the means of analogies with logic-mathematical phenomena. In this, Descartes' generalisation of the concept of sympathy is again present.

Another interesting point of the *Compendium* that points in the same direction is concerned with the prohibition of the fourth with the bass, a point of great significance in the Treatise of Harmony by Rameau. Descartes justifies this induction by the fact that the interval of fourth can be thought as a shadow of the interval of fifth, whose natural place[19] is under the first. The use of the fourth above the bass, which possesses a tone[20] one actor above, will cause the ear to perceive this interval displaced from its proper position to a lower one. This inversion hits the ear in a similar way to when some body meets the shadow instead of the body, or the reflection instead of the real body. In this example, Descartes justifies the prohibition by using analogies of interpersonal character between auditory and visual perceptions.

The Cartesian attitude that is in evidence in the examples above strongly reflects the epistemological principles of the School of Tarento, which has in its foundation the analogical thought process. Archytas gave continuity to the ideas of Pythagoras as developed by Philolaus, taking them to deeper conse-

19. Here the notion of harmonic root is unwittingly present, as well as NA anticipation of the idea of Harmonic Series, in which the fifth is the interval between the second and third harmonics while the fourth is the interval between the third and fourth harmonics.

20. The word tone corresponds to what we call now harmonic.

quences. Logistics give a basis to the scientific knowledge of the School of Tarento, conceiving and explaining reality analogically, in a proportional way[21]. Though Pythagoreans of the first generation had already introduced analogical thought in their scientific works, Archytas asserts that a pacifying rational principle for discordance, and generation of harmony, is probably the vital center for knowledge[22].

The ideas of Archytas and Descartes meet also in their rational contributions to the construction of meanings for Temperament.

Archytas and the Pythagoreans jointly developed the idea of number up to the point of conceiving the infinite number. From the musical point of view, Archytas operates infinitely and successively — or analogically — with harmonic[23] and arithmetic means when he calculates the lengths that generate the notes in a scale. This process resembles what Archimedes called continuous proportions and Speusippus called analogies[24] and which under the idea of net of meanings[25] is strongly related to the idea of factuality. It is interesting to perceive again that some of the limits of series generated by this recursive process correspond to the irrational relationships of frequencies[26] underlying the temperate system. When one looks at the dynamical development of the building of knowledge under a collective point of view, this process anticipates Temperament 2000 years before this system became consolidated in the musical scene. Epistemologically supported in analogical conceptions, the Tarentine thinker constructs recursively a musical system which tacitly progresses towards Temperament. In the limit between respecting Pythagorism and accepting new numerical concepts intimated by the development of music, both Descartes and Archytas try to placate this conflict, by conciliating these ideas with continuous bridges.

The idea of Temperament permeates the work of Descartes when he exemplifies axiom VI saying that AB = 8-2 and BC = 4-8 are in the proportion of 2 to 3. In the letter to Beeckman of January 24, 1619, Descartes observes that this assertion was not well digested[27]. Even thought it is badly formulated, we can understand the intention of the French thinker in the previous assertion when we examine the part of the Compendium that deals with the concept of disso-

21. L.A. Fallas, " La analogia pitagorica. Estudio interpretativo del pensamiento de Arquitas de Tarento ", *op. cit.,* 261.

22. *Idem,* 262-263.

23. At the time called subcontrary and probably modified to harmonic by Archytas as he observed that the subcontrary mean of the lengths that generate, respectively, an arbitrary note and its octave gives a length that generates the fifth, one of the perfect consonances of Ancient Greece.

24. L.A. Fallas, " La analogia pitagorica. Estudio interpretativo del pensamiento de Arquitas de Tarento ", *op. cit.,* 310.

25. P.L. Lévy, *Tecnologias da Inteligência..., op. cit.*

26. The use of frequency instead of length of string became possible after Mersenne's discovery, establishing the relation between these concepts.

27. R. Descartes, *Compendium of Music, op. cit.*, 13.

nance. At this point, Descartes says that underlying the defective intervals of third minor (27/32, approximately 5/6), fourths (27/40 and 20/27, approximately 3/4), sixth (48/81 and 16/27, approximately 3/5) then are ratios between such large numbers that the corresponding musical intervals would be hardly tolerable, but since the difference between these ratios and the nearest simple fractions in very small somewhat imprecise, these intervals borrow sweetness from the consonances of their neighbours.

This observation shows that Descartes was conscious of a certain auditory precision, and this is strongly related to the idea of Temperament, in which no interval is mathematically based on the ratio of simple numbers, but in rational numbers whose difference from the mentioned ratios corresponding to the pure intervals does not produce a beat that can be felt by the human ear. The presented context makes sense of the example Descartes gives for Axiom VI, justifying the difficulty of the French thinker to express that the sense sees the ratio of lengths to be 2 to 3. In these arguments, analogies are present constructing meanings now in the generalization from auditory perceptions to perceptions in general, relating to the intrapersonal context. In this sense, dissonances in fact do possess mathematical ratios that are distant to the human ear, from these that produce consonances.

Approach to music in Descartes in the light of Collective Intelligence

We can observe different dynamics, of implicit or explicit nature, causal or a causal, when we look at the construction of knowledge under a collective point of view[28]. For example, we can classify the mathematical contribution of Archytas to the process of Temperament as something implicit, while we see the use of Zarlino's knowledge by Descartes as explicit and causal dynamics, just as the contribution of the later to the realization of the Treatise of Music by Rameau. The epistemological phenomena in the net of meanings has a parallel character, when we observe that the mathematical conceptions of consonances in the Renaissance are impregnated by ideas of this period.

The division of the string in the production of harmonies suggested in a more satisfactory way by Descartes in his letters to Mersenne helped to lead acoustical-musical researchers of the time such as Wallis to make efforts in this area, culminating in the mathematical explanation of the existence of harmonics by Saveur in the beginning of the 18th century. Obtained by the division of the string by 2, the interval of the octave gains a special importance since it is obtained by the first possible division. The first mention by Descartes of the perception of harmonics occurs when he says that no frequency is heard without its superior octave being also heard in some way. In Descartes language,

28. P.L. Lévy, *Intelligence Collective...*, *op. cit.*

the lower note is more powerful than the higher one, because the length of the string that generates the first contains all the smaller strings[29], while the opposite does not occur. At this point, Descartes anticipates the correspondence between the divisions of the string and harmonics proved by the mathematician Wallis in 1677.

Descartes predicts also the theory of conditioning — answer that Pavlov (1849-1936) made famous, 300 years later, when he asserts in the section of the Compendium about number a time in sound[30] that even animals can dance to a given rhythm if they are tough and trained. This point is related to the idea of fatigue in perception. The assertions from Descartes that the interval of fifth or rhythms beyond the ternary pulsations keep the ear busier are supported by analogies to the body reactions to a sound stimulus. When we hear certain sounds we are compelled to move, and this determines a certain capacity of sympathy in the body. Depending on the rhythm, the body is incapable of following, just as, analogically, the ear is tired in face of certain acoustic stimulation. Generalizing the idea to the intrapersonal field, shows steps awaken in is quieter feelings like languor, sadness, fear, pride, etc., while quicker steps provoke emotions like joy, etc.

From the collective point of view, an important contribution from the Compendium is given by the unconscious subsidies offered by Descartes in a consistent construction of the theory of inversions of chords by Rameau. These supports appear, for example, when he comments that the length that generates the octave is a divisor of the whole string, but this is not the case with the length that produces the interval of the fifth. Besides, Descartes says that no frequency that is consonant with a note of the octave interval can be dissonant with the other note of the octave. This observation suggests a certain equivalence in the interval of the octave and so a certain harmonic similarity between a given interval and its complement relative to the octave. This concept appears in the definition of the fourth as shadow of the fifth.

Another string aspect of the confluence of Descartes on Rameau appears in relation to the necessity of tones or steps[31] to make the transition from a consonance to another, making the melodies smoother, as well as the rules of composition established by Descartes in relation, for example, to the prohibition of the triton interval because it corresponds to the ratio of large numbers that are mutually prime and also distant, in what refers to human auditory sensibility, from all simple ratios relative to consonances.

29. In the language of frequencies each frequency contains a set of larger frequencies, obtained from the arithmetic division of the string. The presence of Pythagorism in seen at this point in the proportional relations in the producing of consonant sounds.

30. This wording corresponds to what is now called rhythm.

31. This language refers to what today is called joint degrees.

THE BALANCE AND DIVERSITY IN THE WORK OF DESCARTES

The concepts of balance and diversity are evident in the work of Descartes, for example in axioms VII and VIII of the preliminaries. Among other contributions, Descartes established rules of composition that will influence Rameau, in relation to the necessity of diversity in music. The first refers to the use of perfect consonances in the opening of a work, so that the use of other intervals make us listen to them with more attention. The second prohibits the use of consecutive octaves and fifths, which would make the music too monotonous, in favor of the alternation of these intervals with thirds that stimulate the desire of hearing a more perfect consonance. The third rule imposes variety in what refers to the trajectory of each voice, which must establish paths as contrary as possible.

The idea of balance becomes evident when Descartes says that the interval of fifth is not as incisive as the major third, nor as languorous as the octave, so that it is the most pleasing of consonance. Thus, the fifth should be the most used interval to begin with, but the diversity of consonance must occur to create a contrast with the fifth, according to axiom VIII. Axioms VII and VIII have strong didactic/pedagogic implications in what refers to the importance of a certain tension in the dynamics of teaching/learning, fed also by the diversity in the construction of meanings. To reach this aim the use of distinct intellectual aptitudes in Gardner's spectrum of multiple competencies is specially important.

The idea of balance characterized by axiom VII manifests itself also in the fact that a music that is only rhythmic can exploit a greater number of pulsations for the ear is only occupied with time. A similar idea appears in the conceptions of consonance and dissonance. In simultaneous sounds, the diversity should be less than in successive sounds, for in this case, for the same configuration of notes, the ear gets less tired.

CONCLUSIONS

In general, the word " Descartes " comes to our mind as a symbol for a set of ideas associated to deductive and ordered reasoning, to causality and running, as well as to the opposite separation, in a sense, such as, notions of comparison, simultaneity, causality, synchronically. From the epistemological point of view the mentioned counterpoint translates into the antagonism/complementarity logical/analogical. One associates too to this French philosopher the idea of the separation reason/emotion, body/soul, brain/mind, as well as mechanist conceptions in several fields of the sciences and humanities.

Full of analogies, the *Compendium Musicae* enriches the Cartesian work, and is also impregnated by the ideas of diversity and balance, as evidenced in axioms VII and VIII, which suggest, in a pedagogical point of view, the relevance of a certain tension and the necessity of a diversified use of the intellectual consequences in the process of (re)construction and assimilation of meanings. In this, technologies and other resources of Cognitive Ecology have an indispensable role in the education field.

Though Descartes affirms that a more complete investigation about the power of modes and consonances of wooing emotion depends on a study of movements of the soul that escaped from the ranger of his *Compendium*, this point has great importance for education when we think of each intellectual competence, conceived by Gardner as modes that evoke particular feelings when we experience concepts in their scenes.

An interesting aspect of this research refers to the image (re)constructed by Descartes. The manner in which the French philosopher argues in the *Compendium Musicae* looks at certain points very little Cartesian in the commonest sense of the word. The considerable use of analogies in general in the construction of meanings, as well as the almost constant presence of the concept of resonance and acoustic sympathy as a support for his conjectures in the course of the work, intimates a (re)signification of the word Descartes, vaccinating the old significance of Descartes by the lecture of his own text.

Histoire de la dynamique et de la prévision des vagues à la surface de l'océan

Anne Guillaume

Depuis des temps immémoriaux, les vagues ont suscité la fascination et le respect. Pourtant, si l'histoire de l'expansion du monde occidental a plus d'une fois exigé d'en braver les humeurs, l'aventure qui s'est attelée à en dévoiler les secrets a eu des débuts étonnamment tardifs. Cet article se propose d'en dégager les étapes principales. Et c'est en prenant comme bâton de route, l'article de l'*Encyclopédie*[1] qui s'y rapporte que je vous propose de le faire.

A l'époque où Diderot et d'Alembert se lancent dans l'entreprise de regrouper dans un dictionnaire universel le savoir scientifique du dix-huitième siècle, Christophe Colomb a depuis longtemps découvert l'Amérique, Magellan doublé le détroit qui porte son nom puis traversé l'Océan Pacifique, Bartholoméu Dias contourné le Cap de Bonne Espérance et Vasco de Gama ouvert les routes maritimes de l'Inde et de la Chine. Plus d'une fois, ces navigateurs ont dû rencontrer des vagues redoutables et craindre la perte de leur navire au passage des détroits où le vent et les courants les rendent encore plus violentes. Souvent la forme de la surface de la mer, sa modification soudaine ont averti le marin d'un danger, comme l'approche d'un haut fond, d'une côte ou d'une tempête. Mais, en 1776, lorsque M. le Chevalier de la Coudraye, Capitaine des vaisseaux du Roi et membre de l'Académie Royale de la Marine de Brest termine son chapitre sur les vagues pour l'*Encyclopédie*, qu'en sait-on scientifiquement ?

" Nous devons à M. le Chevalier de la Coudraye, de l'Académie Royale de la Marine de Brest, Capitaine des vaiffeaux du Roi, des articles de *Marine*, composés avec tant de savoir et d'exactitude, que nous regrettons que le temps qu'il doit au service ne lui ait pas permis de nous en donner davantage ".

L'article de l'*Encyclopédie* n'est par le premier texte d'intérêt scientifique sur les vagues océaniques, mais de tels écrits sont rares et tardifs. A ma con-

1. Diderot et d'Alembert.

naissance, dans la culture occidentale, les plus anciens se trouvent dans les oeuvres de Léonard de Vinci ; de très beaux passages du *Codex Leicester* y font référence ; ils sont de plus illustrés de croquis aussi explicatifs qu'artistiques, comme ceux sur le déferlement des vagues à l'approche d'une côte. Dans les textes plus anciens, comme les *Meteorologica* où Aristote s'emploie à expliquer la nature des vents, des rivières et de la mer, je n'ai rien trouvé d'explicite sur les vagues.

Il faut aussi noter que les vagues ne font pas partie du corps initial de l'*Encyclopédie* mais des suppléments publiés ultérieurement. Ce qui indiquerait que le sujet n'ait pas eu une importance particulière pour les érudits de l'époque. De plus c'est sous la terminologie *agitation de la mer* que le Chevalier de la Coudraye a jugé bon de les y faire entrer.

“ *Agitation de la mer*, (Marine.) La mer, ainsi que tout corps gravitant, est naturellement dans un état tranquille ; et l'agitation plus ou moins forte, mais continuelle dans laquelle elle est, provient de causes qui lui sont étrangères ”.

La mer est un corps soumis à la gravité, son agitation est due à des causes étrangères. On reconnaît ici l'influence des découvertes récentes, en particulier celles de Newton, sur le mouvement des corps. En effet, ses *Philosophiae naturalis principia mathematica* ont déjà été largement diffusés en Europe. Après le premier tirage de 1687 qui fut vite épuisé, une deuxième édition est parue en 1713, puis une troisième en 1726 dont les 1250 exemplaires ne suffisent pas pour honorer la demande. En 1756, une traduction en français de l'édition de 1726, par la Marquise du Châtelet, est publiée à Paris avec une préface historique de Voltaire[2] et un commentaire explicatif supervisé par Clairaut qui y incorpore des résultats plus récents de Daniel Bernoulli et de d'Alembert. A l'époque où le Chevalier de la Coudraye écrit, ces travaux sont largement débattus.

Mais, quelles sont ces causes étrangères qui agissent sur l'océan ? On répartit actuellement les forces qui interviennent dans le mouvement de l'océan en trois catégories. Celles qui agissent sur toute la masse du liquide et dont les principales sont la gravité terrestre ; la force de pression ; la force centrifuge due à la rotation de la terre (dite de Coriolis, mais introduite en premier lieu par Huygens dans son traité de dynamique *Horologium Oscillatorium* publié en 1673) ; les forces de gravité de la lune et du soleil — qui jouent un rôle fondamental dans la marée ; les flux turbulents et la viscosité. Il y a ensuite les forces, qui agissent à la surface de l'eau, dues à la pression atmosphérique, au vent ou à la pluie, à l'élasticité de la surface et aux propriétés d'absorption et

2. Dans laquelle on peut lire “ C'eût été beaucoup pour une femme de savoir la Géométrie ordinaire, qui n'est pas même une introduction aux vérités sublimes contenues dans cet Ouvrage immortel. On sent assez qu'il falloit que Madame la Marquise du Chastelet fût entrée bien avant dans la carrière que Newton avoit ouverte, et qu'elle possédât ce que ce grand homme avoit enseigné. On a vu deux prodiges : l'un, que Newton ait fait cet Ouvrage ; l'autre, qu'une Dame l'ait traduit et l'ait éclairci. ”

de radiation du liquide. En dernier lieu, on distingue les forces qui agissent aux limites terrestres de la masse liquide, que ce soit au fond ou le long des côtes comme les forces sismiques, la marée terrestre, les frottements sur le fond et à la côte.

Dans son texte le Chevalier de la Coudraye met immédiatement l'accent sur la marée : " Entre ces causes on peut en distinguer deux principales ; l'une agite la masse entière des eaux, & la remue dans toute leur étendue & dans toute leur profondeur, & c'est à la combinaison des forces de l'attraction de la lune & du soleil, qu'il semble qu'on doit l'attribuer. Cette *agitation* ou mouvement de la mer, s'appelle *flux* & *reflux* (Voyez *Flux* & *Reflux*, dans le *Dict. des Sciences*, &c.) ".

Historiquement, c'est par l'étude des marées que les recherches sur le mouvement de la mer ont commencé. Peut-être, est-ce par ce retour répétitif, qui semble si bien s'accorder avec les rythmes du système solaire, que les marées ont intéressé très tôt les savants, au même titre que la cosmologie.

Dans la préface des *Principia*, Newton indique clairement qu'il entend démontrer la puissance de l'application des lois mathématiques aux phénomènes de la nature : *Since the ancients (as we are told by Pappus) esteemed the science of mechanics of greatest importance in the investigation of natural things, and the moderns, rejecting substantial forms and occult qualities, have endeavoured to subject the phenomena of nature to the laws of mathematics, I have in this treatise cultivated mathematics as far as it relates to philosophy...*

But I consider philosophy rather than arts and write not concerning manual but natural powers, and consider chiefly those things which relate to gravity, levity, elastic force, the resistance of fluids, and the like forces, whether attractive or impulsive ; and therefore I offer this work as the mathematical principles of philosophy, for the whole burden of philosophy seems to consist in this —from the phenomena of motion to investigate the forces of nature, and then from these forces to demonstrate the other phenomena ; and to this end the general proposition in the first and second books are directed. In the third book I give an example of this in the explication of the System of the World ; for by the propositions mathematically demonstrated in the former books in the third I derive from the celestial phenomena the forces of gravity with which bodies tend to the sun and the several planets. Then from these forces, by other proposition which are also mathematical, I deduce the motions of the planets, the comets, the moon and the sea.

Et la marée est le seul phénomène océanique auquel Newton s'intéresse. A partir de considérations sur l'équilibre des masses, il donne la première explication des marées. Voici le commentaire qu'en fait Airy dans l'article 19, *Merit of Newton's Theory*, de son traité *Tides and Waves* publié en 1845 dans l'*Encyclopaedia Metropolitana* : *Assuming that Newton intended here (as he has* *done in several parts of Optics) only to exhibit, as far as he was able, grounds for a numerical calculation relating to the subject of Tides, but not bearing directly upon any of its specific phaenomena (is spite of the apparent inconsistency of his corrections) it is a wonderful first attempt. That it had no further meaning will be sufficiently evident, not only from the proposition already cited Lib I, prop 66, cor 19., but also from an examination of his 24th proposition of the third book, and the first corollary of his 27th proposition.*

L'étude des fluides est pourtant d'origine ancienne comme l'attestent les écrits d'Aristote (384-322 av. J.C.) ou d'Archimède (287-212 av. J.C.). Mais pendant longtemps les recherches ont porté davantage sur les corps flottants, les liquides enfermés dans des récipients ou des tubes, éventuellement sur le flot des rivières plutôt que sur l'immensité du mouvement de la mer.

A partir de la Renaissance, les recherches ont repris activement, avec Léonard de Vinci (1452-1519), Stevinus (1548-1620, *Statique et Hydrostatique* publié à Leiden en 1586), Galilée (1564-1642, *Discorsi intorno alle cose che stanno in su l'acqua o che in quella si muovono*, Florence, 1612), Descartes (1596-1650), Torricelli (1608-1647), Pascal (1623-1662, *Traité de l'équilibre des Liqueurs et de la Pesanteur de la masse de l'air* publié en 1663), Huygens (1629-1695), Newton (1642-1727), les Bernoulli — Jacques (1654-1705), Jean (1667-1748), Nicholas neveu de Jean (1687-1759), Nicholas fils de Jean (1695-1726), Daniel fils de Jean (1700-1782), et Jean fils de Jean (1710-1790). A partir de Daniel Bernoulli (*Hydrodynamica, sive de veribus et motibus fluidorum commentarii*, publié à Berlin en 1738), Clairaut (1713-1765, *Théorie de la figure de la Terre tirée des principes de l'hydrodynamique*, publiée à Paris en 1743) et d'Alembert (1717-1783), la dynamique prend une place de plus en plus importante dans les recherches. Celles-ci culmineront avec les travaux de Euler (1707-1783).

En introduisant le concept d'élément de fluide, qui transcende le concept purement géométrique de point immatériel, Euler a fait sortir la mécanique du carcan de la géométrie classique. Il a ainsi ouvert le champ d'application des méthodes mathématiques à l'étude du mouvement des fluides. Avec le calcul différentiel et intégral, dont les débuts datent de la même époque et auxquels Euler a aussi activement participé, un terrain fertile s'est trouvé dégagé. De nombreuses recherches en mathématiques, comme en physique vont s'y développer.

Reprenons ici notre bâton de route et poursuivons la lecture du texte de l'*Encyclopédie*, qui aborde maintenant les vagues de surface, objet de cet article : " L'autre cause de l'*agitation* de la mer, est l'effort du vent ou de la pression du vent sur sa surface ; *agitation* qui se retrouve réduite à la seule partie de la mer où cet effort se fait sentir. "

Le Chevalier de la Coudraye s'attarde à souligner que les vagues océaniques sont à bien distinguer du phénomène des marées : " La première de ces causes agissant sur toute la masse des eaux en même temps & d'une manière douce

& progressive, ne produit aucune marque sensible à leur surface (j'en excepte cependant les courans qui font bien une *agitation* dépendante du flux & reflux, mais dépendant aussi de la combinaison d'une autre cause, & qui n'occasionnent d'ailleurs aucune *agitation* à la mer dans le sens où je la considère, c'est-à-dire une *agitation* de haut & de bas ou d'inégalité perpendiculaire). Mais la seconde des causes agite violemment la mer, la sillonne, la rend raboteuse & inégale, & produit ce qu'on appelle *houle, lame, vague* & *lame sourde*. Lame & vague sont des mots synonymes, mais la houle & la lame sourde en different, et en different entre elles. La lame ou vague est occasionnée par la pression du vent & est conséquemment proportionnelle à sa force, compensation faite toutefois des circonstances qui l'accompagnent comme la pluie qui peut, en frappant continuellement l'eau, l'unir ou empêcher plus longtemps sa surface de s'altérer. "

Lorsque ces lignes sont publiées en 1776, la dynamique des fluides en est à ses débuts, et le Chevalier de la Coudraye ne dispose d'aucune méthode satisfaisante pour expliquer le mouvement compliqué des vagues. Il se contente d'en donner une description qui frappe par sa précision et sa méthode analytique.

" Lorsque les vents ont régné long-temps d'une même partie, les vagues qui se succedent les unes aux autres, ont acquis un mouvement dans ce sens, qu'elles conservent long-temps encore après la cessation de ce vent. Souvent même un vent opposé ne peut détruire cette ondulation de la mer, & on éprouve alors deux lames en sens contraire : l'une plus nouvelle & plus à la surface est la lame du vent régnant ; & l'autre plus ancienne & plus creuse est ce qu'on appelle la *lame sourde*.

Le long des côtes, la lame élevée & poussée par le vent s'étend sur les plages à une distance où elle n'attendroit pas naturellement, & d'où son propre poids la fait refluer avec d'autant plus de vîtesse que la pente de cette plage est plus rapide. Il se forme donc alors un conflit des mouvements en sens opposés qui se font sentir à une certaine distance, & forment une inégalité dans la prolongation des lames, qui caractérise la houle & la différencie. Sur les accores d'un banc, à une difference subite de profondeur d'eau, sur un fond inégal & coupé de roches, en des endroits battus en peu de temps par différens vents, la mer y est houleuse ou patouilleuse. Le même effet se fait sentir aussi dans les mers resserrées, & qui ont conséquemment proportionnellement plus de côtes. La mer houleuse fatigue beaucoup davantage les vaisseaux, parce qu'elle leur communique des mouvements plus vifs & plus irréguliers.

Il est utile de distinguer ces différentes sortes d'*agitation*, & même d'établir des nuances entre la grosseur de la vague. A la mer où les choses dependent si souvent de l'élément sur lequel le vaisseau est porté, comment juger d'une relation, avec quelque sorte de certitude, si on ne fixe pas les idées sur l'etat de la mer, & s'il n'y a point de mots propres à les y attacher, & à en determiner la valeur ? c'est ce qui m'a porté à faire cet article, & à parler sous un même mot des différens états de l'*agitation* de la mer.

Outre la mer houleuse & la mer battue de la lame sourde dont j'ai parlé, je voudrais donc que l'on convînt encore de distinguer plusieurs dégrés dans l'*agitation* de la mer appelée *vague* ou *lame*, & causée par le vent régnant. Cinq classes seroient, je crois, suffisantes pour cette division sous les noms de *mer agitée* ou *mâle*, *mer mauvaise*, *mer grosse*, *mer tres-grosse* & *mer horrible*.

Comme la grosseur de la vague est presque toujours proportionelle à l'état du vent, excepté dans quelques circonstances particulieres qui ne doivent point faire regle, je me servirai également de l'idée que l'on a de la force du vent ou de la grosseur de la lame, pour me faire entendre et pour déterminer les occafions où on doit appliquer ces différentes dénominations.

Mer agitée ou *mâle*, seroit celle où un vaisseau de guerre ne peut point porter ses perroquets.

Mer mauvaise, seroit celle où le vaisseau de guerre prend ses ris.

Mer grosse, feroit celle où le vaisseau de guerre ne peut point se servir de sa premiere batterie.

Mer très-grosse, seroit celle où le vaisseau de guerre ne peut pas même démarrer ses canons.

Et enfin *mer horrible*, seroit celle où le vaisseau battu par la tempête, ne peut, sans souffrir, ni tenir le côté en travers, ni courir vent-arriere pour fuir la lame.

On sent bien que je parle ici des vaisseaux de guerre ordinaires, & non de ceux qui ont des qualités ou supérieures ou inférieures. On doit sentir de même que je ne veux point prendre mes exemples dans ces positions contraintes, où il faut qu'un vaisseau s'efforce ou succonbe (M. le Chevalier de la Coudraye) ".

Et c'est sur ces observations qui n'ont en rien perdu de leur pertinence que s'achève ce texte dont j'ai voulu donner l'intégralité, pour l'information et le plaisir du lecteur.

Il faudra encore de nombreuses années et l'introduction de plusieurs concepts pour pouvoir progresser dans l'explication et la prévision des phénomènes répertoriés par le Chevalier de la Coudraye. Son principe de classification des états de mer est encore utilisé de nos jours dans les bulletins de météorologie marine : mer belle, mer forte, … Seul le " mer horrible " semble avoir disparu du jargon météorologique, mais peut-être pas de la bouche des marins !

Les premières équations du mouvement d'un liquide incompressible, non visqueux, de densité constante et limité par une surface libre sont dues à Euler (*Principes généraux du mouvement des fluides*, publié à Berlin en 1755) et à Lagrange (*Mémoire sur la théorie du mouvement des fluides*, publié à Berlin en 1781).

Marées et mascarets restent encore longtemps les principales applications à l'océan. Pour ces vagues longues, c'est-à-dire dont la longueur d'onde est grande par rapport à la profondeur, plusieurs hypothèses simplificatrices peuvent être faites. C'est ce que souligne Stokes dans son *Report of the British Association* de 1848[3] : *When the length of the waves whose motion is very great compared with the depth of the fluid, we may without sensible error neglect the difference between the horizontal motions of different particles in the same vertical line, or in other words suppose the particles once in the vertical line to remain in a vertical line : we may also neglect the vertical, compared with the horizontal effective force. These considerations extremely simplify the problem.*

Laplace est le premier à donner une explication des marées et mascarets qui prenne en compte la dynamique du phénomène (*Recherches sur plusieurs points du système du monde*, publié à Paris en 1775). Airy fait remarquer dans son texte de 1845[4] : *...a prodigeous step was made towards a rational explanation, on mathematical principles, of the tidal phaenomena. The idea of state of equilibrium was entirely laid aside, and the motion of the water was legitimately investigated, on the supposition that it is in motion, and subject to all the laws of fluids in motion.*

A partir d'Euler, les principales variables qui caractérisent un fluide sont sa pression, sa vitesse, sa densité, sa température. Les principales lois qui s'y appliquent sont celles de la conservation de la masse et du moment et les lois de la thermodynamique. Au début du dix-neuvième siècle Navier et Poisson y ajouteront la viscosité — dont les effets sont négligés pour l'océan. Au vingtième siècle, Knudsen[5] ajoutera la salinité et la loi de conservation du sel. Mais la salinité, comme la viscosité, n'intervient pas dans l'étude des vagues de surface.

Deux approches sont utilisées pour déduire les équations du mouvement du fluide, celle dite de Lagrange qui étudie l'évolution dans le temps d'une particule de fluide à partir d'une position initiale, et celle dite d'Euler qui étudie ce qui se passe à chaque instant en chaque point de l'espace.

La résolution des équations de l'hydrodynamique devient alors un sujet de prédilection pour les mathématiciens, mais de nombreuses hypothèses simplificatrices doivent être apportées pour la mener à bien, en particulier sur la nature de l'écoulement et sur la complexité de la surface libre. Dans cet article, il ne saurait être question de passer en revue toutes les recherches qui se sont succédé sur ce sujet, ni même d'en aborder les plus importantes, tant elles sont nombreuses. Je me contenterai d'en sélectionner quelques-unes que je consi-

3. G. Stokes, *Mathematical and Physical Papers*, vol. 1, Cambridge, 1880.

4. *Ibidem*

5. Knudsen, " Ein hydrographischer Lehrsatz ", *Ann Hydrog marit. Meteorol.*, vol. 28, Berlin, 1900, 316.

dère comme des étapes fondatrices pour la prévision opérationnelle de l'état de la mer.

C'est par l'étude de la propagation des vagues courtes au début du dix-neuvième siècle que je propose de commencer. Comme l'a justement fait observer le Chevalier de la Coudraye, le mouvement vertical est la principale manifestation du mouvement des vagues de surface. L'hypothèse qui consiste à le négliger et qui est faite dans l'étude des marées (voir la citation de Stokes plus haut), ne peut donc être valable. Au début du dix-neuvième siècle, Poisson se trouve certainement face à cette difficulté et c'est probablement pourquoi il joue de son influence pour que le *Problème de la propagation des vagues à la surface d'un liquide de profondeur infinie* soit choisi en 1813 par l'Académie de Paris comme sujet du prix de mathématiques. Le prix est décerné le 26 décembre 1916 à Cauchy. Poisson qui ne pouvait concourir, a cependant remis le 28 Août, avant la clôture du concours, des travaux originaux tout aussi importants, si bien que son nom ne peut être séparé de celui de Cauchy dans la paternité des résultats. Cauchy et Poisson étudient la propagation des ondes crées par un impact. Les travaux de Cauchy sont publiés en 1827 (*Théorie de la propagation des Ondes à la surface d'un Fluide pesant d'une profondeur indéfinie*), ceux de Poisson en 1818 (*Mémoire sur la Théorie des Ondes*), à Paris. Le lecteur intéressé trouvera dans l'article de Dahan Dalmedico, " La propagation des Ondes en Eau profonde et ses Développement Mathématiques (Poisson, Cauchy 1815-1825) " publié en 1989[6] une analyse détaillée de ces deux mémoires.

Airy est très critique sur l'application de ces travaux à l'océan, puisqu'ils portent sur des ondes créées par un impact alors qu'en mer les vagues se succèdent continûment, et ira jusqu'à ne pas les inclure dans son traité[7].

It will not include the waves of discontinuous nature produced by the sudden action of arbitrary causes, which have been the subject of several remarkable mathematical memoirs, but which possess no interest for the general reader.

Stokes dans son *Report of the British Association* de 1848[8] porte un jugement similaire : *The researches of MM. Poisson and Cauchy were directed to the investigation of the waves produced by disturbing causes acting on a small portion of the fluid, which is then left to itself. The mathematical treatment of such cases is extremely difficult ; and after all, motions of this kind are not those which it is the most interesting to investigate.*

Pourtant ces travaux sont de première importance à plus d'un titre, et en premier lieu, par l'utilisation que Cauchy et Poisson font de la transformation de

6. Dans *The History of Modern Mathematics*, t. 2, in D.E. Rowe, J. McCleary (eds), Academic Press, 1989, 129-168.

7. *Ibidem*

8. G. Stokes, *Mathematical and Physical Papers*, vol. 1, *op. cit.*

Fourier. C'est aussi à cette occasion que la notion de vitesse de groupe est introduite, par Poisson, sous la terminologie de *vitesse de l'onde dentelée*. Et c'est aussi dans ces travaux que l'on trouve la première étude comparative, par Cauchy, entre vitesse de groupe et vitesse de phase ou vitesse des crêtes (qu'il appelle *vitesse des sillons* et que Poisson appelle *vitesse des dents*). Cauchy met en évidence un phénomène physique de première importance, à savoir qu'un paquet d'ondes créé par une perturbation se déplace à une vitesse plus lente que chacune des crêtes. Cela s'observe aisément en laissant tomber une pierre dans un bassin. En fixant la propagation de la perturbation créée par l'impact (le paquet d'onde) on s'aperçoit, qu'assez vite, une ondulation de l'eau la précède. On l'observe aussi en mer, en regardant le sillage arrière d'un navire à moteur et en fixant une crête : très vite on s'aperçoit qu'elle dépasse le sillage qui suit le navire. Par contre, on ne peut l'observer dans les vagues qui viennent se briser à la côte car à l'approche de la terre, les vagues sont affectées par la présence du fond et la vitesse de phase devient identique à la vitesse de groupe. En 1877, Reynolds montrera dans *On the Rate of Progession of Groups of waves, and the Rate at which Energy is transmitted by waves* que la vitesse de groupe correspond à la vitesse de propagation de l'énergie du paquet d'onde, ce qui aura, par la suite, une importance majeure dans la prévision de l'état de la mer.

A la suite de Cauchy et Poisson, de nombreux chercheurs vont s'atteler à isoler des solutions oscillatoires aux équations du mouvement des fluides, en particulier Gerstner, Airy et Stokes, dont les théories auront des applications directes pour l'étude des vagues océaniques. La principale difficulté est que la vérification expérimentale en mer est impossible, à la fois pour des raisons pratiques dues aux difficultés de l'observation en milieu maritime mais aussi pour des raisons théoriques. Les outils mathématiques du calcul différentiel et intégral ne permettent pas d'appréhender de manière satisfaisante la réalité océanique. Car, comment définir ces vagues que l'on observe en mer ?

En 1939, lorsque la seconde guerre mondiale éclate et que, très vite, les alliés donnent une importance primordiale aux opérations amphibies dans leur stratégie, la prévision des vagues devient un problème d'actualité. La tâche est confiée à Svedrup et Munk aux États-Unis et à Barber et Ursell en Angleterre. Le service météorologique français du Maroc, sous la direction de Gelci, se lance aussitôt dans la prévision opérationnelle de houle pour la côte atlantique de l'Afrique du Nord.

En 1943 Svedrup et Munk remettent à l'état major de la marine américaine les résultats de leur recherche qui, classés secret défense, ne seront publiés qu'en 1947 (*Hydrographic Office Publication Number 601 Wind. Sea and Swell : theory of relations for Forecasting*, plus connu sous le nom de HO 601). Kinsman aborde ainsi ces travaux dans son livre sur les vagues, publié en 1965 : *The development of the Svedrup-Munk theory is effectively a paradigm for getting an answer of some sort with what happens to be on hand...*

Until 1942, the study of mathematical wave models and the behaviour of actual ocean waves had very few points of contact… HO 601 represents a truly imaginative piece of work[9].

Les méthodes utilisées par Svedrup et Munk sont empiriques et utilisent des résultats théoriques disparates qu'aucune théorie unifiée et clairement exprimée ne sous-tend. Elles trouvent leur inspiration théorique dans les travaux de Poisson, Cauchy, Airy et Stokes et utilisent de manière fondamentale la notion de vitesse de groupe.

Les méthodes de prévision se basent sur une quantification des propriétés du champ de vagues en des termes plus proches de ceux utilisés par le Chevalier de la Coudraye que de ceux des mathématiciens. L'état de la mer est caractérisé par ses vagues les plus grosses, telles qu'observées par un marin à bord de son vaisseau, et un nouveau concept, celui des " vagues significatives " est introduit. A partir de cette notion, des paramètres statistiques sont pour la première fois introduits, comme la hauteur significative qui représente la moyenne des n vagues les plus hautes dans un échantillon de 3n vagues successives. Il s'en suivra, une caractérisation de l'état de la mer par des paramètres statistiques.

When the original paper was prepared it was believed that the results would apply to the " larger waves present " but not attempt was made to describe these larger waves more specifically. It is now proposed to introduce a statistical term and to define the " larger waves " as waves having " average height and period of the one-third highest waves ". The waves described by these averages are called " significant waves ", because experience gained so far indicates that a careful observer who attempts to establish the character of the higher waves will tend to record the significant waves as defined here. The concept of " significant waves " is important because only the significant waves are known empirically, and because for these waves the classical requirement that crests are conserved is not fulfilled. Therefore, the grouth and decay of significant waves do not obey the laws that would apply to the waves of the classical theory, but take place according to other laws that will be developed in this paper[10].

On différencie la mer du vent — qui est sous l'influence du vent local — des houles qui se sont propagées depuis leur aire de génération. Pour la mer du vent, la hauteur des vagues est déduite numériquement de la force du vent, du fetch (c'est-à-dire de la distance sur laquelle le vent a soufflé de manière

9. Kinsman, *Wind Waves, their generation and propagation on the Ocean Surface*, 1965, Dover edition, 1984, 290.

10. H.U. Sverdrupt, W.H. Munk, " HO 601, Wind, Sea, and Swell : Theory of Relations for Forecasting ", *Hydrographic Office* (March 1947). Ce passage est extrait de l'introduction. L'article original auquel les auteurs font référence est *Wind Waves and Swell* ; A Basic Theory for Forecasting, leur rapport soumis en septembre 1943 à l'Hydrographic Office, mais qui fut classé *secret defence*.

" stable ") et de la durée pendant laquelle le vent a soufflé. Chaque houle, caractérisée statistiquement par sa hauteur et sa période significative, se propage à une vitesse de groupe correspondant à leur période significative. Les modifications des paramètres statistiques dues à la remontée du fond ou aux effets de réfraction et de réflexion à l'approche d'une côte sont aussi quantifiés. Des abaques sont amplement utilisés pour mener à bien les calculs.

Les résultats de Barber et Ursell sont publiés en 1948[11]. Leurs méthodes s'appuient sur une approche semblable, avec toutefois une connaissance plus approfondie des résultats de Cauchy, Poisson et Rayleigh sur la vitesse de groupe.

Le groupe de Gelci utilise des cartes météorologiques et surtout les observations du Portugal et des Açores pour remonter aux zones de génération de la houle. Des règles élémentaires, prenant en compte les conditions météorologiques rencontrées, sont utilisées pour propager l'énergie et prévoir ainsi la houle sur la côte atlantique du Maroc.

Tous ces travaux montrent à l'évidence qu'on ignore tout des mécanismes physiques qui règlent l'évolution du champ de vagues, et en premier lieu, les mécanismes de transfert de l'énergie du vent aux vagues. Ils soulignent aussi que la connaissance du champ de vagues ne peut être que statistique.

A la fin de la guerre les recherches se poursuivent activement. Les actes de la *Conference on Ocean Surface Waves* organisée à l'Académie des Sciences de New-York les 18 et 19 mars 1948[12], donnent une bonne indication des préoccupations de cette époque et mettent en valeur les principaux groupes de recherche qui travaillent sur le sujet.

Parmi les communications présentées on trouve : *The Solitary Wave and Periodic Waves in Shallow Water* par Joseph Keller de *l'Institute for Mathematics and Mechanics* de l'Université de New-York ; *The Action of Floating Bodies on Ocean Waves* par Fritz John et *The Breaking of Waves in Shallow Water* par James Stoker Jr, tous deux du même institut, *The Solitary Wave Theory and its Application to Surf Problems par Walter Munk de la Scripps Institution of Oceanography* de La Jolla ; *The Propagation of Small Surface Disturbances Through Rotational Flow* par Philip Thompson de *l'Institute for Advanced Study de Princeton* ; *Recent Studies of Waves and Swell* par Deacon de *l'Admiralty Research Laboratory* de Teddinton en Angleterre ; *Sea Surface Roughness in theory and practice par Seiwell* du *Woods Hole Oceanographic Institution* ; *Ocean Wave Research and its Engineering Applications* par Mason du *Beach Erosion Board Army Engineers* ; *Utilisation of Wave Forecasting in the Invasions of Normandy, Burma and Japan* par Charles Bates du service hydrographique américain.

11. N.F. Barber, F. Ursell, " The Generation and propagation of Ocean Waves and Swell ", *Philosophical Transactions of the Royal Society*, vol. A240.

12. *Annals of the New York Academy of Sciences*, vol. 51, 243-572, 343.

Dans les actes de la conférence, Masson[13] résume ainsi la situation : *Our chief objective remains to be reached. In spite of familiarity with the problem for several thousand years, we still find ourselves in the indefensible position of attempting to study a natural phenomenon which we have not adequately defined. Borrowing from Thorade, we may repeat in 1948 what he wrote in 1931 — " ...complete agreement between theory and observation is seldom found, and where it is found, it seems suspicious " — What is an ocean surface wave ?* ".

C'est dans l'analyse des données et le traitement du signal que les chercheurs trouvent une nouvelle source d'inspiration.

En février 1945, le premier instrument permettant de donner la transformée de Fourier du profil des vagues est testé par Barber et Ursell, qui publient en 1948[14] les premières observations de spectres d'état de la mer.

Selon Pierson[15], c'est à Berkeley, en Août 1950, au *Symposium on Mathematical Statistics and Probability* que l'idée d'assimiler chaque enregistrement de vagues à la réalisation d'un phénomène aléatoire fut initialement introduite, par Rudnik[16] dans son étude des enregistrements de houles du Pacifique. L'introduction de ce nouveau concept de processus aléatoire permet à Pierson[17] de développer une théorie mathématique unifiée d'analyse et de prévision. Dans cette théorie, le champ de vagues est envisagé comme superposition statistique et linéaire de vagues de différentes longueurs d'onde et de différentes directions de propagation. Le spectre donne le niveau énergétique de chacune de ces composantes.

Les premières méthodes de prévision proposées[18] restent basées sur l'utilisation de tables et d'abaques et sont difficiles à mettre en oeuvre.

En 1956, à partir d'un raisonnement semblable à celui d'Euler, Gelci, Cazalé et Vassal[19] introduisent une loi dynamique pour régir l'évolution de la variable spectrale. Cette loi traduit qu'en un point de l'océan, les vagues sont la superposition des vagues locales et des vagues qui s'y sont propagées, et isole des termes destinés à prendre en compte les différentes causes de modification énergétique, telles que le vent, le déferlement, les frottements sur le fond, etc...

13. *Annals of the New York Academy of Sciences*, vol. 51, *op. cit.*, 524.

14. H.U. Sverdrupt, W.H. Munk, " HO 601, Wind, Sea, and Swell : Theory of Relations for Forecasting ", *op. cit.*

15. W.J. Pierson Jr., " Wind Generated Gravity Waves ", *Advances in Geophysics*, vol. 2, Academic Press, 1955, 93-178.

16. *Proceedings of the Second Berkeley Symposium on Mathematical Statistics and Probability*, University of California Press, 1951.

17. W.J. Pierson Jr., " Wind Generated Gravity Waves ", *op. cit.*

18. HO 603, *Practical Methods for Observing and Forecasting Ocean Waves by means of Wave Spectra and Statistics*, par W.J. Pierson Jr., G. Neumann et R.W. James.

19. R. Gelci, H. Cazalé, J. Vassal, *Bull Inform. Comité Central Océanogr. Etude Côtes*, 9, 416-435.

La route est ainsi ouverte pour l'étude de la physique des vagues et leur prévision numérique. Les ordinateurs vont y jouer un rôle fondamental et j'invite le lecteur intéressé à se rapporter au livre du *Wave Modelling Group*[20] pour de plus amples détails sur les développements récents dans ce domaine.

20. Komen *et al.*, *Dynamics and Modelling of Ocean Waves*, Cambridge, 1994.

The Application of differential calculation by P. Varignon in the science about movement

Vera Chinenova

For the development of the analytical theory of movement it was necessary to work out a series of new concepts, to pass from the language of synthetic geometry on the language of developing mathematical analysis.

Varignon's name was linked with a theorem of the composition of forces that is now identified with properties of the vector product.

P. Costabel noted that historians discovered in Varignon's works an importance for the philosophy of science. His first book *Projet d'une nouvelle mécanique* appeared in 1687, in the same year as Newton's *Principia*.

The success of *Projet* brought Varignon's nomination as geometrician in the Académie des Sciences in 1688 and the professorship of mathematics at the Collège Mazarin. He taught and resided at the Collège Mazarin until his death.

Varignon taught also at the Collège Royal (now the *Collège de France*).

He was occupied by his teaching duties and his responsibilities as an academician. During his life Varignon wrote articles for journals and a large number of memories submitted to the Academy.

From the papers he left after his death, his disciples assembled several posthumous works : *Nouvelles conjectures sur la pesanteur* (1690), *Nouvelle mécanique* (announced in the *Projet* of 1687) and *Éclaircissements sur l'analyse des infiniment petits* both published in 1725, and *Eléments de mathématiques* (1731), which was based on his courses at the Collège Mazarin.

His correspondence, particularly with Leibniz and Iohann I. Bernoulli, bears witness to his role in the scientific life of his age.

In *Nouvelle mécanique* we find the text of a letter from J. Bernoulli to Varignon (26 January, 1717) about the principle of virtual velocities.

The period between the *Projet* of 1687 and the *Nouvelle mécanique* (1725) witnessed the development of what appeared a century later to be the very foundation of classical mechanics. It must of course be added that his contribution was not limited to general statics.

In his memoirs to the Academy, he showed how to apply infinitesimal analysis to the science of motion and how, in specific cases, to use the relationship between force and acceleration.

Working with the model of falling bodies, Varignon encountered difficulties in obtaining acceleration as a second derivative, and estimated the importance of the new differential and integral calculus.

According to Fontenelle, Varignon began to apply these calculus to problems of mechanics in 1698.

Varignon began his investigation in three memoirs presented to the Academy in 1700.

In the first[1], he considered rectilinear motion, establishing two *règles générales des mouvements en lignes droites.*

He was the first to define the relations between $\upsilon = dx/dt$ and :

$y = d\upsilon/dt = ddx/dt^2$, where x is the distance measured from a fixed point in the line, υ is the velocity, y is the force (acting in the line) and ddx is the distance traversed owing to the increment of speed $d\upsilon$ in the preceding infinitesimal element of time dt .

Varignon's reasoning implies that the speed increases by $d\upsilon$ at the beginning of the element of time and then remains constant during this interval. If dx_1 and dx_2 are the values of dx in two successive instants, $dx_1 = \upsilon dt$ and $dx_2 = \upsilon dt + dx_2 - dx_1 = \upsilon dt + ddx$. Thus ddx is the distance traversed in an infinitesimal instant owing to the increment of velocity acquired at the beginning of that instant.

Varignon took the distance ddx to be proportional to the force (assumed constant during the element of time) and to the square of the time[2] : $ddx = ydt^2$.

Since Varignon had used only propositions that even Newton acknowledged to be Galileo's, he was justified in regarding his derivation of the force equation to be independent of Newton. In a footnote he added that the two rules *nous donnent tout d'un coup la Prop. 39 du Liv. I de M. Newton*. Eliminating dt, Varignon found that : $ydx = \upsilon d\upsilon$ or $\int ydx = \frac{1}{2}(\upsilon)^2$ [3].

1. P. Varignon, " Manière générale de déterminer les Forces, les Vitesses, les Espaces, et les Temps une seule de ce quatre choses étant donnée dans toutes sortes de mouvements rectilignes variés à discrétion ", *Mémoire de Mathématique et de Physique*, Paris, 1700, 22-27.

2. Galileo proved (Dial. 3D, Prop. 2) that for a constant force, distance is proportional to the square of the time, while the relation, distance proportional to force, can be deduced from the Scholium to this proposition, added by Viviani and Prop. 6.

3. $\int ydx \pm \frac{1}{2}\upsilon^2 = const$ - this equation clearly expresses the invariance of the sum of the kinetic and gravitational potential energies.

Varignon also deduced easily, by separating the variables, that $t = \int \frac{dx}{\sqrt{\int y dx}}$ giving the time for any position.

Two months later, in the second memoir of the series[4], Varignon deduced a formula for the centripetal force in an orbit, which contains implicitly the principle of the invariance of the sum of the kinetic and gravitational potential energies in the orbit.

Let (fig. 1), $Ll = ds, y$ — the centripetal force and y_1 — the component of this force in the direction *LR*. Then $y/y_1 = Ll/LR = ds/(-dr)$, from which it follows that $y = -y_1 ds/dr$.

Assuming the motion along the element ds of the orbit to be rectilinear, Varignon's force equation, established in the previous memoir, gives

$$y_1 = dds/dt^2 = dv/dt .$$

Hence $$y = (-dv/dt)(ds/dr) = -vdv/dr .$$

FIGURE 1.

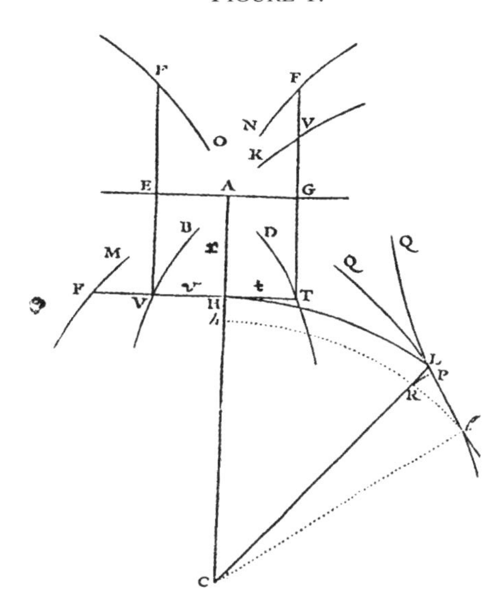

But Varignon failed to recognise this result as the equivalent of Newton's Prop. 40, he did see it as *une formule très simple des forces centrales, tant centrifuges que centripètes, lesquelles sont le principal fondement de l'excellent ouvrage de Newton* and used it to deduce Newton's prop. 7, 8, 9 and 10.

4. P. Varignon, " Du mouvement en général par toutes sortes de Courbes et des Forces Centrales, tant Centrifuges, que Centripètes, nécessaires aux Corps qui les décrivent ", *Mémoire de Mathématique et de Physique*, Paris, 1700, 83-101.

These propositions, included by Newton in a section of Book I of the *Principia* headed " The determination of centripetal forces ", are concerned with hypothetical cases.

The following section of Newton's *Principia* headed " The motion of bodies in eccentric conic sections ", contains the important propositions applicable to the planetary orbits.

Varignon applied his formula to these cases in the third memoir[5] that he presented to the Academy in 1700.

Varignon introduced his analysis by remarking that *M. Newton et M. Leibnitz sont les premiers, et même les seuls que je sçache, qui ayent recherché ces pesanteurs des Planetes.*

Suppose that the ellipse ALB (fig. 2) with foci C and D represents a planetary orbit, C being the centre of force. Let $CL = r, Rl = dz = rd\Theta$,where Θ -angle ACL , $Ll = ds$, $AB = a$ and $CD = c$. Also let $b^2 = a^2 - c^2$.

Varignon took the equation of the ellipse in differential form to be :

$$bdr = dz\sqrt{4ar - 4r^2 - b^2}$$

It follows that :

$$(4ar - 4r^2)dz^2 = b^2(dr^2 + dz^2) = b^2 ds^2$$

or :

$$\frac{4a - 4r}{r} = \frac{b^2 ds^2}{(rdz)^2} = \frac{b^2 ds^2}{dt^2} = b^2 v^2, (dt = const),$$

putting $rdz = dt$ and in accordance with Kepler's second law.

FIGURE 2.

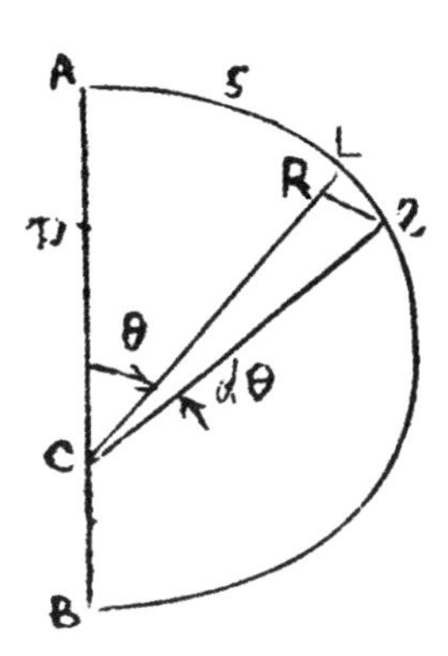

5. P. Varignon, " Des Forces Centrales, ou des pesanteurs nécessaires aux Planètes pour leur faire décrire les orbites qu'on leur a supposséez jusqu'icy ", *Mémoire de Mathématique et de Physique*, Paris, 1700, 224-242.

Differentiating this equation,

$$\frac{-4adr}{r^2} = 2b^2 v dv \text{ or : } \frac{2a}{b^2r^2} = \frac{dsdds}{dxdt^2} = y \cdot$$

So that Varignon's formula for the centripetal force, $-vdr/dr$, gives the value $2a/(b^2r^2)$.

In this way Varignon proved that a planet describing an ellipse in accordance with Kepler's second law was subject to a centripetal force (directed towards a focus). Varignon cited Newton's proof.

It appears that Varignon envisaged the possibility that the planets moved in a resisting medium, in which case Kepler's law would not apply. This is clear from Varignon's reference to Kepler's second law *que M. Newton a démontré... être la véritable dans un espace sans résistance où le mobile aurait (par quelque cause que ce fût) la force centrale supposée.*

In the next memoir[6] presented to the Académie, Varignon resolved the orbital motion into tangential and normal components, equating the normal component of force to v^2/ρ where v is the velocity and ρ the radius of curvature of the orbit.

Let C (fig. 3) be the centre of force and AL the radius of curvature at L. Taking triangles ALl and ELl to be similar.

This implies that Varignon regarded the curve as a polygon and the tangent LE as a side of the polygon produced.

Varignon deduced that $AL/Ll = Ll/lE$, or putting $Ll = ds$, $lE = ds^2 / \rho$.

The normal component of the centripetal force is dz/ds, where as before, $dz = Rl$. Since this component caused the motion El in time dt, Varignon equated El to $(dz/ds)dt^2$, so that $y = ds^3/(\rho dz dt^2)$.

FIGURE 3.

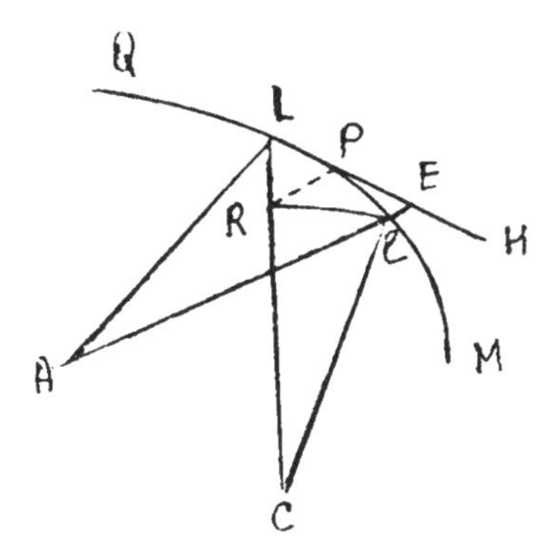

6. P. Varignon, " Autre règle générale des forces centrales ", *Mémoire de Mathématique et de Physique*, Paris, 1701, 20-40.

According to the polygon hypothesis, the centripetal force acts instantaneously at the vertices only, deflecting the planet along the next side of the polygon in each case. It follows that *El* is traversed with uniform velocity.

Using Hospital's formula for the radius of curvature, Varignon once more deduced the low of force an eccentric elliptical orbit.

Finally he found a simple formula for the radius of curvature, namely $\rho = -ds^2dr/(dzdds)$, which enabled him to demonstrate the equivalence of his two basic formulas for the centripetal force.

Varignon overestimated the importance of the large number of formulae that he developed for the radius of curvature and the centripetal force, a proliferation that resulted from the retention of all three differentials *ds*, *dr* and *dz*, which were not independent.

P. Varignon frequently exploits the differential measure *dv/dt*, that characterizes the change of speed rate depending on time in the non-uniform and curvilinear movement.

P. Varignon's ideas are a kind of " bridge " between Newton's research works and the analytical works of the middle of the 18th century[7].

7. P. Varignon, *Nouvelle Mécanique ou statique, dont le projet fut donné en MDCLXXXVII*, Paris, 1725 (2 vols) ; I. Newton, *Philosophiae naturalis principia mathematica*, Londini, 1687 ; M. Blay, *La naissance de la mécanique analytique*. (*La science du mouvement au tournant des XVIIe et XVIIIe siècles*), Paris, 1992, 415 ; V.N. Chinenova, " Odna iz piervyx popytok primenienia differentsial-novo iztchislienia v outchenii o dvijenii ", *Istoria i metodologia estiestvienyx naouk*, XXXII, Moskva, 1986, 239-245.

J.H. LAMBERT ET LA RECHERCHE D'UNE THÉORIE DU CALCUL INTÉGRAL À L'ÉPOQUE DES LUMIÈRES

A la mémoire de R. Jaquel,
grand érudit et spécialiste de son compatriote mulhousien Lambert.

Christian GILAIN [1]

Nous nous proposons dans ce texte d'analyser le contenu et la portée du mémoire de Jean-Henri Lambert intitulé " Sur la méthode du calcul intégral ", publié en 1769 dans les *Mémoires de l'Académie des sciences et belles-lettres* de Berlin[2].

Ecrit en 1768[3], un an après le mémoire qui contenait une démonstration de l'irrationalité du nombre π, ce texte sur le calcul intégral n'a pas bénéficié du même écho dans l'historiographie. On en trouve une présentation par Andreas Speiser, en 1948, dans son introduction au volume II des *Opera mathematica* de Lambert[4], et par Tullio Viola, en 1977, dans sa communication au colloque réuni à l'occasion du bicentenaire de la mort du savant mulhousien[5]. Mais il s'agit essentiellement dans les deux cas d'un court résumé du mémoire, dans le cadre d'une description d'ensemble des travaux d'analyse mathématique de Lambert.

L'intérêt spécifique du mémoire " Sur la méthode du calcul intégral " dans

1. Laboratoire de Mathématiques Fondamentales, Université P. et M. Curie, B.C. n° 191, 4 place Jussieu, 75252 Paris CEDEX 05, France. Courrier électronique : gilain@math.jussieu.fr

2. " Sur la méthode du calcul intégral ", *Mémoires de l'Académie des sciences et belles-lettres de Berlin* , t. 18, 1762, publ. 1769, 441-484. Réimprimé dans A. Speiser (ed.), *Johannis Henrici Lamberti opera mathematica*, II, Zurich, 1948, 160-197.

3. Plus précisément : lu à l'Académie de Berlin le 15 décembre 1768, le mémoire a été rédigé en novembre 1768, d'après le Calendrier mensuel (*Monatsbuch*) de ses travaux, tenu par Lambert, (voir M. Steck, *Bibliographia Lambertiana*, Hildesheim, 1970, 25).

4. A. Speiser (ed.), *Johannis Henrici Lamberti opera mathematica*, *op. cit.*, XVI-XVII.

5. *Colloque international et interdisciplinaire Jean-Henri Lambert, Mulhouse, 26-30 septembre 1977*, Paris, 1979, 243-244.

le contexte de l'époque ne nous semble pas ainsi avoir été mis en évidence[6]. Sans prétendre entrer ici dans tous les détails de ce long et riche texte, nous voudrions mettre particulièrement l'accent sur quelques traits qui nous semblent caractéristiques des problèmes posés et des méthodes utilisées par Lambert.

La démarche de Lambert

Lambert commence par émettre un jugement explicitement critique sur la situation du calcul intégral à son époque. En utilisant l'analogie avec les puissances et les racines en théorie des nombres, il souligne le retard de l'étude du calcul intégral comme " question inverse " du calcul différentiel : recherche précipitée des intégrales dans ces cas particuliers, défaut général de méthode dans l'abord des problèmes. C'est ainsi, " qu'on se trouve encore presque tout à fait hors d'état de décider si une différentielle, dont on ne peut pas encore parvenir à trouver l'intégrale, est intégrable ou non. De là vient aussi, que ce n'est que peu à peu qu'on s'accoûtuma à regarder une formule comme suffisamment intégrée, lorsqu'on l'avoit réduite à des quantités circulaires ou logarithmiques, ou à des arcs alliptiques ; et on s'y accoûtuma, plutôt parce qu'on perdoit toute espérance d'aller plus loin, que parce qu'on étoit convaincu par une démonstration rigide qu'il falloit en rester là "[7].

Lambert propose alors, pour développer le calcul intégral, la démarche générale suivante : établir une classification des fonctions ; étudier, pour chaque type de fonctions, la forme de la différentielle correspondante ; utiliser cette étude méthodique de la question directe — la différentiation — pour déceler les propriétés caractéristiques (ce que Lambert nomme les " symptômes ") permettant, à partir des différentielles données, de traiter la question inverse : intégrabilité et calcul de l'intégrale.

Cas où l'intégrale est algébrique

Lambert développe d'abord sa méthode dans le cas important de l'intégration en termes algébriques, dont il pose clairement le double problème général : une différentielle algébrique étant donnée, trouver si elle admet ou non une intégrale algébrique et, si oui, calculer cette intégrale. Il commence donc par établir une classification des fonctions algébriques et étudie, classe par classe, leur mode de différentiation. Ainsi, dans cette opération, une fraction rationnelle donne une autre fraction rationnelle dont le dénominateur est

6. Le mémoire " Sur la méthode du calcul intégral " n'a pas échappé à la sagacité de G. Vivanti qui a rédigé la longue partie consacrée à l'histoire du calcul différentiel et intégral entre 1759 et 1799, dans le tome 4 des *Vorlesungen über Geschichte der Mathematik* de M. Cantor Leipzig, 1908, 702-703 ; mais son avis sur ce travail de Lambert apparaît pour le moins réservé.

7. J.H. Lambert, *op. cit.*, 162. (Nous utilisons systématiquement la pagination des *Opera*.).

le carré de celui de la fraction initiale (avant une réduction éventuelle). Il remarque, de plus, que si la fonction algébrique considérée contient une " quantité radicale ", sa différentielle " sera affectée de la même quantité radicale, multipliée ou divisée par quelque facteur rationnel "[8]. On peut reconnaître ici une version faible du principe de permanence dit " de Laplace "[9].

Intégration des différentielles rationnelles

Lambert applique sa méthode à la première classe de fonctions dont l'intégration n'est pas immédiate, celle des fractions rationnelles. Il commence par remarquer que si l'intégrale d'une différentielle rationnelle est algébrique, elle est nécessairement rationnelle ; cela résulte d'une courte preuve par l'absurde, en utilisant le principe " de Laplace " formulé précédemment. Lambert dégage alors, pour trouver la primitive rationnelle, ce qu'il appelle le " procédé " suivant.

Etant donné une différentielle rationnelle, qu'il écrit sous la forme :

$$(1)\ dy = \frac{P}{Q^2}dx,$$

ce qui est toujours possible (la fraction n'étant pas nécessairement irréductible), il cherche a priori son intégrale sous la forme :

$$y = \frac{z}{Q} + cte,$$

où z est un polynôme. En différentiant cette dernière relation et en identifiant avec la relation (1), on obtient $Pdx = Qdz - zdQ$. On est ainsi conduit à la recherche d'une solution polynomiale z d'une équation différentielle linéaire. Lambert cherche une telle solution par la méthode des coefficients indéterminés, en posant : $z = A + Bx + Cx^2 + etc.$ Il en résulte un système d'équations linéaires en A, B, C, etc. On est ramené à un problème d'algèbre dont la résolution permet à la fois de décider de l'intégrabilité algébrique de la différentielle (1) — selon que le système a ou non une solution —, et de trouver l'intégrale algébrique si elle existe.

Ainsi, comme exemple I, Lambert considère la différentielle :

$$(2)\ dy = \frac{4 + 16x - (3x)^2}{(4 + (3x)^2)^2}dx,$$

et pose :

$$y = \frac{z}{4 + 3x^2} + cte.$$

Il est facile de voir que z doit nécessairement être du premier degré, $z = A + Bx$, et que ses coefficients A et B vérifient le système de trois équations

8. J.H. Lambert, *op. cit.*, 163.

9. P.S. Laplace, *Théorie analytique des probabilités*, 2e éd., Paris, 1814, *Œuvres de Laplace*, t. 7, Paris, 1847, 5-6.

à deux inconnues : $4B = 4, -6A = 16, -3B = -3$. Ce système admettant la solution :

$$A = -\frac{8}{3} \quad , B = 1,$$

on peut en déduire que les primitives de la différentielle (2) sont algébriques et de la forme :

$$y = \frac{-\frac{8}{3} + x}{4 + 3x^2} + cte.$$

Appliquant le même procédé, dans son exemple III, à la différentielle :

$$(3)\ dy = \frac{dx}{1 + x^2},$$

Lambert parvient au système : $B = 1, -2A = 0, -B = 1$, dont les trois équations sont incompatibles ; " il s'ensuit, écrit-il, que la différentielle n'a point d'intégrale algébrique "[10]. Il ajoute que, dans ce type de cas, on peut cependant trouver l'intégrale sous la forme d'une série infinie :

$$z = A + Bx + Cx^2 + Dx^3 + etc.$$

Dans cet exemple, il obtient ainsi par identification :

$$z = A(1 + x^2) + x + \frac{2}{3}x^3 - \frac{2}{15}x^5,$$

d'où, en effectuant la division par $1 + x^2$, $A + x - \frac{1}{3}x^3 + \frac{1}{5}x^5 - etc$. Cette formule fait apparaître l'arc dont la tangente est x, ce qui correspond bien à l'intégrale de la différentielle (3).

En conclusion de cette étude, Lambert remarque que sa méthode s'applique sans que l'on ait besoin de décomposer les dénominateurs des fractions rationnelles en facteurs simples[11]. On sait que cette décomposition est souvent nécessaire non seulement si l'intégrale n'est pas algébrique, pour trouver la partie transcendante, mais aussi lorsque l'on utilise la méthode, qui était alors classique, d'intégration par décomposition de la fraction rationnelle en éléments simples.

Cet aspect de la méthode de Lambert est important. On ne retrouvera en effet que beaucoup plus tard une problématique analogue dans l'histoire de la théorie de l'intégration des fractions rationnelles. Ainsi, dans un article de 1872, " Sur l'intégration des fractions rationnelles ", Hermite souligne : " Le procédé élémentaire d'intégration des fractions rationnelles :

$$\frac{F_1(x)}{F(x)}$$

10. J.H. Lambert, *op. cit.*, 169.

11. J.H. Lambert, *op. cit.*, 178. On trouve dans le texte des *Opera*, comme dans l'édition originale de Berlin, le mot " numérateurs " au lieu de " dénominateurs " ; il s'agit sûrement d'une coquille d'imprimerie.

peut être présenté sous une forme telle, que la résolution de l'équation $F(x) = 0$ ne soit plus nécessaire pour le calcul de la partie algébrique de l'intégrale, mais seulement pour en obtenir la partie transcendante "[12]. Il présente alors sa méthode d'intégration, connue maintenant sous le nom de " méthode de Hermite " (différente de celle de Lambert). Ce type de méthodes algorithmiques permettant de calculer directement la partie algébrique de l'intégrale d'une fraction rationnelle, sans faire intervenir d'extension algébrique, est utilisé actuellement dans le cadre du calcul formel sur ordinateur.

Intégration des différentielles irrationnelles

Étant donné une fonction irrationnelle de la forme $y = P \cdot Q^{m/n}$, où P et Q sont des fonctions rationnelles de x, Lambert a remarqué précédemment, on l'a vu, que la différentielle dy est égale au produit du même radical $Q^{m/n}$ par une différentielle rationnelle. Il utilise plus précisément ici le fait que :

$$dy = Q^{\frac{m}{n} - 1} dp,$$

où dp est une différentielle rationnelle. Donc, si la différentielle donnée est du type :

$$dy = Q^{a/b} \times R dx,$$

avec Q et R fractions rationnelles, Lambert cherche l'intégrale algébrique éventuelle sous la forme :

$$y = Q^{\frac{a}{b} + 1} \times z,$$

avec z fraction rationnelle à déterminer.

Ainsi, considérant l'exemple de la différentielle :

$$(4)\ dy = \frac{dx}{(1 + x^2)^{3/2}}, \text{il pose } y = \frac{z}{\sqrt{1 + x^2}}.$$

En différentiant, il obtient : $dx = (1 + x^2)dz - zxdx$, et remarque que l'on peut satisfaire à cette relation en posant : $z = A + Bx$, l'identification donnant $A = 0$ et $B = 1$. Il peut en conclure que les intégrales de (4) sont algébriques et de la forme :

$$y = \frac{z}{\sqrt{1 + x^2}} + cte.$$

L'étude de Lambert du cas des différentielles irrationnelles est moins aboutie que celle des différentielles rationnelles. Il remarque d'ailleurs : " Mais, quant au cas où une différentielle est affectée de quantités irrationnelles, on conçoit aisément que ces sortes de quantités peuvent être extrêmement compliquées et prolixes, quoique sans contredit, l'intégrale doive pouvoir être trouvée

12. C. Hermite, " Sur l'intégration des fractions rationnelles ", *Annales scientifiques de l'École normale supérieure*, II, 1 (1872), 215.

toutes les fois qu'elle est algébrique "[13]. Lambert ne traite essentiellement dans cette partie que des exemples assez simples où la différentielle est intégrable algébriquement et où il suffit de trouver z sous la forme d'un polynôme[14] ; il ne formule pas de résultats généraux pouvant constituer l'amorce d'une théorie.

Cas où l'intégrale est transcendante

Lambert a conscience de la plus grande difficulté encore de ce cas : " Quant aux différentielles dont l'intégrale n'est point algébrique, il est clair qu'elles ne se trouvent pas par la simple différentiation. Et à cet égard on ne sauroit en trouver des symptômes qui non seulement les rendent connaissables, mais qui en indiquent les intégrales "[15]. Point de vue quelque peu pessimiste du savant mulhousien qui précise qu'il ne s'agit pas seulement en effet de trouver l'intégrale transcendante sous la forme d'une série mais d'en déterminer en quelque sorte la nature. Pour cela, il définit le programme de recherche suivant : " Comme donc, à l'égard de ces formules [différentielles], tout ce qu'on peut d'abord faire revient à réduire celles qui sont plus compliquées à celles qui sont le moins qu'il est possible, il est clair qu'il faudroit avoir une espèce de liste de celles qui sont les plus simples, et qui ne dépendent pas les unes des autres "[16].

Il pose ainsi clairement le problème de l'étude de la réductibilité des intégrales complexes à des transcendantes à la fois simples et indépendantes entre elles. Certes, il s'agit là d'un " travail infini " (ce qui explique sans doute sa remarque pessimiste initiale), mais on peut déjà, remarque-t-il aussi, considérer le problème de la réduction aux fonctions d'un usage fréquent, pour lesquelles on a des tables : " fonctions circulaires, logarithmiques et elliptiques ".

Après avoir énuméré des classes de différentielles à intégrales transcendantes (dont la caractérisation n'est d'ailleurs pas toujours très claire), Lambert développe particulièrement l'étude de la classe des différentielles algébriques dont l'intégrale transcendante comprend une partie algébrique. Plus précisément, il définit le problème suivant : " Mais le grand point est de séparer la partie transcendante d'avec celle qui est algébrique. Il est clair que par *séparer*, je n'entens pas soustraire d'une formule transcendante une algébrique quelconque, mais en soustraire ce qu'il y a d'algébrique, de façon que la partie transcendante, qui reste, soit purement transcendante "[17].

13. Lambert, *op. cit.*, 178.

14. Notons cependant que dans l'exemple XI, donné par Lambert pour montrer l'utilité des changements de variable, la fonction z de v est cherché sous la forme d'une fraction rationnell simple du type $\frac{m}{v^3}$.

15. J.H. Lambert, *op. cit.*, 180.

16. J.H. Lambert, *op. cit.*, 181.

17. J.H. Lambert, *op. cit.*, 186-187.

Lambert montre alors sur des exemples la mise en œuvre d'une méthode de séparation de la partie algébrique et de la partie purement transcendante, qui constitue un prolongement de celle utilisée précédemment pour trouver l'intégrale algébrique des différentielles irrationnelles. Ainsi, considérant dans l'exemple XII la différentielle :

$$dy = \frac{P}{\sqrt{1+x^2}}dx,$$

avec $P = 1 + 2x + 4x^2$, il cherche l'intégrale sous la forme $y = z \cdot \sqrt{1+x^2}$, où z est un polynôme. Par identification des deux formes de dy, z apparaît comme devant être du type $z = A + Bx$. Or, A et B vérifient un système d'équations incompatibles puisque si $A = 2$ est bien déterminé, pour qu'il en soit de même de B, le coefficient de x^2 dans P devrait être le double du coefficient constant, ce qui n'est pas le cas. Lambert en déduit d'abord que l'intégrale cherchée n'est pas algébrique[18].

Pour rendre les équations compatibles, il " corrige " ensuite le polynôme P en considérant respectivement :

$$P_1 = 1 + 2x + 2x^2 = P - 2x^2, \text{ et } \quad P_2 = 2 + 2x + 4x^2 = 1 + P,$$

de façon à obtenir des différentielles :

$$\frac{P_1}{\sqrt{1+x^2}}dx = dv \quad \text{et} \quad \frac{P_2}{\sqrt{1+x^2}}dx = dw,$$

avec v et w algébriques. Il obtient finalement :

$$y = v + 2\int\frac{x^2dx}{\sqrt{1+x^2}} \quad \text{et} \quad y = w - \int\frac{dx}{\sqrt{1+x^2}},$$

cette dernière forme apparaissant, remarque-t-il, comme celle où la partie transcendante est la plus simple.

Si donc Lambert ne donne pas de résultat général dans le cas des intégrales transcendantes, cette partie de son mémoire fourmille de remarques intéressantes. Surtout, il y pose le problème essentiel de la réduction des intégrales complexes par décomposition en intégrales simples et indépendantes. Cette réduction est mise en œuvre dans l'exemple de la différentielle :

$$\frac{dx}{\sqrt[n]{1 \pm x^n}},$$

18. Affirmation dont la démonstration comprend une sérieuse lacune. D'après le principe de permanence énoncé par Lambert, étant donné une différentielle : $\frac{Pdx}{\sqrt{Q}}$,avec P et Q polynômes, on obtient *a priori* une intégrale de la forme $z\sqrt{Q}$, avec z fonction rationnelle mais pas nécessairement polynomiale (voir d'ailleurs son exemple XI, évoqué *supra note*, pour un contre-exemple). Considérer une fonction z polynomiale pouvait suffire pour une démonstration d'algébricité, mais ne suffit pas pour une démonstration de non algébricité de l'intégrale.

dont il montre, en la transformant par changement de variable en une différentielle rationnelle[19], que son intégrale n'est en général pas " simple " mais qu'elle s'exprime à l'aide des fonctions élémentaires (algébriques, logarithmiques et circulaires). Il met en œuvre aussi une telle réduction, sur d'autres exemples de différentielles irrationnelles, en donnant un procédé algorithmique pour séparer la partie algébrique de la partie transcendante.

LAMBERT ET CONDORCET

L'année 1768 où Lambert écrit et lit à l'Académie de Berlin son mémoire *Sur la méthode du calcul intégral* est aussi celle où Condorcet publie son ouvrage *Essais d'analyse*[20]. Ce rapprochement s'impose car les travaux des deux savants sur le calcul intégral revêtent de nombreux points communs[21]. On trouve en effet chez Condorcet, exprimée dans la longue préface à son ouvrage, la même critique explicite de l'état du calcul intégral à l'époque, déplorant le penchant de ses contemporains pour les seules applications de ce calcul ; on y trouve aussi la même volonté d'en développer systématiquement une théorie générale. Condorcet propose de plus une démarche analogue pour atteindre cet objectif : observation de la différentiation des divers types de fonctions pour déceler des caractéristiques qui, dans l'opération inverse, puissent permettre d'induire la forme *a priori* de l'intégrale algébrique ou transcendante d'une différentielle donnée ; utilisation de la méthode des coefficients indéterminés pour déterminer l'intégrale.

Dans ce cadre commun, des différences importantes se manifestent cependant entre les travaux des deux savants. Sans faire ici d'étude comparative détaillée, nous soulignerons que Lambert aborde les problèmes généraux qu'il a posés par la mise en place de procédés algorithmiques, développés essentiellement à partir d'exemples qu'il traite explicitement. " Ces exemples, écrit-il ainsi à propos de l'intégration algébrique des différentielles algébriques, peuvent suffire pour faire voir comment il faudra s'y prendre dans une infinité d'autres cas "[22]. Condorcet, lui, énonce des résultats généraux sur la forme des intégrales élémentaires des différentielles ou des équations différentielles, mais néglige le plus souvent de développer ses raisonnements sur des exemples pré-

19. Une transformation analogue de ce type de différentielle avait été donnée par J. Bernoulli (voir dans *Opera omnia* , t. 4, Lausanne, Genève, 1742, 56-57.

20. Cet ouvrage, dont seul le tome 1 est paru, devait rassembler l'ensemble des travaux mathématiques de Condorcet. On peut penser que cette publication visait à préparer sa candidature à l'Académie des sciences de Paris, où il fut effectivement élu en mars 1769. La longue préface de Condorcet à cet ouvrage constitue d'ailleurs une véritable " notice sur ses travaux scientifiques " avant que ce genre n'apparaisse officiellement pour les candidatures à l'Académie dans la seconde moitié du XIXe siècle.

21. Nous avions évoqué ce rapprochement possible dans la note 240 de notre article " Condorcet et le calcul intégral ", publié dans R. Rashed (ed.), *Sciences à l'époque de la Révolution française : Recherches historiques*, Paris, 1988, 85-147.

22. J.H. Lambert, *op. cit.*, 178.

cis et ses méthodes restent souvent à un niveau de généralité peu propice à leur usage effectif[23].

Il reste que les travaux parallèles[24] de ces deux mathématiciens-philosophes[25] témoignent ensemble de l'existence dès l'époque des Lumières d'un courant de recherches pour la constitution d'une véritable théorie générale du calcul intégral[26].

23. Condorcet va cependant poursuivre ses travaux dans ce domaine jusqu'en 1780 environ et aboutir à la création d'une véritable théorie de l'intégration en termes finis. Voir C. Gilain, *op. cit.*, note 21.

24. On n'a pas d'élément permettant de penser à une influence des travaux de l'un sur ceux de l'autre.

25. Il est intéressant de noter que le mémoire de Lambert " Sur la méthode du calcul intégral " a été publié non pas dans la partie consacrée à la classe de " mathématiques " de l'Académie, mais dans celle de la classe de " philosophie spéculative ".

26. L'année 1768 est aussi, on le sait, celle où Euler publie le tome 1 de ses *Institutiones calculi integralis* à Saint-Pétersbourg. L'étude de la place des travaux d'Euler relativement à ce type de recherches fera l'objet d'une autre publication.

L. EULER AND THE BIRTH OF MODERN STRUCTURAL MECHANICS. FROM THE CATENARY TO THE BEAM THEORY

Aldo CAUVIN, Giuseppe STAGNITTO[1]

INTRODUCTION

Quam ob rem Geometris munus haud ingratum me esse oblaturum confido, si egregium consensum inter haec duo principia toto coelo a se invicem diversa dilucide demontravero[2].

For this reason I am confident that I will have left to the Scientists a not unwelcome gift if I will have clearly and universally demonstrated how to reconcile these two different principles[3].

This statement concludes the cycle of thoughts — which lasted over forty years — which were necessary to completely formulate the so called " beam theory ".

1. This research was based as far as possible on original papers by Euler and in particular on the *Proceedings of the Academy of St. Petersbourg*, and the *Acta Eruditorum* of Leipzig whose collection is available in the Central Library of the University of Pavia.

Also the *Opera Omnia* of Euler edited by Birkhauser in Basel was widely consulted and in particular the essays by C. Truesdell.

In fact this research owes much to the work of Prof. Truesdell who has commented three volumes of the *Opera Omnia* of Euler [C. Truesdell, *The rational mechanics of flexible or elastic bodies, 1638-1788*, L. Euleri, *Opera Omnia*, II (1960), 11-12]. He expressed the hope, in the first number of the review *Archive for history of exact sciences* for a program of research for the rediscovery of Mechanics in the *Age of reason*. This work aims to give a small contribution to the program.

We also owe much to Professor Benvenuto for his masterly historical synthesis of this Enlightenment Period [E. Benvenuto, *An introduction to the History of Structural Mechanics*, New York, 1991].

2. L. Euler, " De gemina methodo tam aequilibrium quam motum corporum flexiblium determinandi et utriusque egregio consensu ", *Novi Commentarii Academiae Scientiarum Petropolitanae,* 20 (1775-1776), 286-303. Paper presented on 31 October 1774.

3. Some basic statements of Euler were freely translated in modern mathematical language for better understanding.

The *egregium consensum* quoted by Euler is the agreement between the formulations of equilibrium in differential and integral form.

To obtain this result Euler was forced to use contemporarily both equilibrium equations for translation and rotation.

The preceding " theory of the rope " (general equation for a flexible line) did not permit to discover the need, which exists in general, to verify the static equilibrium by imposing separately equilibrium of forces and equilibrium of moments because the problem could be solved by adopting one method or the other.

The generalization of the theory of equilibrium has therefore followed the development which has rebuilt the entire structure of theoretical mechanics.

Galileo, the founder of structural mechanics

Figure 1

Drawings from the literary and scientific masterwork by Galileo.

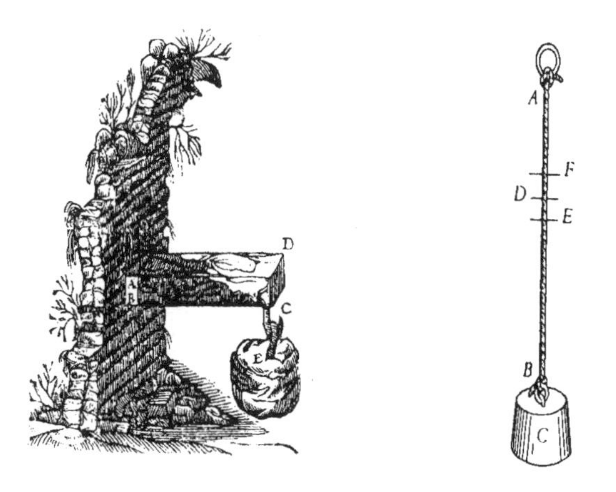

In the preceding century Galileo, in the study of beams, could not consider the problem of beam deformation, as he lacked a suitable mathematical tool. In the *seconda giornata* of the treatise *Discorsi e dimostrazioni matematiche intorno a due nuove scienze* of 1638, the observation is reported that a beam can resist a greater load if it is loaded axially in traction than if it is loaded by a concentrated load at the tip of a cantilever and directed transversely to the beam axis.

Galileo adopts an " ultimate state " approach : the behaviour of the cantilever is reduced to the one of an angle shaped lever whose fulcrum is the intrados of the built in section.

The problem is therefore considered only from the point of view of the " equilibrium of moments ".

Always in the dialogue of the *seconda giornata* Galileo wants to correct the general opinion according to which a long rope can carry a greater load than a short one.

Literally : *una corda lunghissima esser molto meno atta a reggere un gran peso che se fusse corta.*

We find here the first example of application of the so called " postulate of tensions " or " stress principle " (in a material body the actions among the contiguous parts can be expressed in terms of forces) : he replaces the action of the system under point D by a force.

Galileo can then conclude that the length of the rope under point D does not influence the strength.

The reformulation of mechanics in the enlightenment Period

Contrary to the common opinion, which is reported in most texts, the so called " Newton equations ", that is the three scalar equations which represent the projections on the three Cartesian axes of the vectorial equation of the second law of dynamics, cannot be found in this form in any of the Newton papers, but represent the result of a formalization which was painstakingly obtained much later.

The literal Newtonian formulation is : *Mutationem motus proportionalem esse vi motrici impressae, et fieri secundum lineam rectam qua vis illa imprimitur* [The change of motion is proportional to the motive force impressed, and it takes place along the right line in which that force is impressed].

The historical synthesis of Lagrange in the *Mécanique Analytique*

In the historical introduction to dynamics in the *Mécanique Analytique,* Lagrange attributes to Euler the study of the motion along a generic curve in the two components tangential and normal (which is true ; the theory is reported in the *Mechanica* of 1736) while he credits to Maclaurin the decomposition along the Cartesian axes.

On the contrary modern research has clarified that Euler was the first to propose the so called " Newton equations " as general equations for the solution of any mechanical problem both discrete and continuous (with extension of the laws to infinitesimal elements, which represents a major theoretical advance).

The year is 1750, when the paper " *Découverte d'un nouveau principe de mécanique* " was composed.

THE " NEW PRINCIPLE " OF MECHANICS

In the paper *Découverte d'un nouveau principe de mécanique*[4], Euler calls " fundamental and general principle of all Mechanics " *(principe géneral et fondamental de toute la mécanique)* the modern formulation of the second law of dynamics.

In the paper the formulation is applied also to infinitesimal elements and used to obtain in a different way the equations of the rotation of a rigid body, already formulated in his treatise *Scientia Navalis* .

Probably Euler in 1750 considered the two laws of " linear momentum " and of " moment of momentum " as expressions of an unique general principle which took two different aspects when applied to translational and rotational motion.

In a later paper of 1775 Euler assumes as independent fundamental laws the two principles which must be valid for every material element.

He reports in a prospect the six obtained equations declaring to have obtained a complete solution of which " we must be rejoice ".

THE TWO CARDINAL EQUATIONS OF MECHANICS

In most modern treatises concerning *Mechanics* the two principles of conservation of linear momentum and of moment of momentum, correctly deduced from the three Newton's equations for systems composed by a finite number of material points, are arbitrarily extended to continuous bodies.

In rigorous terms, for continuous bodies (rigid or deformable) they must be on the contrary formulated as independent principles.

Euler was the first to understand that these two principles (the so called " cardinal equations ") constitute the foundation of all the theory of *Mechanics*.

If applied to static systems we obtain the so called " cardinal equations of statics " (necessary for the equilibrium of every body and also sufficient for the equilibrium of rigid bodies).

If the cardinal equations of statics are valid for every infinitesimal element of a given body (expressing in terms of internal forces the actions of the contiguous parts according to the aforementioned " stress principle ") they are necessary and sufficient conditions for the equilibrium of every body.

4. L. Euler, "Découverte d'un nouveau principe de mécanique", *Opera Omnia*, 1750, II (5), 81-108.

THE CONTINUITY PRINCIPLE OF LEIBNITZ IN EULER

Euler aims to unify the principles of mechanics by clarifying the continuity of the passages from one concept to the following. According to Leibnitz this process is the essential aim of scientific and philosophical speculation (" principle of conceptual continuity ").

For example in geometry it is useless to compare straight lines and curves directly among them : it is, on the other hand, necessary to find the common rule which can generate both : this is the infinitesimal analysis which permits to generate a curve from the law of its direction.

In the famous memoir of 1684 *Nova methodus pro maximis et minimis...* (in which he didn't quote Newton) he wrote : " Who has learnt to perform this calculation can get, in three lines, what was searched by tortuous means by other very competent scientists ".

The catenary is an example of the new power of infinitesimal analysis : " the conditions ", that is the geometrical ratios among the points of the rope in equilibrium were already known : these ratios existed even when the elements became infinitesimal.

However the instrument was lacking which, given these conditions, could give the quantities.

EQUILIBRIUM OF A ROPE SUBJECTED TO GIVEN FORCES

FIGURE 2

Equations of equilibrium of a rope subjected to given forces.

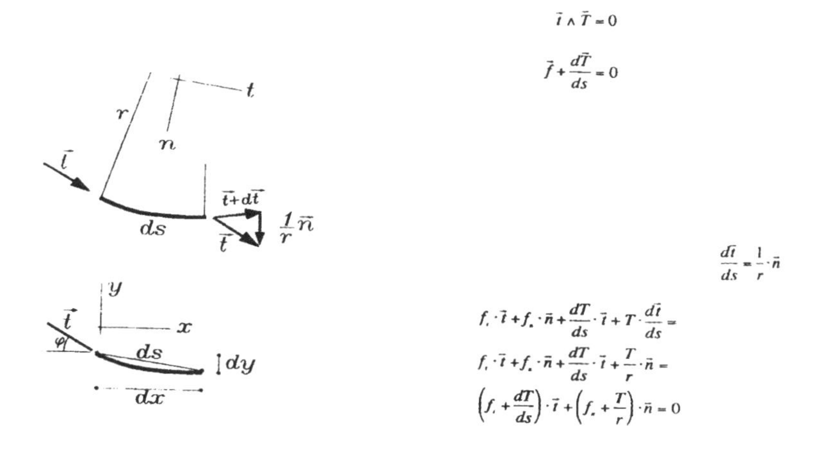

Jacques Bernoulli (1698)

The equilibrium equations of a rope subjected to generic forces are reported in modern formulation.

- The tension *T* in a point of the rope is tangent to the rope in the same point (the product vector of *T* by the tangent versor t is equal to zero).
- For tension *T* the indefinite equation of equilibrium is valid.

By introducing the vectors and directed along the tangent and the normal we obtain the two scalar equations in the intrinsic system (which moves along the curve).

These equations were obtained by Jacques Bernoulli in 1698, based on the equilibrium in the normal and tangential directions : " the general equations for flexible line is obtained by translational equilibrium ".

Equations of equilibrium of the beam in differential form

FIGURE 3

Equations of equilibrium of the beam in differential form.

$$\vec{f} + \frac{d\vec{T}}{ds} = \vec{0}$$

$$\vec{t} \wedge \vec{T} + \frac{d\vec{M}}{ds} = \vec{0}$$

$$\frac{dN}{ds} + \frac{V}{r} + p = 0 \qquad \frac{dN}{dz} + p = 0$$

$$\frac{dV}{ds} - \frac{N}{r} + q = 0 \quad r \to \infty \quad \frac{dV}{dz} + q = 0$$

$$\frac{dM}{ds} = V \qquad \frac{dM}{dz} = V$$

Leonhard Euler (1771)

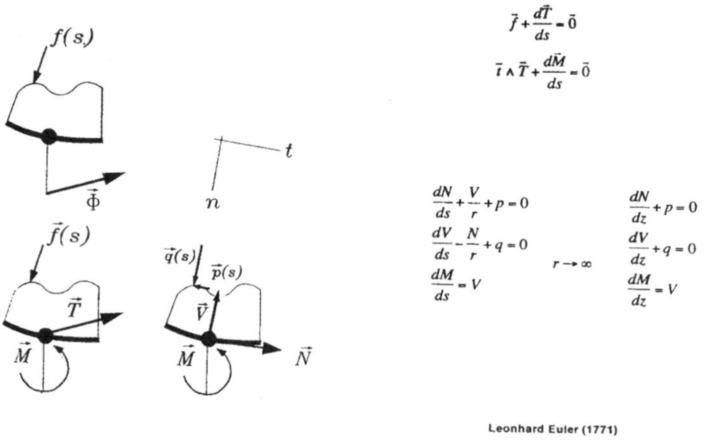

Contrary to the case of the rope, in a beam the internal force in a point P is neither applied to P nor is parallel to the tangent in the same point. It is however always possible to think that the action is applied to P by adding a suitable moment M.

In this way the two well known " vectorial equations of equilibrium " are obtained. Excepting the case where M is constant, T is not in general parallel to the beam axis.

By decomposing the internal force T into its two components N and V parallel and normal to the axis, from these vectorial differential equations we obtain the three indefinite equations of equilibrium in the components N, V and the moment M.

For rectilinear beams we get the equations of the technical theory of the beam : as we will see, these equations were obtained by Euler in 1771.

EQUATIONS OF EQUILIBRIUM OF THE BEAM IN INTEGRAL FORM

FIGURE 4

Equations of equilibrium of the beam in the integral form.

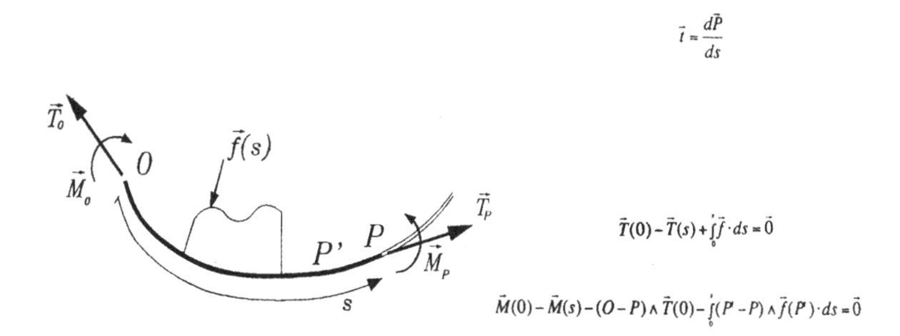

The indefinite equations of equilibrium imply the validity of the cardinal equations for each finite portion from an origin point O to a generic point P having s as abscissa.

By integrating the first vectorial equation from O to P we obtain an integral equation which is a verification of the " first cardinal equation of statics " : T(s) is equal and acts in an opposite direction to the resultant of all the external forces on the left-hand side of the point.

By integrating the second equation from O to P (P' is the position vector of the generic point in the interval from O to P) we obtain an integral equation which is a verification of the " second cardinal equation of statics " : M(s) is opposite to the resultant moment of all the external forces acting on the left-hand side of the point.

The power and expressiveness of the modern vectorial analysis permits to obtain in a few passages the " verification of the global equilibrium starting from the local equilibrium in infinitesimal form ".

It is right this agreement between the two formulations that Euler (in 1774) declares to leave to the students as not unwelcome gift *munus haud ingratum*.

The theorem of Pardies

Figure 5

The theorem of Pardies and the parabolic funicular.

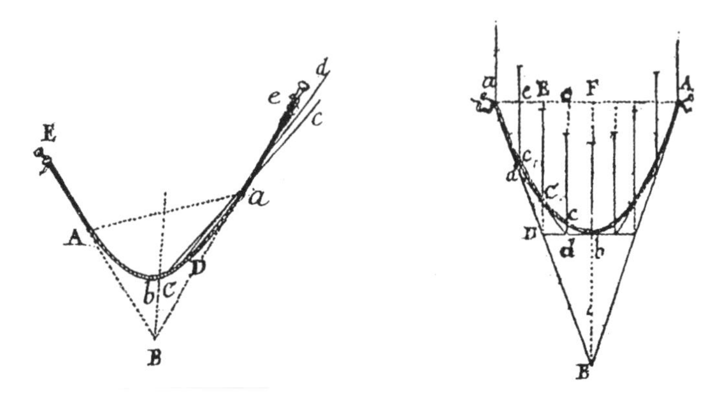

The Jesuit father Pardies, in a work which was published posthumously had demonstrated the following theorem : the intersection between the two tangents in the two extreme points of an interval of a rope lies on the vertical passing through the centroidal point of the same interval.

This theorem will be the basis of the solution by Leibnitz of the catenary problem.

If the loads are equal and uniformly spaced along the horizontal direction (that is the load is proportional to the abscissa and not to the length of the catenary curve) " this theorem only is sufficient to solve the problem " : the curve is a parabola.

The theorem of Pardies is founded on the observation that the form assumed by a perfectly flexible line remained unchanged by substituting the parts situated over *A* and *a* with convenient forces directed along the tangent in the same points.

From the translational equilibrium on a finite portion of the rope can be derived that the tangent is proportional to the arch length.

The last observation will be the key for the solution by Jean Bernoulli.

The catenary challenge

In may 1690, at the end of an article on a different subject[5], Jacques Bernoulli proposed a new problem : " *Problema vicissim proponendum hoc*

5. *Acta Eruditorum*, 217-219.

esto... : this will be proposed among us as a problem : to find which curve reproduces a rope suspended to two fixed points. I also assume that the rope is a perfectly flexible line ".

Jacques had launched the challenge as he was convinced to solve the problem rapidly thanks to the new techniques of differential calculus. Jean, his minor brother, found first the solution in only a night of reflections. In 1691 the three solutions of Jean Bernoulli, Leibnitz and Huygens were published.

Huygens did not quite succeed in the enterprise : his solution gave only the expression of the difference of the co-ordinates of two points near to the curve, that is he seized in the curve its generation law, without being able to derive the function : in fact he lacked the tool of infinitesimal calculus.

JACQUES BERNOULLI AND THE NEW PROBLEM OF ELASTICA

FIGURE 6

The four basic steps in the development of the beam theory.

2. Si funis sit uniformis crassitiei, at a pondere suo extensibilis, peculiari opus est artificio: Vocetur portio funis non extensi, cujus ponderi æquipollet vis tendens imum funis punctum, a, & excessus longitudinis, quo portio hæc a dicta vi extensa non extensam superat, b, sumaturq; in perpendiculo FA $= z$, & in definita FC $= x$: tum fiat curva DE ejus naturæ, ut sit applicata CD $= \frac{ab}{\sqrt{2aa + 2bx - 2a\sqrt{aa + bb + 2bx}}}$ sive $a \frac{\sqrt{ax + bx + a\sqrt{aa + bb + 2bx}}}{2xx - 2aa}$, (perinde enim est) ac spatio curvilineo ACDE constituatur æquale ▭FG, producanturque rectæ KG, DC ad mutuum occursum in B; sic erit punctum B ad requisitam funiculariam AB. Suppono autem, extensiones viribus tendentibus proportionales esse, tametsi dubium mihi sit, an cum ratione & experientia hypothesis illa satis congruat. Retinere autem istam nobis liceat, dum veriorem ignoramus.

3. Occasione *Problematis funicularii* mox in aliud non minus illustre delapsi sumus, concernens flexiones seu curvaturas trabium, arcuum tensorum aut elaterum quorumvis, a propria gravitate, vel appenso pondere aut alia quacunque vi comprimente factas; quorsum etiam Celeberrimum *Leibnitium* in privatis, quibus sub idem me tempus honoravit, literis digitum opportune intendere video. Videtur autem hoc Problema, cum ob hypotheseos incertitudinem, tum casuum multiplicem varietatem, plus aliquanto difficultatis involvere priori, quanquam hic non prolixo calculo sed industria tantum opus est. Ego per solutionem casus simplicissimi (saltem in præmemorata hypothesi extensionis) adyta Problematis feliciter reseravi; verum ut ad imitationem *Viri Excellentissimi* & aliis spatium concedam suam tentandi Analysin, premam pro nunc solutionem, eamque tantisper Logogripho occultabo, clavem cum demonstratione in nundinis autumnalibus communicaturus. Si lamina elastica gravitatis expers AB, uniformis ubique crassitiei & latitudinis, inferiore extremitate A alicubi firmetur, & superiori B pondus appendatur, quantum sufficit ad laminam eousque incurvandam, ut linea directionis ponderis BC curvatæ laminæ in B sit perpendicularis, erit curvatura laminæ sequentis naturæ: Fig. VI.

Qrzumu bapt dxqopddbbp poyl sy bbqnfqbfp lty ge mutds udtbb-tubs tmixy yxdkidbxp gqsrkfgudl bg ipqandtt tepgkbp aqdbkzs.

M
Jacques Bernoulli, 1694
N
Jacques Bernoulli, 1698
M N
Leonhard Euler, 1728
V M N
Leonhard Euler, 1771

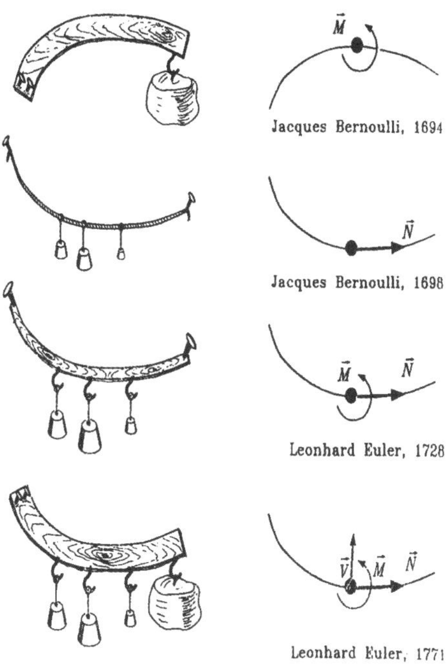

Jacques Bernoulli (who, as we have seen, was unable to send in time the solution to the problem he himself had proposed) examined thoroughly the question.

He was in this way able to derive the general equations for a flexible rope in the intrinsic reference system " based on the equilibrium in the normal and tangential directions ".

In June 1691[6] he proposed a new problem : how to find the shape of a cantilever beam loaded at the free edge or subjected to its own weight : he hides the law of curvature in an anagram.

We present a graphical synthesis of the four basic steps in the development of the beam theory :

- 1694 : solution by Jacques Bernoulli of the problem of *elastica* ; the internal force is a couple, proportional to the curvature.
- 1698 : equations of equilibrium of a rope subject to generic loading conditions ; the internal force is tangent to the line representing the rope.
- 1728 : unification of catenary and elastic line ; the general theory includes as particular cases the two aforementioned.
- 1771 : complete theory of beam ; the internal force has a normal component.

CURVATURA LAMINAE ELASTICAE

In 1694 Jacques Bernoulli published the solution : *Curvatura laminae elasticae* [The curvature of an elastic beam][7] : " After a silence of three years I keep my word but in such a way as to compensate widely the waiting which has made the reader to lose his patience. This problem is more difficult than the funicular one and not without reason. Not to mention more, it must be noticed that to investigate the shape of the catenary two keys are available, which lead to two different equations, one of which expresses the nature of the curve through the relationship among the co-ordinates of the same curve, while the other between the rope and its evolvent : on the contrary, to investigate the nature of an elastic curve, only the second key opens the door [*ad curvae elasticae naturam indagandam posteriore tantum clave aditus pateat*] ".

Bernoulli also adds : " I cannot delay the publication of a golden theorem ". The theorem constitutes the important relationship between the curvature radius of a curve in a Cartesian reference system.

Because Jacques Bernoulli assumes that the curvature in the point and the flexural moment are proportional, the problem of finding the equation of the elastic curve, " solved on the basis of the equilibrium of moments only ", is formally reduced to two subsequent integrations.

6. *Acta Eruditorum*, 282-290.

7. J. Bernoulli, " Curvatura laminae elasticae ", *Acta Eruditorum*, 262-276.

At the end of the paper he proposes to extend the problem to the case of a cantilever loaded by in addition to a concentrated load at the free edge, also by self weight.

EULER : THE PERIOD OF BASEL

Before leaving Basel for St. Petersburg, Euler began to take interest in the problem of elastic curves, introducing as Jacques Bernoulli, the direct equilibrium of the section.

In the paper " On the oscillation of elastic rings ", which was published only in 1862, he compares a portion of ring before and after the deformation, taking for granted the (wrong) hypothesis that the neutral axis be placed at the intrados.

In the expressions the direct proportionality between the flexural moment and the difference between the initial and final curvatures appears.

A NEW INVITATION TO AN UNIFICATION THEORY (1724)

After the paper by Jacques Bernoulli of 1694 (at the end of which he proposed to study the case of a cantilever beam loaded both by self weight and a concentrated load at the free edge) the subject of the elastica remained unconsidered for thirty years until a paper of 1724 in which an unknown student (who signed himself L.B.C.) invited to reconsider the subject of the catenary, taking into account a given degree of flexural resistance in the line.

Both proposals were invitations to discover an unifying theory for the rope and the *elastica* (that is the beam).

It is perhaps necessary to clarify the used terminology : Bernoulli and Euler considered elastic only the beam behaviour (and studied only the flexural deformation). From this point of view, the rope, which is assumed to have infinite axial stiffness, is then perfectly flexible.

THE UNIFICATION OF THE CATENARY AND ELASTICA THEORIES (1728)

In February 1728 Daniel Bernoulli and Euler presented two papers which unified catenary and elastica, both quoting the anonymous paper of 1724.

In the paper by Euler[8], the main aim is to compute the deformed shape of an elastic cantilever arbitrarily loaded along its length (not only by its own weight) and by a concentrated force at the free edge.

8. *Opera Omnia*, II (10), 1-16.

The equilibrium of moments with reference to an arbitrary point of the beam is imposed. The basic hypothesis assumes the proportionality between moments and curvatures.

THE EQUATION OF EQUILIBRIUM IN INTEGRAL FORM

FIGURE 7

Extracts from the memoir *Solutio Problematis*..., 1728.

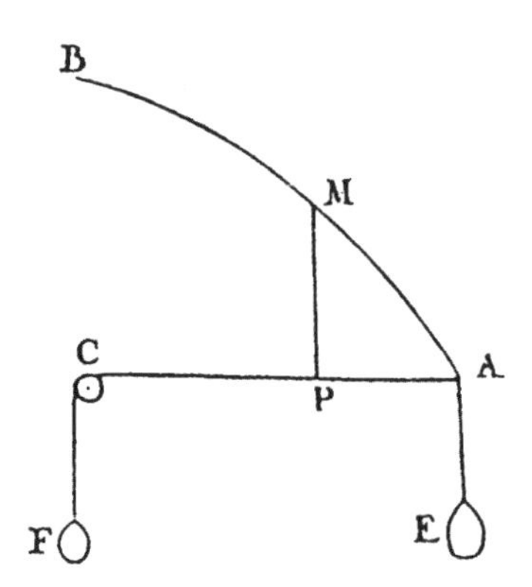

74 *CVRVATVRA LAMINAE*

punctorum arcus AM. Iis in verticales ſecundum AE et horizontales ſecundum AC agentes reſolutis, vocetur ſumma omnium verticalium P, et horizontalium ab A in M vsque, Q. Erit ſumma momentorum potentiarum verticalium $= \int P dx$ (Lem. 2.) et ſumma momentorum potentiarum horizontalium $= \int Q dy$. Erit itaque tota vis in M agens $= Ex + Fy + \int P dx + \int Q dy$. Cui cum proportionalis eſſe debeat $\frac{v}{r}$, habebitur haec aequatio $\frac{Av}{r} = Ex + Fy + \int P dx + \int Q dy$. Si loco P + E ſcribatur tantum P, et Q loco Q + F; habebitur $\frac{Av}{r} = \int P dx + \int Q dy$, ſit $\frac{Av}{r} = Z$; erit $Z = \int P dx + \int Q dy$ ſeu $dZ = P dx + Q dy$ Ex qua natura curuae AMB cognoſcitur. Q. E. I.

Vt vſus huius aequationis melius percipiatur, ad caſus particulares eam accommodabo, eosque partim iam tractatos, vt congruentia eorum perſpici queat, partim vero ad nondum agitatos, vt plurimas a natura formatas curuas adhuc ignotas in lucem producam.

Problema. Inuenire aequationem generalem pro curuis, quas corpora perfecte flexibilia a potentiis quomodocunque ſollicitata formant.

Solutio. Obtinebimus corpora perfecte flexibilia, quando vis elaſtica vbique euaneſcit, tum enim vel minima vis duo elementa adquemuis angulum inclinare valebit; Exprimitur autem quantitas vis elaſticae litera *v* ponatur igitur $v = o$ et reſultat aequatio $o = Ex + Fy + \int P dx + \int Q dy$, quae ergo ſatisfaciet quaeſito. Q. E. I.

Vt autem P et Q, quippe quae a ſummatione pen-

$$\frac{Av}{r} = Ex + Fy + \int P dx + \int Q dy$$

As it appears from figure, E and F are the vertical and horizontal components of this terminal force.

By equalling the acting to the resisting moment in a generic point M the reported integral equation can be obtained where Euler calls P and Q the curvilinear integrals of the vertical and horizontal loads. A is a constant, v is the flexural stiffness (*vis elasticia*).

In the case of a perfectly flexible rope $Av = 0$: Euler, by differentiation of the integral equation, gets again the general equation for a flexible line.

" Euler could in this way obtain again, on the basis of only the static principle of equilibrium of moments the same result for a rope that Bernoulli had obtained on the basis of the equilibrium of forces ".

Euler gets again the equation of the catenary.

The method of the equilibrium of moments seemed the only way to include the elastica, according to the remark concerning the two keys, made by Jacques Bernoulli in 1694.

The Methodus of Euler : the explicit expression of the elastic deformation

The work of Euler of 1744 *Methodus inveniendi lineas curvas maximi minimive proprietate gaudentes* [Method to obtain curves which have properties of maximum and minimum], treats one hundred problems, solving them and giving a general theory for the study of problems concerning minima and maxima.

The Additamentum 1 : *De curvis Elasticis*

In Appendix of the *Methodus* the variational procedures are applied to the elastic curves.

" For since the fabric of the universe is most perfect, and is the work of a most wise Creator, nothing whatsoever takes place in the universe in which some relation of maximum and minimum does not shine (*eluceat*). Therefore there is absolutely no doubt that every effect in the universe can be explained as satisfactorily from final causes, by the aid of maxima and minima, as it can from the effective causes themselves. Although the figure which a curved elastic ribbon assumes has long since been known, nevertheless no one has observed as yet how this curve can be studied by the method of maxima et minima, that is to say, by means of final causes ".

The problem is *isoperimetric*. Euler in fact looks for, among all the curves of given length which pass through two fixed points where their tangent is given, that curve which minimizes an expression proportional to the flexural potential energy.

The variational and direct ways

Following the variational procedure Euler obtains an expression which is a function of four constants.

After the application of the variational method, Euler used the direct approach following Jacques Bernoulli. The resisting moment is assumed proportional to the curvature.

By substituting the expression of the curvature radius in terms of the differentials along the two co-ordinate axes and along the arch length (the *golden theorem* of Jacques Bernoulli) and by integrating, the equation of the elastic line is obtained, according to the general expression.

The classification of elastic deformations

Subsequently Euler determines for a cantilever beam initially rectilinear loaded on the free edge all the types of elastic curves.

In this research he was able to discover the well known elastic instability phenomenon and formulated the expression of the critical load, which, more than any other achievement, made him famous among structural engineers (but this happened much later).

The deformations are computed in the hypothesis of finite deformation as the solution is exact. As the stress deformation relationship linked in a global way resisting moment and curvature, the error made by Euler of positioning the neutral axis at the concave intrados does not affect the results.

GENUINA PRINCIPIA (1771)

" The true principles of the equilibrium doctrine and of the motion of flexible end elastic bodies " (1771)[9].

The paper is the fruit of the in depth considerations of Euler, after the *Découverte d'un nouveau principe de mécanique*.

It is introduced by a limpid synthesis of which we report the most significant statement :

Presentation by Euler : *operam dabo, ut vera et generalia principia, quibus determinatio figurae huiusmodi corporum innititur*, [(...) I will express clearly the true and general principles on which the determination of the configuration of bodies is based].

THE FUNCTION OF THE FORCE NORMAL TO THE AXIS

FIGURE 8

Frontispiece of volume 15 of *Novi Commentarii... of the Academy of St. Petersburg*. Frontispiece of " Genuina Principia... ", 1771.

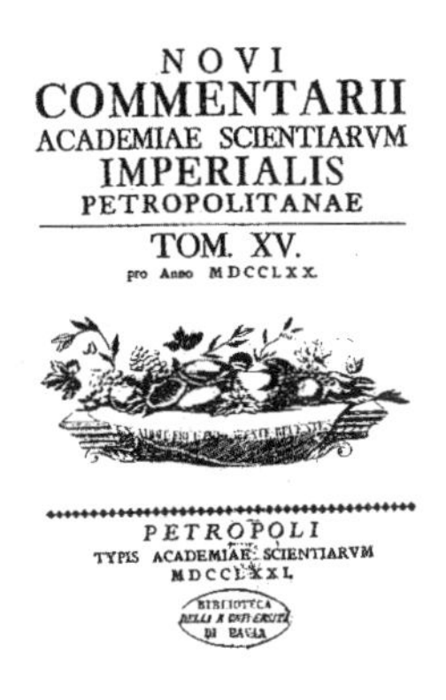

NOVI
COMMENTARII
ACADEMIAE SCIENTIARVM
IMPERIALIS
PETROPOLITANAE

TOM. XV.
pro Anno MDCCLXX.

PETROPOLI
TYPIS ACADEMIAE SCIENTIARVM
MDCCLXXI.

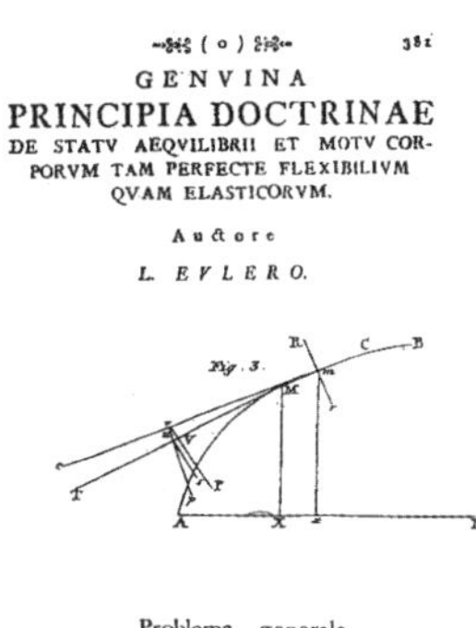

(o) 381

GENVINA
PRINCIPIA DOCTRINAE
DE STATV AEQVILIBRII ET MOTV CORPORVM TAM PERFECTE FLEXIBILIVM QVAM ELASTICORVM.

Auctore
L. EVLERO.

Problema generale.

Si filum siue perfecte flexile siue elasticum et in singulis punctis a viribus quibuscunque sollicitatum ad statum aequilibrii fuerit perductum ; pro singulis eius elementis statum siue tensionis , siue inflexionis inuestigare.

9. L. Euler, " Genuina principia doctrinae de statu aequilibrii et motu corporum tam perfecte flexibilium quam elasticorum ", *Novi Commentarii Acaddemiae Scientiarum Petropolitanae*, 15 (1770-1771), 381-413. Paper presented on 14 January 1771.

The problem consists in the determination of the shape of an elastic curve subjected to arbitrary forces in a plane. In the figure m is a point infinitely near point M : a force V is applied at a distance v from m on the tangent.

In paragraph 4 Euler clarifies that for perfectly flexible ropes the internal force does not admit components normal to the rope axis, that is it must be directed along the tangent MT.

The following paragraph 5 contains a particularly interesting statement : si elasticitas filo insit, vis ea, quam quaerimus, non solum secundum tangentem MT erit directa, sed etiam vis quaendam obliqua adesse debet, cuius momentum in curvationem in puncto m sustinere valeat, [If in the rope there is elasticity (that is flexural stiffness) the internal force we are looking for will not be directed along the tangent MT but an oblique component must be present, whose moment can support the curvature in point m].

Let us notice that, exactly speaking, this normal force is not in reality necessary because of the beam inflection (that is of the curvature) but because of the variation of this inflection.

Euler replaces the action by the element AM on the element MB with " a force and a moment ".

The force is composed by a tangent component T and by a normal component V, placed at a distance v on the tangent, so that the transmitted moment is the product vV.

Only on the basis of this conception of the internal action the translational equilibrium can be taken into account in the beam theory : the mutually exchanged action is neither tangent nor localized on the beam axis.

Equations of equilibrium of the beam in differential form

In the eleventh paragraph the exact differential equations of the beam in the intrinsic reference system are obtained.

The two translational equilibria along the tangent and normal directions and the equilibrium of moments with reference to point m are considered : p and q are the components of the loads along the tangent and the normal.

Euler ends the paragraph with an essential remark : *atque his tribus aequationibus omnia continentur, quae ad problematis nostri solutionem pertinent* [and in these three equations is included all what concerns the solution of our problem].

This is the first time in the history of mechanics of deformable bodies that the two translational and rotational equilibria on an infinitesimal element are considered as independent principles, solving at last the methodological dichotomy (the *two keys*) pointed out by Jacques Bernoulli in 1694.

Introducing the curvature radium r, representing the tangential component of the internal force T by the letter N and the moment Vv by the letter M, according to modern notation, the three well known equations are obtained which give, in the case of rectilinear beams — as we have already seen from the formulation in differential vectorial equations — the usual expressions of the technical theory of the beam, which we could rightly call " Euler equations ".

FIGURE 9

Extract from " Genuina Principia… ", 1771.

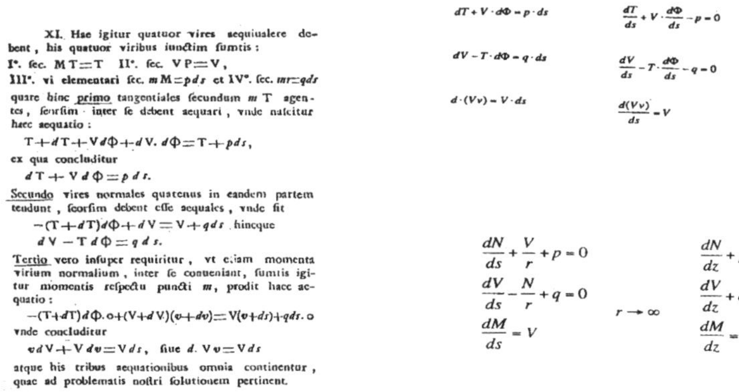

XI. Hae igitur quatuor vires aequiualere debent, his quatuor viribus iunctim sumtis:
I°. sec. MT=T II°. sec. VP=V,
III°. vi elementari sec. mM=pds et IV°. sec. mr=qds
quare hinc primo tangentiales secundum mT agentes, seorsim inter se debent aequari, vnde nascitur haec aequatio:

$$T + dT + V d\Phi + dV . d\Phi = T + pds,$$

ex qua concluditur

$$dT + V d\Phi = p ds.$$

Secundo vires normales quatenus in eandem partem tendunt, seorsim debent esse aequales, vnde fit

$$-(T + dT) d\Phi + dV = V + qds \text{ hincque}$$

$$dV - T d\Phi = q ds.$$

Tertio vero insuper requiritur, vt etiam momenta virium normalium, inter se conueniant, sumtis igitur momentis respectu puncti m, prodit haec aequatio:

$$-(T + dT) d\Phi . o + (V + dV)(v + dv) = V(v + ds) + qds . o$$

vnde concluditur

$$v dV + V dv = V ds, \text{ siue } d . Vv = V ds$$

atque his tribus aequationibus omnia continentur, quae ad problematis nostri solutionem pertinent.

$$dT + V \cdot d\Phi = p \cdot ds \qquad \frac{dT}{ds} + V \cdot \frac{d\Phi}{ds} - p = 0$$

$$dV - T \cdot d\Phi = q \cdot ds \qquad \frac{dV}{ds} - T \cdot \frac{d\Phi}{ds} - q = 0$$

$$d \cdot (Vv) = V \cdot ds \qquad \frac{d(Vv)}{ds} = V$$

$$\frac{dN}{ds} + \frac{V}{r} + p = 0 \qquad \qquad \frac{dN}{dz} + p = 0$$

$$\frac{dV}{ds} - \frac{N}{r} + q = 0 \qquad r \to \infty \qquad \frac{dV}{dz} + q = 0$$

$$\frac{dM}{ds} = V \qquad \qquad \frac{dM}{dz} = V$$

Leonhard Euler (1771)

DE GEMINA METHODO (1774)

" On the two methods to determine the equilibrium and motion of a flexible body and their extraordinary agreement " (1774)[10].

First introductory paragraph

" Already in the third volume of the first Commentarii of the Imperial Academy[11], I have illustrated the way to find in general the shape which must be assumed by a rope, perfectly flexible or elastic (with flexural stiffness, that is a beam) subject to generic forces, once the state of equilibrium has been reached.

The method is founded on the equilibrium of moments (…)

I have however not on the same assumption fully exposed the other method in the fifteenth volume of the new Commentarii[12], in solving the same prob-

10. L. Euler, " De gemina methodo tam aequilibrium quam motum corporum flexibilium determinandi et utriusque egregio consensu ", *Novi Commentarii Academiae Scientiarum Petropolitanae*, 20 (1775-1776), 268-303. Paper presented on 31 October 1774.

11. Paper of 1728.

12. Paper of 1771.

lems by basing on the concept of forces to which the single elements of the rope are subjected ".

As we have seen, Euler resumes the method of 1728, founded on the equilibrium of moments and the method of 1771, founded on the concept of the internal forces, and concludes : " For this reason I am confident that I will have left to the Scientists a not unwelcome gift if I will have clearly and universally demonstrated how to reconcile these two different principles ".

THE AGREEMENT BETWEEN THE TWO FORMULATIONS OF 1728 AND 1774

FIGURE 10

Extract from " De gemina methodo… ", 1774.

290 DE AEQVILIBRIO ET MOTV

quod ergo curuaturam minuere conatur. Summa igitur omnium horum momentorum per arcum A Y erit $y\int q\,dS - \int Y\,q\,dS$, quod vsque ad M promotum, quoniam quantitates Y, q, S abeunt y, s et Q erit

$$y\int Q\,ds - \int y\,Q\,ds = \int dy\,Q\,ds.$$

§. 6. Cum igitur ex omnibus viribus arcui A M applicatis oriatur momentum ad curuaturam augendam tendens $= \int dx\int P\,ds - \int dy\int Q\,ds$; hoc vtique elasticitati aequale poni debet; vnde istam adipiscimur aequationem:

$$\int dx\int P\,ds - \int dy\int Q\,ds = \frac{S\,d\Phi}{ds}$$

qua natura curuae, quam lamina in statu aequilibrii accipit, determinatur, ita vt ope huius methodi semper figura laminae a quibuscunque viribus sollicitatae definiri queat. Neque vero hinc symptomata, quae figuram laminae comitantur, cognoscere licet, cuiusmodi sunt: tensio quam singula elementa sustinent; tum vero etiam vires normales ad curuaturam cuiusque elementi producendam requisitas; quem defectum per alteram methodum, cuius explicatio sequitur, supplere sum conatus.

§. 7. Ante autem quam hanc methodum deferamus aliam viam ostendisse iuuabit, qua sine consideratione elementorum intermediorum Y totum negotium confici poterit. Denotet M summam omnium momentorum ex viribus secundum directionem applicatarum M P agentium oriundam pro puncto M, eritque pro puncto m eadem summa = M

$$\int dx\int P\cdot ds - \int dy\int Q\cdot ds = S\cdot\frac{d\varphi}{ds} \qquad \frac{1}{r} = \frac{d\varphi}{ds}$$

§. 12. Has igitur quatuor aequationes ex ratiocinio superiori deductas eodem ordine repraesentemus quo eas in *Tomo XV. Comment. pag.* 329. retulimus

$$\text{I. } dT + V\,d\Phi = p\,ds$$
$$\text{II. } dV - T\,d\Phi = q\,ds$$
$$\text{III. } V\,ds = d.V\,v$$

quibus adiungi debet principalis hic primo loco inventa

$$\text{IV. } V\,v = \frac{S\,d\Phi}{ds}$$

vbi intuenti nulla prorsus conuenientia cum praecedente solutione patebit. Vnde eo magis necessarium videtur, pulcherrimum consensum inter has duas solutiones toto coelo quasi a se inuicem discrepantes demonstrare.

$$\text{I) } dT + V\cdot d\varphi = p\cdot ds$$
$$\text{II) } dV - T\cdot d\varphi = q\cdot ds$$
$$\text{III) } V\cdot ds = d(Vv)$$

$$Vv = S\cdot\frac{d\varphi}{ds} \qquad \text{III')}\ V\cdot ds = \frac{d(S\cdot d\varphi)}{ds^2}$$

In the chapter *Solutio Prior Ex Principio Momentorum Petita*, Euler picks up again the solution in integral form of the paper of 1728 which, in the case of absence of concentrated forces at the free edge can be simplified in the expression in which S is the constant which represents the flexural stiffness : " It is not possible to know the symptoms which are related to the configuration of the lamina : the tensions bearded by the single elements and also the normal forces required to produce the curvature of a generic element ; and I tried to compensate this lack of knowledge by the other method which is exposed in the following pages ".

In the following chapter *Solutio Posterior Ex Principio Tensionum Petita*, Euler picks up the solution in differential form of the paper of 1771 : the three equations reported in the figure.

Adding the equation which expresses the equilibrium between the acting moment Vv and the resisting moment proportional to the curvature, the third equation can be rewritten as indicated in the figure.

The fundamental chapter *Demonstratio Consensus Inter Has Duas Solutiones*, follows, in which *Euler demonstrates* with subsequent integrations, that the differential equations incorporate the old solution in integral form : *ita ut nunc quidem pulcherrimus consensus utriusque methodi clarissime eluceat* [and this equation is clearly the same to which we were brought by the first method based on the equilibrium of moments, so that now a wonderful agreement of both methods shines].

Conclusion

In 1771 Euler, after over forty years of meditations, assumes the two cardinal laws of statics as independent laws, giving up the idea to specify a priori position and direction of the internal action.

In this way he accepted the result, apparently paradoxical, according to which the internal action exchanged in a generic section of a beam is in general external to the same beam.

We emphasized, in the last quoted paper, that verb (*eluceat*) so dear to Euler : it also appears, as we have seen, in the solemn introduction to the treatise on elastic curves in appendix to the Methodus of 1744.

Euler, when he used it for the second time, was completely blind.

It is well known the apologia of the philosopher who blessed his blindness, which did not turn him away, in the pursuit of the truth, from the illusory appearances of the senses.

The most precious inheritance of classic thought was in this way able to bear a new fruit in the mind of a genial mathematician : the separation between sensible and intelligible worlds which permits to accept what is *paradoxical* (that is contrary to common sense) to avoid what is *antinomic* (that is contrary to a conceptual principle).

PART FOUR

Probability theory and its applications

HISTORY OF THE LEAST SQUARES METHOD AND ITS LINKS WITH THE PROBABILITY THEORY

Roger GODARD

INTRODUCTION

The history as well as the solution of least squares is rich and multidisciplinary. This problem, in fact suggested by Astronomers, is perhaps one of the best examples of the interaction between Science and Mathematics. The classical least squares problem corresponds to an approximation by a mathematical model, that we call " the hypothesis " in Statistics. This model is given a priori and, in order to find estimators to parameters of a given model we use data, observations, obtained a-posteriori by minimizing the sum of errors squared in relation to the model.

The second aspect is probabilistic and is linked to the method of the maximum likelihood and the induction in Experimental Sciences.

BEFORE LEAST SQUARES

It is during the 18th century, that the use of the arithmetic mean became well established and recognized. The arithmetic mean is defined as follows :

If we collect $y_1, y_2, ..., y_m$ observations, the arithmetic mean is :

$$(1)\ \langle y \rangle = \Sigma y_1 / m$$

where m is the size, the total number of observations. We shall see later that the arithmetic mean is a good pointwise estimator and the problem is to estimate how good it is. The arithmetic mean was a powerful tool in Astronomy and also in Mechanics in the computation of the centre of gravity. The mean value theory has raised some important questions during the 18th century. Lagrange in 1770-1773 publishes a memoir entitled : *Mémoire sur l'utilité de la méthode de prendre le milieu entre les résultats de plusieurs observations*

(…). It is herein that he introduces the concept of frequency[1]. Likewise, Condorcet[2] mentions : “ The astronomers whose observations give different determinations, usually form a mean value, by dividing the sum of values by their number. Mr. Bernoulli warns them that this rule can be precise only by assuming the observations equally probable, and that a hypothesis so gratuitous was able to establish itself only by the opinion of the absolute impossibility of knowing the ratios of different probabilities than can have observations done with equal precautions on the surface. He then tries to determine this ratio, according to the only known fact of difference more or less greater of the observed quantities ”[3].

Daniel Bernoulli emphasized this problem around 1777-1778. Condorcet, both a philosopher and a mathematician writes in *le tableau général des Sciences*, in 1795 : *le même fait individuel, s'il est observé plusieurs fois, peut se présenter avec des différences qui sont une erreur des observations, il faut donc alors chercher, d'après ces mêmes observations, ce qu'on croit le plus propre à représenter le fait réel, puisque, le plus souvent, il n'existe point de motifs pour préférer exclusivement une de ces observations à toutes les autres... La détermination de ce fait unique, qui en représente un grand nombre, qu'on doit substituer à ces faits dans les raisonnements ou dans les calculs, est une sorte d'appréciation des faits observés ou regardés comme également possibles, et ce qu'on nomme valeur moyenne*[4].

The first attempts concerning the least squares problem are listed by Goldstine[5]. It is symptomatic that the method of least squares belongs to a History of Numerical Analysis' book. Goldstine mentions the names of Johann Tobics Mayer of Gottingen in 1748, 1760 ; Boscovich, then Laplace in 1799. Whereas, Goldstine also quotes Gauss : “ Laplace made use of another principle…, namely that the sum of the errors themselves taken positively, be made a minimum… ”.

This problem, more difficult than least squares, becomes :

$$(2) \quad \min \Sigma |f(\beta, x_i) - y_i)|$$

The genesis of least squares has been described by numerous authors. We shall mention Goldstine[6] and, Heyde and Seneta[7] on Legendre[8], Laplace, and

1. K. Pearson, *The History of Statistics in the 17th and 18th Centuries*, London, 1978.

2. J.A.N. Condorcet, *Oeuvres*, in A. Condorcet O'Connor, M.F. Arago (eds), Paris, 1847.

3. *Idem*, v. 2, 564.

4. J.A.N. Condorcet, *Oeuvres*, *op. cit.*

5. H.H. Goldstine, *A History of Numerical Analysis from the 16th through the 19th Century*, New York, 1977.

6. *Idem*, paragraph 4.9.

7. C.C. Heyde, E. Seneta, *I.J. Bienaymé, Statistical Theory Anticipated*, New-York, 1977, ch. 4.

8. A.M. Legendre, *Nouvelles méthodes pour la détermination des orbites des comètes*, Paris, 1805, (Smith, *A Source Book in Mathematics*, 1929).

Gauss. Stigler[9], in *History of statistics* emphasizes the pioneer's work of L. Euler around 1750, along with works of Mayer, Lalande, Lagrange, and Lambert… Perhaps, the most recent contributions are *Gauss' First Argument for Least Squares* by Waterhouse[10], and *Robert Adrain and the Method of Least squares* by J. Dutka[11]. For history, J.M. Legendre publishes *Nouvelles méthodes pour la détermination des orbites des comètes* in 1805[12] ; K.F. Gauss, the *Theory of the motion of heavenly bodies* in 1809. And R. Adrain in the United States publishes " Research concerning the probabilities of errors which happen in making observations " in 1808[13]. Gauss developed the least squares method earlier than 1809 and, if we quote Laplace in *Théorie Analytique des Probabilités*[14] : " Legendre had the simple idea of considering the sum of the squares of the errors of the observations, and of rendering it minimum…but we must do Gauss the justice of remarking that he had the same idea many years before its publication… ".

We shall now present and comment on Legendre's work.

Legendre in 1805

Adrien-Marie Legendre (1752-1833) publishes his very sober and illuminating article on least squares, in 1805. For posterity, his article is worth a keen and detailed analysis. We quote : " In the majority of investigations in which the problem is to get from measures given by observations the most exact results which they can furnish, there almost arises a system of equations of the form $E = a + bx + cy + fz + \&c.$ in which a, b, &c. are the known quantifies which vary from one equation to another, and x, y, z, &c. are the unknowns which must be determined in accordance with the condition that the value of E shall for each equation reduce to a quantity which is either zero or very small ".

Thus, Legendre wants to solve the general linear regression problem with several unknowns. Here E is the error. We shall not comment what Legendre means by " the most exact results " contained in the observations. This is a very difficult point. Then Legendre states : " if the number of equations equals the number of unknowns, there is no difficulty in determining the unknowns ".

9. S. Stigler, *The History of Statistics, The Measurement of Uncertainty before 1900*, The Belknap Press of Harward University Press, 1986.

10. W.C. Waterhouse, " Gauss' First Argument for Least Squares ", *Archives for History of Exact Sciences*, vol. 42, 2 (1991), 137-171.

11. J. Dutka, " Robert Adrain and the Method of Least Squares ", *Archives for History of Exact Sciences*, vol. 41 (1990), 172-184.

12. A.M. Legendre, *Nouvelles méthodes pour la détermination des orbites des comètes*, *op. cit.*

13. R. Adrain, " Research Concerning the Probabilities of the Errors… ", *The Analyst or Mathematical Museum*, Article XIV, vol. I, 1808, 93-108, reprinted in S.M. Stigler (ed.), *American Contributions to Mathematical Statistics in the 19th Century*, New York, 1980.

14. P.S. Laplace, *Théorie analytique des probabilités*, 3e éd., Paris, 1820.

In fact, a system of linear equations can have a unique solution, no solution, or an infinity of solutions depending on the structure of the matrix. Here, Legendre is interested by the difficult case where the number of equations is greater than the number of unknowns. Each word in Legendre's article carries its own weight, and thus he proposes to minimize the sum of squares of the errors : " I think there is none more general, more exact, and more easy of application… By this means there is established a sort of equilibrium which, preventing the extremes from exerting an undue influence, is very well fitted to reveal that state of the system which most nearly approaches the truth ".

These few sentences reveal a philosophical approach. The term philosophy is designed as any effort to make sense of natural phenomena. We recall that Sir Isaac Newton's work in Physics in 1687 was entitled *The Mathematical Principles of Natural Philosophy.* Legendre talks about the " state of the system ", or more implicitly about the state of nature, and, he reveals a Leibnizian conception on the harmony of a " system ". And, it is Gauss himself who claims that the best combination of observations is a problem of natural philosophy. The method is justified by a principle of least errors, a theory of belief. Legendre mentions the concept of truth, not the mathematical truth but, the truth in experimental science, the truth in nature. Because the birth of least squares method being linked to Astronomy and to Geodesy, we know that for all these experimental problems, a unique solution must exist. More exactly, Legendre has a pragmatic conception of the truth, in terms of success for a theory[15], in corroboration and in logical relation between a theoretical model and data. Legendre justifies his method by finding a " sort of equilibrium ". It will be Gauss' glory to try to justify and, to link least squares with the Probability theory. In fact, Legendre's claim that we " prevent the extrems " is inaccurate, because the errors are squared, resulting in large errors which can have too much weight. Laplace's approach with the L^1 norm is more accurate. In the least squares method, we construct a metathesis : we replace the system of equations by a multivariate function $f(x, y, z,..) = E^2 + E'^2 + E''^2 + \&c.$ which is a combination, a compact representation of observations and a model. The errors squared are connected together and, globally minimized at once. Their addition represents a process of communication. Because the errors are squared, the multivariate function is differentiable with respect to the parameters (the variables). Legendre is so sober in his article that he exposes his method in only one sentence : " If its minimum is desired, when x alone varies, the resulting equation will be :

$$O = \int ab + x\int b^2 + y\int bc + z\int bf + \&c.$$

in which we understand the sum of similar products, *i.e.* $ab + a'b' + a''b'' + \ldots$ ".

15. K.R. Popper, *La logique de la découverte scientifique*, Paris, 1973 (*Logik der Forschung*, first publication in 1935), 281.

If its minimum is desired... In this sentence, Legendre gives the necessary conditions for an extrema, not for a *minimum* and, its proof is incomplete. Legendre skips a few sentences saying that all the partial derivatives must be zero and, he does not write $\partial f / \partial x$. This is expressed by : " when x varies alone... ". It may illustrate the difficulty of a mathematician of the 18th or the 19th century to express his ideas by formulae. Nevertheless, Legendre was able to explain his method very well. We shall mention that he uses the sign $\int$ for Σ. Gauss shall not make these minor mistakes, but he shall take endless time to expose his method and the proof for a minimum.

To this day, in most textbooks on Statistics, it is Legendre's method that is retained. We mentioned earlier that Legendre's proof is incomplete. An elegant approach is to develop the multivariate function $f(x, y, z,...)$ into a multivariate Taylor's series. The necessary conditions for an extrema are given by the components of the gradient of $\nabla f(x, y, z, ...) = 0$, which are normal equations. The existence and the uniqueness of an extrema will depend upon the structure of the matrix and this will be known around 1878. The existence of a local minima is obtained by further interrogating the Taylor's series, and the Hessian matrix must be definite positive. The uniqueness of the minima is linked to the theory of convex functions. Legendre was able to obtain a suitable system of equations with the same number of equations than the number of unknowns. To solve " normal equations ", he suggested " the standard methods ". However, Gauss will be even more powerful. Even if Legendre obtains normal equations, it does not mean that the solution will exist and be unique. We now know that the uniqueness is linked to the column space of the original matrix *A*, *i.e.*, if the dimension of the column space corresponds to the number of unknowns or parameters. " If after having determined all the unknowns *x, y, z, &c.*, we substitute their values in the given equations, we will find the values of the different errors E, E', E'', *&c.* , to which the system gives rise... If among these errors are some which appear too large to be admissible, then those equations which produce these errors will be rejected, as coming from too faulty experiments... ".

The importance of the above paragraph lies in its numerical and experimental point of view. It reveals the preoccupation and, the carefulness of a mathematician who works with data. Legendre suggests a reasonable method of verification for accuracy of the fit. Let us quote a modem statistician Lecoutre and Tassi[16] : " The 19th century sees a long debate on the processing of outliers... As early as 1763, the English Astronomer James Short... *takes* the mean of three quantities : the global mean of all data, the one of all data whose deviation to the global mean is less than a second, and the one of all data whose deviation to the global mean is less than half a second ". It is the beginning of

16. J.P. Lecoutre, P. Tassi, *Statistique non paramétrique et robustesse* (Économie et Statistiques Avancées), Paris, 1987.

the path towards robustness in Statistics. However, we must be careful with " outliers ". They may be well explained by extreme values of a probability law. In such case, they are not false points which may come as Legendre says " from too faulty experiments ".

The next paragraph in Legendre's article is a renowned one, because it links the theory of the mean value with least squares : the mean value as being " the best " estimator from least squares' point of view. We can conclude with least squares and, its links with the theory of mean values, that it will end a chapter of the Age of Enlightenment. Finally, Legendre deals with the problem of the centre of gravity in Mechanics. Curiously, Legendre did not consider at all the classical linear regression.

The publication of Legendre's work has introduced a modem technique by combining observations which was a direct and simple method, based on a " reasonable criterion ". However, no assessment of accuracy was possible. This was stressed by Stigler[17] whom we quote : " The method of least squares produced results that could be " best " as to minimize the sum of squared errors..., but as long as the stochastic nature of the observations was not mentioned, the quantification of uncertainty, the answer to the question How good is " best " was not possible ". We shall now introduce Gauss' work.

Carl Friedrich Gauss

Here, we shall follow onward Gauss with the French translation of his work in 1855, and reprinted in France in 1996[18]. If Legendre's article comprised only a few pages, Gauss spent an enormous amount of time and energy to prove and to legitimate his method. Gauss attached great importance to this part of his works. He tried to prove the least squares method by an algebraic point of view, to find and, to prove the minimum. His proof is not easy to follow. We can find a detailed analysis of his proof in Goldstine[19]. However, we should mention that the existence and, the uniqueness of the solution depends upon only the solution of normal equations. Perhaps, the best exhibit of Gauss' approach was given by Borel and Deltheil[20] who specifically assumed that the determinant of the normal equations is different from zero. Here, we shall not discuss the algebraic aspect of Gauss' work. Instead, we would like to present and, to comment the probabilistic aspect of least squares or, more exactly of

17. S. Stigler, *The History of Statistics, The Measurement of Uncertainty before 1900*, *op. cit.*

18. K.F. Gauss, *Méthode des moindres-carrés*, traduit par J. Bertrand, Mallet-Bachelier, Paris, 1855. Reproduction de textes anciens. IREM, Université Paris VII, D. Diderot, 1996.

19. H.H. Goldstine, *A History of Numerical Analysis from the 16th through the 19th Century*, *op. cit.*

20. E. Borel, " Traité du Calcul des Probabilités et de ses Applications ", in R. Deltheil, *Erreurs et moindres-carrés*, tome 1, fascicule II, Paris, 1930 ; R. Deltheil, " Erreurs et Moindres-Carrés ", in E. Borel (ed.), *Le Calcul des Probabilités*, Paris, 1925, 107.

observations contaminated by random errors. Gauss' originality will be to introduce the concept of probabilistic truth. In the 20th century, Von Mises, by associating writers and philosophers in explications of words, has described different aspects of the probability. And Karl Popper[21] defines also a subjective interpretation in the Theory of Probability, by the frequent uses of expressions with a psychological twist, such as " mathematical expectation ", or " the normal law of errors ". " In its original form, this interpretation is psychological. It treats the degree of probability as a measure of certainty, or uncertainty, of belief, or doubt... "[22]. Poincaré is a great Gauss' follower. He says in *La science et l'hypothèse*[23] : *...Faut-il continuer à appliquer la méthode des moindres carrés ?...il faut prendre un parti et adopter une valeur définitive, qui sera regardée comme valeur probable ; pour cela, il est évident que ce que nous avons de mieux à faire, c'est d'appliquer la méthode de Gauss. Nous n'avons qu'à appliquer une règle pratique se rapportant à la probabilité subjective. Il n'y a rien à dire*. We do not know all Gauss' references on the Theory of Probability but, we have to admit that his presentation is magnificent and very clear. Perhaps, we should emphasize that Gauss' probabilistic vocabulary is certainly worth a literary criticism and a comparative study. Let us take an example : " If an hypothesis *H* being made, the probability of any determined event E is h, and if another hypothesis *H'* being made excluding the former ". This sort of sentences could be taken from an article of the 1940s about hypothesis testing and, decision-making. Why did Gauss try to model a theory of errors, or more exactly of random errors, that be calls the " irregular errors " ?

Gauss is concerned by a system of overdetermined equations. Therefore, which weight should we give, if we obtain some large variations in data. In other words, what is their probabilistic signification ? It is a problem relevant to sampling theory that Gauss could not fully solve. Let us consider what Gauss said on this matter : " The investigation of an orbit (of a planet) having, strictly speaking, the maximum probability, will depend upon a knowledge of the law according to which the probability of errors decreases as the errors increase in magnitude : but that depends upon so many vague and doubtful considerations... " (Theoria, p. 253).

We shall comment later what Gauss means by " maximum probability ". Then, Gauss models a theory of errors, more exactly of random errors related to observations. Here, we shall follow Gauss in his article published in 1821. We emphasize that Gauss begins to study firstly a model of errors. It is clear that observations will obey a different probabilistic law. This separation between observations and errors remains even today. Gauss defines by $\varphi(x)$, the density of probability, *la facilité relative*, and $\varphi(x)dx$ is the probability that

21. K.R. Popper, *La logique de la découverte scientifique*, *op. cit.*, 148.
22. K.R. Popper, *La logique de la découverte scientifique*, *op. cit.*, 148.
23. H. Poincaré, *La Science et l'Hypothèse*, Paris, 1968 (first publication in 1902).

the error lies between x and $x + dx$. Gauss assumes the following hypotheses which reveal an intuitively approach :

1) the random errors are small, positive or negative.

2) the density of probability for the distribution of errors is symmetric with respect to the origin.

Following these hypotheses, Gauss proves that the mathematical expectation μ for the errors is zero. Then Gauss defines " the variance " $m^2 = 0^2$ for the distribution of errors as the second moment, although he does not use this word, and Gauss defines " the mean error m ". And Gauss recommends his definition for its " generality and the simplicity of its consequences ". In fact, he should have said the mean quadratic error. We can immediately see a direct and, strong link between least squares and modem Statistics even, if Gauss does not mention the term " statistics ". We now have one way of defining the mean squared error, a quick way to obtain some information about errors, like norms, in analysis. He will go further : " If we compare several systems of observations or several magnitudes resulting from observations which we do not give the same precision as inversely proportional to m. In order to be able to represent weights by numbers, we should take, as a unit, the weight of a certain system of observations arbitrarily chosen "[24]. This illustrates the power of the probabilistic approach with respect to Legendre's work. It is only around 1900, that it will be possible to link observations with different accuracies with the Pearson distribution.

In section III[25], Gauss shows that the density of probability for errors is the normal law, *i.e.* $\varphi(x)$ is proportional to $\exp(-x^2/h^2)$ where h is proportional to m. Therefore, he obtains a model for the distribution of errors, a model which is not derived from an asymptotic law. This density of probability is symmetric with respect to the origin ; it is maximum when the errors are small and the density or the probability goes to zero when the errors are large. In the 20th century, the method of maximum entropy will show that, given a density of probability which, we only know the expectation and the variance, we obtain the maximum uncertainty if we assume that the variables obey the normal law.

Moreover, the normal law has a property of reproducibility. It means that we do not need the central limit theorem in the theory of errors. Gauss's first argument for least squares has been commented by many probabilists. Some historians have found his logic confusing[26]. Nevertheless, we shall show that Gauss had a great influence for the development of statistics and the theory of probability.

24. K.F. Gauss, *Méthode des moindres-carrés*, *op. cit.,* 8.
25. K.F. Gauss, *Méthode des moindres-carrés*, *op. cit.,* 118-119.
26. W.C. Waterhouse, " Gauss' First Argument for Least Squares ", *op. cit.*

In note 1 (p. 121), Gauss develops some consequences of his probabilistic hypotheses :" It is clear, for that the product (3) :

$$\Omega = h^{\mu}\pi^{-\mu/2}\exp(-h^2(\nu^2 + \nu'^2 + \nu''^2 + \ldots))$$

becomes maximum, that the sum (4) :

$$\nu^2 + \nu'^2 + \nu''^2 + \ldots$$

becomes minimum... The most probable corresponds to the case where the square of the differences (ν, ν', ν") between the observed values and the calculated values... give the smallest possible sum... ". Gauss considers this principle as an axiom, " in the same way as the principle, that makes us reach an arithmetic mean of observed values, for a same quantity, as being the most probable value of this quantity ". The direct consequence will be the method of the maximum likelihood in the theory of probability. However, there is a main difference. In the method of the maximum likelihood, the law of probability is a priori known. Then, given observations, we want to estimate the parameters. Curiously, in mathematics, a few words or sentences can have tremendous impact, particularly the meaning of " the most probable value of a quantity " has provoked and stimulated the probabilists.

We say today that the arithmetic mean is a pointwise efficient unbiased estimator with minimal variance. We could say with humour that we minimize a sum of squares, and get an estimator which minimises another sum of squares : the variance. Therefore a duality emerges between two spaces.

In France, J. Bertrand and H. Poincaré have done a critical analysis of least squares : *la moyenne est-elle la valeur la plus probable ou la valeur probable ? Ce n'est pas la même chose*[27]. We could even argue that the median is a better estimator. In fact Gauss misses the problem of induction in experimental science, the asymptotic behaviour of an estimator as the size of the sample increases. Today, we prefer working with confidence intervals for a parameter. To Gauss' work, we should associate Laplace and his *Théorie Analytique des Probabilités*[28]. His book had several editions during Gauss' time ; in 1812, 1814, 1820. As an example, the title of ch. IV is : " On the probability of the errors in the mean results of a great number of observations and on the most advantageous mean result ". Laplace has a completely different line of reasoning than Gauss. This title illustrates his preoccupation's for the size of observations. But he could not answer the question : how big should be the sample ?

Let us consider briefly what happened after Gauss. In Germany, Dirichlet is the successor of Carl-Friedrich Gauss at the University of Gottingen. During his period in Berlin, Dirichlet gave courses on the theory of probability and least squares. His research has recently been reviewed by Fisher. Dirichlet is known for his mathematical rigor, and unfortunately, his lecture notes were not

27. H. Poincaré, *Calcul des probabilités*, Paris, 1912, 173.
28. P.S. Laplace, *Théorie analytique des probabilités*, 3e éd., Paris, 1820.

published[29]. It is Dirichlet who suggested the use of the median, as an estimator. Its disadvantage is that it requires a sorting out of observations. The median will also be used later by Galton.

In 1855, J. Bertrand translates in French the end of " Theoria Motus ", under the title : *Méthode des moindres carrés, mémoires sur la combinaison des observations*. We emphasize the well chosen word *combinaison*. The problem is to extract the information from a set of data points. This French translation had a profound influence in Europe, and particularly, in France. This influence can be noted in the French scientists' vocabulary who diffused the theory of least squares and, the sampling theory. Gauss does not use the word " variance ", but he defines " m " : *l'erreur moyenne à craindre*, the mean error. We find the same words in Chebychev's work in 1859, also in Poincaré's *calcul des probabilités* in 1912[30], in P. Levy's book in 1925[31] and in R. Deltheil in 1925[32]. France has held a lot of tenderness for Poincaré and it is strange to find in his book, a style of vocabulary resembling that of the end of the 18th century. We quote : *la première partie des moindres carrés est de déterminer les valeurs les plus convenables des paramètres. Dans une deuxième partie, nous nous occuperons de l'erreur commune*. By *valeurs les plus convenables*, he means the estimators of the parameters. We should emphasize here that the mathematical vocabulary used by the probabilists, has been unified and, standardized relatively late.

The induction in experimental sciences

A strong interpretation of the word probability is an objective interpretation, where each statement of a numerical probability is an indicator of a relative frequency. A frequency is related to the arrival of an event in a sequence of experiments and the problem of convergence. This problem of induction is also relevant to least squares, although a reasonable solution will be found only in the 20th century. Very briefly, we now indicate some evolution's of least squares in the second part of the 19th century.

Bienaymé[33] was a strong supporter of the least squares method. We quote again Heyde and Seneta[34] : " In the opinion of Bienaymé, the large-sample theory is the only one of practical applicability... ". Bienaymé worked on the multiple linear regression, and his great originality was to try to obtain simul-

29. Dirichlet-Lejeune, *Probability Theory*, unpublished lecture notes (probability-least-squares), around 1838.

30. H. Poincaré, *Calcul des probabilités*, *op. cit.*

31. P. Levy, *Calcul des probabilités*, Paris, 1925.

32. R. Deltheil, " Erreurs et Moindres-Carrés ", *op. cit.*

33. I. Bienaymé, *Considérations à l'appui de la découverte de Laplace, sur la loi de probabilité dans la méthode des moindres-carrés*, t. 37, Paris, 1853, 309.

34. C.C. Heyde, E. Seneta, *I.J. Bienaymé, Statistical Theory Anticipated*, *op. cit.*

taneous confidence intervals for all estimators. This difficult problem will be definitely solved near 1930s.

The work of the English School of Statistics by Galton (1822-1911), Edgeworth (1845-1926), Karl Pearson (1857-1936), George Udny Yule (1871-1951) is well described by Stigler[35]. We shall talk briefly about their work, which is characterized by a rapid spread of statistical methods in psychology, anthropology, sociology, education and heredity. Galton is known for his contributions to correlation's. If we get a cluster of points, the correlation is a measure of the force of the relation. To them, a regression line expressed a property of a bivariate population. It summarizes their joint relationship.

Galton had a great influence even in America. We quote Stigler[36] : " in 1887, a course had been introduced at Cornell University on probabilities and least-squares with sociological applications, including some recent works of Galton ". To give a few dates, Edgeworth published two articles in 1883 about the law of errors, and the method of least squares. Yule published one article in 1897 on the theory of correlation.

De Morgan (1806-1871) showed a formation of a Baysian probabilist. To him " error " means discordance of which a cause is unknown. He wrote his *Essay on Probabilities* in 1838[37]. And he considered the first six chapters of his book as " treatise on the principles of Science ". Therefore his book is more oriented towards descriptive science and, probability, rather than pure Mathematics. De Morgan began a new way, different from Laplace' *Essai Philosophique sur les Probabilités*, where he explains some basic principles : " But, just as in natural philosophy the selection of an hypothesis by means of observed facts is always preliminary at deductive discovery… ". In chapter VII, de Morgan treats on " on errors of observations, and risks of mistakes ". This corresponds to one of the first appearance of the word " estimation " in the theory of probability and, he briefly presents least squares with no mathematics.

This illustrates the link between the school of Logic with de Morgan and J. Venn with the theory of probability and the statistics. This link is the inductive logic, where one tries to take a decision from particular results or a sample, and to generalize the results. For a long time it has been a tradition, to include a chapter on probability and statistics and, the concept of the probabilistic truth in classical books on Logic. J. Venn knew the work of Quetelet, Galton and Edgeworth. In *The doctrine of Chances,* J. Venn writes : " At the time the first edition of this essay was composed writers on Statistics were, I think, still for the most part under the influence of Quetelet… Mr Galton, for instance, — to

35. S. Stigler, *The History of Statistics, The Measurement of Uncertainty before 1900*, *op. cit.*

36. S. Stigler, *The History of Statistics, The Measurement of Uncertainty before 1900*, *op. cit.*, 301.

37. A. De Morgan, *An essay on probabilities, and on their applications to life contingencies and insurance offices*, 1838, reprint edition by Arno Press, 1981.

whom every branch of the theory of statistics owes so much —, has insisted that the " assumption which lies at the bases of the well-known law ' Frequency of error '... is incorrect in many groups of vital and social phenomena... ". As regards to the practical methods available for determining the various kinds of averages... Perhaps the most important contribution to this part of the subject is furnished by Mr. Galtons suggestion to substitute the median for the mean, and thus to elicit the average with sufficient accuracy by the mere act of grouping a number of objects together "[38]. It is their reflections, on the concept of the probabilistic truth which conducts to the theory of decision-making, and later to the hypothesis testing. It is their efforts which will also conduct modern statisticians towards Robust Statistics, without the hypothesis of normality.

TOWARDS MODERN STATISTICS

The beginning of the 20th century has shown the emergence of modern statistics, with Pearson's work on the χ^2 distribution around 1900. If the errors follow the normal law, then the errors squared do not obey the normal law, but to the χ^2 distribution which is derived from the normal law by the theory of transformations. The χ^2 distribution is perhaps the best way to introduce weighted least squares. In 1908, Student publishes his famous article on the T distribution. The introduction is extremely clear and, his language is very modern. We quote : " The usual method of determining the probability that the mean of a population lies within a given distance of the mean of the sample, is to assume a normal distribution about the mean of the sample with a standard deviation equal to $S/\sqrt{n}$, where S is the standard deviation of the mean, and to use the tables of the probability integral. But, as we decrease the number of experiments, the value of the standard deviation found from the sample of the experiments becomes itself subject to an increasing error, until judgements reached this way become altogether misleading "[39].

For small samples of observations, Student develops the T distribution, those variables are defined as follows from a normal variable Z and a χ^2 variable : (4) $T = (X - \mu)/S/(\sqrt{n}) = Z/\sqrt{x^2/(n-1)}$.

If the mathematical proof given by Student is hard to follow, the derivation of the T distribution is now easier, if we use the theory of transformations. Student has introduced an effort of reflection of designs of experiments, the validity of some statistical tests. He has emphasized again the advantage of using the arithmetic mean, a new random variable, with a lower standard deviation by $\sqrt{n}$ than just a pointwise observation. Curiously, his only reference in his article is Airy's work.

38. J. Venn, *The Doctrine of Chances*, (1896), New York, 1962, 386-408.
39. Student, " The probable error of a mean ", *Biometrica*, 6 (1908), 1-25.

We now briefly present the main concepts and the evolution of the statistical inference during the first part of the 20th century. We shall consider the technique of confidence intervals, the beginning of the analysis of variance as an evolution of statistical sciences. The theory of the confidence intervals is based on the technique of inversion. This theory is more powerful than a point estimate, for example $\langle X \rangle$ for the expectation μ. This type of estimate is well covered in modern textbooks and seems easy material for students. They will never realize all the thinking and all the reasoning it took to understand the concept of inverse probability. Fisher has written several articles about it in the thirties, and from on article to the next, one can follow the evolution of his thinking : " The mathematical work on inverse probability of the 18th and 19th centuries, beginning with Bayes' essay on the doctrine of chances in 1763, has made it perfectly clear that, if we can assume that our unknown population has been chosen at random from a super-population, or population of populations, the characteristics of which can be completely specified from a priori knowledge, then the statement of our inferences from the sample to the population can be put into a purely deductive form, expressed in terms of mathematical probability " (Fisher, 1932). In fact the theory of confidence intervals was first introduced by Neyman[40] in literature. He proves that there was no need to use Bayes' theorem. The technique of confidence intervals is more powerful than a pointwise estimation. It provides estimates of a lower and an upper bound for given parameters. The mathematical distributions based on common tests of significance are the normal distribution, the distribution of χ^2, the distribution T, and the distribution F for the analysis of variance. Fisher[41] has explained the kind of statistics he used : " Given the mean square error $SS_t = a$ among the treatments and the mean square error for the error $SS_e = b$, then if SS_t is much greater than b... there is reason to suppose that the ... treatments are not equal ". For a linear regression model, we can compare the errors that a model explains, and also the unexplained errors. Around the year 1945, the design of experiments, the technique of the analysis of variance and, statistics were almost in the form we know and teach them today.

Conclusion

The history of least squares seems a perfect illustration of the evolution of ideas throughout centuries, the solution of old problems, the suggestion of new mathematical problems, how some problems, in this case suggested by astronomers, have been spread throughout many different fields, how the least

40. J. Neyman, " On the two different aspects of the representative method ", *J. Roy. Statist. Soc.*, Ser. A97 (1934), 558-563.

41. R.A. Fisher, " The fiducial argument in statistical inference ", *Annals of Eugenics*, 6 (1935b), 391-398.

squares problem has suggested new ideas in pure and in also applied Mathematics.

The theory of errors has raised some fundamental questions in the sampling theory, and in inferential Statistics.

Gauss and Legendre have worked with discrete parameters or variables. They tried to solve a problem of algebra. We can find a duality problem in analysis, for continuous variables. In 1883, following Chebychev's work, Gram defines the link between the development in series of orthogonal functions and the " convergence in the mean ", which is the least-squares method for noisy periodic piece-wise continuous functions. If S_n represents the n first terms of a trigonometric series, and $\varphi(x)$ is a square integrable function, then the mean square error is minimum, when the coefficients of the linear combination of the terms of S_n are Fourier coefficients. Then, in 1907, Frédéric Riesz and Ernst Fisher gave the first generalizations. This harmony of the methods between discrete variables and continuous variables is summarized by the convergence with the L^2 norm.

In conclusion, let us quote again modern Statisticians like Lecoutre and Tassi[42] : " During his professional practise, the statistician has the opportunity of noticing that he sometimes finds himself very far from the theoretical frame in which mathematical statistics were taught to him. He is confronted to missing data, erroneous, incomplete, truncated..., the hypothesis of normality is not verified, ...facing these difficulties, he has, in general, but his own intuition, he tries to " arrange " in an empirical way the tools adapted to the problem which is submitted to him ". Last but not least, least squares have certainly taught modesty in Applied Mathematics.

42. J.P. Lecoutre, P. Tassi, *Statistique non paramétrique et robustesse*, *op. cit.*

UN REGARD NOUVEAU SUR L'OEUVRE DE JULES BIENAYMÉ À LA LUMIÈRE DES ARCHIVES FAMILIALES ET DE LA CORRESPONDANCE

François JONGMANS

Très en avance sur son temps, le probabiliste français Irenée Jules Bienaymé (1796-1878) n'est sorti de la pénombre que grâce aux efforts conjugués des Australiens H.O. Lancaster, C. Heyde et E. Seneta. Même l'inclusion de son nom dans l'étiquette consacrée de *l'inégalité de Bienaymé-Tchebichef* est assez tardive, malgré une antériorité de quatorze ans sur Tchebichef, jointe à une vision plus large. Après la magistrale mise en lumière de son oeuvre dans l'ouvrage de Heyde et Seneta *intitulé J.J. Bienaymé : Statistical theory revisited*[1], l'apport de nouveaux documents a permis d'élucider des questions laissées en suspens. Les archives familiales aimablement mises par MM. Jean et Arnaud Bienaymé à la disposition de Bernard Bru, d'Eugène Seneta et de moi-même, jointes à quelques autres pièces de correspondance, nous invitent singulièrement à une mise en perspective temporelle du parcours scientifique de Bienaymé. Schématiquement, les changements de cap dans ce parcours correspondent aux grands coups de barre dans l'histoire politique de la France au XIXe siècle, la Révolution de 1830 exceptée.

En 1815, Bienaymé est reçu quatrième à l'examen d'entrée de l'École polytechnique ; c'est la porte ouverte sur la carrière scientifique dont il rêve. Mais l'effet de la chute de l'Empire et du retour des Bourbons se fait sentir l'année suivante avec le premier licenciement général des élèves et la fermeture temporaire de l'École. Bienaymé se retrouve d'autant plus sur le pavé que son père meurt le 29 septembre 1816. Parant au plus pressé, il trouve un gagne-pain, dès novembre 1816, comme surnuméraire dans la fonction publique ; il va s'élever graduellement dans la hiérarchie jusqu'à devenir, en 1836, inspecteur général des finances. La formation scientifique à peine ébauchée, il va devoir se la forger lui-même, en prenant sur ses moments de loisir. En 1819, il tente d'obtenir des conditions plus propices à son activité de recherche en se

1. C. Heyde, E. Seneta, *J.J. Bienaymé : Statistical theory revisited*, 1977.

portant candidat à un poste de répétiteur de deuxième classe à l'école spéciale dépendant de Saint-Cyr. C'est Poisson en personne, inspecteur à cet établissement, qui l'avait classé premier des cinq candidats, non sans réticences sur l'opportunité du projet. En l'occurrence, l'agent de liaison entre Bienaymé et Poisson (voir annexe) était un ancien maître d'études du Lycée de Bruges, le physicien Mansuète César Desprets (1789-1863), répétiteur puis professeur à l'École polytechnique, plus tard professeur au Lycée Henri IV et à la Faculté des Sciences de Paris (ses oeuvres portent la signature César Despretz). Entré en service le premier novembre 1819, mais " n'ayant pas trouvé le régime de la maison conforme à ses goûts et à ses habitudes " (*dixit* le chef d'établissement d'Albignac), Bienaymé quitte l'école spéciale dès le 10 février 1820. Cette inconstance explique sans doute la froideur de ses relations subséquentes avec Poisson. Toujours est-il que Bienaymé réintègre l'administration des finances, menant parallèlement une activité de scientifique autodidacte, pour laquelle il aurait fallu une santé de fer. Dans ses premiers travaux figurent deux mémoires étendus (1837 et 1838), mais surtout, et de plus en plus, paraît jusqu'en 1845 un flot de courtes notes où des vues profondes sur les probabilités s'allient à une absence surprenante de démonstrations. Une telle présentation n'a guère favorisé la diffusion des idées de Bienaymé ; celui-ci s'en explique confidentiellement dans une lettre à Quetelet, d'avril 1846 : " Monsieur Quetelet verra par ces extraits de recherches *dont mes travaux ordinaires et ma santé ne me permettaient pas la rédaction complète*[2], à quel point je m'occupe sérieusement des applications qui nous intéressent tant l'un et l'autre ". La rareté du temps disponible pour la recherche était évidente, vu les longues tournées d'inspection à travers la France. Mais aussi Bienaymé invoque, dès la cinquantaine, le handicap d'une mauvaise santé, un handicap qui va s'aggraver spectaculairement au fil des ans.

Le poids des charges professionnelles va connaître de fortes secousses dans la période de turbulence politique allant de 1848 à 1852. En mai 1848, moins de trois mois après la Révolution de février qui sonna le glas de la monarchie en France, Bienaymé se voit retirer sa charge d'inspecteur général, pour faire place, croit-il, à un ami du secrétaire du ministre. Mais il sort précisément d'une maladie assez sérieuse pour qu'on puisse le taxer d'invalide (le mot est de sa plume). Le voilà libéré de ses fonctions pendant deux ans, de mai 1848 jusqu'en août 1850, deux années durant lesquelles, malgré une santé déjà ébranlée, il va pouvoir se consacrer plus amplement à ses chères études. Dès mars 1848, il peut caresser le rêve d'une carrière académique : Carnot, ministre de l'instruction publique, l'a chargé provisoirement de reprendre le cours de probabilités laissé vacant à la Faculté des sciences de Paris par la fuite de Libri à l'étranger. Bienaymé est d'ailleurs autorisé à se présenter directement au doctorat sans passer par les grades inférieurs. Le rêve se dissipe en été, quand

2. C'est moi qui souligne (N. de l'A.)

Vaulabelle succède à Carnot dans le carrousel des ministres ; le cours de probabilités reviendra finalement à Lamé. En août 1850, après maintes péripéties, Bienaymé est réinstallé comme inspecteur général des finances, chargé du service des retraites et des sociétés de secours mutuel ; un service qui s'allie à merveille avec sa compétence en statistique. Mais peut-être le poids des tâches officielles lui est-il devenu insupportable, car il prend lui-même sa retraite en avril 1852. Somme toute, ses ballottements professionnels sont à l'image des ballottements politiques qui, de 1848 à 1852, ont conduit la France de la monarchie à la république et de celle-ci à l'empire. Ils ont cependant permis à Bienaymé, de 1848 à 1850, de se livrer pleinement à la recherche, de réorienter son ébauche de doctorat vers un long mémoire sur la théorie des erreurs, mémoire qu'il a pu parachever et faire imprimer (au début de 1852) malgré la reprise momentanée de ses fonctions administratives en 1850.

A peine libéré de ses charges professionnelles, Bienaymé entre à l'Académie des sciences de Paris comme académicien libre (juillet 1852). Il engage aussitôt une longue controverse avec Cauchy sur le problème de l'interpolation et la méthode des moindres carrés, controverse dont les péripéties en 1853, jointes au mémoire argumenté de 1852, contrastent avec le laconisme glacé des notes antérieures à 1848. Un autre mémoire copieux, en 1855, est une attaque partiellement injustifiée contre la Loi des grands nombres " que M. Poisson avait cru découvrir ". Puis une nouvelle polémique, cette fois avec des sociétés de secours mutuel, l'amène à publier, de 1857 à 1865, une série de mises au point sur le calcul des pensions. Enfin, son admission dans la commission instaurée par l'Académie pour l'attribution des prix Montyon le fait participer à la rédaction des rapports annuels, il y met beaucoup de zèle, devenant même couramment le porte-parole de la commission.

Au total, on constate dès 1848 un regain de la production scientifique, avec un pic en 1852 et 1853, suivi d'un lent reflux jusqu'à l'approche de 1870. Pour le reflux, on ne peut plus invoquer le poids des charges professionnelles, mais bien plutôt l'effet croissant des ennuis de santé. Sans mettre fin déjà aux sorties pédestres de Bienaymé dans Paris, ces ennuis se manifestent surtout par des tremblements irrépressibles qui l'empêchent d'écrire de façon suivie, ce dont témoignent les lettres à Quetelet, plus tard à Tchebichef et Catalan. Il est plausible que son déménagement vers la rue de Fleurus, sur la rive gauche, en août 1864, ait eu pour mobile principal de rendre plus proches les buts majeurs des promenades, à savoir l'Institut et les domiciles de ses amis Chasles et Cournot.

En 1870-1871, la guerre franco-allemande et l'insurrection connue sous le nom de la Commune vont perturber violemment la vie du septuagénaire Bienaymé. Son fils Alexis est fait prisonnier à Sedan (septembre 1870) et n'est libéré qu'en mars 1871. Sa demeure est endommagée par des obus prussiens, et plus encore, durant la Commune, par l'explosion de la poudrière du Luxembourg. Le coup le plus dur sera, le 21 juin 1871, la mort de la fille aînée Lilia. Ce triste bilan, qu'on trouve dans la dernière lettre à Quetelet [B.Q. 1871], s'achève ainsi : " J'ai encore deux excellentes filles qui nous soignent, leur mère invalide et moi, qui ne vais guère mieux, quoique je travaille encore ".

On le voit encore, en effet, publier des brimborions : un commentaire d'un texte grec de Stobée (1870), une remise en ordre de relevés bibliographiques où s'emmêlaient les travaux de Cauchy et de Cournot (1871).

Alors s'ouvre la dernière période de la vie de Bienaymé, durant laquelle le délabrement de sa santé, attesté par les lettres à Tchebichef et à Catalan, supprime son activité créatrice, mais ne l'empêche pas, à l'occasion, de ramener au jour des contributions anciennes qui n'avaient paru dans aucune revue, de manière à finir en beauté.

D'abord, en 1872, Bienaymé est un des membres fondateurs de la Société mathématique de France, il en sera vice-président en 1874, président en 1875. Pour apporter sa pierre au numéro inaugural du Bulletin de ladite société, en 1874, il donne l'énoncé, sans preuve, d'un théorème probabiliste sur le nombre d'ondulations d'une série temporelle d'observations d'une même grandeur ; il fait un pas de plus en 1875, par la publication, dans les *Comptes rendus de l'Académie des sciences*, d'une série d'applications dudit théorème à des statistiques provenant de sources diverses. Il ne précise toutefois pas les circonstances dans lesquelles, une vingtaine d'années plus tôt, il avait proposé son théorème " pour mettre fin à une discussion entre plusieurs personnes qui peuvent se le rappeler ". Il a fallu un étonnant enchaînement de circonstances pour découvrir, avec le concours de Breny et Seneta, quelle avait été, en 1855, la " discussion " dont le théorème de Bienaymé donnait la solution en anticipant de très loin sur ce qu'on appelle le *turning-point test for randomness*. [J-S 1993 ; B-J-S 1992 ; J 1997]. Je ne puis détailler ici cet enchaînement de circonstances.

De même, la dernière lettre à Catalan, du 5 avril 1878, soit six mois avant le décès de Bienaymé, révèle, commentaires à l'appui, qu'un " nouveau principe de probabilités " proposé par Catalan en 1841 et plus généralement en 1877 avait été obtenu par Bienaymé vers 1840, mais n'avait pas été publié, sous la pression de Duhamel, afin de ne pas ébruiter une erreur commise en 1835 par un certain Bénard, dans le journal de l'École polytechnique [J-S 1994, J 1997]. Pour sa part, Catalan avait résisté à la pression, s'abstenant simplement de citer le nom de Bénard, il reconnaît à présent la priorité de Bienaymé. La lettre de celui-ci se termine par ces lignes pathétiques, vraisemblablement les dernières qu'il ait écrites et signées : " Cette lettre m'a demandé plusieurs jours, tant j'ai peine à écrire, et je l'avais commencée tout de suite. Votre vieux confrère dévoué, mais par trop malade pour soutenir, comme Posidonius devant Annibal, que la douleur n'est point un mal ".

Références

B-C, de 1876 à 1878. Lettres de Bienaymé à Catalan, archives de l'Université de Liège, manuscrits 1307 C, en particulier I 446, 461, 470.

B-Q, de 1846 à 1871. Correspondance Bienaymé-Quetelet, archives de l'Académie royale de Belgique, invent. 17986 / 386

B-J-S 1992. Breny, Jongmans, Seneta, " A. Meyer et l'Académie ", dans A.-C. Bernès (éd.), *Regards sur 175 ans de science à l'Université de Liège, 1817-1992*, Liège, Centre d'Histoire des Sciences et des Techniques, Université de Liège, 1992, 13-22bis.

H-S 1977. Heyde, Seneta, *I.J. Bienaymé. Statistical theory anticipated*, New York, 1977.

J 1997. Jongmans, " Bieynamé, Bruges et la Belgique ", *Irenée Jules Bieyname, 1796-1878*, n° 28 de la série *Histoire du Calcul des Probabilités*, Paris, CAMS 138, 1997), 5-21.

J-S 1993. Jongmans, Seneta, " The Bienaymé family history from archival materials and background to the turning-point test ", *Bulletin de la Société royale des Sciences de Liège*, 62 (1993), 121-145.

J-S 1994. Jongmans, Seneta, " A probabilistic "New Principle" of the 19th Century ", *Archive for History of Exact Sciences,* 47 (1994), 93-102.

Remerciements

Outre l'Université de Liège et l'Académie royale de Belgique, détentrices des archives B-C et B-Q ci dessus, je remercie vivement MM. Jean et Arnaud Bienaymé pour m'avoir donné accès à des documents familiaux, et le lieutenant-colonel Bodinier, responsable des archives du Service historique de l'armée de terre en France.

Annexe : lettre de Mansuète César Desprets

A Monsieur Jules Bienaimé
Au Moniteur, Rue des Poitevins
Paris

j'aime à t'écrire, mon cher jules, car c'est toujours pour t'annoncer de bonnes nouvelles. je t'apprenais il y a quelques années que tu étais reçu le quatrième à l'Ecole politechnique ; je t'apprends aujourd'hui que tu es reçu le premier à Saint-Cyr. M. Poisson t'a placé en la tête de la liste. je n'ai pas approuvé sa résolution, m'a-t-il dit hier soir, mais puisqu'il y persiste, il faut qu'il entre à l'école avec tout l'agrément possible et vous pouvez lui dire que c'est une affaire faite.

je le crois comme lui, mais je crois aussi que malgré ces obligeantes paroles, tu dois attendre la nouvelle *officielle* des bureaux du ministre pour abandonner tes autres occupations. une sage prudence me semble commander cette précaution. tu peux du reste faire tous tes petits arrangements d'interim.

te voilà, mon cher jules, rendu à toi même et à tes goûts. tu ne le dois à personne qu'à toi. cela est flatteur, mais cela ne te conduira qu'à l'obscurité et à l'ennui, si par des travaux assidus, de bons mémoires, de bons ouvrages, tu ne te fais pas un nom dans la Science, et je crois que cela t'est possible. mais il faut pour cela de la suite dans les idées. les erreurs de chiffres s'effacent, les erreurs de la vie demeurent et souvent l'empoisonnent.

je crois bien que d'ici huit ou dix jours, les portes de la nouvelle thébaïde s'ouvriront pour toi. emportes-y le labeur, la santé, le goût de l'étude, et le souvenir de ceux qui t'aiment, tes exercices seront encore agréables.

adieu, mon cher jules,

M. Despretz

le 9 8bre 1819

PART FIVE

Mathematics in the 19th Century

TACTICAL CONFIGURATIONS AND FINITE GROUPS (19th-20th CENTURIES)

Valentina G. ALYABIEVA

The significance of combinatorial art in the mathematics of the 19th century was underlined by J.J. Sylvester. In 1844 he wrote in the paper " Elementary researches in the analysis of combinatorial aggregation "[1] : " ...number, place, and combination... being the three intersecting but distinct spheres of thought to which all mathematical ideas admit of being referred ".

The term " tactic " was introduced by J.J. Sylvester[2] in 1861 : " ...the theory of group... standing in the closest relation to the doctrine of combinatorial aggregation, or what for shortness may be termed syntax. I have elsewhere given the general name of Tactic to the third pure mathematical science of which order is the proper sphere, as is number and space of the other two. Syntax and Groups are each of them only special branches of Tactic ".

In the paper " Concluding papers on tactic "[3] J.J. Sylvester wrote : " The investigation to me well worthy to be given to the world, as affording an example of a new and beautiful kind of analysis proper to the study of tactic, and thus lighting the way to the further opening up of this fundamental doctrine of mathematics, the science of necessary relations, of with, combined wish logic (if indeed the two be not identical), tactic appears to me to constitute the main

1. J.J. Sylvester, " Elementary researches in the analysis of combinatorial aggregation ", *The London, Edinburgh and Dublin philosophical magazine and Journal of Science*, 24 (Jan.- June, 1844), 285-296. (*The collected mathematical papers of James Joseph Sylvester*, v. 1, Cambridge, 1908, 91-102, 2 vols).

2. J.J. Sylvester, " Note on the historical origin of the unsymmetrical six — valued function of six letters ", *The London, Edinburgh and Dublin philosophical magazine and Journal of Science*, 21 (1861), 369-377. (*The Collected mathematical papers of J.J. Sylvester*, v. 2, Cambridge, 1908, 264-271, 2 vols).

3. J.J. Sylvester, " Concluding paper on tactic ", *The London, Edinburgh and Dublin philosophical magazine and Journal of Science*, 22 (1861), 45-54. (*The Collected mathematical papers of J.J. Sylvester*, v. 2, Cambridge, 1908, 277-285, 2 vols)

stem from which all others, including even arithmetic itself, are derived and secondary branches ".

To the problems of tactic Sylvester devoted two papers[4] in which he considered various combinations from elements of sets satisfying to various limitations.

Sylvester's point of view on the significance of tactic was shared by Cayley. In 1864 in the paper " On the notion and boundaries of algebra "[5] he wrote : " Algebra is an Art and a Science ; quà Art, it defines and prescribes operations which are either tactical or else logistical ; viz. a tactical operation is one relating to the arrangement in any manner of a set of things ; a logistical operation (I prefer to use the new expression instead of arithmetical) is the actual performance, so as to obtain for the result a number, of any arithmetical operations (of course, given operations) finite in number, since these alone can be actually performed, upon given numbers. And quà Science Algebra affirms à priori or predicts, the result of any such tactical or logistical (or tactical and logistical) operations. ...Although it may not be possible absolutely to separate the tactical and the logistical operations ; for in (at all events) a series of logistical operations, there is always something that is tactical, and in many tactical operations (e. g. in the Partition of Numbers) there is something which is logistical, yet the two great divisions of Algebra are Tactic and Logistic ".

Cayley's practical contribution to the development of the combinatorial analysis is great. He investigated latin quadrates, triple systems, magic squares, digraphs for a permutation group, constructed a class of combinatorial - geometric configurations in the paper *Sur quelques théorèmes de la géométrie de position*[6].

The great many configurations were investigated in geometry. The reviews of researches of geometric configurations were written by E. Steinitz (1910)[7], F. Levi (1929)[8], P. Dembowski (1968)[9]. Let us consider the configuration of 9

4. J.J. Sylvester, " On a problem in tactic which serves to disclose the existence of a tour valued function of three sets of three letters each ", *The London, Edinburgh and Dublin philosophical magazine and Journal of Science*, 21 (1861), 515-520. (*The Collected mathematical papers of James Joseph Sylvester*, v. 2, Cambridge, 1908, 272-276, 2 vols). J.J. Sylvester, " Remark on the tactic of nine elements ", *The London, Edinburgh and Dublin philosophical magazine and Journal of Science*, 22 (1861), 144-147.

5. A. Cayley, " On the notion and boundaries of algebra ", *Quarterly Journal of Pure and Applied Mathematics*, 6 (1864), 382-384 (A. Cayley, *Collected mathematical papers*, v. 5, Cambridge, 1890-1898, 292-294, 13 vols).

6. A. Cayley, " Sur quelques théorèmes de la géométrie de position ", *Journal für die Reine und Angewandte Mathematik*, 31, Heft 1 (1846), 213-226. (A. Cayley, *Collected mathematical papers*, v. 1, Cambridge, 1890-1898, 317-328, 13 vols).

7. E. Steinitz, " Konfigurationen der projektiven Geometrie ", *Encyklopädie der mathematischen Wissenschaften mit Einschluss ihrer Anwendungen*, Bd. 3, Leipzig, 1898-1934, 481-516.

8. F. Levi, *Geometrische Konfigurationen mit einer Einführung in die kombinatorische Flächentopologie*, Leipzig, 1929.

9. P. Dembowski, *Finite geometries*, Berlin, 1968.

points of inflection and 12 lines of inflection of the curve of the third order. The Scottish mathematician C. Maclaurin (*De linearum geometricarum proprietatibus generalibus*, 1748) and the French scientist J.P. de Gua de Malves (*Usages de l'analyse de Descartes pour découvrir, sans le secours du calcul différentiel, les propriétés, ou affections principales des lignes géométriques de tous les ordres,* Paris, 1740) proved that any line passing through two points of inflection of the curve third order C_3 intersects C_3 in the third point of inflection. J. Plücker (1835) studied relations between a degree of a curve, class of a curve, number of double points, number of cusps, number of double tangent and number of points of inflection. He proved that the curve of the third order without singular points has 9 points of inflection and belongs to the sixth class. Plücker considered imaginary and real points of a plane. He proved that there are 3 real points of inflection and 6 imaginary points of inflection on the curve of the third order without double points. F. Klein (1876) proved the formula for calculation of the number of real points of inflection of the curve order n. Maclaurin proved that three real points of inflection are collinear, Plücker proved that it is true also for imaginary points of inflection. Nine points of inflection are on 12 lines called lines of inflection. Each line contains 3 points and each point is on 4 lines. The points of inflection and lines of inflection of the curve third order form a plane configuration (9_4, 12_3). The properties of the configuration (9_4, 12_3) were studied by the German mathematician O. Hesse. In the paper *Über die Wendepunkte der Curven 3.Ordnung*[10] he showed that it is possible to divide 12 lines passing through 9 points of inflection on four triples so that on each triple lie all nine points of inflection. Every such triple of lines form a triangle of inflection. One triangle is real, another has one real and two conjugate complex sides, other two triangles are imaginary. If one of these triangles is selected as co-ordinate, then an equation of the curve of the third order may be reduced to the canonical form :

$$\varphi = y_1^3 + y_2^3 + y_3^3 + 6xy_1y_2y_3$$

The points of inflection have the following co-ordinates :

$A_1 = 0 : 1 : -1$, $A_2 = 0 : 1 : k_2$, $A_3 = 0 : 1 : -k_1$, $A_4 = -1 : 0 : 1$, $A_5 = -k_2 : 0 : 1$,
$A_6 = -k_1 : 0 : 1$, $A_7 = 1 : -k_1 : 0$, $A_8 = 1 : -1 : 0$, $A_9 = 1 : -k_2 : 0$,

where k_1, k_2 - roots of an equation $x^2 - x + 1 = 0$. Let $U(x_1, x_2, x_3,) = 0$ is equation of the curve C_3, let us designate by :

$$U_{ij} = \frac{\partial u^2}{\partial \chi_i \cdot \partial \chi_j}, U_{ij} = U_{ji},$$

10. O. Hesse, " Über die Wendepunkte der Curven 3. Ordnung ", *Journal für die Reine und Angewandte Mathematik*, 28 (1844), 97-107.

the second partial derivatives, we shall consider a determinant :

$$H(\chi) = \begin{vmatrix} U_{11} & U_{12} & U_{13} \\ U_{21} & U_{22} & U_{23} \\ U_{31} & U_{32} & U_{33} \end{vmatrix}$$

Sylvester and H.R. Baltzer called H(x) Hesse determinant or Hessian. F. Klein noted that Hessian glorified its author. The determinant H(x) forms a curve of order 3(n-2) called Hesse curve for a curve *U(x) =0*. The Hesse curve is also the curve of the third order which intersects a curve *U(x) =0* in its points of inflection. Through 9 points of inflection passes a bundle of such curves of third order that each curve of the bundle has these points as points inflection. Let A be a point of inflection of a curve C_3, through A pass all possible lines *l*. We shall discover on lines *l* such points M which together with the point A divide harmonically another pair of intersection points lines *l* with a curve C_3 . The points M lie on one line h called a harmonic polar of A. Hesse proved that the figure Φ consisting of 9 points of inflection, of 9 their harmonic polars and 4 triangles of inflection transformed to itself by group G_{216} containing 216 collineations. Jordan (1878) called group G_{216} Hesse group and the configuration $(9_4, 1_{23})$ became known as a Hesse configuration. Hesse studied the properties of the roots of an equation $X(\chi) = O$ of degree 9 which are co-ordinates of points inflection of C_3. Let for the roots xi, xj, xk of $X(\chi) = O$ realize relations $F(x_1, x_2)=x_3$, $F(x_2, x_3)=x_1$, $F(x_3, x_1)=x_2$, where $F(x_i, x_j)$ is a rational symmetrical function of two variables. Then the equation $X(\chi) = O$ is solvable. There are 84 combinations on three for its 9 roots. Triples of roots satisfying to an equation $F(x_1, x_2) =x_3$ Hesse called conjugate, the remaining triples of roots non-conjugate . The number of conjugate triples is 12, the number of non conjugate triples is 72. Twelve triples of the conjugate roots can be divided into four groups that each group contains all roots :

$$\begin{array}{ccc} \chi_1\chi_2\chi_3 & \chi_4\chi_5\chi_6 & \chi_7\chi_8\chi_9 \\ \chi_2\chi_4\chi_7 & \chi_3\chi_5\chi_8 & \chi_1\chi_6\chi_9 \\ \chi_5\chi_7\chi_1 & \chi_6\chi_8\chi_2 & \chi_4\chi_9\chi_3 \\ \chi_8\chi_1\chi_4 & \chi_9\chi_2\chi_5 & \chi_7\chi_3\chi_6 \end{array}$$

The triples of the conjugate roots correspond to collinear triples of the points of inflection. Four groups, each of which contains all roots, correspond to four triangles of inflection. Let the collineation φ leaves invariant a figure Φ consisting from 9 points of inflection, 9 harmonic polars and 4 triangles of inflection. Then the collineation φ permits the triples of roots. Hesse found 216 such collineations. E. Netto (1882) and Weber (1884) formulated the following property of triples of roots. 12 triples of 9 roots are distributed so that each pair of roots belongs precisely to one triple. From 9 elements it is possible to arrange only one triple system with such property : 123, 145, 167, 189, 246,

259,287, 348, 357, 369, 479, 568. We shall designate 9 points of inflection by numbers 1, 2, 3, 4, 5, 6, 7, 8, 9 and we shall arrange in the determinant scheme as follows :

$$\begin{matrix} 1 & 2 & 3 \\ 5 & 8 & 6 \\ 4 & 7 & 9 \end{matrix}$$

The collinear points are in columns, rows of the determinant or form some term of the determinant. Three rows of the scheme determine one triangle, three columns set the second triangle, the positive and negative terms of the scheme set two other triangles.

The configuration of the twenty-seven lines on the cubic surface has the same rich and famous history. This configuration was discovered by A. Cayley[11] and G. Salmon[12] in 1849. Cayley proved that there are some lines on a smooth complex cubic surface. Salmon proved that the number of these lines is 27. A. Cayley described the relations between the twenty-seven lines on a cubic surface as the " complicated and many-sided symmetry ". 27 lines, points of their interceptions and planes in which they lie form a configuration $(135_2^9, 27_{10}^5, 45_{27}^3)$ on the cubic surface. Many mathematicians investigated in surprising properties of this configuration in the nineteenth century. Henderson's monograph[13] and Meyer's review[14] contain a detailed bibliography of the subject.

The cubic surface can be projected on plane π corresponding web W of plane cubic curve C_3 on the plane π to plane cuts of the surface H. Such a map was constructed by A. Clebsch[15] (1866). Each of the two curves C_3 of W have in common 9 points which are points of inflection of these curves. All curves of W have 6 generic points A_i in which are mapped 6 lines of the Schlafli double six. Six points on π six points form hexad h. Any other point of π different from the points of hexad is an image of the unique point of H. Each curve C of π is an image of some curve $C*$ lying on the surface H. The order of the curve $C*$ is equal to the number of its intersections with a plane ; this is the number of intersections — apart from points of hexad h — of the mapping curve C in π with a cubic of W. If this number is equal to 1 then the curve C is a line. Let us designate the points of hexad h by the letters A_1, A_2, A_3, A_4, A_5, A_6. Let $C_{ij} = C_{ji}$ be the transversal of lines a_i and b_j from the double six. Then

11. A. Cayley, " On the triple tangent planes of surfaces of the third order ", *Cambridge and Dublin Mathematical Journal*, 4 (1849), 118-132.

12. G. Salmon, " On the triple tangent planes to a surface of the third order ", *Cambridge and Dublin Mathematical Journal*, 4 (1849), 252-260.

13. A.M.A. Henderson, The twenty-seven lines upon the cubic surface, New York, 1911.

14. W.F. Meyer, " Flächen dritten Ordnung ", *Encyklopädie der mathematischen Wissenschaften mit Einschluss ihrer Anwendungen*, Bd. 3 (2), H. 10, (1898-1934), 1437-1531.

15. A. Clebsch, " Die Geometrie auf den Flächen dritter Ordnung ", *Journal für die Reine und Angewandte Mathematik*, 65 (1866), 359-380.

C_{ij} is mapped on the line A_iA_j. Line A_1A_2, A_3A_4, A_5A_6 will form a cubic curve C of W. The curve C is an image of a plane cut α a composed of lines C_{12}, C_{34}, C_{56}. The plane a touch at C_{12}, C_{34}, C_{56} and is a tritangent plane. Three line C_{12}, C_{34}, C_{56} are not concurrent. If lines A_1A_2, A_3A_4, A_5A_6 (the images lines C_{12}, C_{34}, C_{56}) have Brianchon property, then lines C_{12}, C_{34}, C_{56} meet in one point. This point is called an Eckardt point or E - point.

In the twentieth century cubic surfaces over finite fields were constructed. Such surfaces consist of anodes of which co-ordinates are roots of a similar polynomial of the third degree $\chi^3 + y^3 + z^3 + t^3 = o$ (1)

In 1908 the American mathematician C.B. Coble constructed[16] a cubic surface over a finite field GF_4. The equation (1) can be noted as :

$$\chi\bar{\chi} + y\bar{y} + z\bar{z} + t\bar{t} = o \quad (2)$$

This equation has 45 roots. All roots are E - points. E - points lie on the lines C_{ij} inhering of the cubic surface H. The lines C_{ij} completely cover a surface H.

Another American mathematician J.S Frame found[17] transformation group G of order 51840 for the cubic surface H over finite field GF_4. The group G contains transformations of 27 lines and 45 tritangent planes of the surface. The group G contains 25920 collineations and 25920 correlation's H. J.W.P. Hirschfeld[18] (1964) and H.P.F. Swinnerton-Dyer[19] (1967) also studied this group. The brilliant W.L. Edge paper[20] (1965) is devoted to the research of configurations in a projective plane π over field GF_4. The configurations are plane projections on the plane of a cubic surface and its plane cuts. A projective finite plane F_4PG_2 is Desargues. It contains 21 points and 21 lines. On each line there are 5 points and 5 lines pass through each point. Orders of collineations groups are calculated according to the known formulas. The group F_4PGL_3 of all possible collineations of a plane F_4PG_2 has order 120960. The full projective group F_4PGL_3, generated by central collineations has order 60480. The small projective group F_4PSL_3 has an order 20160. We shall consider a configuration 28 bitangents to a plane quartic curve. This configuration was also extremely famous in the nineteenth century and was investigated by many mathematicians. The Kohn's review[21] (1908) is devoted to this theme.

16. A.B. Coble, " A configuration in finite geometry isomorphic with that of the twenty-seven lines of a cubic surface ", Johns Hopkins University circulars, 208 (1908), 80-88.

17. J.S. Frame, " A symmetric representation of the twenty-seven lines on a cubic surface by lines in a finite geometry ", Bulletin of the American mathematical society, 44, n° 10 (1938), 658-661.

18. J.W.P. Hirschfeld, " The double six of lines over PG(3,4) ", The journal of the Australian mathematical society, 4 (1964), 83-89.

19. Y.P.F. Swinnerton-Dyer, " The zeta-function of a cubic surface over a finite field ", Proceedings of the Cambridge philosophical society, 63 (1967), 55-71.

20. W.L. Edge, " Some implications of the geometry of the 21-point plane ", Mathematische Zeitschrift, 87 (1965), 348-362.

21. G. Kohn, " Ebene Kurven dritter und vierter Ordnung ", Encyklopädie der mathematischen Wissenschaften mit Einschluss ihrer Anwendungen, 3 (1898-1935), 457-570.

Steiner[22] and Hesse in 1853 simultaneously decided a problem of 28 bitangents to a curve C_4. Steiner explicitly studied in detail properties of bitangents. Steiner was attracted by a complicated picture of intersections 28 bitangents of a curve C_4 and was struck by precise regularities in the distribution of configuration elements. A month after finishing the paper about a bitangents he formulated a " Kombinatorische Aufgabe ".

1. What should number N be so that N of the elements could be arranged in a triple system S_1 so that each two elements belonged to one and only one triple ?
2. What should number N be so that N of the elements could be arranged in a system S_2 of fours so that every triple apart from S_1 should belong only to one quadruple, no three elements of a quadruple belonging to S_1 ?

   So further up to S_7.

Steiner proved that for S_1 number N with necessity is $6n + 1$ or $6n + 3$. Are these conditions sufficient ? For other systems S_i Steiner calculated numbers N.E. Netto[23] (1901) demonstrated a mode of deriving of numbers N. The greatest attention of mathematicians in the nineteenth century was attracted by the problem of triple systems (Steiner triples).

M. Reiss[24] (1859) proved that the necessary conditions for existence of triple systems are sufficient. The American mathematician E.H. Moore[25] in 1896 will be designated as $S[k,r,m], m \geq k \geq r$, systems consisting of k-blocks (each block contains k elements) of some m-set, each r-subblock belongs to one and only one k-block. The number k-blocks in system $S[k, r, m]$ is

$$\frac{m(m-1)\ldots(m-r+1)}{k(k-1)\ldots(k-r+i)}$$

These systems were studied by E. Witt in 1938 in the paper " Über Steinersche Systeme "[26]. Moore systems $S[k, r, m]$ Witt called Steiner systems. E. Witt explains that he introduces the term Steiner systems because Steiner built similar systems. The term " Steiner systems " was ratified in the mathematical medium. Many papers were devoted to the study of Steiner systems, their properties, searching of non-isomorphic systems, construction of their automorphisms groups. The authors ignored the fact that Steiner had not dealt with Steiner systems. The known expert in the theory of block-design H. Hanani

22. J. Steiner, " Eigenschaften der Curven vierten Grades rücksichtlich ihrer Doppeltangenten ", *Journal für die Reine und Angewandte Mathematik*, 49 (1853), 265-272.

23. E. Netto, *Lehrbuch der Combinatorik*, Leipzig, 1901.

24. M. Reiss, " Über eine Steinersche combinatorische Aufgabe, welche im 45-sten Band dieses Journals, Seite 181, gestellt worden ", *Journal für die Reine und Angewandte Mathematik,* 56 (1859), 326-344.

25. E.H. Moore, " Tactical memoranda I-III ", *American journal of mathematics*, 18 (1896), 264-303.

26. E. Witt, " Über Steinersche Systeme ", *Abhandlungen aus dem mathematischen Seminar der Universität Hamburg*, 12 (1938), 265-275.

which astonishment noticed in 1984 in paper " On the original Steiner systems "[27] that in " Combinatorische Aufgabe " Steiner introduced not those systems which are now called Steiner systems. However Hanani did not say who introduced the systems called Steiner systems. E. Witt enumerates 14 kinds of Steiner systems representing geometric and tactic interest. To these systems belong the finite inverse, affine and projective spaces. The systems S (2, 3, n) are Steiner triple system. They exist for $n \equiv 1, 3 \pmod 6$. For $n = 3, 7, 9$ exists one triple system accurate to isomorphism. For each admissible n, $n \geq 13$, there are 2 of them at least 2. Five systems S(4, 5, 11), S(5, 6, 12), S(3, 6, 22), S(4, 7, 23), S(5, 8, 24) represent the special interest.

The system S(4, 7, 23), is an affine plane F_3A_2 over field GF_3. We shall add to S(4, 7, 23) one point so that it belongs to each line of F_3A_2 and generates a cycle. Each cycle contains 4 points. The number of the cycles is equal to 30. The 13 points and 30 cycles will form a finite inverse plane F_3A_2. The single-point extension of F_3A_2 form the system S(4, 5, 11). Supplementing S(4, 5, 11) with one point we shall receive the system S(5, 6, 12). The system S(2, 5, 21) is a finite projective plane F_3P_2 over the field GF_4. The single-point extension of this system is Steiner system S(3, 6, 22). The single-point extension of S(3, 6, 22) is the system S(4, 7, 23). Automorphisms groups of the mentioned five Steiner systems are multiply transitive Mathieu groups the M_{11}, M_{12}, M_{22}, M_{23}, M_{24}, accordingly on 11, 12, 22, 23, 24 elements. E. Mathieu constructed these groups in 1861[28]. Mathieu's paper was the response to a prize-problem formulated by Paris Academy of Sciences in 1858 : " What is a possible number of values of a well-defined function containing the given number of the letters ? ". Kirkman, Despeyrous, Mathieu and other mathematicians responded to this problem. The group M_{22} is a 3-fold transitive, M_{11}, M_{23} are 4- fold transitive functions, M_{12}, M_{24} — are 5 — fold transitive functions. The transitive groups of a multiplicity exceeding 5 have not been constructed until now. C. Jordan[29] in *Traité des substitutions et des équations algébriques* (1870) offered an idea of the transitive extension of groups. These ideas were developed by E. Witt[30].

After Mathieu' and Witt' works various representations were constructed for Mathieu groups. In the late years they attract attention because of the problem of a classification of simple finite groups. The majority of simple finite groups belongs to the series of groups of the Lie type.

27. H. Hanani, " On the original Steiner systems ", *Discrete mathematics*, 51, n° 3 (1984), 309-310.

28. M.E. Mathieu, " Mémoire sur l'étude des fonctions de plusieurs quantités, sur la manière de les former et sur les substitutions qui les laissent invariables ", Journal de mathématiques pures et appliquées, 6, 2 série (1861), 241-323.

29. C. Jordan, *Traité des substitutions et des équations algébriques*, Paris, 1957.

30. E. Witt, " Die 5-fach transitiven Gruppen von Mathieu ", *Abhandlungen aus dem mathematischen Seminar der Universität Hamburg*, 12 (1938), 256-264.

26 sporadic simple finite groups have been constructed. During 100 years were known among sporadic groups only the Mathieu groups.

The transitivity of groups has a deep geometrical meaning. 2-fold transitive groups plays a large role in algebra, geometry, combinatorial theory. G. Frobenius, H. Zassenhaus, J. Tits studied them. The following theorems characterize geometric properties of systems which automorphisms groups are 2-fold transitive groups.

1. (Ostrom and Wagner)[31]
   A projective plane with a collineation group doubly transitive on its points is necessary the Desarguesian plane over a finite field $GF(q), q = p^n$ and $n \neq 2$.
2. (M. Hall, Jr.)[32]
   Let S be a Steiner triple system and G(S) its automorphism group. If G(S) is doubly transitive and contains a solvable normal subgroup N then S is an affine geometry AG(n, 3) and minimal normal N is the group of translations.

Thus in the nineteenth and twentieth centuries numerous geometric and tactical configurations were constructed and investigated, their automorphisms groups were found. The term " geometrical configuration " was introduced in 1882 by Reye[33]. The plane symmetrical configuration n_i consists of n points and n lines, i points lie on each line, i lines pass through each point. The space configuration ni consists of n points and n planes. The Dutch mathematician J. de Vries (1889) designated an asymmetrical plane configuration consisting of n points and g lines by (n_i, g_k). Reye formulated the problem of configurations : to find numbers n and i for which there are the configurations n_i. S. Kantor (1881-1882) proved the uniqueness of configurations 7_3, 8_3. S. Kantor constructed three configurations 9_3 and ten configurations 10_3.

In the end of the nineteenth century the American mathematician E.H. Moore in the large paper " Tactical memoranda " (1896) summarised the researches of geometric and tactical configurations, gives the definition of the term " tactical configuration ". A particular case of tactical configurations is finite geometries. The researches of finite geometries have a major part of the modern mathematics. The basic outcomes of this theory are contained in Dembowski's well-known book.

In the 1930's[34] in his papers on the design of experiments the statistician R.A. Fisher introduced the term " block-design " for a label of a broad class of

31. T.G. Ostrom and A. Wagner, " On projective and affine planes with transitive collineations groups ", *Mathematische Zeitschrift*, 71 (1959), 186-199.

32. M. Hall Jr., " Group problems arising from combinatorices ", *Proceedings of symposia in Pure Mathematics*, 37 (1980), 445-456.

33. K.T. Reye, " Das Problem der Configurationen ", *Acta Mathematica*, 1 (1882), 92-96.

34. R.A. Fisher, *The design of experiments*, Edinburgh, 1942.

tactical configurations. With the help of the block-design the general Kirkman problem was solved in 1969. The tactic-geometric interpretation of simple finite groups promoted a solution of the problem of a classification of simple finite groups.

All these facts testify to a high significance of tactical ideas in the modern mathematics.

DES QUANTITÉS IMAGINAIRES AU NOMBRE COMPLEXE, D'APRÈS LES ESPAGNOLS DU XIXe SIÈCLE

Santiago GARMA

Au début du XIXe siècle, les mathématiciens espagnols qui avaient étudié dans les Séminaires de Nobles, les Académies militaires ou les écoles institutionnelles comme l'Inspection des Ponts et Chaussées, l'Observatoire de Madrid ou les Académies des Beaux Arts, connaissaient assez bien la littérature mathématique européenne. Des problèmes comme le calcul de variations ou les quantités imaginaires figurent dans les livres de mathématiques espagnols et les étudiants les travaillent. Parmi ceux-ci nous pouvons en souligner quelques uns qui sont significatifs comme les *Elementos de Matemáticas* de Benito Bails[1] qui, dans le tome II dédié à l'Algèbre, définit les quantités imaginaires, emploie la notation $a + b\sqrt{-1}$, et vérifie les résultats de toutes les opérations algébriques : addition, soustraction, produit, division et élévation à la puissance. Il démontre des formules comme :

$$(\cos a \pm \sqrt{-1} sen a)^n = r^{n-1}(\cos na \pm \sqrt{-1} sen na)$$

Un autre texte est celui de José Chaix[2] sur le " Calcul Différentiel et ses applications ". Dans le chapitre ou il traite des " points multiples des lignes courbes ", il dit : " si l'équation que donne la limite $\frac{dy}{dx}$ correspondant au point multiple, avait des racines imaginaires, chacune de ces racines indiquerait un morceau invisible de la courbe, ou bien que le morceau de la courbe corres-

1. Bails est né à Barcelone et a fait ses études à Toulouse et à Paris. Il a été professeur de Mathématiques à l'Académie des Beaux Arts de San Fernando à Madrid. Il publie, entre 1779 et 1787 *Elementos de Matemáticas* en 10 volumes, les trois premiers sur l'Arithmétique, l'Algèbre, la Géométrie et le Calcul Infinitésimal et le quatrième sur la Mécanique. B. Bails, *Elementos de Matemáticas*, Madrid, 1779-1887, 10 vols.

2. Mathématicien et astronome, il travailla à Barcelone sur la mesure de l'arc du méridien avec Mechain et après avec Arago. Il enseignait les mathématiques aux premiers ingénieurs des ponts et chaussées. *Cf.* J. Chaix, *Instituciones de Cálculo Diferencial e Integral*, t. I, Madrid, 1801, 268, avec des " applications principales aux Mathématiques pures et mixtes ", qui comprend le Calcul différentiel et ses applications.

pondant se réduirait à un seul point ; donc, si toutes les racines de l'équation qui donnent la limite $\frac{dy}{dx}$ étaient imaginaires ; tous les morceaux de la courbe qu'indique le point multiple seraient invisibles ; chacun d'eux serait réduit à un seul point, et la réunion ou coïncidence de tous ces points formerait le point multiple " et, un peu plus loin " Mais comme les deux racines $\frac{dy}{dx} = \pm\sqrt{-\frac{a}{b}}$ de l'équation antérieure sont imaginaires, les deux morceaux que forme le point multiple seront invisibles, et par conséquent ce point sera conjugué ou isolé "[3]. Chaix qui connaît bien les textes d'Euler, Lagrange et Monge, montre qu'il utilise et sait utiliser les quantités imaginaires en interprétant son sens géométrique, ce qu'utilisera ensuite Rey Heredia. Le Professeur Rey Heredia (1818-1861) arriva à Madrid en 1848 pour occuper la chaire de Psychologie et Logique au Lycée de Noviciado de l'Université de Madrid. Dans ce Lycée, il avait eu Acisclo Fernández Vallin comme professeur de mathématiques et de là naquit une amitié qui déboucha sur les recherches de Rey sur les quantités imaginaires. Son étude sur la représentation géométrique et son sens se prolongea d'une façon obsédante, ce qui mina sa santé, et entraîna sa mort sans qu'il ait pu formuler ses conclusions. Comme Rey était déjà très reconnu et estimé par ses confrères de Cordoue, et en général dans toute l'Espagne, les éloges lors de sa mort furent nombreux et grandiloquents. Le *Réal Consejo de Instrucción Pública* prit à sa charge la publication de son oeuvre principale sur les Quantités imaginaires, qui fut imprimée en 1865[4]. Dans son livre, Rey fait une exposition systématique du point de vue géométrique des nombres complexes qui coïncide en général avec Argand[5], bien qu'il ne le cite pas une seule fois. Rey attribue la priorité de l'interprétation géométrique des imaginaires a Buée[6], malgré quelques erreurs et confusions. Il discute et s'oppose à l'idée que les nombres imaginaires soient impossibles, ce qui étaient en vigueur parmi les mathématiciens jusqu'aux environs de 1850. Et il consacre la dernière partie — presque la moitié de son travail — à l'étude des puissances et des exponentielles complexes.

3. J. Chaix, J. Chaix, *Instituciones de Cálculo Diferencial e Integral*, *op. cit.*, 91-92.

4. J.M. Rey Heredia, *Teoría transcendental de las cantidades imaginarias*, Madrid, 1865. Pour comprendre quel était le niveau de connaissance des nombres imaginaires dans les Lycées : voir A. Fernández Vallin y Bustillo, *Elementos de Matemáticas*, Madrid, 1850. Pendant la premier moitié du XIXe siècle, les livres d'Algèbre écrits en Espagne avaient un chapitre consacré aux " quantités " imaginaires, par exemple voir J.M. Vallejo, *Tratado Elemental de Matemáticas*, 3e éd., vol. I, Barcelona, 1821, 224-228, 332-341.

5. Voir R. Argand, *Essai sur une manière de représenter les quantités imaginaires dans les constructions géométriques*, Paris, 1806, 78, [reimp. de la 2^{a} ed., Préface M.J. Hoüel, augmentée d'une introduction de M.J. Itard, (Albert Blanchard, Paris, 1971)] ; R. Argand, " Essai sur une manière de représenter les quantités imaginaires dans les constructions géométriques ", *Annales des Mathématiques pures et appliquées*, t. 4, 1813-1814, 133-148 ; R. Argand, " Réflexions sur la nouvelle théorie des imaginaires suivies d'une application à la démonstration d'un théorème d'analyse ", *Annales des Mathématiques pures et appliquées*, 5, 1814-1815, 197-209.

6. Voir A.Q. Buée, " Mémoire sur les quantités imaginaires ", *Philosophical Transactions*, 96, 1806, 23.

Sur le travail de Rey, je crois que l'on doit signaler les points suivants :

a) Tous les nombres, réels ou imaginaires, sont définis par des lignes avec directions (vecteurs), situés dans un plan donné ayant une origine O commune et soumis à des opérations algébriques comme l'addition, la soustraction, la multiplication et la division, qui se définit au moyen de conventions géométriques ;

b) Dans le chapitre II Rey dit que a, comme nombre réel, se transforme en imaginaire pour un coefficient p et en l'appliquant de nouveau, il en résulte $-a$. La proposition géométrique et la proportion arithmétique qu'Argand discute dans son *Essai* , dans les articles postérieurs et les *Annales*, afin de déterminer la position intermédiaire entre $+a$ et $-a$, est séparée en différents chapitres. Dans le premier, l'argumentation géométrique pour laquelle $\pm a\sqrt{-1}$ est la position intermédiaire entre +a et , se base sur la logique. Dans le chapitre où il étudie l'argument arithmétique, il étudie la proportion où p est le coefficient cité plus haut. Donc :

$$p^2 \cdot a^2 = -a^2 \text{ , et } p^2 = -1 \text{ , donc } p = \sqrt{-1} \text{ ;}$$

c) Dans le chapitre IV, il donne l'interprétation des coniques dans le champ complexe[7]. Il suppose d'abord quatre cônes réguliers opposés par le sommet deux à deux et avec un sommet commun. Si l'équation du cercle rapporté à l'extrémité du diamètre est :

$$y^2 = 2ax - x^2 \quad \text{et} \quad y = \pm\sqrt{2ax - x^2}$$

Pour $\chi > 2a$ l'abscisse y est imaginaire et correspond avec l'ordonnée réelle de l'hyperbole équilatérale de l'intersection du plan avec les cônes latéraux.

Si ensuite on dégage $\chi = a \pm \sqrt{a^2} - y^2$ pour $y > a, \chi$, est un nombre complexe qui correspond aux hyperboles tracées en cônes " en supposant que celles-ci ont vérifié une évolution circulaire horizontale sur l'axe commun, devenant perpendiculaires à leur position initiale sur le même plan horizontal, ce qui nous amène à six cônes dont les axes sont perpendiculaires deux à deux "[8].

L'équation de l'ellipse rapportée à l'axe principal

$$y^2 = \frac{b^2}{a^2}(2a\chi - \chi^2) \quad \text{ou} \quad y = \pm\frac{b}{a}\sqrt{2a\chi - \chi^2}$$

donne les mêmes cas imaginaires que la circonférence en relation avec les hyperboles, et si l'on considère la formule que donne la distance des foyers à

7. Cartan et Study indiquent que Daviet de Foncenex [Misc. Taurinensia, 1, 1759, math. 122-3] donne la construction des quantités $a \pm \sqrt{a^2}$ racines de l'équation qui rappelle une de celles qui sont données par J. Wallis dans son cours d'Algèbre, E. Study et E. Cartan, " Nombres Complexes ", *Encyclopédie des Sciences Mathématiques pures et appliquées*, édition française, Jules Molk (dir.), I, 1, fasc. 3, Paris-Leipzig, 1904-1916, 329-468. Voir J. Wallis, *A Treatise of Algebra*, London, 1685, 264-273. Rey d'une certaine façon emprunte à Wallis la considération des racines imaginaires pour l'ordonnée d'une conique.

8. J.M. Rey Heredia, *Teoría transcendental de las cantidades imaginarias*, *op. cit.*, 76-78.

l'origine, si on suppose que $a < b$, le radical est imaginaire, et il dit que l'ellipse a fait une telle rotation que son axe le plus petit coïncide avec l'axe de ses abscisses.

L'équation de la parabole :

$$y^2 = p\chi \quad \text{ou} \quad y = \pm\sqrt{p\chi}$$

admet que χ négatif est une abscisse comptée de l'autre côté de l'origine et l'ordonnée imaginaire est l'ordonnée réelle de la parabole adjacente. Si dans son équation χ est imaginaire et :

$$p\sqrt{-1}, a^2, y^2 = a^2\sqrt{-1} \quad \text{ou} \quad y = \pm a\sqrt{\sqrt{-1}}$$

et l'ordonnée est : $y = \pm a + a\dfrac{\sqrt{-1}}{\sqrt{2}}$

cette ordonnée correspond à une des deux branches hyperboliques que le plan générateur des paraboles trace dans les cônes antérieurs et postérieurs du système de six cônes. Dans le résumé de ce livre, Rey dit que si les courbes dégénèrent et les génératrices principales se rapprochent ou se séparent, le cercle conservera sa forme, ou se dégénérera en un point, les branches hyperboliques se transforment en droites, les paraboles en droites orthogonales, et la ligne droite, l'angle droit et le cercle sont les éléments absolus de la géométrie ;

d) Il effectue une discussion détaillée sur les multiplications qu'il définit comme binaires et ternaires. La première il l'a fait en référence au plan sur lequel les nombres ou les vecteurs basiques sont quatre $+a, -a, \sqrt{-a}$ et $-\sqrt{-a}$, qui avec la notation actuelle sont $+a, -a, ai, -ai$. La règle des signes du produit de nombres réels ou imaginaires donne lieu à deux systèmes qui sont, respectivement :

+ x + = +	et :	+ x + = -
+ x - = - x + = -		+ x - = - x + = +
- x - = +		- x - = -

qu'il emploie dans le produit de nombres et de quantités réelles pour l'imaginaire, pour définir les plans imaginaires. Si a est une quantité réelle positive et $a\sqrt{-1}$ une quantité imaginaire positive $a \times a\sqrt{-1} = a^2\sqrt{-1}$ est un vecteur sur l'axe OB perpendiculaire au plan défini par OA et OC. Il définit quatre produits imaginaires :

$$a \times a\sqrt{-1} = a^2\sqrt{-1}; (-a) \times a\sqrt{-1} = -a^2\sqrt{-1}; (-a) \times (-a\sqrt{-1}) = a^2\sqrt{-1}$$

et :

$$a \times (-a\sqrt{-1}) = -a^2\sqrt{-1}$$

Et pour chacun d'eux il considère deux axes, par exemple, dans le premier OA et OC tel que si AO se déplace jusqu'à OB avec OC il détermine un plan OBDC = OD, le plan OD est imaginaire, le plan OBNA = ON est imaginaire ; le plan OBMA' = OM est négatif ; le plan OB'E'C = OF' est négatif, le plan OB'D'C = OD' est imaginaire ; le plan OB'N'A' = ON' est imaginaire ; le plan OB'M'A' = OM' est négatif et le plan OBEC' = OE, qui sera négatif. Le système est formé par huit angles avec deux plans imaginaires par rapport à un réel.

Si l'on considère ici a=1 nous nous trouvons face à ce qui venait de s'introduire comme les formes de deux unités en 1845 par Graves et qui sont des notions exposées par Hamilton et de Morgan[9]. Vu que

$$a = e_1 = 1; a\sqrt{-1} = e_2 = \sqrt{-1}$$

et :

$$e_1 \cdot e_1 = e_1^2 = e_1; e_1 \cdot e_2 = e_2 \cdot e_1 = e_2; e_2 \cdot e_2 = -e_1$$

nous avons une forme irréductible et que le produit des nombres +1, -1 et $\sqrt{-1}$, $-\sqrt{-1}$, deux à deux, est commutative et, géométriquement, elles définirent des plans imaginaires qui, avec le plan F'GFG' réel permettent à Rey d'interpréter les produits des nombres réels et des nombres complexes. Pour en arriver à la conclusion que les plans orthogonaux au plan réel sont ceux qu'il appelle plans imaginaires, il considère que le produit $a \times a\sqrt{-1}$ est imaginaire opposé a lui-même et à $a\sqrt{-1}$.

Bien que ses concepts et raisonnements comportent un haut degré d'intuition, unie à une information mathématique plus ample que celle que Rey nous montre dans le texte, ils n'en sont pas moins intéressants pour ses lecteurs contemporains.

Dans ses derniers articles il définit la multiplication ternaire dont il fait une représentation géométrique par rapport à trois axes, deux d'entre eux avec des signes imaginaires et le troisième réel.

Pour Rey celle-ci amène à employer trois facteurs sur les arêtes d'un cube et ses critères négatifs :

$$1, \frac{-1 + i\sqrt{3}}{2}, \frac{-1 - i\sqrt{3}}{2}$$

et :

$$1, \frac{1 - i\sqrt{3}}{2}, \frac{1 + i\sqrt{3}}{2}$$

Ces facteurs ou points sont les sommets de deux triangles équilatéraux, et sont " les projections radicales des trois arêtes d'un cube dont l'angle trièdre (serait) dans le centre d'un cercle… le produit quantitatif de trois facteurs à sa

9. *Cf.* E. Study, E. Cartan, " Nombres Complexes ", *op. cit.*, 400.

représentation géométrique dans le solide parallélépipède "[10]. Pour Cauchy, dans sa théorie des Clefs algébriques[11], en 1847, les trois clefs i,j,h, représentent des vecteurs trirectangulaires de longueur un, analogues au calcul extérieur de H. Grassman (1846). Pour définir la troisième classe d'un système de nombres d'ordre 4, Grassman prend des triangles et des paires de triangles (ABC, $A_1B_1C_1$) situés sur des plans parallèles qui ont la même superficie et des positions contraires, et le produit de un mA pour un vecteur glissant BC est le triangle mABC[12]. Certainement quelques-une de ces idées parvinrent à Rey en 1858, lorsqu'il voyagea à Paris, et qu'il construisit sa propre version, il dit que : " la valeur qualitative d'un produit ternaire référent à trois plans orthogonaux, comme celui d'un binaire à deux droites perpendiculaires et celui d'une droite ou produit à un point "[13] qui est, au moins synthétiquement, équivalent à quelques idées de Grassman. Et enfin :

e) il se propose de calculer le nombre e et d'interpréter la somme :

$$\left(1 + \frac{\sqrt{i}}{n}\right)^n = 1 + \frac{\sqrt{i}}{1!} + \frac{i}{2!} + \frac{\sqrt{-i}}{3!} - \frac{1}{4!} - \frac{\sqrt{i}}{5!} - \frac{i}{6!} - \ldots$$

et il parvient a l'expression $\alpha + \beta\sqrt{i} + \Upsilon i + \delta\sqrt{-i} - \quad = \eta$. Si la somme est pour des termes infinis nous avons $\alpha\sqrt{i} + \alpha i + \alpha\sqrt{-i} + \alpha$. Le module η et e sont les mêmes et la représentation géométrique de η est une spirale qu'il appelle sincatégorématique[14].

Les déductions de Rey sont établies à partir de la construction géométrique et de l'intuition mais la majeure partie de ses idées sont du même type que celles d'Argand, Hamilton et Grassman. En 1860, quelques mois avant de mourir Rey Heredia, avec Edouard Benot professeur de mathématiques á l'école San Felipe Neri en Cádiz, publie la traduction des *Études philosophiques sur le Science du Calcul*[15]. Avec le livre de Rey Heredia publié en 1865, les mathématiciens espagnols avaient suffisamment d'informations pour comprendre et discuter les nouvelles idées sur les nombres complexes. On pourra en apprécier l'effet dans les années suivantes. Le même Benot fit une seconde édition de Vallés[16] en 1896, dans laquelle il inclut les informations bibliographiques des textes et articles publiés avant 1875 ; la note d'accompagnement de la traduc-

10. *Cf.* J.M. Rey Heredia, *Teoría transcendental de las cantidades imaginarias*, *op. cit.*, 145. La notation employée par Rey est $\sqrt{-3}$, que j'écris $i\sqrt{3}$.

11. Augustin-Louis Cauchy, *Exercices d'Analyses et de physique mathématique ; Oeuvres complètes*, (2) 14, Paris, 1847, 439-445.

12. *Cf.* E. Study, E. Cartan, " Nombres Complexes ", *op. cit.*, 389-390.

13. J.M. Rey Heredia, *Teoría transcendental de las cantidades imaginarias*, *op. cit.*, 46.

14. La représentation géométrique coïncide avec celle qu'établit Warren (1829) pour une exponentielle complexe. *Cf.* E. Study, E. Cartan, " Nombres Complexes ", *op. cit.*, 358.

15. M.F. Vallès, *Estudios Filosóficos sobre la Ciencia del Cálculo*, trad. E. Benot, Cádiz, 1863, 242.

16. M.F. Vallés, *Errores en los libros de Matemáticas. Estudios Filosóficos sobre la Ciencia del Cálculo*, 2ª edc., trad. E. Benot, Madrid, 1896, 382.

tion de la Préface de Jules Hoüel à la deuxième édition de l'Essai d'Argand et enfin une réflexion sur la signification arithmétique des nombres complexes.

Entre 1878 et 1886 dans la revue *Crónica Científica*, une des premières revues scientifiques espagnoles, paraîtront quelques articles sur les " quantités imaginaires ". Le premier article[17] est de Lauro Clariana (1842-1916), agréé d'Analyse Mathématique à l'Université de Barcelone. Il était influencé par le livre de Rey, et commença par reprendre une phrase de Pascal, citée par Rey : " Les chiffres imitent l'espace " et après il propose des solutions avec des quantités imaginaires pour quelques fonctions trigonométriques. Dans un deuxième article[18] sur la philosophie mathématique, il relie les problèmes de la Géométrie Projective avec les classes de restes numériques et les nombres complexes. Dans l'article, il définit plusieurs opérations avec des nombres complexes en faisant référence aux mathématiciens qui avait initié, pendant ce siècle, les problèmes de la représentation géométrique polar des complexes. Enfin, en 1882, dans un autre article, Clariana introduit la définition de " quantité " (*cantidad*), c'est-à-dire, de nombre avec la notation de Hamilton. Nombre est le pair $a = (a', a'') = (a', o) + (o, a'') = a' + a''(o, 1) = a' + a''i$ où il écrit pour la première fois en castillan i pour la $\sqrt{-1}$. Il faut rappeler qu'en 1882 ont été traduits les *Elements of Quaternions de Hamilton*[19] en allemand et en français. Dans la même revue et pendant la même année, un autre professeur de mathématiques, José de Castro Pulido publie une série de quatre articles[20] descriptifs de calcul analytique des quantités imaginaires que finalisent avec le calcul des racines de l'unité mais utilise toujours la notation classique avec $\sqrt{-1}$. Pour finir, en 1886, Clariana incorpore à la littérature mathématique espagnole les résultats de quaternions par un article dans lequel il écrit " en considération de la résistance à l'introduction des quaternions "[21] que incorpore des formules comme :

$$V(\alpha V\zeta\gamma) = \gamma S\alpha\zeta - \zeta S\alpha\gamma \text{ , ou } \alpha, \zeta, \gamma$$

sont vecteurs qu'on peut représenter par :

$$\alpha = \chi i + yj + zk, \zeta = \chi' i + y' j + z' k, \gamma = \chi'' i + y'' j + z'' k,$$

et V signifie un vecteur, S signifie un scalaire.

17. L. Clariana, " Armonías notables entre el Álgebra y la Trigonometría ", *Crónica Científica*, I, 12, 1878, 265-270.

18. L. Clariana, " Nociones de Filosofía Matemática ", *Crónica Científica*, I, 21, 27, 1878, 481-487, 505-511.

19. *Cf.* M.J. Crowe, *A History of Vector Analysis*, New York, 1994, 258. (1re éd., 1967).

20. J. de Castro Pulido, " Análisis del concepto de cantidad y contribución al estudio de la Geometría Analítica ", *Crónica Científica,* V, 100, 101, 102 et 103, (1882), 73-78, 97-103, 121-128, 145-149.

21. Il écrit exactement : " Considerando que la resistencia que se nota á la introducción de los cuaternions, sea debida en parte á la fuerza de la síntesis de los algoritmos de Hamilton… ". L. Clariana, " Cuaternions ", *Crónica Científica*, IX, 206, 1886, 233-234.

Et :

$$ij = k, ki = j, jk = i, ji = -k, ik = -j, kj = -i,$$

avec lesquelles Clariana ouvre la porte des espaces vectoriels aux mathématiciens de langue castillane.

THE ORIGIN OF THE HAMILTON-JACOBI THEORY IN THE CALCULUS OF VARIATIONS

Michiyo NAKANE

Today, Hamilton-Jacobi's theory is one of the most important branches in the theory of calculus of variations[1]. In the present paper I discuss the process of how William Rowan Hamilton and Curl Gustav Jacob Jacobi, mathematicians in the 19th century, constructed the variational theory named after them. In paying attention to the difference among Hamilton's original dynamical theory, Jacobi's pure mathematical theory and modern dynamical theory, I emphasize that Jacobi's generalization of Hamilton's results was the origin of both the dynamical and the mathematical theory named after them.

Basically, the variational theory concerns how we find the function $q_1 = q_1(t), q_2 = q_2(t),\ldots,q_n = q_n(t)$ that makes the integration :

$$J = \int_{\tau}^{t} \varphi, (t, q_1(t),\ldots, q_n(t), \dot{q}_1(t), \ldots, \dot{q}_n(t))dt \ , \quad \dot{q}_i = \frac{dq_i}{dt} \ , (1)$$

where φ is any differentiable function, minimum or maximum. Mathematicians had discussed how they could find such functions, the so-called extremal curves.

In the 18th century, Leonard Euler and Joseph Louis Lagrange demonstrated that the extremal curve is determined by solving the ordinary differential equations,

$$\frac{d}{dt}\frac{\partial\varphi}{\partial\dot{q}_i} - \frac{\partial\varphi}{\partial q_i} = 0 \ , (n = 1,\ldots, n)$$

the so-called Euler-Lagrange's equations. In the first half of the 19th century Jacobi showed another way to determine extremal curves. Jacobi calculated the function J by solving the non-linear partial differential equation of the first order,

$$\frac{\partial J}{\partial t} + H\left(t, q_1, \ldots, q_n, \frac{\partial J}{\partial q_1}, \ldots, \frac{\partial J}{\partial q_n}\right) = 0 \qquad , (2)$$

1. For example, R. Courant, D. Hilbert, *Methods of Mathematical Physics*, vol. 2, New York, 1962, 830.

where :

$$\frac{\partial\varphi}{\partial q_i} = p_i \,,\quad H((t, q_1, \ldots, q_n, p_1, \ldots, p_n)) = \Sigma p_i\dot{q}_i - \varphi((t, q_1, \ldots, q_n, \dot{q}_1, \ldots, \dot{q}_n)), \ (3)$$

and obtained the extremal curves. Euler and Lagrange reduced the variational problems to solve the ordinary differential equations, but Jacobi reduced it to the partial differential equation[2]. In this paper I will call Jacobi's way of finding extremal curves as the " Hamilton-Jacobi theory " in the calculus of variations.

In modern textbooks on dynamics, we also find the Hamilton-Jacobi theory[3]. We substitute *L*, the substraction of kinetic energy from potential energy, for φ in equation (1). In the case of dynamics, t is the time, $q_1, \ldots, q_n$ are positions of particles, $\dot{q}_1, \ldots, \dot{q}_n$,are velocities of them. We have such a principle that the paths of particles are determined by the condition that makes J minimum. Following the above-mentioned procedure, we can obtain paths of particles by solving the partial differential equation substituting L for φ in equations (2) and (3). Compared with the theory which determines the extremal curves, the variables and the equations have physical meanings in the dynamical theory. But both of these two theories have similar mathematical forms.

We have some historical work which discusses the Hamilton-Jacobi theory. From the view point of the history of mathematics, almost all of them focus on the process of how mathematicians attained the so-called Hamilton-Jacobi differential equation, a special type of non-linear partial differential equation of the first order[4]. The relation between the partial differential equations and the variational problems is not mentioned yet.

On the other hand, there are some articles discussing the process of constructing the Hamilton Jacobi's dynamical theory in the historical study of physics[5]. They indicate the fact that Hamilton introduced the so-called canonical co-ordinate and attained the Hamilton-Jacobi equation in 1834 and 1835. As we shall see later, Hamilton's original theory is different from today's Hamilton-Jacobi theory in dynamics or in the calculus of variations. Therefore much could be said on constructing the Hamilton-Jacobi theory both in dynam-

2. This is a well-known story in history of the calculus of variations. See for example, H.H. Goldstine, *A History of the Calculus of Variations from the 17th through the 19th Century*, Springer-Verlag, 1980, 410.

3. 3 For example, L.D. Landau, E.M. Lifschitz, *Mechanics*, Pergamon Press, 1976, 169.

4. The latest work on this subject is done by J. Lützen, " Interaction between Mechanics and Differential Geometry in the 19th Century ", *Archive for History of Exact Sciences*, 49 (1995), 1-72.

5. R. Dugas discusses this process in *A History of Mechanics*, Dover, 1988, 391-408. H.H. Goldstine, *A History of the Calculus of Variations from the 17th through the 19th Century*, *op. cit.*, 176-186 also shows this process. He seems to discuss the way that the Hamilton-Jacobi theory in the calculus of variations was constructed. I find he does not reach his goal. He examines only the procedures of Hamilton and Jacobi in constructing dynamical theory. If he tries to show the process of constructing the pure mathematical variational theory, he should mention Jacobi's later work. Then I think he would show the process of constructing the dynamical theory.

ics and the calculus of variations. In this paper, I consider the process concerning how Hamilton and Jacobi introduced the canonical co-ordinate and attained the original form of the theory named after them.

It is a well-known fact that Hamilton derived the idea of his dynamical theory from his own optical theory[6]. He constructed his dynamical theory based on the similarity between mathematical forms of his characteristic function in optics and of the action integral in dynamics. In 1834, he published " On a General Method in Dynamics " and demonstrated the theory of characteristic function for dynamics which was defined as :

$$V = \Sigma \int m_i v_i ds_i ,$$

where m_i was mass of a particle, v_i was its velocity, and ds_i was element of path length[7]. He demonstrated that one can obtain the solutions of equations of motion from the characteristic function which satisfied the partial differential equation of the first order. He also demonstrated the above-mentioned relation was valid when he replaced the characteristic function by the principal function which he defined as the following :

$$S = V - tH = \int_o^t (T + U)dt,$$

where T was kinetic energy and H was total energy. In accordance with the notation of Hamilton and Jacobi, I call the function U as the potential function, which is the negative of today's potential function.

In his " Second Essay on a General Method in Dynamics ", published in 1835, Hamilton set :

$$\varpi_i = \frac{\partial T}{\partial \dot{\eta}_i},$$

introduced the (ϖ_i, η_i) co-ordinate and transformed Lagrange's equations of motion to the so-called Hamilton's canonical equations :

$$\begin{cases} \dfrac{d\eta_i}{dt} = \dfrac{\partial H}{\partial \varpi_i} \\ \dfrac{d\varpi_i}{dt} = -\dfrac{\partial H}{\partial \eta_i}, \quad (i = 1, \ldots, 3n) \end{cases}$$

where $\eta_1, \ldots, \eta_{3n}$ were the generalized co-ordinates introduced by Lagrange[8]. Hamilton represented the kinetic energy, the potential energy and the principal function in the (ϖ_i, η_i) co-ordinate. He demonstrated that he could reduce a solution of equations of motion to that of the non-linear partial differential

6. We can see the way that Hamilton derived the dynamical theory from his optical theory in T.L. Hankins, *Sir William Rowan Hamilton*, The Johns Hopkins University Press, 1980, 474.

7. W.R Hamilton, " On a General Method in Dynamics ", *Phil. Trans.*, Part 2 (1834), 247-308.

8. W.R. Hamilton, " Second Essay on a General Method in Dynamics ", *Phil. Trans.*, Part 1 (1835), 95-144.

equation of the first order even if he wrote equations of motion in the canonical form.

We can regard Hamilton's (ϖ_i, η_i) co-ordinate as the prototype of the canonical co-ordinate. Compared with the Cartesian co-ordinate or the Spherical co-ordinate, the canonical co-ordinate looks strange or artificial. How did Hamilton get the idea for his canonical co-ordinate ? In the introductory part to his paper of 1835 and his report in the British Association for the Advancement of Science, he insisted that he succeeded in representing equations of motion in the so-called canonical form[9]. Lagrange never wrote equations of motion in the canonical form. But in his paper of 1809 Lagrange had already written the equations of perturbing functions in this form and celebrated this simple and symmetric form,

$$\begin{cases} \frac{\partial\Omega}{d\alpha}dt = d\lambda, \frac{\partial\Omega}{d\beta}dt = d\mu, \frac{\partial\Omega}{d\gamma}dt = d\nu, \dots \\ \frac{\partial\Omega}{d\lambda}dt = -d\alpha, \frac{\partial\Omega}{d\mu}dt = -d\beta, \frac{\partial\Omega}{d\nu}dt = -d\gamma, \dots \end{cases}$$

where α, β, γ were the initial values of position of particle represented in the generalized co-ordinate $(r, s, u, \dots)$, $\lambda, \mu, \nu, \dots$ were those of :

$$\frac{\partial T}{\partial \dot{r}}, \frac{\partial T}{\partial \dot{s}}, \frac{\partial T}{\partial \dot{u}}, \Omega$$

was the perturbing function[10]. In 1809, Poisson had already represented Lagrange's equations of motion in the form of :

$$\frac{dp_i}{dt} = \frac{\partial(T-U)}{\partial q_i}, p_i = \frac{\partial T}{\partial q_i} \quad , \ (i = 1, \dots, 3n) \ (4)$$

where $q_1, \dots, q_{3n}$ were the generalized co-ordinates[11]. Therefore Hamilton apparently introduced the (ϖ_i, η_i) co-ordinate for the purpose of representing equations of motion in Lagrange's simple and symmetric form. He also showed his theory of the principal function was valid for equations of motion written in the canonical form.

Once he attained the partial differential equation in the Cartesian co-ordinate system, he tried to demonstrate his formalism in some different co-ordinates in 1834. I cannot find, however, any procedure that would have inspired

9. W.R. Hamilton, " On the Application to Dynamics of a General Mathematical Method Previously Applied to Optics ", *Report of the British Association for the Advancement of Science*, (1834), 513-518.

10. J.L. Lagrange, " Second mémoire sur la théorie générale de la variation des constantes arbitraires dans tous les problèmes de la Mécanique ", *Mémoires de la première Classe de l'Institut*, (1808), Oeuvres 6, 809-816. Lagrange also demonstrated this result in the second edition of *Mécanique analytique*, 2 vols, the first ed. Paris 1788 ; the second ed. Paris 1811-1815.

11. S.D. Poisson, " Mémoire sur la variation des constantes arbitraires dans les questions de la mécanique ", *Jour. Ec. Polyt.*, 8 (1809), 266-344. Although Poisson himself did not, represent equation (4) in this way, I use modern representation to clarify my discussion.

him to construct the canonical formalism. Therefore I believe that Hamilton attained the idea of the canonical co-ordinate in obtaining differential equations of motion written in the simple and symmetric form.

In the process of deriving the partial differential equations, Hamilton never used variational principles in dynamics, such as the principle of least action. On the other hand, he indicated that we can derive Lagrange's equations of motion if we set

$$\delta S = V - tH = \int_o^t (T + U)dt = 0$$

Today, we call this relation " Hamilton's principle ". Although Hamilton himself did not obtain equations of motion from this variational principle, he suggested that one could construct the dynamical theory as follows : one obtains motions of particles, which are determined by Hamilton's principle, by solving the partial differential equation.

Jacobi seemed to have read Hamilton's two papers of 1834 and 1835 on dynamics in the last half of 1836 when Jacobi prepared a paper on the theory of calculus of variations published in 1837[12]. In this paper Jacobi mentioned that Hamilton's dynamical theory could be made applicable to isoperimetrical problems. But he could not directly apply Hamilton's dynamical theory to the isoperimetrical problems[13].

When Hamilton derived the canonical equations, he used the condition that the function T was the homogeneous function of the order 2 in the variables :

$$\dot{\eta}_1, \ldots, \dot{\eta}_{3n}$$

as T was the kinetic energy. In obtaining the relation :

$$\varpi_i = \frac{\partial S}{\partial_{\eta i}}$$

which played an essential role in deriving the partial differential equation, he used the condition that the function S was the integration of the sum of the kinetic energy and the potential energy. As Hamilton constructed dynamical theory, we can find no problem in his procedure. But if one tries to construct the variational formalism which is applicable to the isoperimetrical problems, he has to treat the integration of any differentiable function. Therefore we find Hamilton had not attained the pure mathematical theory which has the similar mathematical form as the modern Hamilton-Jacobi dynamical theory. Jacobi's

12. C.G.J. Jacobi, " Zur Theorie der Variations-Rechnung und der Differential-Gleichungen ", *Jl. für die Reine u. Angew Math.*, 17 (1837), 68-82.

13. Today " the isoperimetric problem " means the variational problem with the side condition. Fraser states : in the 18th century the term " isoperimetric problem " was sometimes used in a general manner to refer to the entire subject of what would be later called the calculus of variations. See C.G. Fraser, " Isoperimetric Problems in the Variational Calculus of Euler and Lagrange ", *Historia Mathematica*, 19 (1992), 4-23. Jacobi also called the variational problems without side conditions as the " isoperimetric problem ".

assignment was to bridge a gap between the pure mathematical theory and Hamilton's original dynamical theory. Then Jacobi demonstrated his procedure of generalizing Hamilton's theory in *Vorlesungen über Dynamik* which formed the basis of his lecture in 1842 to '43[14].

In his 8th lecture of the *Vorlesungen*, Jacobi derived Lagrange's equations of motion from Hamilton's principle. He also obtained Hamilton's canonical equations from Lagrange's equations. He showed that the solutions of Hamilton's equations offered the solutions of variational problems for dynamics.

In the 19th lecture of the *Vorlesungen*, Jacobi extended Hamilton's formalism and made it applicable to the isoperimetrical problems. To obtain the solution of Hamilton's canonical equations, Jacobi defined the principal function as :

$$V = \int_{t_0}^{t_1} (U+T)dt$$

He set $\varphi = T + U$. In Jacobi's lecture, $q_1, \ldots, q_n$ were the generalized co-ordinates. In dynamics T is a homogeneous function of order 2 in $\dot{q}_1, \ldots, \dot{q}_n$, and U is a function of t and $q_1, \ldots, q_n$. But Jacobi treated φ is any differentiable function of $t, q_1, \ldots, q_n, \dot{q}_1, \ldots, \dot{q}_n$. He took the variation of the function V and obtained the relation of δV ,

$$\delta\int_{t_0}^{t_1} \varphi dt = \int_{t_0}^{t_1} \delta\varphi dt = \Sigma\frac{\partial\varphi}{\partial\dot{q}_i}\delta q_i - \Sigma\frac{\partial\varphi^0}{\partial\dot{q}_i}\delta q_i^0 + \int_{t_0}^{t_1}\Sigma\left(\frac{\partial\varphi}{\partial q_i} - \frac{d}{dt}\left(\frac{\partial\varphi}{\partial\dot{q}_i}\right)\right)\delta q_i dt,$$

where φ^o, q_i^o were the initial values of φ, q_i . From Euler-Lagrange's equation for extremal curves, the last part of the equation is 0. Then Jacobi obtained the relation,

$$\delta\int_{t_0}^{t_1} \varphi dt = \Sigma\frac{\partial\varphi}{\partial\dot{q}_i}\delta q_i - \Sigma\frac{\partial\varphi^0}{\partial\dot{q}_i}\delta q_i^0 = \Sigma(p_i\delta q_i - p_i^0\delta q_i^0),$$

where q_i^0 was the initial values of q_i. Jacobi round if he set :

$$\frac{\partial\varphi}{\partial\dot{q}_i} = \frac{\partial V}{\partial q_i}$$

he could derive the partial differential equations. Then he set :

$$p_i = \frac{\partial\varphi}{\partial\dot{q}_i}$$

This relation corresponded to Hamilton's relation of

$$\varpi_i = \frac{\partial T}{\partial\dot{\eta}_i}$$

in dynamical problems. He differentiated V with respect to t, set the function :

$$\psi((p_1, \ldots, p_n, q_1, \ldots, q_n, t)) = \Sigma p_i\dot{q}_i - \varphi((q_1, \ldots, q_n, \dot{q}_1, \ldots, \dot{q}_n, t))$$

and attained the partial differential equation

14. C.G.J. Jacobi, *Vorlesungen über Dynamik*, Berlin, Clebsch ed. 1866, (reprinted by Chelsea in 1969), 300 .

$$\frac{\partial V}{\partial t} + \psi\left((t, q_1, \ldots, q_n, \frac{\partial V}{\partial q_n}, \ldots, \frac{\partial V}{\partial q_n}\right)\right) = 0.$$

From this procedure I can draw the following conclusions. Although Lagrange and Hamilton had known Euler-Lagrange's equation for extremal curves, they never applied it to dynamical problems. In contrast Jacobi regarded Lagrange's equations of motion as a special case of the equation of extremal curves and constructed his theory.

Both Hamilton and Jacobi used the similar relation of p_i and ϖ_i,

$$p_i(=\varpi_i) = \frac{\partial T}{\partial \dot{q}_i} = \frac{\partial \varphi_i}{\partial \dot{q}_i} = \frac{\partial V}{\partial q_i},$$

to derive the partial differential equations. Hamilton obtained these relations under the condition that T was the kinetic energy and homogeneous function of order 2. But Jacobi never used this condition in deriving the partial differential equation. In other words, Jacobi introduced his new definition of function p_i to get rid of the conditions which came from dynamical problems. Consequently, Jacobi attained the modern definition of the canonical co-ordinate, p_i, q_i. Then he directly applied the above-mentioned theory to the isoperimetrical problems and attained the Hamilton-Jacobi theory in the calculus of variations.

In *Vorlesungen* Jacobi considered some dynamical problems, including the problem of attracting by two fixed centers, by using the canonical co-ordinate system. But he defined :

$$p_i = \frac{\partial T}{\partial \dot{q}_i}$$

in these problems. Therefore Jacobi's examination of the isoperimetrical problems is an essential factor in obtaining the modern canonical co-ordinate system.

Hamilton's results could be applicable only to the dynamical problems, which had a special type of potential energy and kinetic energy. By contrast Jacobi's theory could describe physical phenomena that had a different type of energy from that of classical dynamics. At the time Jacobi completed his theory, physicists discussed many kinds of phenomena including the case where the potential energy depended on the velocities. They apparently found that Jacobi's theory was useful to describe such phenomena[15]. Therefore modern textbooks on dynamics adopt Jacobi's mathematical form, give it physical meanings, and introduce it as Hamilton-Jacobi's dynamical theory.

15. I mean the development of electrodynamics, thermodynamics, etc. For example, T. Archibald, " Physics as a Constraint on Mathematical Research : The Case of Potential Theory and Electrodynamics ", in D.E. Rowe, J. McCleary (eds), *The History of Modern Mathematics*, Vol. II, Academic Press, 1989, 29-75, discusses how contemporary physicists used mathematical tools to describe phenomena that they observed.

Although Hamilton introduced the fundamental tool for the variational mechanics, his mathematical forms were different from the modern dynamical theory. Historians of physics seem to miss this difference and then conclude that Hamilton established the modern dynamical theory. They seem to think that their discussions are complete if they limit their examination to Hamilton's results. I think this is the reason why they pay little attention to Jacobi's work. But from what has been said above, we can conclude that the modern Hamilton-Jacobi dynamical theory was also established when Jacobi attained his new theory of the isoperimetrical problem. Let us leave the history of physics and turn to that of mathematics. Jacobi succeeded in reducing the solution of isoperimetrical problem to that of the partial differential equation. In developing the theory of calculus of variations, Clebsch, Mayer, Hilbert etc., extended and sophisticated the Hamilton-Jacobi theory in their study of the calculus of variations. But a discussion of their work lies outside the scope of this paper[16].

16. H.H. Goldstine, *A History of the Calculus of Variations from the 17th through the 19th Century*, *op. cit.*, 250-389, shows their process.

LEIPZIGER BEITRÄGE ZUR THEORIE HYPERKOMPLEXER SYSTEME

Karl-Heinz SCHLOTE

Mitte der 80er Jahre des 19. Jahrhunderts hatte die Theorie hyperkomplexer Zahlen erste wichtige Schritte zur Strukturuntersuchung der hyperkomplexen Systeme absolviert, aber das Aufstellen allgemeiner Prinzipien steckte noch in den Anfängen. Es deutete sich vielmehr an, daß einer der bisher beschrittenen Wege, die hyperkomplexen Systeme nach der Anzahl ihrer Basiseinheiten zu klassifizieren, wegen der rasch anwachsenden Zahl hyperkomplexer Systeme wenig Aussicht auf Erfolg bot. Für den weiteren Aufschwung der Algebrentheorie war dann die Verknüpfung mit der Theorie der kontinuierlichen Transformationsgruppen von großer Bedeutung, trat sie doch dadurch in eine fruchtbare Wechselbeziehung zu der in rascher Entwicklung befindlichen Gruppentheorie.

Ende der 80er Jahre erschienen in kurzer zeitlicher Abfolge mehrere Arbeiten zur Struktur hyperkomplexer Systeme von Leipziger Autoren bzw. von Autoren, die längere Zeit in Leipzig gewirkt hatten. Es handelt sich dabei um Friedrich Schur (1856-1932), Georg Scheffers (1866-1945) und Eduard Study (1862-1930). Es liegt die Vermutung nahe, daß diese Arbeiten wesentlich von dem seit 1886 in Leipzig tätigen Sophus Lie (1842-1899) beeinflußt wurden. Im folgenden soll diese Vermutung geprüft werden und der Inhalt der einzelnen Arbeiten kurz besprochen werden.

DIE GRUPPE UM S. LIE IN LEIPZIG

Wie kam es, daß diese Gruppe von Mathematikern in Leipzig zusammentraf ? S. Lie hatte 1868, anknüpfend an Plückers Ideen, den Begriff der Berührungstransformation eingeführt. Er studierte die Eigenschaften dieser Transformationen und wandte sie auf Probleme an, die mit Differentialgleichungen verknüpft waren. In den 70er Jahren entwickelte er auf dieser Basis die Theorie der endlichen kontinuierlichen Gruppen, die er in den folgenden Jahrzehnten immer weiter ausbaute. Nachdem er seit 1872 als Professor an der

Universität Christiana wirkte, trat er 1886 die Nachfolge von Felix Klein (1849-1925) in Leipzig an. 1898 kehrte er nach Kristiana zurück und nahm ein für ihn persönlich eingerichtetes Ordinariat an[1].

Bereits vor seiner Berufung nach Leipzig hatte Lie gute Kontakte zu den dortigen Mathematikern, speziell zu F. Klein und A. Mayer (1839-1908). Diese beiden erkannten auch Lies schwierige Situation in Kristiana und schickten im September 1884 ihren Schüler F. Engel (1861-1941) für ein Jahr zu Lie, um letzterem bei der Ausarbeitung der Theorie der Transformationsgruppen zu helfen. Mit dem Ordinariat in Leipzig boten sich Lie dann neue Möglichkeiten, um für die Verbreitung seiner Ideen zu wirken.

F. Engel wurde Lies erster Schüler, der sich fortan intensiv mit Problemen der Berührungstransformationen beschäftigte. Die Verbindung dieser Theorie mit den hyperkomplexen Systemen berührte er kaum, dies erfolgte durch F. Schur, E. Study und G. Scheffers. Während Engel bis 1904 in Leipzig lehrte und damit einen wesentlichen Lebensabschnitt an der Leipziger Universität verbrachte, bildete für die drei oben genannten die *Alma mater lipsiensis* nur eine kurze, erste Station in ihrer akademischen Laufbahn.

Friedrich Schur kam nach dem Studium in Breslau und Berlin und der Promotion bei E.E. Kummer (1810-1893) 1881 nach Leipzig, um sich bei Klein und W. Scheibner (1826-1908) zu habilitieren. 1885 wurde er zum a. o. Professor berufen und folgte dann 1888 einen Ruf an die Universität Dorpat.

Georg Wilhelm Scheffers begann seine wissenschaftliche Laufbahn in Leipzig. Er studierte dort von 1884 bis 1888, promovierte 1890 nach kurzer Tätigkeit als Lehrer und habilitierte sich 1891. Scheffers war Schüler von Lie und beschäftige sich intensiv mit der Lieschen Theorie. 1896 wurde er a. o. Professor, 1900 Professor an der Technischen Hochschule Darmstadt.

Eduard Study studierte ab 1880 in Jena, Straßburg, Leipzig und München, eignete sich aber sein mathematisches Wissen vorwiegend autodidaktisch an. 1884 promovierte bei L. Seidel (1821-1896) und C.G. Bauer (1820-1906) in München und habilitierte er sich ein Jahr später bei F. Klein in Leipzig, wo er bis 1888 als Privatdozent wirkte. Danach hatte er die gleiche Position in Marburg inne[2].

1. Zu Biographie und Lebenswerk von S. Lie siehe etwa : B. Fritzsche, " Leben und Werk Sophus Lies. Eine Skizze ", in K.H. Hofmann (Hrsg.), *Seminar Sophus Lie*, Bd. 2, Berlin, 1992, 235-261 ; H. Freudenthal, " Marius Sophus Lie ", in C.C. Gillispie (ed.), *Dictionary of Scientific Biography*, vol. 8, New York, 1973, 323-327.

2. Für weitere Angaben zur Biographie siehe etwa : für Schur, *Jber.* DMV, 45 (1935), 1-31 ; für Study, *Jber.* DMV, 40 (1931), 133-156 und *Jber.* DMV, 43 (1934), 108-124, 211-225 ; für Scheffers, W. Burau, " Georg Scheffers ", in C.C. Gillispie (ed.), *Dictionary of Scientific Biography*, vol. 12, New York, 1973, 150.

Der Entwicklungsstand der Theorie hyperkomplexer Systeme

Bevor auf die Arbeiten von Schur, Scheffers und Study näher eingegangen wird, sei kurz der Stand der Algebrentheorie Mitte der 80er Jahre des vorigen Jahrhunderts geschildert. Zunächst lag zu diesem Zeitpunkt eine ganze Reihe von Untersuchungen über hyperkomplexe Systeme vor, die keinen Bezug zu den kontinuierlichen Transformationsgruppen erkennen lassen. Bei den Vertretern dieser Richtung dominiert die Auffassung, die hyperkomplexen Zahlen als eine mögliche Erweiterung des Zahlbegriffs, als eine Ausdehnung über die komplexen Zahlen und Quaternionen hinaus, eben ins Hyperkomplexe, zu betrachten. Erwähnt seien die Arbeiten von K. Weierstraß (1815-1897), R. Dedekind (1831-1916), G. Frobenius (1849-1917) sowie B. und C.S. Peirce[3].

B. Peirce (1809-1880) hatte 1871 eine erste grundlegende Arbeit zu Strukturuntersuchungen von Algebren vorgelegt und dabei die Begriffe der idempotenten und nilpotenten Elemente bzw. Algebren eingeführt[4]. Er formulierte erste Kriterien für eine Klassifikation der Algebren und gab die Multiplikationstabellen für die Algebren mit bis zu 6 Basiselementen an (natürlich bis auf Isomorphie).

Aus finanziellen Gründen konnten zunächst nur etwa 100 Exemplare von der Arbeit hergestellt werden, die Peirce an Freunde und Kollegen verschickte. Als die Arbeit 1881 im *American Journal of Mathematics* publiziert wurde, fügte Peirces Sohn Charles Sanders (1839-1914) zwei wichtige Kommentare an. Der erste beinhaltete die 1875 von ihm bewiesene Aussage, *That any associative algebra may be represented in a matrix*[5], der zweite den sog. Frobeniusschen Einzigkeitssatz, den Frobenius 1878 erstmals bewiesen hatte und den Peirce unabhängig ableitete. Der Satz besagt, daß die Quaternionen, die reellen und die komplexen Zahlen die einzigen assoziativen Algebren mit eindeutiger Division und reellen Zahlen als Koeffizienten, d. h. die einzigen Divisionsalgebren über den reellen Zahlen sind.

Nur wenig später, 1884 bzw. 1885 erschienen die Arbeiten von K. Weiers-

3. Es werden nur einige Arbeiten betrachtet, die das Schaffen von wenigstens einem der drei Autoren Schur, Scheffers und Study beeinflußt haben und von ihnen zitiert wurden. Die Fortsetzung bzw. Rezeption der von den einzelnen Gelehrten hervorgebrachten Ideen wird nicht weiterverfolgt. Für eine detaillierte Analyse der Entwicklung siehe : K.-H. Schlote, *Die Entwicklung der Algebrentheorie bis zu ihrer Formierung als abstrakte algebraische Theorie*, Diss. B, Leipzig, 1987.

4. B. Peirce, “ Linear associative algrebra ”, *Amer. J. Math.*, 4 (1881), 97-229. Für eine umfassende Darstellung siehe : H. Pycior, “ Benjamin Peirce's 'Linear Associative Algebra' ”, *Isis*, 70, 1979, 537-551 ; K.-H. Schlote, “ Zur Geschichte der Algebrentheorie — Peirces *Linear Associative Algebra* ”, *NTM-Schriftenr. Gesch. Naturwiss., Technik, Med.*, 20 (1983), 1, 1-20 ; sowie I. Grattan-Guinness, “ Benjamin Peirce's Linear Associative Algebra, 1870 : New Light on its Preparation and 'Publication' ”, *Annals of Science*, 54, 1997, 597-606 für einige neue Aspekte der Entstehungsgeschichte.

5. C.S. Peirce, “ On the Relative Forms of the Algebras ”, *Amer. J. Math.*, 4 (1881), 223.

traß bzw. R. Dedekind über die aus n Haupteinheiten gebildeten Größen[6], in denen beide das bereits wesentlich früher abgeleitete Resultat publizierten, daß jede endliche kommutative Algebra ohne Radikal über den komplexen Zahlen in die direkte Summe von Körpern zerfällt, die zu den komplexen Zahlen isomorph sind. Dieses Ergebnis wurde von den beiden berühmten Mathematikern in sehr unterschiedlicher Weise als Beantwortung der Gaußschen Frage nach der Verallgemeinerung der komplexen Zahlen auf höhere Dimensionen interpretiert. Während Weierstraß seine Ideen seit Wintersemester 1861/62 in seinen Vorlesungen vorgetragen hatte, verwies Dedekind auf seine Ausführungen im X. Supplement zu Dirichlets Vorlesungen über Zahlentheorie. Dort hatte er Methoden der Theorie hyperkomplexer System entwickelt, ohne sie besonders als solche zu kennzeichnen.

Zur Abrundung des Gesamtbildes seien noch die Arbeiten von H. Hankel (1839-1873) und Frobenius erwähnt[7]. Hankel führte in dem Buch über komplexe Zahlensysteme die vielfältigen Ideenströme zusammen und vereinigte sie zu gemeinsamen Traditionslinien. Erstmals ordnete er die Forschungen im englischen Sprachraum in die kontinentale Entwicklung ein und richtete die Aufmerksamkeit verstärkt darauf, die Verschiedenheit der Systeme höherer komplexer Zahlen also deren Struktur zu bestimmen. Von Frobenius' grundlegender Arbeit zur Theorie der Formen ist hervorzuheben, daß er unter Wiedereinführung einer abkürzenden Symbolik einen sehr wirkungsvollen, eleganten Kalkül der Bilinearformen schuf, die Verbindung zwischen den Bilinearformen und den Matrizen klarstellte und den Bogen zu hyperkomplexen Systemen spannte. Er zeigte, wie Struktureinsichten über hyperkomplexe Systeme, von ihm als " Zahlencomplexe " bezeichnet, mit Hilfe von Untersuchungsmethoden für Formen ableitbar sind, wobei das sog. Minimalpolynom eines beliebigen Elements des Systems eine wichtige Rolle spielt. In diesen Betrachtungen über Zahlenkomplexe bewies er auch den oben erwähnten Einzigkeitssatz.

Eine zweite Entwicklungsrichtung gründete sich auf den Zusammenhang von hyperkomplexen Systemen mit gewissen kontinuierlichen Transformationsgruppen. Erstmals hatte H. Poincaré 1884 auf diese Beziehung aufmerksam gemacht, ohne dies aber im Einzelnen auszuführen[8]. Der Zusammenhang basiert auf der sog. gruppentheoretischen Auffassung der Zahlensysteme, d. h. man interpretiert die Produktbildung der Algebra als eine Transformation der

6. K. Weierstraß, " Zur Theorie der aus n Haupteinheiten gebildeten complexen Grössen ", *Nachr. Königl. Gesell. Wiss. Göttingen* (1884), 395-419. R. Dedekind, " Zur Theorie der aus n Haupteinheiten gebildeten complexen Grössen ", *Nachr. Königl. Gesell. Wiss. Göttingen*, 1885, 141-159 ; vgl. auch ebenda 1887, 1-7.

7. H. Hankel, *Vorlesung über die complexen Zahlen und ihre Functionen*. 1. Theil : *Theorie der complexen Zahlensysteme*, Leipzig, 1867 ; G. Frobenius, " Ueber lineare Substitutionen und bilineare Formen ", *J. Reine u. Angew. Math.*, 84 (1878), 1-63.

8. H. Poincaré, " Sur les nombres complexes ", *C. R. Acad. des Sciences de Paris*, 99 (1884), 740-742.

Algebra in sich. Sind $x = \Sigma x_i e_i$ und $y = \Sigma y_i e_i$ zwei Elemente der Algebra, so erhält man als Produkt xy die Zahl z mit $z = xy = \Sigma z_i e_i$ und

$$(*) \quad z_i = \Sigma x_j y_k c^i_{jk} \qquad (i = 1, 2\ldots, n).$$

Diese letzten Gleichungen werden nun als Transformation der x_i in die z_i aufgefaßt, wobei die y_k die Rolle von Parametern spielen. Sie definieren eine Transformation der Algebra in sich. Durchläuft bei der Produktbildung y die Algebra, so erhält man eine Schar von Transformationen. Die Hintereinanderausführung zweier derartiger Transformationen ergibt wieder eine derartige Transformation, und man zeigt leicht, daß diese Transformationen eine Gruppe bilden. Die Gruppe hat n wesentliche Parameter, d. h. die Anzahl der Parameter kann nicht verringert werden, und ist einfach transitiv.

Auf Grund dieses Zusammenhanges sah beispielsweise Study den Nutzen hyperkomplexer Zahlensysteme darin, gewisse Transformationsgruppen in einfacher Weise zu bestimmen und darzustellen[9].

Kurz zusammengefaßt kann die Situation der Algebrentheorie Mitte der 80er Jahre dadurch charakterisiert werden, daß eine Fülle von Einzelresultaten vorliegt und man am Beginn von Strukturuntersuchungen steht, ohne bereits über grundlegende, bewährte Klassifikationsprinzipien zu verfügen.

Die Arbeiten von F. Schur und E. Study

Für S. Lie, als Schöpfer der Theorie der kontinuierlichen Transformationsgruppen, war es natürlich von großem Interesse, im Rahmen seiner Theorie die Beziehungen zu den hyperkomplexen Systemen aufzuklären. Als sich ihm 1886 als Nachfolger F. Kleins in Leipzig die Möglichkeit bot, einige Schüler für seine Theorie zu begeistern, wies er diese zugleich auf diese Fragestellung hin und traf auf eine positive Resonanz. So vermerkt er bei der Vorlage von Scheffers Arbeit " Zur Theorie der aus n Haupteinheiten gebildeten complexen Grössen " vor der Königlich — Sächsischen Gesellschaft der Wissenschaften : " In einer Mittheilung an die französische Akademie des Sciences (3. November 1884) bemerkte schon Herr Poincaré, dass die Bestimmung aller Systeme von complexen Zahlen darauf hinauskommt, alle (transitiven) linearen homogenen Gruppen in n Veränderlichen zu finden, deren Coefficienten lineare Functionen von n Parametern sind. In meinen Seminar — Uebungen forderte ich Herrn Scheffers, der sich schon mit complexen Zahlen beschäftigt hatte, dazu auf, die hiermit definirte Kategorie von linearen Gruppen zu untersuchen, indem ich besonders hervorhob, dass für den Fall n = 3 die Bestimmung aller derartiger Gruppen ohne weiteres aus meiner Bestimmung (September 1884)

9. E. Study, " Complexe Zahlen und Transformationsgruppen ", *Ber. Verhandl. Königl.-Sächs. Gesell. Wiss., Math.-Phys. Classe* (1889), 177-228. Darin widmete Study der Frage einen ganzen Abschnitt, § 9. Der Nutzen der Systeme complexer Zahlen, S. 213-216.

aller projectiven Gruppen in zwei Veränderlichen hervorgeht. In dieser Weise ist die Arbeit des Herrn Dr. Scheffers entstanden "[10].

Die von Lie ausgehenden Anregungen hat Scheffers in einer späteren Arbeit bestätigt. Man muß aber klar feststellen, Lies Einfluß bezog sich vorrangig auf die Methode, wie die Struktur von hyperkomplexen Systemen erforscht werden sollte. Den Impuls für die Beschäftigung mit hyperkomplexen Systemen allgemein erhielten die Mathematiker, deren Beiträge betrachtetet werden sollen, vor allem von K. Weierstraß bzw. R. Dedekind. Eine gewisse Ausnahme bildete dabei F. Schur, da es ihm weniger um neue Strukturuntersuchungen zu hyperkomplexen Systemen ging als, sondern vielmehr um eine exakte Begründung des letztlich bekannten Zusammenhangs zwischen Transformationsgruppen und hyperkomplexen Zahlen. In der Theorie der Transformationsgruppen sah Schur das geeignete Mittel, um " den Formalismus der elementaren Rechenoperationen, denen höhere complexe Zahlen unterworfen sind, in seinem wahren Zusammenhange " zu verstehen[11]. Erst dadurch könne man erkennen, welchen Einfluß die einzelnen Verknüpfungsregeln auf die Struktur haben. Schur geht von beliebigen Transformationsscharen aus und studiert, welche Form diese Gruppen annehme, wenn man die üblichen Verknüpfungsregeln fordert, wie sie bei den Zahlensystemen vorliegen. D. h. die eine Gruppe soll assoziativ und kommutativ sein und die identische Transformation enthalten, die andere sei assoziativ, enthalte die identische Transformation und sei mit der ersten distributiv verknüpft. Er kann unter diesen Voraussetzungen zeigen, daß die erste Schar sich stets in eine Schar von Translationen überführen läßt und daß bei der zweiten, die der Multiplikation entspricht, die " Bestimmung der Multiplikationsarten auf die Bestimmung aller Systeme von Konstanten hinauskommt, welche den Bedingungen

$$\sum_{l=1}^{n} a^{l}_{h,k} a^{p}_{g,l} - a^{l}_{g,k} a^{p}_{h,l} + -a^{p}_{l,k} (a^{l}_{g,h} - a^{l}_{h,g}) \} = 0$$

und $\delta_{i,h} = \Sigma a^{i}_{h,k} e_k$ genügen "[12]. Die $a^{i}_{h,k}$ entsprechen genau den eingangs eingeführten Multiplikationskonstanten. Mit diesen Konstanten ist also die Struktur der Transformationsgruppe als auch die des hyperkomplexen Systems festgelegt, und diesen häufig erwähnten Zusammenhang wollte Schur exakt herleiten. Die Arbeit zeigt die Vertrautheit sowohl mit der Lieschen Theorie als auch mit Dedekinds Forschungen über Zahlensysteme. Neue Strukturaussagen leitete er nicht ab. Die Arbeit, erst in Dorpat publiziert, hatte er noch im März 1888 in Leipzig vollendet.

10. G. Scheffers, " Zur Theorie der aus n Haupteinheiten gebildeten complexen Grössen ", *Ber. Verhandl. Königl.-Sächs. Gesell. Wiss., Math.-Phys. Classe* (1889), S. 290, Fußnote 1.

11. F. Schur, " Zur Theorie der aus n Haupteinheiten gebildeten complexen Zahlen ", *Math. Annalen*, 33 (1889), 49.

12. *Idem*, 11, 59.

Nur wenig später erzielten Scheffers und Study wichtige neue Resultate zur Struktur hyperkomplexer Systeme. In den Studyschen Arbeiten wurden die schon früher hergestellten Beziehungen zwischen hyperkomplexen Zahlen und Forschungen auf anderen Gebieten, etwa über Matrizen, bilineare Formen und Transformationsgruppen klar aufgezeigt und genutzt. Damit hob er die Theorie der hyperkomplexen Zahlen auf eine höhere Stufe, da mit der Nutzung dieser Beziehungen eine wesentliche inhaltliche Bereicherung erfolgte und der Systemcharakter auf höherer Ebene wiederhergestellt wurde. Studys Interesse für hyperkomplexe Zahlen fußte zum einen auf eigenen Forschungen, zum anderen auf der Weierstraßschen und den sich daran anschließenden Arbeiten. Den Zusammenhang der Transformationsgruppen mit den hyperkomplexen Zahlen hat Study etwa um 1886 selbst entdeckt[13]. Er hatte umfangreiche geometrische Forschungen durchgeführt, sich eingehend mit Graßmanns Ausdehnungslehre vertraut gemacht und war gut über die Lieschen Auffassungen informiert. Er erwähnte jedoch in keiner Arbeit eine direkte Anregung von Lie, und auch Poincarés Artikel studierte er erst Ende 1889 oder Anfang 1890. In der Einleitung zu seiner ersten Arbeit " Über Systeme von complexen Zahlen "[14] deutet er im Stile der englischen algebraischen Schule die möglichen, sich aus einer Verallgemeinerung der komplexen Zahlen ergebenden Untersuchungen an, nannte den Frobeniusschen Einzigkeitssatz und definierte ein System komplexer Zahlen. Es spricht für den Entwicklungsstand und den Verbreitungsgrad der Algebrentheorie, wenn er einige Grundbegriffe und Bestandteile der Definition als bekannt voraussetzt und sich mit dem Hinweis auf Graßmanns Ausdehnungslehre von 1862 begnügt. Nach der Erläuterung, daß sich abgeleitete Systeme, die aus dem Grundsystem durch eine nichtsinguläre Transformation der Basiseinheiten hervorgehen oder das dazu reziproke System sind, strukturell nicht vom Grundsystem unterscheiden und zu einem Typ zusammengefaßt werden, formuliert er als Aufgabe : " Alle verschiedenen Typen von Systemen in n Grundzahlen anzugeben "[15]. Zur Charakterisierung der Typen benutzte er die Multiplikatonstabelle, wobei er ausdrücklich auf Peirce verweist. Kernstück seiner Methode ist die Betrachtung des Minimalpolynoms in Anlehnung an Weierstraß, ohne den Begriff selbst einzuführen. In einem System mit n Einheiten $(n > 1)$ muß es notwendigerweise eine Zahl k mit $2 \leq k \leq n$ geben, so daß für ein beliebiges Element a aus dem System a^k linear durch $a^0 = 1, a^1, \ldots, a^{k-1}$ ausdrückbar ist, d. h. $a^k = \Sigma\alpha_i a^i, \alpha_i \in \underline{C}$, während die Potenzen $a, \ldots, a^{k-1}$ im allgemeinen linear unabhängig sind. Ersetzt man nun a durch die Unbestimmte x, so erhält man das Minimalpolynom

$$p_a(x) = x^k + \beta_{k-1}x^{k-1} + \ldots + \beta_0.$$

13. E. Study, " Complexe Zahlen und Transformationsgruppen ", *op. cit.*, 9, 177.

14. E. Study, " Ueber Systeme complexer Zahlen ", *Nachr. Königl. Gesell. Wiss. Göttingen* (1888), 237-268.

15. E. Study, " Complexe Zahlen und Transformationsgruppen ", *op. cit.*, 240.

In Abhängigkeit von k und dem jeweiligen Nullstellenverhalten (einfache oder mehrfache, konjugiert-komplexe oder reelle Nullstelle) klassifiziert er die Systeme mit 2, 3 bzw. 4 Grundeinheiten und differenzierte, ob es sich um Systeme über den reellen oder den komplexen Zahlen handelte. Für den Fall $k = n$ (für n beliebig) gab Study ein Verfahren an, die verschiedenen Systeme zu finden. Treten dabei nur einfache Nullstellen auf, so sind die erhaltenen Sätze identisch mit bekannten Sätzen der Theorie linearer Transformationen. Diesen " unbemerkt " gebliebenen Umstand erläutert Study ohne Beschränkung der Allgemeinheit für $n = 4$ und bezieht sich ausdrücklich auf Weierstraß und Frobenius, womit auch die Brücke zur Theorie der Formen geschlagen ist. Eine Anwendung der erzielten Ergebnisse sah er " auf dem Gebiet der Theorie der Transformationsgruppen ". In der folgenden Arbeit heißt es dann, daß " der Nutzen, welchen die Systeme complexer Zahlen bringen können ... im Wesentlichen darin " besteht, " dass sie gewisse Gruppen von Transformationen in einer sehr einfachen Weise erstens zu bestimmen und zweitens darzustellen gestatten "[16]. Nachdem er die Grundlagen aus den einzelnen Teilgebieten angegeben hat, beweist er, daß jedem " System complexer Zahlen " zwei einfach transitive, reziproke, projektive Gruppen entsprechen und umgekehrt. Damit war der von Poincaré erwähnte Zusammenhang zwischen Transformationsgruppen und hyperkomplexen Zahlensystemen völlig aufgeklärt. Als wichtiges Hilfsmittel zog Study die Theorie der binären Formen heran, indem er jede gleich Null gesetzte Form als lineare Transformation deutete. In dieser Terminologie kam er auch zur Matrizendarstellung einiger Algebren, speziell jener, die zur allgemeinen projektiven Gruppe gehören. Als Einheiten führte er die eik ein — als Matrizen der Form $(e_{ik}) = x_i u_k$ —, vermerkte, daß die Quaternionen bzw. die Nonionen[17] auf diese Weise, d. h. als volle Matrizenalgebra, dargestellt werden können und daß für diese Algebren $k = n$ im Rahmen seiner Klassifikation gilt. Ob Study dabei gleichzeitig von den in den Arbeiten von B. und C.S. Peirce, J.J. Sylvester (1814-1897), sowie Lie enthaltenen Ausführungen bzw. Anregungen zur Darstellung eines hyperkomplexen Systems als Matrizenalgebra inspiriert war, ist nicht mehr genau feststellbar.

SCHEFFERS BEITRÄGE ZUR KLASSIFIKATION HYPERKOMPLEXER SYSTEME

Scheffers war in seinen Forschungen deutlich von der " arithmetischen " Richtung im Sinne der Arbeiten Weierstraß, Dedekinds usw. geprägt, nahm aber ab seiner zweiten Publikation verstärkt die Ideen von Study auf. Auch seine Forschungen fußen auf dem Zusammenhang zwischen hyperkomplexen Systemen und Transformationsgruppen. Er geht von einem beliebigen hype-

16. E. Study, " Complexe Zahlen und Transformationsgruppen ", *op. cit.*, 214.

17. Dies erst in E. Study, " Über Systeme complexer Zahlen und ihre Anwendung in der Theorie der Transformationsgruppen ", *Monatsh. Math. Phys.*, 1 (1890), 348.

rkomplexen System A mit Basiseinheiten e_i und Multiplikationskonstanten a^i_{jk}. Ist $x = \Sigma x_i e_i$ ein beliebiges Element aus A, so klassifizierte Scheffers die Systeme nach der Struktur der Determinante $\det \Sigma a^i_{jk} x_j = \Delta_x$, die sich auch bei Weierstraß findet. Das Nichtverschwinden der Determinante entspricht der eindeutigen Lösbarkeit der Gleichung $x*y = c$: $\Sigma a^i_{jk} x_j y_k = c_i$. Für Systeme mit 4 Einheiten unterscheidet Scheffers zwei Klassen, je nachdem ob x keinen oder mindestens einen linearen Faktor besitzt, ohne die Klassen zu benennen. Im ersten Fall fand er nur die Quaternionen als Beispiel. Für $n = 3$ griff er auf die Liesche Aufstellung der Typen projektiver Gruppen in zwei Variablen zurück und vermerkte nur, daß die Klassifikation auch auf dem obigen Wege mittels Δ_x möglich wäre.

Wenig später gelang Scheffers dann auch die Bestimmung aller Systeme mit 5 Einheiten auf der Basis einer von Engel vorgenommenen Einteilung der Transformationsgruppen in zwei Klassen. Erstmals bezog er die Arbeiten von Peirce, Cayley und Sylvester in die Darstellung ein, verwies auf die Matrizendarstellung, ohne sie aber inhaltlich voll auszuschöpfen. In Anlehnung an Engel[18] unterschied er Kegelschnitt- und Nichtkegelschnittsysteme. Bei ersteren enthält die zugehörige Gruppe der infinitesimalen Transformationen eine Untergruppe mit " Kegelschnittszusammensetzung ", die bei Rückübersetzung den Quaternionen entspricht.

In Nichtkegelschnittsystemen gilt dagegen die Multiplikationsregel, daß jedes Produkt $e_k e_{k+1}$ Linearkombination der $e_1, \ldots, e_k$ ist. Scheffers sprach später von Quaternionen- und Nichtquaternionensystemen. Er ermittelte zwei Grundtypen von Kegelschnittsystemen, erweiterte diese, untersuchte, welche Relationen die hinzugenommenen Einheiten erfüllen müssen, und stellte die Systeme für $n < 9$ auf.

Für die Nichtkegelschnittssysteme setzte er die Systeme in $(n-1)$ Einheiten als bekannt voraus und bestimmte die Relationen der hinzugenommenen Einheit en mit den übrigen Einheiten durch geschickte Zurückführung auf ein System mit $(n-1)$ Einheiten und Kontrolle des Assoziativgesetzes. Bei der Aufstellung aller Systeme in 5 Einheiten stellte Scheffers dann die Verbindung zu Studys Methode her und klassifizierte sie nach dem Grad des Minimalpolynoms. Seine Tabelle enthielt die Faktorisierung des Minimalpolynoms, während die Determinante Δ_x nicht mehr herangezogen wird. Die Tabelle unterstrich erneut die Sonderstellung der Quaternionen, das auftretende Kegelschnittssystem hat als einziges konjugiert komplexe Linearfaktoren in der Zerlegung des Minimalpolynoms.

Es spricht für das Interesse, das die Forschungen über hyperkomplexe Systeme fanden, und für die Bedeutung, die vor allem Study und Scheffers denselben beimaßen, wenn diese beiden wenig später die neuen Ergebnisse in

18. F. Engel, " Kleinere Beiträge zur Gruppentheorie. II. Zur Theorie der Zusammensetzung ", *Ber. Verhandl. Königl.-Sächs. Gesell. Wiss., Math.-Phys. Classe* (1887), 95-99.

Übersichtsartikeln zusammenstellten[19]. Beide erkannten der Theorie der Transformationsgruppen weiterhin die Priorität zu. Scheffers sprach sogar davon, daß durch Studys Ergebnisse " die Theorie der complexen Zahlensysteme mit associativer Multiplication ein Theil der Lie'schen Theorie der endlichen continuirlichen Transformationsgruppen geworden " sei[20].

Beide unterstreichen die schon früher betonte Nützlichkeit der Verwendung hyperkomplexer Zahlen. Am Beispiel der Quaternionen trat Study der " verbreiteten Ansicht " entgegen, diese Zahlensysteme seien völlig wertlos und nur " eine spielende und willkürliche Verallgemeinerung der Gesetze des elementaren Rechnens ". Sie sind eine Methode, die richtig angewandt, wertvolle Erkenntnisse liefert und durchaus mit der " Verwertung der Functionen einer complexen Veränderlichen in der Lehre der conformen Abbildungen " vergleichbar ist. Die Bedeutung einer abkürzenden, vereinfachenden Symbolik und effektiver Algorithmen unter Bezugnahme auf C.F. Gauß (1777-1855) und Dedekind hervorhebend resümierte Study : " Es wird unter mehreren (Methoden (K.H.S.)) die die beste sein, die dieselben Resultate mit dem geringsten Gesammtaufwand an geistiger Arbeit hervorbringt. ...In den Fällen, mit denen wir es hier zu thun haben, ist die Mühe übrigens sehr gering "[21]. Konsequenterweise merkt er dann an, daß die Anwendung der Zahlensysteme auf Transformationsgruppen auf eine " verhältnismäßig kleine Mannigfaltigkeit von Gruppen (d. h. Transformationsgruppen (K.-H.S.)) " beschränkt ist. Insgesamt verdeutlichen die beiden Zusammenfassungen, daß der zur Algebrentheorie gehörige Erkenntnis- und Methodenreichtum beträchtlich zugenommen hat.

Inhaltlich brachte Studys Artikel kaum Neues gegenüber den beiden früheren Arbeiten. Zur Fundamentalaufgabe in der Theorie hyperkomplexer Systeme ergänzte er, daß es das allgemeine System in n Einheiten nicht gibt, denn die Mannigfaltigkeit dieser Algebren ist nicht irreduzibel, sondern zerfällt in irreduzible Bestandteile, deren jeweilige Repräsentanten unter sich gleichwertig sind. Scheffers Übersicht enthielt dagegen neue Gesichtspunkte und stand stärker in der Tradition von Weierstraß und Hankel. Scheffers beginnt mit einer Definition eines " complexen Zahlensystems " und wiederholt die bekannten Klassifikationsprinzipien. Die Rolle des Minimalpolynoms, von ihm als charakteristische Gleichung bezeichnet, wird von Anfang an betont. Neben der Bezeichnungsänderung Quaternionen- und Nichtquaternionensysteme, einer Abschwächung eines früheren Satzes über die Charakterisierung der Quaternionensysteme und eine genaue Aufklärung der Struktur von Nichtquaternio-

19. E. Study, " Ueber Systeme complexer Zahlen ", *op. cit.,* 283-355 ; G. Scheffers, " Zurückführung complexer Zahlensysteme auf typische Formen ", *Math. Annalen*, 39 (1891), 293-390. G. Scheffers, " Ueber die Reducibilität complexer Zahlensysteme ", *Math. Annalen*, 39 (1891), 601–604.

20. G. Scheffers, " Ueber die Reducibilität complexer Zahlensysteme ", *op. cit.*, 388.

21. E. Study, " Über Systeme complexer Zahlen und ihre Anwendung in der Theorie der Transformationsgruppen ", *op. cit.*, 343.

nensystemen führt er als wichtige Neuerung die von Study angeregte Unterscheidung zwischen reduziblen und irreduziblen Systemen ein[22]. Die Definition der Reduzibilität entspricht in moderner Terminologie der Aussage, daß die Algebra direkte Summe zweier Teilalgebren ist. Die Bedeutung dieses Begriffs demonstriert Scheffers durch die Sätze über die Eindeutigkeit der Zerlegbarkeit eines Zahlensystems in irreduzible Systeme und die multiplikative Zusammensetzung des zugehörigen Minimalpolynoms aus den Minimalpolynomen der irreduziblen Komponenten. Damit kann man sich im wesentlichen auf die Ermittlung der irreduziblen Systeme beschränken, was Scheffers im folgenden mehrfach anwendet. Er führt dann auch noch die " Multiplikation von Zahlensystemen " ein, d. h. das direkte Produkt zweier Algebren, kann dies aber weit weniger nutzen, da " ein brauchbares Kriterium dafür (fehlt), dass ein vorgelegtes System als Produkt aufgefasst werden kann "[23]. Ebenso fehlt es an allgemeinen Sätzen über die Nullteiler und das Minimalpolynom eines solchen Systems, so daß die bisherigen Klassifikationsmethoden nicht anwendbar waren. Damit entstanden neue Fragen für die Algebrentheorie, die die Forschung weiter anregten. Gekrönt wurden diese abstrakten Bildungen mit dem deutlichen Hinweis, daß die Menge der Algebren mit der eingeführten Addition und Multiplikation wieder eine Algebra bildet.

RESÜMÉ

Die analysierten Arbeiten von Schur, Study[24] und Scheffers entstanden einerseits aus einem gewissen Begründungsbestreben in der Theorie der Zahlsysteme und andererseits, um die Struktur der hyperkomplexen Systeme aufzuklären. Sie behandeln alle die Beziehungen der hyperkomplexen Systeme zu den kontinuierlichen Transformationsgruppen. Diese Betrachtungsweise fördert die Betonung " algebraischer " Elemente in den Untersuchungen hyperkomplexer Systeme. Die günstige Situation in Leipzig mit dem Zusammentreffen mehrerer, an der Aufklärung dieses Zusammenhanges interessierter Mathematiker führt in kurzer Zeit zu wichtigen Einsichten in die Struktur der hyperkomplexen Systeme. Den Anregungen Lies dürfte dabei die Rolle einer Initialzündung zukommen. Die Mehrzahl der Artikel läßt jedoch klar erkennen, daß ihr Entstehen nicht auf diesen Impuls reduziert werden kann. Die einzelnen Mathematiker nutzten die neue Sichtweise als methodische Bereicherung, verbanden dies aber größtenteils mit der Einordnung ihrer Forschungen in die

22. E. Study, " Ueber Systeme complexer Zahlen ", *op. cit.,* 317f.

23. *Idem,* 325.

24. Studys Enzyklopädie-Artikel : " Theorie der gemeinen und höheren complexen Grössen ", *Encyklopädie der mathematischen Wissenschaften mit Einschluß ihrer Anwendungen*, Bd. 1, Theil 1, Leipzig 1898/1904, 148-183, spielte bei der vorliegenden Studie keine Rolle, da er entsprechend der Zielstellung der Enzyklopädie einen Überblick über den in den Jahren vor der Jahrhundertwende erreichten Stand der Theorie gibt und keine neuen Forschungsresultate Studys enthält.

Traditionslinie der Analyse hyperkomplexer Systeme. Obwohl wichtige Resultate zur Struktur hyperkomplexer Systeme abgeleitet werden, etwa die Unterscheidung reduzibler und irreduzibler Systeme, gelang in diesem Rahmen noch keine durchgreifende Lösung des Klassifikationsproblems. Einen ersten entscheidenden Beitrag zur Klassifikation hyperkomplexer Systeme leisteten zur gleichen Zeit W. Killing (1847-1923) und T. Molien (1861-1941)[25] Killing gab, nachdem er unabhängig von Lie zu einem zur Lie-Algebra äquivalenten Begriff gelangt war, eine Klassifikation der einfachen Systeme infinitesimaler Transformationen, d. h. der einfachen Lie-Algebren. Darauf aufbauend klärte dann Molien die Struktur der einfachen und halbeinfachen hyperkomplexen Systeme auf und bereitete wesentliche Elemente der Wedderburnschen Struktursätze vor. Molien kann zugleich als Vollender der Leipziger Traditionslinie gelten, da er die Anregung zum Studium hyperkomplexer Systeme wohl während seines zweiten Leipziger Aufenthaltes 1887/88 erhalten hat und außerdem gute Kontakte zu Study und Engel unterhielt. Die Aufklärung der von Poincaré skizzierten Beziehung zwischen kontinuierlichen Transformationsgruppen und hyperkomplexen Zahlensystemen hat somit zu bedeutenden Fortschritten in der Theorie hyperkomplexer Systeme geführt und speziell die Hinwendung zu Strukturuntersuchungen gefördert. Dieser Prozeß ist zum großen Teil durch " Leipziger " Mathematiker um S. Lie bestimmt worden.

25. W. Killing, " Die Zusammensetzung der stetigen endlichen Transformationsgruppen. Erster Theil ", *Math. Annalen*, 31 (1888), 252-290 ; " Zweiter Theil ", ebenda, 33 (1889), 1-48 ; " Dritter Theil ", ebenda, 34 (1889), 57-122 ; " Vierter Theil (Schluss) ", ebenda, 36 (1890), 161-189. T. Molien, " Ueber Systeme höherer complexer Zahlen ", *Math. Annalen*, 41 (1893), 83-156 ; " Berichtigung zu dem Aufsatze 'Ueber Systeme höherer complexer Zahlen' ", ebenda, 42 (1892), 308-312.

GEOMETRICAL IMAGINATION IN THE MATHEMATICS OF KARL WEIERSTRAß [1]

Peter ULLRICH

It is, to say the least, well-known that " algebraization " was the ultimate aim of Karl Weierstraß (1815-1897) in mathematics, " Algebraica algebraice " as Felix Klein (1849-1925) puts it[2]. In fact, in his *Glaubensbekenntniss, in welchem ich besonders durch eingehendes Studium der Theorie der analytischen Functionen mehrerer Veränderlichen bekräftigt worden bin* (= " confession in which I have been especially confirmed by a thorough study of the theory of analytic functions of several variables ") and which he conveyed to Hermann Amandus Schwarz (1843-1921) in a letter dated October 3, 1875 Weierstraß declared[3], *Je mehr ich über die Principien der Functionentheorie nachdenke — und ich thue dies unablässig —, um so fester wird meine Überzeugung, dass diese auf dem Fundamente algebraischer Wahrheiten aufgebaut werden muss* (= " The more I ponder the principles of function theory

1. My thanks go to the Institut Mittag-Leffler, Djursholm (Sweden), for the hospitality granted during a stay in October 1996 and for the permission to publish the sources [K. Weierstraß, *Abelsche Functionen*, Notes of the lecture course in the winter term 1875-1876, worked out by G. Hettner, hand-written, 2 vols, Location : Library of the Institut Mittag-Leffier, Djursholm], [K. Weierstraß, *Über Minimalflächen*, Notes of lectures given at the Mathematisches Seminar der Universität Berlin in the summer term 1883, taken by P. Stäckel, hand-written, in *Seminarvorträge* I, Location : Library of the Institut Mittag-LefHer, Djursholm], and [K. Weierstraß, *Theorie der Minimalflächen und der Abbildung der Flächen*, Notes of lectures given at the Mathematisches Seminar der Universität Berlin in the summer term 1883, hand-written, in *Seminarvorträge* II, Location : library of the Institut Mittag-Leffler, Djursholm]. Furthermore, I would like to thank the Akademiearchiv of the Berlin-Brandenburgische Akademie der Wissenschaften, Berlin (Germany), for the permission to quote from the source [K. Weierstraß, *Letter to H. Amandus Schwarz, dated March 14, 1885*, Akademiearchiv of the Berlin-Brandenburgische Akademie der Wissenschaften, Schwarz estate, n° 1175].

2. F. Klein, " Vorlesungen über die Entwicklung der Mathematik im 19. Jahrhundert I ", in R. Courant, O. Neugebauer (eds), *Grundlehren Math. Wiss.*, 24 (Berlin, 1926), 288.

3. K. Weierstraß, " Aus einem bisher noch nicht veröffentlichten Briefe an Herrn Professor Schwarz, vom 3. October 1875 ", in K. Weierstraß, *Mathematische Werke*, vol. II, Berlin, Mayer & Müller, 1894-1927, 235, 7 vols.

— and I do so unceasingly — the firmer becomes my conviction that it has to be built on a foundation of algebraic truths ").

Strictly speaking, what Weierstraß denotes as " algebraic " in his letter would nowadays better be called " arithmetic " : his approach to the theory of complex functions rested on the four basic operations of arithmetic plus a convenient concept of limit, namely that of locally uniform convergence.

As to geometry, one might be tempted to assume that Weierstraß had a strong dislike of it. For example, Carl Runge (1856-1927) writes concerning the lectures of Weierstraß[4], *Hier sollten alle Betrachtungen die äußerste Strenge haben, und es wurden daher nur rein mathematische Formulierungen zugelassen. Ja, selbst einen Schluß aus einer geometrischen Figur zu entnehmen, war verpönt. Es mußte alles in arithmetischer Sprache ausgedrückt werden. Ich habe manchmal den Verdacht gehabt, daß er insgeheim sich wohl eine Sache an einer Figur klarmachte ; aber gerade wie bei Gauß mußten die Spuren solcher anschaulichen Hilfsmittel sorgfältig verwischt werden.*

(= " Here all considerations should have the utmost rigour, and therefore only purely mathematical formulations were admitted. Truly, it was even prohibited to take a conclusion from a geometrical diagram. Everything had to be expressed in arithmetical language.

Sometimes I have had the suspicion that in secret he made himself a fact clear using a diagram, but, alike as with Gauß, the traces of such illustrating auxiliary means had carefully to be erased ").

Reading this, one gets the impression that geometrical reasoning was kind of taboo for Weierstraß, something he would — if at all — only do at home with all the curtains drawn.

From the letter to Schwarz of March 14, 1885

But in a further, up to now unpublished, letter to Schwarz one gets to discover the use of geometrical visualization with Weierstraß : the mathematical problem he is concerned here with today is called the Poincaré-Volterra theorem. In the language of that time it can be formulated as the statement that a multi-valued analytic function $f(s)$ of one complex variable s can only attain a countable number of different values at a given place.

The fact that Weierstraß discusses this theorem in a letter of 1885 is a surprise in itself since the " official " history says that the research on this theorem started only three years later, in 1888, after a motivation by Georg Cantor (1845-1918) by a defective proof given by Giulio Vivanti (1859-1949) and, as

4. C. Runge, " Persönliche Erinnerungen an Karl Weierstraß ", *Jahresber. Dtsch. Math.-Ver.*, 35 (1926), 175-179, resp. 178.

reactions to this, two independent correct proofs given by Henri Poincaré (1854-1912) and Vito Volterra (1860-1940), respectively, in that very year[5].

Weierstraß argues that this theorem holds and makes the following comment[6], *In einer Minimalfläche, die durch die bekannten Formeln, in denen s, f (s) figuriren, definirt werden, entspricht jedem Werthepaare (s, f (s)) ein Punkt, in der Art, daß in demselben die complexen Größen s, f (s) eine bestimmte geometrische Bedeutung haben. Durch eine solche Minimalfläche mache ich die Gesammtheit der Werthepaare (s, f (s)), also, was ich ein monogenes Gebilde erster Stufe im Gebiete zweier complexer Variabeln nenne, meiner Vorstellung viel anschaulicher wie durch die Riemann'sche Fläche — und mit Hülfe dieser Anschauungsweise habe ich mir einen Beweis für die Bejahung der aufgeworfenen Frage zurecht gelegt. Gewiß wird es auch ohne ein solches geometrisches Hülfsmittel gehen.*

(= " In a minimal surface which is given by the known formulas, in which *s, f (s)* appear, to each pair of values *(s, f (s))* there corresponds one [and only one] point in such a way that in it the complex quantities *s, f (s)* have a certain geometrical meaning. By means of such a minimal surface I make the totality of pairs of values *(s, f (s))*, thus what I call a monogenic formation of first grade in the domain of two complex variables, much more visual to my imagination than by the Riemann surface — and by the help of this way of illustration I have figured out for myself a proof for the affirmation of the posed question. Certainly, it will also be possible without such a geometrical auxiliary means ").

Note that " the known formulas, in which *s, f (s)* appear " are the nowadays so-called Weierstraß-Enneper representation formulas for minimal surfaces. These are usually considered as local parametrizations of minimal surfaces in the real three-dimensional space by means of analytic functions. Weierstraß, however, uses them here " in the opposite direction ", namely in order to realize the graph of the analytic function *f* as a minimal surface in the ambient three-dimensional space. — These formulas were published by Weierstraß in 1866[7], but had been known to him already in 1861[8]. At about the same time

5. G. Israel, L. Nurzia, " The Poincaré-Volterra Theorem : A significant event in the history of the theory of analytic functions ", *Hist. Math.*, 11 (1984), 161-192 ; P. Ullrich, " Georg Cantor, Giulio Vivanti und der Satz von Poincaré-Volterra ", in C. Binder (ed.), *Tagungsband des IV. Österreichischen Symposions zur Geschichte der Mathematik (Neuhofen an der Ybbs 1995)*, Wien, 1995, 101-107.

6. K. Weierstraß, *Letter to H. Amandus Schwarz, dated March 14, 1885*, *op. cit.*, sheet 6.

7. K. Weierstraß, *Untersuchungen über die Flächen, deren mittlere Krümmung überall gleich Null ist.*, Read June 25, 1866 to the Akademie der Wissenschaften at Berlin, partially published in *Monatsber. Königl. Preuss. Akad. Wiss. Berlin*, 1866, 612-625, here quoted from the revised version in K. Weierstraß, *Mathematische Werke*, vol. III, Berlin, Mayer & Müller, 1894-1927, § 1, 39-52, 7 vols.

8. *Idem*, vol. III, § 1, 39.

equivalent representation formulas were independently also found by Alfred Enneper (1830-1885)[9] and Berhard Riemann (1826-1866)[10].

Later on in the letter of March 14, 1885 Weierstraß mentions Poincaré's uniformization theorem of 1883[11] and adds[12], *Übrigens mache ich mir die Poincaré'sche Beweisführung durch die Minimalfläche, auf der die Stellen des betrachteten Gebildes aus einander treten, ebenfalls klarer als durch das Kugelabbild der Fläche, welches die zu der einen Variabeln gehörige Riemann'sche Fläche ist.*

(= " By the way, I also make Poincaré's line of argument more clearly to myself by means of the minimal surface on which the places of the formation under consideration separate than by the spherical picture of the surface which is the Riemann surface belonging to the one variable ").

Looking at this source from a posteriori, when one already knows that Weierstraß was concerned with geometrical visualizations, it is not too surprising to find such remarks in one of his letters to Schwarz : On the one hand Schwarz was his favourite student with whom he shared many an idea not intended for the public. And on the other hand, even Klein would concede Schwarz an *erfolgreiche Verbindung geometrisch-anschaulichen Denkens mit der Fähigkeit, analytische Konvergenzbeweise zu führen* (= " successful connection of geometric-perceptive thinking with the ability to give analytical proofs of convergence ")[13].

So Schwarz really was the one with whom Weierstraß would have exchanged secret thoughts on geometry. The point is, however, that by no means did Weierstraß keep these thoughts hidden !

MINIMAL SURFACES

The clue " minimal surfaces " in the above quotes leads to lectures on this topic which Weierstraß gave in the Mathematisches Seminar at Berlin University during the summer term 1883.

9. A. Enneper, " Analytisch-geometrische Untersuchungen ", *Z. Math. Physik*, 9 (1864), 96-125, see 107-108.

10. B. Riemann, " Ueber die Fläche vom kleinsten Inhalt bei gegebener Begrenzung ", *Abh. Königl. Gesell. Wiss. Göttingen*, 13 (1867), 3-52, resp. § 9, also in B. Riemann, *Gesammelte mathematische Werke, wissenschaftlicher Nachlaß und Nachträge, Collected Papers*, in H. Weber, R. Dedekind, R. Narasimhan (eds), *et al.*, Berlin, Leipzig, 1990, 333-365.

11. H. Poincaré, " Sur un théorème de la théorie générale des fonctions ", *Bull. Soc. Math. Fr.*, 11 (1883), 112-125 ; also in *Oeuvres de H. Poincaré*, vol. 4, Paris, 1950, 57-69.

12. K. Weierstraß, *Letter to H. Amandus Schwarz, dated March 14, 1885*, *op. cit.*, sheet 6.

13. F. Klein, " Riemann und seine Bedeutung für die Entwicklung der modernen Mathematik ", *Jahresber. Dtsch. Math. -Ver.*, 4 (1894/95), 71-87, here in [F. Klein, *Gesammelte mathematische Abhandlungen*, vol. 3, in R. Fricke *et al.* (eds), Berlin, Verlag von Julius Springer, 1921-1923, 482-497, resp. 492, footnote 8, 3 vols (Reprint Berlin *et al.*, Springer-Verlag, 1973)]. Note that the footnote in question is an addendum to the version in Klein's *Abhandlungen*.

The library of the Institut Mittag-Leffier at Djursholm possesses two sets of notes taken from this course[14], one of whose author can be identified as Paul Stäckel (1862-1919). Here Weierstraß presents himself as a geometrician in the literal meaning of the word, who studies, among others, the problem to map two surfaces onto one another in such a way that *Ähnlichkeit bestehe in den kleinsten Teilen, daß jedes unendlich kleine Dreieck auf der einen Fläche zum Abbild hat ein unendlich kleines ähnliches Dreieck auf der anderen Fläche* (= " similarity takes place in the smallest parts, that each infinitely small triangle on the one surface has as its image an infinitely small similar triangle on the other surface ")[15]. He also mentions, *Auf eine solche Abbildung ist man zuerst gekommen bei der Entwerfung von gewöhnlichen Landkarten* (= " To such a mapping one has come with the design of usual maps at first ")[16], explains the importance of the preservation of angles in order to lay down the course of a ship[17] and discusses the stereographic projection[18].

Furthermore, he introduces the technical term " conform[al] " for a map preserving angles and orientation[19] and comments[20], *Die Aufgabe der [conformen] Abbildung hat an und für sich ein Interesse wegen der angeführten praktischen Bedeutung. Das Hauptinteresse aber beruht auf dem innigen Zusammenhange, in dem die Aufgabe mit der Funktionentheorie steht* (= " The task of [conformal] mapping is of interest in itself because of the mentioned practical importance. But the main interest rests on the close connection which this task has to the theory of functions [of a complex variable] ").

What Weierstraß does not say, however, is that Carl Friedrich Gauß (1777-1855) had treated the local problem of conformal mapping in his 1825 Copenhagen Preisschrift[21] and that Riemann had considered the problem of mapping simply connected surfaces onto each other[22], in his doctoral thesis of 1851[23].

14. K. Weierstraß, *Über Minimalflächen, op. cit.* ; K. Weierstraß, *Theorie der Minimalflächen und der Abbildung der Flächen, op. cit.*

15. *Idem*, 28-29.

16. *Idem*, 29.

17. *Idem*, 29.

18. K. Weierstraß, *Über Minimalflächen, op. cit.*, 29-31 and K. Weierstraß, *Theorie der Minimalflächen und der Abbildung der Flächen, op. cit.*, 26-27 and 45

19. K. Weierstraß, *Über Minimalflächen, op. cit.*, 34 ; K. Weierstraß, *Theorie der Minimalflächen und der Abbildung der Flächen, op. cit.*, 29-30.

20. K. Weierstraß, *Über Minimalflächen, op. cit.*, 36-37.

21. C. Friedrich Gauß, " Allgemeine Auflösung der Aufgabe : die Theile einer gegebenen Fläche auf einer andern gegebenen Fläche so abzubilden, dass die Abbildung dem Abgebildeten in den kleinsten Theilen ähnlich wird (Als Beantwortung der von der Königlichen Societät der Wissenschaften in Copenhagen für MDCCCXXII aufgegebenen Preisfrage) ", in H.C. Schumacher (ed.), *Astronomische Abhandlungen*, Third number, Altona, 1825 ; also in *Carl Friedrich Gauß, Werke*, vol. IV, Göttingen, 1880, 189-216.

22. K. Weierstraß, *Über Minimalflächen, op. cit.*, 38-41 ; K. Weierstraß, *Theorie der Minimalflächen und der Abbildung der Flächen, op. cit.*, 33-35.

23. B. Riemann, *Grundlagen für eine allgemeine Theorie der Functionen einer veränderlichen complexen Grösse*, Ph. D. thesis Göttingen, 1851 ; also in B. Riemann, *Gesammelte mathematische Werke, wissenschaftlicher Nachlaß und Nachträge, Collected Papers, op. cit.*, 35-77.

The minimal surfaces now come into play by the remark that locally on each minimal surface the field of normal directions induces a conformal mapping onto a part of the sphere by means of the nowadays so-called " Gauß map "[24]. So, analytic functions correspond to conformal mappings and conformal mappings to minimal surfaces. Hence, Weierstraß continues[25], *Auch die Minimalflächen stehen in einer interessanten Beziehung zu der Functionentheorie. Wenn man nämlich irgend eine analytische Function* $y = f(x)$ *hat, so kann man eine Minimalfläche construieren, welche den Zusammenhang zwischen den complexen Variablen* x *u[nd]* y *geometrisch nachweist, d.h. man kann in jedem P[un]kt einer solchen Minimalfläche 4 reelle Größen* $\xi\xi'\eta\eta'$ *so nachweisen, daß* $\eta + \eta' i$ *eine analytische Function von* $\xi + \xi' i$ *ist u[nd] daß die Minimalfläche in ihrer ganzen Ausdehnung (aber nur soweit sie reell ist) vollkommen die analytische Function in gewisser Weise repräsentiert. Jeder analytischen Gleichung zwischen* x *und* y *entspricht in dieser Weise eine Minimalfläche.* (= " Also the minimal surfaces are in an interesting relation to the theory of functions. Namely, if one has any analytic function $y = f(x)$ then one can construct a minimal surface which geometrically shows the interrelation between the two complex variables x and y, *i.e.*, in each point of such a minimal surface one can establish 4 real quantities $\xi\xi'\eta\eta'$ in such a way that $\eta + \eta' i$ is an analytic function of $\xi + \xi' i$ and such that the minimal surface in its total extension (but only as far as it is real) so to speak completely represents the analytic function. In this way, to each analytic equation between x and y there corresponds a minimal surface ").

In almost the same wording also in K. Weierstraß[26].

This means that Weierstraß expressed his ideas about geometrical representation not only in his private correspondence with Schwarz but also in public in his lectures before the Mathematisches Seminar at Berlin. The only detail missing in the above quote in comparison with the letter of March 14, 1885 is the explicit reference to the (Weierstraß-Enneper) representation formulas for minimal surfaces, and this is simply because they are developed only later on in the course of the lectures[27].

Geometrical visualization

Mathematically seen, analytic functions of one complex variable or — which nearly amounts to the same — analytic *Gebilde* (= " formations ") of first grade in the domain of two complex variables in the sense of Weierstraß are equivalent to Riemann's " surfaces ". If one considers the problem to visu-

24. K. Weierstraß, *Über Minimalflächen, op. cit.*, 41-43 ; K. Weierstraß, *Theorie der Minimalflächen und der Abbildung der Flächen, op. cit.*, 35-37.

25. K. Weierstraß, *Theorie der Minimalflächen und der Abbildung der Flächen, op. cit.*, 37.

26. K. Weierstraß, *Über Minimalflächen, op. cit.*, 43.

27. *Cf.* K. Weierstraß, *Theorie der Minimalflächen und der Abbildung der Flächen, op. cit.*, 86.

alise these objects then Riemann's idea to describe his surfaces as multi-sheeted coverings of the complex number plane has the advantage that — ignoring the problem of self-penetration — this covering can be realized in the ambient real three-dimensional space. Weierstraß, on the other hand, starts off regarding the argument z and the value of the function $w = f(z)$ as two, *a priori* independent, complex variables, which leads to the inconvenience that he has to consider a space of *four* real dimensions. In the relevant case of w being an analytic function of z he can overcome this difficulty by use of the representation formulas for minimal surfaces, as seen above.

But there is also another way to solve this problem, one which does not take resort to the somewhat technical theory of minimal surfaces. One can find this realization of two independent complex variables in the ambient space in the notes taken from Weierstraß' lecture course on Abelian functions during the winter term 1875/76 and worked out by Georg Hettner (1854-1914) : Weierstraß first explains how to realize one complex variable by means of the complex number plane, *i.e.*, by two unbounded real quantities (without mentioning any of the names Caspar Wessel (1745-1818), Jean Robert Argand (1768-1822) or Gauß)[28]. Then he continues[29], *Werden zwei unbeschränkt veränderliche complexe Grössen gleichzeitig betrachtet, so ist ihr Gebiet eine vierfache Unendlichkeit. Dieselbe können wir folgendermassen veranschaulichen. Die Werte der einen complexen Grösse stellen wir in der angegebenen Weise durch die Puncte einer Ebene dar, die Werte der zweiten durch die Puncte einer zweiten Ebene, die wir der Einfachheit halber der ersten parallel nehmen. Um alle möglichen Wertepaare zu erhalten, welche die beiden complexen Grössen darstellen, haben wir alle möglichen Combinationen eines Punctes der ersten mit einem solchen der zweiten Ebene zu bilden. Legen wir durch die beiden Puncte, welche eine solche Combination angeben, eine unbegrenzte Gerade, so können wir auch sagen : diese Gerade giebt uns die Combination der beiden Puncte an. Mithin bildet die Gesammtheit der unbegrenzten Geraden des Raumes ein vierfaches Gebilde, dessen Durchschnitt mit zwei parallelen Ebenen uns die Wertepare zweier unbeschränkt veränderlichen complexen Grössen geometrisch repräsentiert. Dieser Darstellung werden wir uns mehrfach zur Veranschaulichung von Sätzen bedienen.* (= " If two unboundedly variable complex quantities are considered at the same time then their domain is a fourfold infinity. We can visualise this in the following manner. In the given way, we represent the values of the one complex quantity by the points of one plane, the values of the second one by the points of a second plane, which, for the sake of simplicity, we take parallel to the first one. In order to get all possible pairs of values which the two complex quantities represent, we have to form all possible combinations of a point of the first one with one of

28. K. Weierstraß, *Abelsche Functionen, op. cit.,* 46.
29. *Idem*, 46-47.

the second plane. If we lay an unbounded straight line through the two points which assign the combination then we can also say : this line assigns to us the combination of the two points. Hence the totality of the unbounded lines of space makes up a fourfold formation whose intersection with two parallel planes geometrically represents to us the pairs of values of two unboundedly variable complex quantities. We will use this representation several times for the visualisation of propositions ").

Of course, one should be careful with this text since these are not literal notes from the lecture course but worked out by Hettner. For example, Weierstraß is talked about in third person. But Hettner can be regarded as a reliable source who is improbable to change the intentions of Weierstraß. In particular, it had been Weierstraß' wish that Hettner should co-edit the course on Abelian functions within the collected works[30], which, in fact, took place on the basis of these very notes[31]. Remarkably, however, the whole, so to speak, " geometrical explanation " of algebraic formations[32] is skipped in the edited version[33] of this course. This, on the other hand, is not too surprising in connection with the collected works of Weierstraß since even published articles have been revised before their re-publication in them.

During the second half of the 19th century the *Veranschaulichung* of quantities was a standard topic in geometry, in particular in Germany : the visualisation of quantities which a priori cannot be described by the three real coordinates of the ambient space, like imaginary quantities, points at infinity or spaces of four or more real dimensions. To this problem Karl Georg Christian von Staudt (1798-1867) made important contributions in his *Beiträge zur Geometrie der Lage*[34], and also Klein wrote many articles on this, *cf.* the section *Anschauliche Geometrie* in the second volume of his *Gesammelte mathematische Abhandlungen*[35].

It is therefore not too surprising that the idea to represent two complex variables by means of real lines through two parallel number planes was known also outside Berlin at that time : in 1873, two years before the lectures of Weierstraß, Gottlob Frege (1848/1925) — who is better known for his contributions to logic made later on in his life — finished a doctoral dissertation[36]

30. K. Weierstraß, *Mathematische Werke*, vol. 4, *op. cit.*.

31. K. Weierstraß, *Vorlesungen über die Theorie der Abelschen Transcendenten*, vol. 4 of *Mathematische Werke*, *op. cit.*, 1902, V-VI.

32. K. Weierstraß, *Abelsche Functionen, op. cit.*, 45-49.

33. K. Weierstraß, *Vorlesungen über die Theorie der Abelschen Transcendenten*, vol. 4 of *Mathematische Werke*, *op. cit.*

34. K.G.C. von Staudt, *Beiträge zur Geometrie der Lage*, Nürnberg 1856-1860, 3 booklets.

35. F. Klein, *Gesammelte mathematische Abhandlungen*, *op. cit.*, also F. Klein, " Vorlesungen über die Entwicklung der Mathematik im 19. Jahrhundert I ", *op. cit.*, 132-140 and 306-307.

36. G. Frege, *Ueber eine geometrische Darstellung der imaginären Gebilde in der Ebene*, Ph. D. thesis Göttingen, Jena, 1873 ; also in *Gottlob Frege, Kleine Schriften*, in I. Angelelli (ed.) Hildesheim, 1967, 1-49.

under the supervision of Ernst Schering (1833-1897) at Göttingen[37]. This thesis in entitled *Ueber eine geometrische Darstellung der imaginären Gebilde in der Ebene* (= " On a geometric representation of the imaginary formations in the plane "), and in the beginning of its first section Frege gives almost the same construction as in Hettner's notes, with one noteworthy difference, however : with Weierstraß each number plane corresponds to one complex variable, *i.e.*, its real and its imaginary part. Frege, on the other hand, as one might guess from the title of his thesis which stresses imaginary quantities, collects the real parts of the two complex variables in one plane and the imaginary parts in the other[38].

One should remark that this construction merely is the basis of Frege's considerations. He makes no special point of it and, alike Weierstraß, does not pay credit to anybody for it, just as if it was well-known at that time. It may therefore not be fruitful to speculate about possible interrelations between Frege and Weierstraß with reference to this point, although Schering, Frege's doctoral father, had intensive relations with Weierstraß, in particular around 1874 when he wrote one of the referee's reports for the doctoral dissertations of Weierstraß' student Sofja Kowalewskaja (1850-1891)[39].

CONCLUDING REMARKS

The above instances of geometrical imagination in the mathematics of Weierstraß have, of course, been deliberately chosen, and it is not intended to claim that algebraization was not the main feature of his mathematics. But the picture of a mathematician who would do geometric reasoning only in secret if at all, as his student Runge presents it in his reminiscences[40] quoted above, obviously is too rough-hewn if not biased.

In fact, Runge himself should have known things a little bit better : he took his introductory course on the theory of analytic functions in the summer of 1878[41]. Although the notes that he made during these lectures got lost when he lent them to Weierstraß, who left them in a cab, Runge was proud of saying that he had them in his head so that the loss did not bother him[42]. But then he should also have remembered that in that course after the construction of the real numbers Weierstraß introduced complex numbers in two different ways. The second way is the one that one would expect with him : taking a real and

37. *Cf.* K.-H. Schlote, U. Dathe, " Die Anfänge von Gottlob Freges wissenschaftlicher Laufbahn ", *Hist. Math.*, 21 (1994), 185-195.

38. *Gottlob Frege, Kleine Schriften*, *op. cit.*, 7-8, resp. 3.

39. K. Weierstraß, *Briefwechsel zwischen K. Weierstraß und S. Kowalewskaja*, Herausgegeben, eingeleitet und kommentiert von Reinhard Bölling, Berlin, 1993, 144-145, 206 and com. 7.

40. C. Runge, " Persönliche Erinnerungen an Karl Weierstraß ", *op. cit.*, 178.

41. *Idem*, 175-176.

42. *Idem*, 177.

an imaginary (positive) unit, units opposed to them and their exact parts, and constructing the field of complex numbers arithmetically as a division algebra over the real numbers, as one would name it today[43]. But before this, as one learns from notes taken by Adolf Hurwitz (1859-1919)[44] he gave an introduction of the complex numbers via the Gaussian plane, including the representation of multiplication and division by means of rotation around the origin[45], and even the mentioning of the name " Gauss "[46].

Hence, notwithstanding that the aim of Weierstraß was to put mathematics, in particular the theory of functions of complex variables on a firm — which for him meant " algebraic " — basis, one should not overlook that on the way to this goal, as a means to find theorems and give preliminary proofs for them, he would surely accept also other kinds of reasoning. For example, in his " confession " quoted above, where he states his conviction that the fundaments have to be algebraic ones, Weierstraß also says — admittedly, in brackets[47] —, *Dass dem Forscher, so lange er sucht, jeder Weg gestattet sein muss, versteht sich von selbst ; es handelt sich nur um die systematische Begründung.* (= " That every path should be permitted the researcher in the course of his investigations goes without saying ; what is at issue here is merely the question of a systematic foundation ").

A concise characterization of Weierstraß' attitude towards visual imagination and geometric reasoning can perhaps be given by quoting from a set of notes taken from a lecture course in the summer of 1886 : Here Weierstraß even explains the concept of a Riemann surface as a multi-sheeted covering of the number plane[48], but comments on it[49], *Es ist dies eine Anschauungsweise, die in vielen Fällen sehr brauchbar ist, aber keineswegs zur Begründung der Funktionentheorie notwendig.* (= " This is a way of illustration which is very useful in many cases but by no means necessary for the foundation of the theory of functions "). And he seems to be not too unhappy when telling his auditors that even Riemann came across *ganz unüberwindliche Schwierigkeiten* (= " totally insurmountable difficulties ") when trying to apply his geometrical

43. K. Weierstraß, *Einleitung in die Theorie der analytischen Funktionen, Vorlesung Berlin 1878, in einer Mitschrift von Adolf Hurwitz, bearbeitet von Peter Ullrich* (Dokumente zur Geschichte der Mathematik ; 4. Deutsche Mathematiker-Vereinigung), Braunschweig, Wiesbaden, 1988, 31-39.

44. *Ibidem.*

45. *Idem*, 25-31.

46. *Idem*, 26, 27.

47. K. Weierstraß, " Aus einem bisher noch nicht veröffentlichten Briefe an Herrn Professor Schwarz, vom 3. October 1875 ", vol. II, *op. cit.*, 235.

48. K. Weierstraß, *Ausgewählte Kapitel aus der Funktionenlehre. Vorlesung, gehalten in Berlin 1886. Mit der akademischen Antrittsrede, Berlin 1857, und drei weiteren Originalarbeiten von K. Weierstrass aus den Jahren 1870 bis 1880/86* (Teubner-Archiv zur Mathematik, 9. BSB), Herausgegeben, kommentiert und mit einem Anhang versehen von R. Siegmund-Schultze, Leipzig, 1988, 164.

49. *Idem,* 164-165.

approach to higher-dimensional situations, e.g., the case of several complex variables[50].

50. K. Weierstraß, *Ausgewählte Kapitel aus der Funktionenlehre. Vorlesung, gehalten in Berlin 1886. Mit der akademischen Antrittsrede, Berlin 1857, und drei weiteren Originalarbeiten von K. Weierstrass aus den Jahren 1870 bis 1880/86, op. cit.*, 144, 165.

PART SIX

Mathematics in the 20th Century

SOBRE LAS APORTACIONES DE P.M. GONZÁLES-QUIJANO A LA GEOMETRÍA DESCRIPTIVA

Miguel Ángel GIL SAURÍ

Cuando G. Monge (1746-1818) se plantea la representación plana de las distintas formas del espacio, lo hace mediante la proyección ortogonal del punto, elemento geométrico más simple, sobre el plano de referencia. Su indefinición, desde el antedicho plano, obliga a la disposición de otro plano — perpendicular al anterior — con el fin de fijar la distancia del punto sobre el plano de la representación.

Sin embargo, el dibujo por dos proyecciones quedará estructurado en el plano solamente si a la doble proyección le es concomitante una superposición de aquéllas ; esto, se consigue mediante giro alrededor de la recta intersección de los precitados planos ortogonales.

Los problemas de la representación de espacios n-dimensionales fueron objeto de profunda investigación por estudiosos españoles, entre ellos, Antonio Torroja Miret (1888-1974)[1] y Pedro González-Quijano (1870-1958)[2].

Pedro M. González-Quijano[3], Ingeniero de Caminos (1894), Profesor de Hidráulica e Hidrología (1924), Académico de las Ciencias, especialista en Obras Hidráulicas y Climatología, gran pensador y publicista de numerosos artículos en revistas de la época, como *Ibérica, Madrid Científico, Revista de Obras Públicas* y otras, fig. 1, tiene una contribución a la Geometría Descriptiva que merece ser destacada. En efecto, del Análisis de la Representación Gráfica de los Lugares Hipergeométricos (1894)[4], sobre un sistema de Geome-

1. A. Torroja Miret, " Representación Gráfica de Espacios Superiores ", *Memorias de la Real Academia de Ciencias y Artes*, 3ª época, XVIII, nº 11, Barcelona, 1924, 251-281.

2. C. Sáenz García, " La Real Academia de Ciencias Exactas, Físicas y Naturales y el Cuerpo de Ingenieros de Caminos ", *Revista de Obras Públicas*, Abril. nº 3.060 (1970), 263-274.

3. P.M. González-Quijano, *Archivo Ministerio de Foment*, Legajo nº 5.316.

4. P.M. González-Quijano, " Representación gráfica de los lugares hipergeométricos ", *Madrid Científico* (30 de diciembre de 1894).

tría Descriptiva del Hiperespacio (1923)[5] y sobre algunos lugares hipergeométricos (1949)[6], deduce, generalizando la diédrica de Monge, una representación plana del espacio superior tetradimensional.

FIGURA 1 :

BIOGRAFÍA DE P.M. GONZÁLEZ-QUIJANO

La sucesión en el tiempo de los acontecimientos más importantes en la vida del Ingeniero P.M. González-Quijano tiene el siguiente desarrollo cronológico[7] :

1870. Nace el 23 de abril en Jerez de la Frontera, Cádiz (España). Hijo de Francisco González-Quijano y de Genara Díaz-Quijano.

1894. Termina la carrera de Ingeniero de Caminos. Escribe en *Madrid Científico*, 30 de diciembre " Representación Gráfica de los Lugares Hipergeométricos "[8].

1905. Explica en el Ateneo de Jerez de la Frontera un curso breve de Hidráulica Agrícola, titulado " El problema del agua ".

1906. Proyecto, estudio e inicio del Embalse de Guadalcacín (Río Guadalcacín, Cádiz, España).

5. P.M. González-Quijano, " Sobre un sistema de geometría descriptiva del hiperespacio ", *Revista Real Acad. Cienc. Exac. Fís. Nat.*, nº 20 (1923), 472-488.

6. P.M. González-Quijano, " Sobre algunos lugares hipergeométricos ", *Memorias de la Real Academia de Ciencias Exactas, Físicas y Naturales*, Serie 2ª, nº 10 (1949), 89-96.

7. P.M. González-Quijano, *Archivo Ministerio de Foment, op. cit.*.

8. P.M. González-Quijano, " Representación gráfica de los lugares hipergeométricos ", *op. cit.*.

1919. Pronuncia el discurso inaugural de la Sección de Matemáticas en el Congreso de la Sociedad Española para el Progreso de las Ciencias (Bilbao, Vizcaya, España) el día 19 de septiembre sobre " Las Matemáticas en la Teoría y en las Aplicaciones " [9].

1920. Serie de conferencias en la Sociedad Española de Matemáticas sobre " El postulado de Euclides y las Geometrías no Euclídeas " [10].

1923. Publica en la *Revista de la Academia de las Ciencias*, sobre un sistema de Geometría Descriptiva del Hiperespacio[11].

1924. El 4 de junio es elegido Académico en la Sección de Exactas de la Real Academia de Ciencias Española. El 26 de mayo accede a la plaza de Profesor de Hidráulica e Hidrología en la E.T.S. de Ingenieros de Caminos de Madrid.

1925. Redactor-Jefe de la *Revista de Obras Públicas*, fundada en 1853.

1927. Asiste a la Asamblea de la Unión Geodésica y Geofísica en Praga (3-10 septiembre), en representación de la E.T.S. de Ingenieros de Caminos de Madrid.

1932. El 28 de septiembre es nombrado Consejero Especializado en la Sección de Obras Hidráulicas del Ministerio de Fomento.

1933. El 18 de noviembre, Inspector General del Cuerpo de Ingenieros de Caminos.

1934-35. Publica dos cuestiones sobre Geometría Métrica, fundamentalmente, una muy destacada sobre Geometría de Embalses[12].

1936-39. Rechaza el cargo de Director de Estudios Hidrográficos otorgado por el Gobierno del Frente Popular.

1939. El 5 de junio se le repone como Profesor de la Escuela. El 30 de septiembre pasa a desempeñar la Presidencia de la Junta de Investigaciones Técnicas.

1940. El 23 de abril alcanza la jubilación, pero continúa en su puesto hasta finalizar el curso.

1949. Escribe la memoria " Sobre algunos lugares hipergeométricos "[13] en las publicaciones del Centenario de la Real Academia de Ciencias Española.

1958. Fallece el 3 de noviembre.

9. P.M. González-Quijano, " Las matemáticas en la teoría y en las aplicaciones ", *7º Congreso de la Asociación Española para el Progreso de las Ciencias, Bilbao, 7-19 de septiembre de 1919*, Sección 1ª, Ciencias matemáticas, Discurso inaugural (7-36).

10. P.M. González-Quijano, " El postulado de Euclides y las geometrías no euclídeas ", *Revista de Obras Públicas*, Núms. 2.327, 2.328, 2.334, 2.336 (1920).

11. P.M. González-Quijano, " Sobre un sistema de geometría descriptiva del hiperespacio ", *op. cit.*

12. P.M. González-Quijano, " Cubicación de Embalses ", *Revista de Obras Públicas* (1935), 266-270 ; 284-289 ; 293-302.

13. P.M. González-Quijano, " Sobre algunos lugares hipergeométricos ", *op. cit.*

Obra científica y técnica

La extensa actividad, tanto en el ámbito ingenieril como en la investigación y docencia, deriva de su carácter, trabajador infatigable, sobresalió por sus estudios de climatología, hidráulica e hidrología. Incansable animador de los Congresos de Riegos[14], mantuvo interminables polémicas en todas las revistas científicas de la época, donde queda patente su faceta de ilustre matemático, geómetra y estadístico. Perteneciente a la erudita generación de 1898 de Ingenieros de Caminos, en término acuñado por F. Sáenz Ridruejo, siempre se mantuvo respetuoso con el poder establecido.

Tiene libros sobre Hidrología[15], política hidráulica[16] y repoblación forestal.

Sus artículos científicos sobre las distintas especialidades cultivadas se encuentran en *Madrid Científico, Revista Real Academia de Ciencias, Revista de Obras Públicas, Revista Sociedad Astronómica de Barcelona, Ibérica* y hojas de agricultura de distintos periódicos de la época, entre ellos, " El Sol ".

Asiste a varios Congresos de Riegos, siendo miembro de su Comisión Permanente, entre ellos, los celebrados en Zaragoza (1913), Valencia (1921). Presenta comunicaciones en los Congresos de la Asociación Española para el Progreso de las Ciencias de Granada (1911), Madrid (1913), Valladolid (1915), Sevilla (1918), Bilbao (1919)[17], Oporto (1921) y Zaragoza (1940). También participa en el Congreso Nacional de Ingeniería (1919).

Sus discursos y conferencias sobre temas científicos, administrativos, de divulgación de la ciencia e ingeniería son abundantes. Sobresalen los impartidos en Ateneo de Madrid, Instituto de Ingenieros Civiles, Real Academia de las Ciencias, E.T.S. de Ingenieros de Caminos de Madrid, Ateneo de Jerez y Universidad Central.

Su amplia obra ingenieril abarca temas tan diversos como los relativos a Hidráulica e Hidrología, Obras Hidráulicas, Riegos, Política Hidráulica y Climatología. No es desdeñable su actuación en los campos de la Geodesia, Geofísica y Electrotecnia (Profesor de la Escuela de Caminos de Madrid, 1922). Preside, asimismo, la sección 2ª del Congreso Internacional de Carreteras celebrado en Sevilla (1923). Interviene en la organización de la Asamblea Nacional de Ferrocarriles (1918).

Su obra científica, y, en concreto, matemática, se refiere a Análisis Matemático y Numérico, Cálculo de Probabilidades y Estadística, Geometría Euclídea y No Euclídea, Métrica, Proyectiva y Descriptiva.

14. F. Sáenz Ridruejo, " Los Ingenieros de Caminos de la Generación del 98 ", *Cuadernos de Cauce 2000*, nº 14 (Madrid, 1988), 1-15.

15. P.M. González-Quijano, *Hidrología General y Agrícola*, Madrid, 1922.

16. P.M. González-Quijano, *Política hidráulica y repoblación forestal*, Edición Colegio de Ingenieros de Caminos, Canales y Puertos de Madrid, 1915.

17. P.M. González-Quijano, " Las matemáticas en la teoría y en las aplicaciones ", *op. cit.*

Con respecto a la Geometría Métrica destaca su estudio sobre la Geometría de Embalses[18].

Las bases de su aportación a la Geometría Descriptiva del Espacio N-dimensional quedan reflejadas en la Representación Gráfica de los Lugares Hipergeométricos (1984)[19]. El postulado de Euclides y las Geometrías No Euclídeas (1920)[20], sobre un sistema de Geometría Descriptiva del Hiperespacio (1923)[21] y sobre algunos Lugares Hipergeométricos (1949)[22].

Representación del espacio tetradimensional

Maurice d'Ocagne[23] afirma que los puntos del espacio dependen de tres parámetros, constituyen un sistema triplemente infinito. Los puntos del plano conforman un sistema doblemente infinito. No es posible establecer una correspondencia biunívoca.

Para realizar una representación plana del espacio, es preciso hacer corresponder, de una manera unívoca, a cada punto de este espacio un elemento del plano dependiente de tres parámetros, y esto es teóricamente posible de una infinidad de maneras. Habrá que escoger aquellas que se limitan a elementos susceptibles de trazado y construcciones sencillas. Cousinery[24] elige, entre todas las curvas planas dependientes de tres parámetros, para representar un punto del espacio, la circunferencia. Baudran (1902)[25] asevera que la representación plana del espacio puede conseguirse mediante una pareja de puntos. Obviamente, cualquier condición particular deberá reducirlos a tres. El par de puntos deberá quedar alineado con un punto — O —, logrado como intersección de la recta que une los dos centros de proyección con el plano del dibujo. En la diédrica de Monge, la representación de $P(x, y, z)$, se obtiene por dos proyecciones $p'(\alpha_1;\beta_1)p(\alpha_2;\beta_2)$. La condición será $p'p$ ortogonal a la Línea de Tierra.

Por consiguiente se deriva que :

$$\alpha_1 = f_1(xyz) \quad \alpha_2 = f_2(xyz) \quad \beta_1 = f_3(xyz) \quad \beta_2 = f_4(xyz)$$

$$f(\alpha_1;\beta_1;\alpha_2;\beta_2)= 0$$

18. P.M. González-Quijano, " Cubicación de Embalses ", *op. cit.*

19. P.M. González-Quijano, " Representación gráfica de los lugares hipergeométricos ", *op. cit.*

20. P.M. González-Quijano, " El postulado de Euclides y las geometrías no euclídeas ", *op. cit.*

21. P.M. González-Quijano, " Sobre un sistema de geometría descriptiva del hiperespacio ", *op. cit.*

22. P.M. González-Quijano, " Sobre algunos lugares hipergeométricos ", *op. cit.*

23. M. D'Ocagne, *Comptes-Rendus, Acad. Cienc.*, nº 18 (París, 1922).

24. B.E. Cousinery, *Géométrie perspective*, París, 1828.

25. P.M. González-Quijano, " Sobre un sistema de geometría descriptiva del hiperespacio ", *op. cit.*

Para representar el espacio de cuatro dimensiones por un par de puntos, la pareja no deberá estar sujeta a ninguna condición particular. El par de puntos del plano y el punto del hiperespacio tienen el mismo grado de indeterminación. D'Ocagne propone que P(x, y, z, t) sea representado por m'–m , extremos de dos vectores resultantes de (x, y), con origen en — O —, y el (z, t) , en m'.

Aportación de P.M. González-Quijano

La forma más natural y sencilla de representar los espacios de más de tres dimensiones es extender, de forma conveniente, los sistemas de representación del espacio ordinario.

Procediendo así, generaliza Veronese[26] los sistemas cónico, diédrico y axonométrico, mediante la consideración de las proyecciones central y paralela de los puntos del espacio de cuatro dimensiones sobre otro u otros dos espacios de tres, perpendiculares entre sí. Por otro lado, Marletta[27] desarrolla una ingeniosa extrapolación del sistema de planos acotados al espacio tetradimensional.

González-Quijano[28] amplía el sistema de Monge a las cuatro dimensiones, cuestión en la que coincide con Schoute[29] para cualquier número de ellas.

La aportación de González-Quijano se fundamenta en dos ideas básicas :

1. Tomar un tetraedro radiado simple cuyas aristas sean perpendiculares dos a dos, proyectar los puntos del espacio que se trata de representar sobre cada una de dos caras opuestas del tetraedro desde la recta del infinito de la otra, y llevar después a coincidencia esas dos caras y las aristas situadas en ellas, pero superponiendo éstas en sentidos contrarios.

2. Si un par de puntos arbitrario sobre un plano representa siempre un espacio de 4 dimensiones ; la distancia definirá la naturaleza geométrica de este espacio.

Representación de la recta AB.

$$A(a;a')B(b;b').\ a(x_1;y_1),a'(z_1;t_1).\ b(x_2;y_2)b'(z_2;t_2).$$

$$A(x_1;y_1;z_1;t_1)B(x_2;y_2;z_2;t_2).$$

Se procede del modo siguiente :

Se sitúan los puntos $a_1(x_1z_1)$ $a_2(y_1t_1)$ $b_1(x_2z_2)$ $b_2(y_2t_2)$, fig. 2.

26. G. Veronese, " Behandlung der projectivischen Verhälthissen der Räume von vers chiedenen Dimensionen durch das Prinzip der Proficirens und Schneidens ", *Mathematischen Annalen,* nº 19 (1882), 161-234.

27. G. Marletta, *Sulla projezione quotata sopra un piano, dello spazio a quattro dimensioni*, Catania, 1904.

28. P.M. González-Quijano, " Representación gráfica de los lugares hipergeométricos ", *op. cit.*

29. P.H. Schoute, *Mehrdimensionale Geometrie*, Erster Teil, Leipzig, 1902, 84-125.

FIGURA 2 :

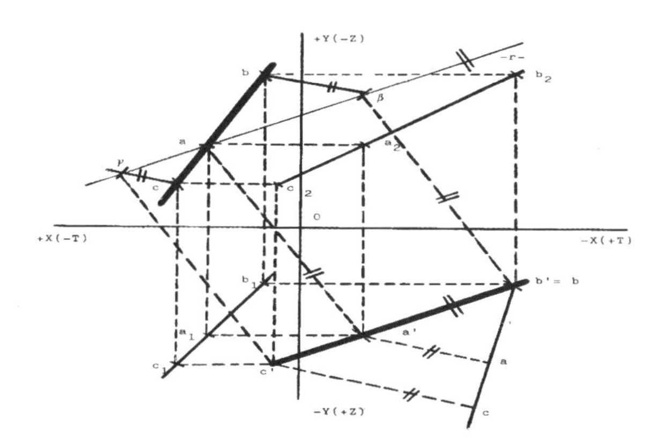

Cualquier punto — c — se obtiene trazando por — a — una paralela a la recta a'b'. Por b', paralela $\overline{aa'}$ e intersección con — r — hasta obtener β.

Determinada la recta βb, por c, paralela a bb, su incidencia con r proporciona γ. Por γ, paralela a $\overline{aa'}$, que coincide con c'. Obviamente la razón simple (bac) = (b'a'c').

El plano queda determinado por A(a;a')B(b;b')C(c;c'). La definición de la proyección de un punto — m' — de un plano, dada — m —, procediendo, de análoga manera que con anterioridad, se puede seguir en fig. 3.

FIGURA 3 :

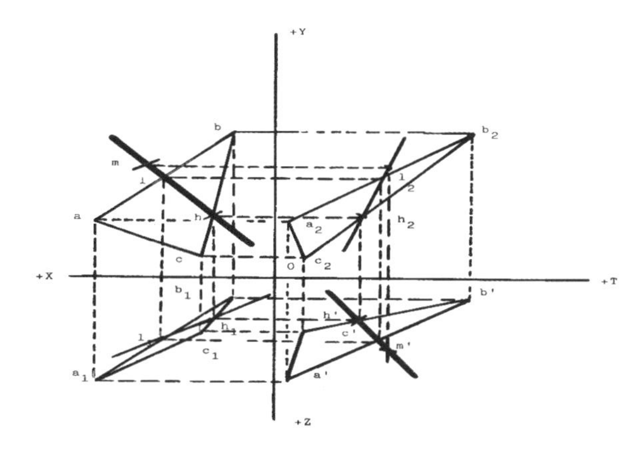

Un espacio queda configurado mediante cuatro puntos en el hiperespacio soporte.

Conclusiones

Teniendo en cuenta la aportación de P.M. González-Quijano, la extrapolación para la representación gráfica de un espacio 2n-dimensional, se logra por — n — puntos completamente arbitrarios. Para un espacio de $2n + 2$, cada punto vendrá representado por $n + 1$. — n — completamente arbitrarios, el restante deberá encontrarse sobre una cierta recta determinada por los otros — n —.

Si para un espacio euclídeo la distancia :

$$\overline{AB} = \sqrt{ab^2 + a'b'^2},$$

para un espacio no euclídeo habría que cambiar la definición de distancia.
La expresión que englobaría la geometría no euclidiana sería :

$$ds^2 = [dx^2 + dy^2 + dz^2 + dt^2]/[1 + (x^2 + y^2 + z^2 + t^2)c/4]$$

Si c es la curvatura del espacio, $c = 0$ corresponde al espacio ordinario. Cuando $c < 0$, se verifica la geometría de Lobachevski. Cuando $c > 0$, se realiza el sistema de Riemann.

THE FORMATION OF HAYASHI'S QUANTIFICATION THEORY

Eiichi MORIMOTO

I would like to discuss the formation of Hayashi's Quantification Theory (HQT). Statistical research in Japan has been greatly developed after the Second World War. The Institute of Statistical Mathematics (ISM) has played a central role in the statistical research in Japan. Since its foundation in 1944, ISM has archived a variety of research results. One of the most significant achievement of ISM was HQT in the 1950s, which is extremely important in the history of statistics. HQT is very important in a sense that it succeeded in converting qualitative data into quantitative data by using a certain calculation and HQT expanded a statistical application in the later years[1].

I would like to focus on the process of formulation of this HQT with a particular emphase on a social environment which produced HQT and examine a post-war reform of ISM.

During the Second World War, because of the necessity of the process control for enhanced production, the importance of mathematical statistics gained attention and there emerged increased calls for establishing a research institute of statistics[2]. Such calls were initiated by the close co-operation between mathematical statisticians and the Japanese Imperial Army which started with finding a decoder in 1942 in the Philippines[3]. As a wartime propaganda, they coordinated in emphasizing the effectiveness of mathematical statistics for military purpose[4]. Thus, ISM was founded within the Imperial Japan Academy in Ueno area on June 5, approximately fourteen months before the end of the Second World War.

During the wartime period ISM's main task was to conduct research at the

1. ISM, *Toukei-suuri-kenkyujyo 50-nen no Ayumi* (in Jap.), 1994, 10.

2. *Idem*, 1.

3. H. Sakamoto, *Yamauchi-Sensei Hito to Gyouseki* (in Jap.), Nihon-kikaku-kyoukai, 1985, 73.

4. K. Akiyama, " Nihon ni okeru Suuri-Toukeigaku no Rekishi-Nihon Suugakushi III " (in Jap.), *Zenkoku Suugaku Rengou Kikanshi Geppoh*, 3 (3) (1956), 28-36.

request of the Military, but the full-blown research started after the war[5].

After the Second World War, GHQ/SCAP implemented a series of statistical reforms such as systematic changes in the statistics of the Japanese Public Sector as well as introduction of Statistical Quality Control (SQC) in the Japanese industries.

Statistical reform in the Japanese Public Sector was started with a visit by the statistical mission headed by Dr. Stuart A. Rice who was deputy director of US Budget Bureau cum Statistical Standard Division Chief. This mission to Japan promoted the Japanese statistical system which had been destroyed during the wartime period[6] and helped to correct the shortcomings such as lack or absence of integrity in the governmental statistics[7].

SQC was implemented, at the request of GHQ/SCAP, and it conducted a scientific product quality control by introducing a statistical method which had been done by individual producers. This is because, in those days, frequent defects were found in communication equipments in Japan[8].

Considering Public Opinion and Sociological Research (POSR) as effective tools to know the Japanese peoples response to occupation policies, GHQ/SCAP established POSR unit within Civil Information and Education Section (CIE) at the end of 1945. GHQ/SCAP had POSR introduce sampling techniques positively into a survey and monitored survey related ideological control[9].

With the influence of a series of statistical reforms done by GHQ/SCAP, ISM implemented an institutional reform. In April 1946, ISM newly established the Department of Social Sciences in response to various social issues in the post-war era[10]. This is also very significant in a sense that this provided an institutional base which linked theoretical study of Japanese statistics with practical social survey which had long been separated in the pre-war statistical research in Japan[11].

Chikio Hayashi joined ISM in December 1946, was assigned in the Department of Social Sciences and formed HQT after tackling with many problems of sociological research which were brought into the department. Therefore, it

5. S. Nishihira (ed.), *Nihon ni okeru Toukeigaku no Hatten* (in Jap.), 6, Rep. of Grant-in-aid for Scientific Research A (1980-1982), 12.

6. Y. Morita, *Toukei Henreki Shiki* (in Jap.), Nihon-hyouron-sha, 1980, 121.

7. K. Takeuchi (ed.), *Toukeigaku Jitenn* (in Jap.), Touyou-keizai-shinpou-sha, 1989, 957.

8. H. Karatsu, " Watashi no QC Kotohajime " (in Jap.), *JSQC News*, 73, Nihon-hinnshitsu-kanrigatsukai (1985).

9. M. Okamoto, " GHQ Yoron-chousabu no Rekishi to Yakuwari — POSR Shiryo kara — " (in Jap.), *Shin-jyouhou*, 62 (1994), 1-13.

10. ISM, *Toukei-suuri-kenkyujyo 50-nen no Ayumi*, *op. cit.*, 79.

11. E. Morimoto, *The Historical Study of the Formation of Hayashi's Quantification Theory* (in Jap.), Master's Thesis (Department of Social Engineering, Tokyo Institute of Technology), 1996, 79.

can be said that the establishment of the Department of Social Sciences was one of the most important external factors in the formation of HQT.

The trigger of the formation of HQT was a joint research by Chikio Hayashi and Katsuhiko Nishimura who is a criminal law scholar[12]. At the time of confusion right after the Second World War, there were increased numbers of crimes and prisons in Japan were filled with prisoners.

The overcapacity of prisons was so serious that it was an urgent task for prisons to establish an appropriate parole system as soon as possible. In those days, Mr. and Mrs. Glueck of Harvard University were pioneers in conducting research in parole prediction[13]. And their work such as vindicating of prediction factors was highly recognized[14].

However in terms of scores to be given to prediction factors, they used classification frequency (see Table 1, 2), which did not have an accurate standard from a statistical point of view and their theoretical basis was unclear.

Hayashi and Nishimura implemented an extensive investigation in prisons and set up a statistical standard called the precision of predictions[15]. They worked out a method to obtain prediction factor scores by maximizing the precision of prediction (see Table 3). This method created by Chikio Hayashi materialized the parole prediction method based on statistical foundations.

TABLE 1

Pre-Reformatory Work Habits Related to Post-Parole Criminal Status[16]

Work Habits	*Success*		*Partial Failure*		*Total Failure*		*Total*	
	No.	%	No.	%	No.	%	No.	%
Good	28	46.7	6	10.0	26	43.3	60	100
Fair	16	20.3	16	23.3	47	59.4	79	100
Poor	18	12.1	29	19.4	102	68.5	147	100
Total	62	21.5	51	17.7	175	60.8	288	100

12. C. Hayashi and K. Nishimura, *Kari-Syakuhou no Kenkyu* (in Jap.), Toudai-syuppann, 1955.

13. S. and E. Glueck, *Five Hundred Criminal Careers*, New York, 1930.

14. H. Abe and K. Higuchi, *An Introduction to the Glueck Prediction Method* (in Jap.), Hitotsubusya, 1959, 18-19.

15. C. Hayashi, " On the Quantification of Qualitative Data from the Mathematico-Statistical Point of View, (An Approach for Applying this Method to the Parole Prediction) ", *Annals of the Institute of Statistical Mathematics*, 2 (1) (1950), 35-47.

16. S. and E. Glueck, *Five Hundred Criminal Careers*, *op. cit.*, 246.

TABLE 2

Probable Post-Parole Criminality Rates Based on Total-Failure Scores on Six Highest Pre-Reformatory Factors*, Highest Reformatory Factors, and Highest Parole Factor (%)[17]

Total-Failure Score	*Succes*	*Partial Failure*	*Total Failure*	*Total*
304 - 350	77.7	22.3	...	100
351 - 400	57.2	21.4	21.4	100
401 - 450	45.7	22.8	31.5	100
451 - 500	18.7	18.7	62.6	100
501 - 550	9.6	14.5	75.9	100
551 and over	...	8.1	91.9	100
Total	21.2	16.5	62.3	100

* Industrials habits preceding sentences to the Reformatory ; Seriousness and frequency of pre-Reformatory crime ; Arrest for crimes preceding the offence for which sentence to the Reformantory was imposed ; Penal esperience preceding Reformatory incarceration ; Economic responsibility preceding sentence to the Reformatory ; Mental abnormality to the Reformatory.

In his paper[18] published in 1959, Hayashi expressed his idea about the methodology of HQT. In traditional statistics indices have been given in quantitative data and when probability distribution is applied to indices, indices have been treated as stochastic variables. With this premise, indices have been statistically processed. Hayashi expressed some doubt toward this premise, and insisted that statistical processing should be applied not to measured quantitative indices but to converted ones for specific purpose. Hayashi emphasized that it is important to have converting indices based on a function which obtained from observed indices on its purpose.

The objective of the first quantification theory that was formulated was to accurately predict prisoners, success and failure after their parole. In the survey, the functional relationship between response patterns of category and category scores were sought with division from success and failure maximized.

However objective function used in HQT was one-to-one function, not analytical function that is used in conventional mathematical statistics. By this, it became possible to convert measured data to quantity, which is subject to statistical processing, and at the same time it became also possible to objectively convert qualitative data to quantitative data. This method provided a basic paradigm of formulation of HQT in later years.

17. S. and E. Glueck, *Five Hundred Criminal Careers*, *op. cit.*, 287.

18. C. Hayashi, " Fundamental Concept of the Theory of Quantification and Prediction " (in Jap.), *Proceedings of the Institute of Statistical Mathematics*, 7 (1), 1959, 43-64.

I have discussed how HQT was formed focusing on the influence of post-war statistical reform as well as on the social situation, which triggered the formulation. ISM was a research institute founded by mathematical statisticians during the Second World War. Post-war reform of ISM, especially the establishment of the Department of Social Sciences connected the conventional theoretical study centring on production control with the field study concerning sociological research data. As a result, theoretical study developed a new phrase, which led to the formation of HQT.

In the case of the first formulation, the parole prediction, most of data from survey were qualitative. Therefore Hayashi had to convert such qualitative data into quantitative data in an objective way. By maximizing the precision of prediction, Hayashi formulated HQT. Through this formulation, Hayashi established a general way to quantify qualitative data, thus laying the foundation of the development of quantification theory.

The wide application of HQT to the analysis of social research, medical and marketing research data etc. today is due to the development and prevalence of computers and statistical program packages (e.g. SPSS, 1973). I would like to further my research on how such HQT has taken root in Japan.

TABLE 3

Hayashi's Prediction Table[19]

Item	χ^2*-value*	S^2*-value**	*Weight*	*Category*	*Score*
Parents at the time of parole	5.53	...	0.047	Biological parents	1.168
				Father, Mother	0.155
				None, Others	-1.430
Wife × Age	...	0.127	0.097	Yes (21-30 age)	0.235
				〃 (30-)	1.716
				No (21-30 age)	-0.179
				〃 (30-)	-1.944
Education	6.38	...	0.057	Elementary	-1.284
				Middle	0.139
				Upper Middle or High	1.651
Type of crime × No.	...	0.0140	0.110	First time (theft)	-0.072
				〃 (others)	1.825
				Multi-offender (theft)	-1.497
				〃 (others)	0.319
Motive × Parents' assets	...	...	0.117	Yes	2.028
				No(economic adversity)	-1.398
				〃 (bad socializing)	-1.592
				〃 (greed)	-0.284
				〃 (others)	-0.480
				Don't know	0.526
Arrest × Trial	5.15	...	0.047	Feel strongly	1.150
				Feel a bit	1.268
				No feel(fail/unfair)	-1.007
				〃 (don't know)	0.021
Protector after parole	...	0.0129	0.132	Father	0.048
				Mother	0.073
				Sibling	-1.464
				Wife	1.959
				Undetermined, None	-1.418
				Others	-1.398
The potential of repeating crimes(1-5)	...	0.0229	0.125	0	1.961
				1	1.106
				2	-0.727
				3	-1.791
Social environment influencing crime repetition(6-10)	11.63	...	0.080	0	1.074
				1	-1.139
				2	-0.406
〃 (16-20)	12.83	...	0.082	0	1.527
				1	-1.306
				2	0.082
				3	1.195
〃 (21-25)	19.56	...	0.105	0	1.415
				1	-0.325
				2	-1.101
				3	-2.943

*A Kind of χ^2-Metric[20]

Optimum division : $x_0 = -0.16$

19. C. Hayashi, *et al.*, " Statistico-Mathematical Methods in Parole Prediction " (in Jap.), *The Research Report of the ISM*, 6 (1952), 326-327.

PEDRO JOSÉ DA CUNHA (1867-1945), HISTORIAN OF PORTUGUESE MATHEMATICS

LUIS M.R. SARAIVA

INTRODUCTION[1]

Research in the history of Portuguese mathematics has fundamentally been the work of isolated researchers. There has never been a group of scholars in this field that co-ordinated their subjects of analysis. This situation has been decisive in establishing among Portuguese historians of mathematics the view that research in the history of mathematics is something that essentially produces texts that are to be added to already existing knowledge, that they can only correct what has been previously written in points that will make matters more precise, such as biographical and bibliographical data. The general feeling is that, once a subject has been studied, the essential things about it have been said. It can readily be understood that this kind of attitude has been a major factor in preventing researchers from overturning any general views expressed by previous historians.

Up to now, there have been five mathematicians who wrote general histories of Portuguese mathematics : Francisco de Borja Garção Stockler (1759-1829), with his *Historical Essay on the Origins and Development of Mathematics in Portugal*[2] in 1819, Francisco de Castro Freire (1811-1884), who in 1872 published his *Historical Memoir of the Faculty of Mathematics, on the one hundred years from the reform of the University in 1772 to the present day*[3], Rodolfo Ferreira Dias Guimarães (1866-1918), with *Les Mathématiques au Portugal*[4] in 1909, Pedro José da Cunha (1867-1945) with a *Historical Outline*

1. In the following, all Portuguese quotations and titles of papers and books appear in English translation.

2. F. de Borja Garção Stockler, *Ensaio Historico sobre as Origens e Progressos das Mathematicas em Portugal*, Paris, 1819.

3. F. do Castro Freire, *Memória Histórica da Faculdade de Matemática nos cem annos decorridos desde a reforma da Universidade em 1772 até ao presente*, Coimbra, 1872.

4. R. Guimarães, *Les Mathématiques au Portugal*, Coimbra, 1909.

of Mathematics in Portugal[5] in 1929, and Francisco Gomes Teixeira (1851-1933) with his *History of Mathematics in Portugal*[6], published in 1934.

As a consequence of the attitude pointed out above, there has never been a major reformulation of Stockler's work, and the general lines of his views on the history of Portuguese mathematics have not been questioned. Sometimes the authors (Rodolfo Guimarães, Pedro José da Cunha and, to a lesser extent, Castro Freire) use parts of existing works to compose their own text about the periods already studied by the historians they quote. Also, due to the scarcity of researchers in the History of Mathematics, three of these five overviews had as their starting points the demands of particular occasions, and did not come out of a research process : Castro Freire wrote his book for the centenary of the 1772 Reform of the Portuguese University, then based in Coimbra ; Rodolfo Guimarães wrote his first book on the history of mathematics, a bibliography of Portuguese mathematical works of the nineteenth century[7], for the 1900 Paris Universal Exhibition, then, following a review by Gustav Eneström in *Bibliotheca Mathematica*[8], went on not only to develop his bibliography, including all Portuguese mathematical works, but also to precede it with a history of Portuguese mathematics[9] ; Pedro José da Cunha wrote his book, his first work on the history of mathematics, for the Seville International Exhibition of 1929. Only Stockler's and Gomes Teixeira's works were the culmination of a long research process ; in the case of the latter his book incorporates data analysed by him in some of his previous papers.

Also, reflecting the importance of the military in nineteenth century Portuguese mathematics, of the first four historians to write overall surveys of Portuguese mathematics, only Castro Freire did not have a military background.

THE LIFE AND WORKS OF PEDRO JOSÉ DA CUNHA

Pedro José da Cunha started his higher studies at the Polytechnic School of Lisbon (*Escola Polytechnica de Lisboa*) in 1884, and continued at the Army School (*Escola do Exército*), also in Lisbon, in 1888, graduating in Military Engineering in 1891. In 1896 he applied for a position as a lecturer at the Polytechnic School of Lisbon, submitting a thesis titled *On the theory of Astronomical Refraction.* He was accepted, and after a two-year trial period, he was appointed *lente substituto*, which allowed him to act as substitute teacher in classes where the professor was not available. Most of his mathematical papers

5. P.J. da Cunha, *Bosquejo historico das mathematicas em Portugal*, Exposição Portuguesa em Sevilha, 1929.

6. F. Gomes Teixeira, *História das Matemáticas em Portugal*, Lisboa, 1934.

7. R. Guimarães, *Les Mathématiques au Portugal au XIXe Siècle*, Coimbra, 1900.

8. G. Eneström, " *Bibliographie suédoise de l'histoire des mathématiques* ", *Bibliotheca Mathematica*, 2 (1889), 1-14.

9. R. Guimarães, *Les Mathématiques au Portugal*, 1909, *op. cit.*

were written between 1909 and 1927, while teaching at the Polytechnic School of Lisbon (in 1911 renamed the Faculty of Sciences of Lisbon, following the 1910 Republican Revolution that ended the monarchy in Portugal). His main subjects of research were the theory of series, curves, and surfaces. In 1911 he was appointed *lente titular* for Astronomy : from then onwards, he could give theoretical classes, choosing his own material. In 1914 he changed his subject from Astronomy to Infinitesimal Calculus. At the same time, his former assistant Eduardo Ismael dos Santos Andrea (1879-1937), who had just been appointed *lente titular*, started teaching Astronomy.

In 1924 he was appointed President of the Academy of Sciences of Lisbon, for a one-year period. He was nominated again in 1926, 1930, and in 1934. The reason he was chosen to write an outline of the history of mathematics in Portugal for the Seville International Exhibition of 1929 (up to then he had not written anything on this subject) was probably because of his prestige among Portuguese academicians, and also because Gomes Teixeira, then the leading mathematician and historian of Portuguese mathematics (Rodolfo Guimarães had died in 1918) was at that time completing a full history of Portuguese mathematics, completely different in scope from what was intended for the Seville Exhibition, which was more of an outline text for the general public.

Throughout his life he was a member of various scientific and mathematical societies, among them the Geography Society of Lisbon, the Association of Portuguese Civil Engineers, *Academia de las Ciencias Exactas de Madrid*, *Circolo Matemàtico de Palermo*, *Société Astronomique de France*, *Société Belge d'Etudes et d'Expansion* and the Mathematical Association of America.

In 1937 he retired from teaching. In 1940 he was one of the founders of the Portuguese Society of Mathematics (SPM) and its first President.

All his history of mathematics works were written between 1929 and 1940. In chronological order, we have the following : in 1929, for the Portuguese Section of the Seville Exhibition of 1929, he wrote both the *Historical Outline of Mathematics in Portugal* (69 pages) and *Astronomy, Nautical Science and Related Sciences*[10](59 pages). The former will be analysed below in detail ; as to the latter, the main subjects discussed are :

I) The knowledge of Portuguese navigators during the fifteenth century, focusing on the role of Martin Behaim and on the use of declination tables based on the *Almanach Perpetuum*, compiled by Abraham Zacut (c. 1450 - c. 1522) ;

II) The renewal of Portuguese astronomy studies with Pombal's 1772 Reform of the Portuguese University ;

10. P.J. da Cunha, *A Astronomia, a Nautica, e as Sciencias afins*, Exposição Portuguesa em Sevilha, 1929.

III) History of Portuguese astronomy observatories, and biographies of the main astronomers ;

IV) Short essays, of eight and three pages respectively, on Luciano Pereira da Silva (1864-1926) and on Joaquim Bensaúde (1859-1952), the two major historians who produced a reappraisal of Portuguese nautical science, and on whose research Pedro Cunha mainly relies[11], making him contradict statements made by Stockler and by Guimarães ;

V) Short notes on related sciences : meteorology, hydrography, oceanography, cartography and aerial-navigation.

In 1930, following some remarks made to him on two points of his *Historical Outline* (the first about navigation maps and the second about the works on ballistics of José Manuel Rodrigues (1857-1916), the latter remark made by Gomes Teixeira), he wrote the six-page *Note to the Historical Outline of Mathematics in Portugal*[12], where he asks his readers to replace the two above-mentioned parts of the 1929 text with the ones in this note.

In 1937, for the centenary of the founding of the Polytechnic School of Lisbon, he wrote two essays : *The Polytechnic School of Lisbon. A Brief Historical Note*[13] (85 pages), and *The Polytechnic School of Lisbon : The Second Course and its Professors (Infinitesimal Calculus)*[14](11 pages). In the first, Pedro Cunha puts into perspective the beginnings of the Polytechnic School, starting as a military institution to avoid the opposition of Coimbra University, which felt that its control over higher studies was threatened by the founding of the new school[15]. The author describes the history of the Polytechnic School through the decrees that defined the courses and subjects taught there at different times, conditions for the admissions of students and teachers, and all kinds of rules that defined academic life there. In the second essay, after a brief analysis of the evolution of the subjects taught in this Course, which he later covered in more detail[16], he gives biographical and bibliographical data on the three professors who were *lente titular* of this subject until the 1910s, when Santos Andrea and Cunha himself taught the Second Course : José de Freitas

11. Especially : J. Bensaúde, *L'Astronomie Nautique au Portugal à l'époque des grandes découvertes*, Berne, 1912 ; L. Pereira da Silva, " A Astronomia dos Lusíadas (1913-1915) ", *Obras Completas de L. Pereira da Silva*, 1, Lisboa, Agência Geral das Colónias, 1943, 199-524 ; R. Guimarães, " A Arte de Navegar dos Portugueses desde o Infante a D. Joào de Castro (1921) ", *Obras Completas de L. Pereira da Silva*, 2, Lisboa, Agência Geral das Colónias, 1945, 223-432.

12. P.J. da Cunha, *Nota ao bosquejo historico das matematicas em Portugal*, Lisboa, Imprensa Nacional, 1930.

13. P.J. da Cunha, *A Escola Politecnica de Lisboa - Breve noticia historica*, Lisboa, Faculdade de Ciencias de Lisboa, 1937.

14. P.J. da Cunha, *Escola Politécnica de Lisboa.* A 2ª *Cadeira e os seus Professores*, Lisboa, Faculdade de Ciencias de Lisboa, 1937.

15. P.J. da Cunha, *A Escola Politecnica de Lisboa - Breve noticia historica*, *op. cit.*, 17-20.

16. P.J. da Cunha, " O Cálculo Infinitesimal e a Escola Politécnica de Lisboa ", *Congresso do Mundo Português*, 12 (1940), vol. 1, 59-78.

Teixeira Spínola de Castel-Branco (1801-1889), António de Serpa Pimentel (1825-1900) and António José da Cunha (1834-1919).

In 1940, for the Congress of the Portuguese Commonwealth, which celebrated both the eight hundredth anniversary of the founding of Portugal and the three hundredth anniversary of the country regaining its independence, Pedro José da Cunha gave two papers, that were later included in its Proceedings : *How the notions of limit and of the infinitely small were introduced and developed among us*[17], and *Infinitesimal Calculus and the Polytechnic School of Lisbon*[18].

In the first paper, Pedro Cunha discusses the notions of the infinitely small and of limit as they were explained in, respectively, José Anastácio da Cunha's *Mathematical Principles*[19], published in 1790 , and in Garção Stockler's *Textbook of the Theory of Limits*[20], published in 1794 (not in 1796, as Cunha wrongly states), which he considers the first Portuguese texts where these notions are set out. Neither of these two works was adopted as a textbook in Coimbra University. Then he discusses these notions in some of the translations of Mathematics works that were in fact used as textbooks in Coimbra University (Bezout, Francoeur) in its several editions, and later in the Polytechnic School (Duhamel). The last part of this paper deals with two mathematics books by Portuguese mathematicians Francisco Simões Margiochi (1774-1838) and Luis Porfírio da Mota Pegado (1831-1903), and concludes with an appreciation of Gomes Teixeira's *Course of Infinitesimal Analysis*, which, in Cunha's words, " significantly bettered the way of defining the notion of limit "[21].

In the second paper, the author analyses the content of the mathematics courses taught at the Polytechnic School of Lisbon, relating changes in content to changes in requirements for students being accepted at the Polytechnic. In particular he studies the changes that occurred in 1855/56 (when the requirements to enter the school became more demanding, allowing the Polytechnic courses to get rid of elementary subjects, and thus enabling the inclusion of more advanced analysis). In the main part of this paper the courses on infinitesimal calculus are described in detail, stating the main changes in content that occurred up to Cunha's time as a teacher of this subject at the Polytechnic School.

17. P.J. da Cunha, " Como se introduziram e desenvolverem entre nós as Noções de Limite e de Infinitamente Pequeno ", *Congresso do Mundo Português*, 12 (1940), vol. 1, 35-57.

18. P.J. da Cunha, " O Cálculo Infinitesimal e a Escola Politécnica de Lisboa ", *op. cit.*

19. J. Anastàcio da Cunha, *Principios Mathematicos*, Lisboa, A.R. Galhardo, 1790.

20. F. de Borja Garção Stockler, *Compendio da theorica dos limites, ou introduccaõ ao methodo das fluxões*, Lisboa, Academia Real das Sciencias de Lisboa, 1794.

21. P.J. da Cunha, " Como se introduziram e desenvolverem entre nós as Noções de Limite e de Infinitamente Pequeno ", *op. cit.*, 52.

Also in 1940, Pedro José da Cunha wrote *Mathematics in Portugal in the seventeenth century*[22]. This was originally intended as one of a series of conferences organised by the Academy of Sciences during the 1940 Congress that were intended to give a critical analysis of relevant aspects of Portuguese collective life in the seventeenth century. The conferences ended up not taking place, but Pedro José da Cunha published his text, as he expressed views that contradicted some of the opinions in his 1929 *Historical Outline*. In it there was a reappraisal of the causes of Portugal's " mathematical decadence " from the middle of the sixteenth century to the middle of the eighteenth century. Here he considers the main causes for the decline of Portuguese mathematics to be the deterioration of Portuguese navigation and a general state of exhaustion of the nation caused by having stretched its forces to the limit for a period of over a century. He supports his views by quoting contemporary historians such as Alfredo Pimenta (1882-1950) and Francisco Rodrigues, S.J. (1873-1956).

The historical outline of mathematics in Portugal

Here, Pedro José da Cunha follows the usual division into periods of previous histories of Portuguese mathematics. He also includes four chapters on individual mathematicians : Pedro Nunes (1502-1578), José Anastácio da Cunha (1744-1787), José Monteiro da Rocha (1734-1819), and Daniel Augusto da Silva (1814-1878), who were then considered the four most outstanding Portuguese mathematicians of all time : in 1925, Gomes Teixeira, the Portuguese mathematician of his time that Cunha admires most, had published *Panegyrics and Conferences*[23], a paper which consisted in a detailed analysis of precisely these four mathematicians.

Pedro José da Cunha is very careful in his writing, as this was his first text on the history of mathematics. Throughout the book, he keeps reminding the reader that his text is only an outline, not a comprehensive work on the history of mathematics. He writes from the point of view of someone who compiles the views of other historians ; on subjects where there is no unanimous opinion he states the arguments of different historians, and sometimes (but not often) he takes sides, always supporting his view by quoting another historian. Historians of Portuguese mathematics would frequently deduce some statements from insufficient data, as " the most probable ", instead of looking for more reliable information before drawing any conclusions. Perhaps this also explains da Cunha's reluctance to state his own views, as he has at this point never done any historical research, he is not acquainted with primary sources, and he does

22. P.J. da Cunha, " As Matemáticas em Portugal no Século XVII ", separata de *Memorias da Academia das Ciências de Lisboa*, Classe de Ciências, 3 (1940).

23. F. Gomes Teixeira, *Panegíricos e Conferências*, Coimbra, Imprensa da Universidade, 1925.

have a deadline to produce his work, which had to be ready in time for the Seville exhibition.

Another characteristic of this text is a general vagueness in tackling its subjects, but this can be largely attributed to the nature of the essay, which is addressed to visitors to the Seville exhibition, that is, mainly non-specialists in the history of mathematics.

In particular, whenever he has to mention mathematical texts, he never gives his own view, always relying on reviews from other historians. It is clear that he thinks that the best approach for his text is to transcribe the views of specialists who have analysed the works he must mention. This is true not only for the *Historical Outline* but also for the other work he wrote for the Seville exhibition : *Astronomy, Nautical Science, and Related Sciences.* Here he says on Luciano Pereira da Silva[24] : " The outstanding work called *Astronomia dos Lusíadas* has been well praised. For the small note that we can include here, we will lean on the remarkable study by Mr. Frederico Oom... in *Annaes da Academia Polytechnica do Porto,* volume XIII ; as well as on the erudite analysis that Mr. D. Pedro de Novo y Colson presented to the Royal Academy of History of Madrid ... and which was published in its *Boletim* ".

On Joaquim Bensaúde and his paper *L'astronomie nautique au Portugal à l'époque des grandes découvertes*[25] : " We should analyse in depth the fundamental work of Mr. Bensaúde, but as the Paris Academy of Sciences awarded him the *Binoux* prize... it seemed better to us to translate the report presented to that erudite Academy by Mr. Bigourdan, where the renowned French scientist stressed the great value of the works of our illustrious countryman and found them worthy of such a distinction ".

So we see the limitations of Pedro José da Cunha's historical work, but at the same time we can appreciate its strengths : he is a cultured academician, who is aware of the research that is being done on history subjects related to Portuguese matters, not only in the field of history of mathematics but in general history. Thus throughout his book he mentions writers like Gino Loria, Rey Pastor, H. Bosmans and Jean-Etienne Montucla, and the Portuguese historians Oliveira Martins and Teófilo Braga.

He considers three main periods in Portuguese Mathematics : the first[26] only really begins with Henry the Navigator (1394-1460) and ends with Portugal's loss of independence in 1580. In this period, he analyses the navigation maps used by Portuguese navigators during the fifteenth century, the mathematicians under King D. João II (where he uses the new data obtained by Luciano Pereira da Silva and the English geographer E.G. Ravenstein (1834-1913) to

24. P.J. da Cunha, *A Astronomia, a Nautica, e as Sciencias afins, op. cit.*, 38-39.
25. *Idem*, 44.
26. P.J. da Cunha, *Bosquejo historico das mathematicas em Portugal, op. cit.*, 5-27.

contradict Stockler and Guimarães), the Astronomy course created in 1513 by King D. Manuel I in Lisbon and the mathematicians of his time, and the transfer of the University to Coimbra in 1537 by King D. João III. In this part there is only one extended individual analysis of a mathematician, an eight-page chapter on Pedro Nunes.

The second period, called by him " the period of decline ", goes up to the middle of the eighteenth century. In this part[27] the author analyses the causes of the decline, and speaks about the mathematicians of this period. As to the reasons for the deterioration of mathematics in Portugal, Pedro José da Cunha follows previous historians, quoting Stockler extensively : he considers as the main causes for this retrogression the establishment in Portugal of the Inquisition and related censorship, the loss of independence and Spanish control over Portugal for sixty years, and then the long war to regain the status of an independent country. He observes that Rodolfo Guimarães mentions the same causes, and finally comments on the additional causes stated by Gomes Teixeira in his *History of Mathematics in Portugal* : the decline of Portuguese navigation (and for Gomes Teixeira the best period of Portuguese Mathematics was characterised by the importance given to astronomy in its application to navigation), the control of public schools by the Jesuits, and the exhaustion of the nation due to having been stretched to the limit for over a century.

Cunha ends this synthesis as follows[28] : " This is a subject in the history of mathematics in Portugal which, by agreement of all who have analysed it, can be considered closed ".

Little did he know that ten years later he would be re-opening this question[29], and proposing a completely different interpretation.

The third period[30] starts with the 1772 Reform of the University, which he briefly analyses. He writes chapters on two of its major actors, José Monteiro da Rocha and José Anastácio da Cunha, as well as a chapter on the students and followers of these two mathematicians.

On the first half of the nineteenth century, he underlines the importance of Daniel Augusto da Silva, on whom he writes a chapter. This period ends with the beginning of the twentieth century.

The last quarter of the book[31] is Cunha's specific contribution, with his view of Mathematics in Portugal since the second half of the nineteenth century. He divides it into four chapters, followed by a short bibliography.

27. P.J. da Cunha, *Bosquejo historico das mathematicas em Portugal*, *op. cit.*, 27-36.
28. *Idem,* 30.
29. P.J. da Cunha, " As Matemáticas em Portugal no Século XVII ", *op. cit.*
30. P.J. da Cunha, *Bosquejo historico das mathematicas em Portugal*, *op. cit.*, 36-62.
31. *Idem,* 53-68.

The second half of the nineteenth century :

Pedro José da Cunha starts by saying that he excludes from his analysis works on astronomy, nautical science, geodesy and aerial-navigation (as they will be analysed in his other work for the Seville Exhibition) ; and that he will not consider works by living mathematicians (with one exception : Gomes Teixeira).

He considers mathematical texts in four groups :

I) Textbooks, for either secondary or university levels.
II) The solving of questions put by mathematical journals.

Here he mentions authors who published these solutions in journals such as *Jornal de Sciencias Mathematicas e Astronomicas* (Coimbra), *Jornal de Sciencias Mathematicas, Physicas e Naturaes* (Lisboa), *El Progreso Matemático* (Zaragoza), *Bulletin des Sciences Mathématiques et Physiques* (Paris) and *L'intermédiaire des Mathématiciens* (Paris).

III) Major works in Pure Mathematics.

He mentions six mathematicians : Francisco da Ponte e Horta (1818-1899), Luis Porfírio da Mota Pegado (1831-1903), Alfredo Augusto Schiappa Monteiro de Carvalho (1838-1919), Luis Feliciano Marrecas Ferreira (1851-1928), Joaquim António Martins da Silva (1858- 1885) and Rodolfo Guimarães.

When speaking about Guimarães, Cunha emphasises his work as a historian of mathematics, and adds a paragraph on three other historians of mathematics. Francisco do Castro Freire, António José Teixeira (1830-1900), and Luis Inácio Woodhouse (1858-1927). On each he mentions some of the papers they published and the journals where they were published.

In this paragraph Pereira da Silva and Bensaúde are also mentioned.

IV) Major works in Mathematics applied to Engineering and to Ballistics.

Here he mentions works by Cândido Celestino Xavier Cordeiro (1844-1904), José Manuel Rodrigues, and José Nunes Gonçalves (1859-1917).

Overall, we can say that, in spite of its limitations (there is neither a historical context for the mathematics produced nor an analysis of possible trends in mathematics), it is a useful compilation, calling our attention to different levels of mathematical texts.

Conclusions on the nineteenth Century :

Pedro José da Cunha states that there was a decline in Portuguese Mathematics during the nineteenth century, although of a much smaller extent than the one that occurred between the sixteenth and the eighteenth centuries[32] :

32. P.J. da Cunha, *Bosquejo historico das mathematicas em Portugal*, *op. cit.*, 61.

" ...the exact sciences among us declined perceptively during this period, the decay increasing until the 1880s. If we do not count Daniel da Silva and Gomes Teixeira, the other pure mathematicians, although they were acquainted with the mathematics of their time...did not produce any innovations... ".

He pinpoints as the main reason for this the lack of state support for University teachers : poor wages made them look for second jobs, and consequently they had less time to work in mathematics ; also the State did not adequately support their schools and places of research, which led to limitations in buying books and journals and in funding mathematicians to attend foreign research centres and seminars.

He dismisses a second reason that was usually given to explain the lack of mathematical works in this period[33] : the extended period of civil war and unrest in the first half of the century. He says that this cannot be accepted as a cause, as in other countries mathematics kept a high profile even during war periods. He quotes Gino Loria, who gives the example of the period in France between 1793 and the fall of Napoleon, and adds that this is more so since the period of war in Portugal was followed by one of peace, and there were no changes in the output of scientific texts.

Here I believe that his analysis is incorrect. First he does not grasp the specific nature of Portuguese mathematics in the nineteenth century, where the military were the main producers of mathematics. One cannot use the French example as a comparison ; the situations in the two countries were completely different, which only emphasises the lack of historical analysis in Pedro José da Cunha. Also, his division of the nineteenth century into periods is incorrect. He has no reason to say that there was no change for the better in the second half of the nineteenth century : in fact, there was a remarkable increase in the number of mathematics papers produced between 1850 and 1875, although it is true that in the last quarter of the century, mainly due to Gomes Teixeira and to the founding of his *Jornal de Sciencias Mathematicas e Astronomicas* in 1877, this increase more than trebled.

On the state of Portuguese mathematics in Pedro José da Cunha's time :

Pedro José da Cunha states that, although there are still some traces of the " period of decline ", there are clear signs that a new era in Portuguese mathematics is beginning, coinciding with the publication of Gomes Teixeira's *Course of Infinitesimal Analysis* (volume I, *Differential Calculus*, was published in 1906, and volume II, *Integral Calculus*, in 1912). In his words, this work " opened the boundless perspectives of modern analysis to scholars "[34].

33. P.J. da Cunha, *Bosquejo historico das mathematicas em Portugal*, *op. cit.*, 61-62.
34. *Idem*, 62.

He sees other positive signs for this development of Portuguese mathematics :

I) Many mathematicians are participating in international mathematics meetings whereas before Gomes Teixeira was almost the only regular Portuguese presence ; in particular he mentions that the Luso-Spanish Meetings jointly organised by the Portuguese and the Spanish Associations for the Progress of Sciences have had good Portuguese participation (Oporto in 1921, Salamanca in 1923, Coimbra in 1925 and Cadiz in 1927). It is worthwhile mentioning here that Gomes Teixeira and Pedro José da Cunha were the main organisers on the Portuguese side.

II) A group of researchers in pure mathematics (most of them university teachers) are carrying out their work in the Academy of Sciences of Lisbon, in The Institute (Coimbra), in the Faculties of Sciences of Lisbon, Coimbra and Oporto, and in other higher studies institutes (like IST, in Lisbon, the main engineering school in Portugal) and are publishing their papers in Portuguese journals (Cunha names nine journals ; significantly, there is no mention of non-Portuguese journals).

Pedro Cunha does not name any names, but it is worthwhile mentioning two important mathematicians of that time : Aureliano de Mira Fernandes (1884-1958), who became a full professor at IST in 1911 (main research in differential geometry ; published over ninety works ; maintained correspondence with Levi-Civita, who presented seventeen of his papers to the Accademia dei Lincei) and José Vicente Gonçalves (1896-1985), who became a full professor at Coimbra University in 1927 (main research in mathematical analysis ; over seventy papers written ; also published in history of mathematics).

Pedro Cunha correctly grasps the signs of an improvement in Portuguese mathematics which had started in the 1870s and that was to fully develop a decade later, when the two above-mentioned mathematicians were joined by António Almeida Costa (1903-1978), Ruy Luis Gomes (1905-1984), António Aniceto Monteiro (1907-1980), Hugo Ribeiro (1910-1988), and José Sebastião e Silva (1914-1972), among others.

Francisco Gomes Teixeira :

Pedro José da Cunha concludes his report on the mathematics of his time with a four-page chapter on this outstanding mathematician. The major part of this chapter deals with Gomes Teixeira's main publications. In particular, he uses Gino Loria's review of the *Complete Works* of Gomes Teixeira (published between 1904 and 1915) to make a brief overall analysis of his work. Other aspects of his mathematics activity are also mentioned, like the important founding of the *Journal of Mathematical and Astronomical Sciences (Jornal de Sciencias Mathematicas e Astronomicas)* in 1877, followed in 1905 by the *Scientific Annals of the Oporto Polytechnic Academy (Annaes Scientificos da Aca-*

demia Polytechnica do Porto), which was renamed in 1920 the *Annals of the Oporto Faculty of Sciences (Anais da Faculdade de Sciencias do Porto).*

It is pointed out that many of his papers were published in non-Portuguese journals (a rare case among Portuguese mathematicians of his time), and that he always maintained contact with the international community of mathematicians, attending many congresses outside Portugal. It is also stressed that he was the main force on the Portuguese side in the organisation of the Luso-Spanish Scientific Congresses. Pedro Cunha ends his chapter on Gomes Teixeira by noting that[35] " he continues to tackle geometrical problems, and lately has also been working on the history and philosophy of mathematics, with the same success. "

5) Bibliography :

Here Pedro José da Cunha lists only eighteen works, the most important of which have already been mentioned : besides the classic works by Stockler and Guimarães, he includes Bensaúde's *L'Astronomie Nautique au Portugal à l'époque des grandes découvertes*[36], Pereira da Silva's *The Art of Navigation of the Portuguese, from Henry the Navigator to D. João de Castro*[37], and one work each by Portuguese historians Teófilo Braga (1843-1924) and Oliveira Martins (1845-1894). The other items are papers published in journals, most of them by his fellow historians : Gomes Teixeira (3), Luis Woodhouse (2), António José Teixeira (1), Luciano Pereira da Silva (1) and Rodolfo Guimarães (1). The other four references are papers on Portuguese Mathematics by Gino Loria, H. Bosmans, M. Appell, and issue 3/4 (1923) of *L'enseignement Mathématique*, where no name is singled out. It is worthwhile pointing out that this issue includes the six-page paper *Les Mathématiques au Portugal* by Gomes Teixeira, an abstract of a series of lectures given by Gomes Teixeira at the Faculties of Sciences of Paris and Toulouse in May 1923, and *L'amitié franco-portugaise*, by A. Buhl, where, besides a two-page biography of Gomes Teixeira, some information is given on the 1921 Oporto Luso-Spanish Congress, organised jointly by both the Portuguese and the Spanish Associations for the Progress of Science.

Final remarks

In an overall appreciation of the history of mathematics work of Pedro José da Cunha, we can say that it is of uneven quality. He seems a good compiler

35. P.J. da Cunha, *Bosquejo historico das mathematicas em Portugal*, *op. cit.*, 67.

36. J. Bensaúde, *L'Astronomie Nautique au Portugal à l'époque des grandes découvertes*, *op. cit.*

37. R. Guimarães, " A Arte de Navegar dos Portugueses desde o Infante a D. Joào de Castro (1921) ", *Obras Completas de L. Pereira da Silva*, 2, Lisboa, Agência Geral das Colónias, 1945, 223-432.

of data, especially in his papers on the Polytechnic School of Lisbon. As regards his specific work as a historian of Portuguese mathematics, the major weakness that his writings show is that he does not do any primary source research, the basis for his work is the comments of other historians (and many of these do not have solid arguments to support them), and what he tries to do is some kind of synthesis of all the information he stores. As sometimes it is not possible to decide which interpretation is best without any extra information, he just quotes them all, seldom adding any comment of his own to suggest which of these he finds better, and when he does, he always supports his judgement by a suitable quote from some reliable source. That is, we can say that his contribution to the history of Portuguese mathematics is clearly more as a compiler than as a researcher.

There is, however, a very positive aspect he brought to research in Portuguese mathematics, which was to remind Portuguese historians of mathematics that they cannot work in isolation from general historians, or from historians of related sciences. In quoting respected historians, he opened up the possibility of questioning long-accepted statements on Portuguese Mathematics.

This opened the way for other good historians, like José Vicente Gonçalves (1896-1985), to make important contributions on the correction of these views, and in doing so his objective influence on the Portuguese historiography of mathematics should not be underestimated.

THE IMPACT OF ZYGMUNT JANISZEWSKI ON THE DEVELOPMENT OF TOPOLOGY

Wiesław WÓJCIK

Each branch of science is connected with two key questions, which are discovering facts and constructing general rules, which govern a given set of facts. The history of science has also its facts, discovered by it, and characteristic, general rules governing these facts. A fact discovered e.g. by a historian of mathematics is not the same thing as a fact discovered now or in the past by a mathematician. Also, the rules governing the history of mathematics are not the same thing as the rules of mathematics. Although it seems quite natural, these two fields of research, which are very closely related, can be very easily confused (and they do become confused), though they should keep their autonomy. A statement, which once appeared in mathematics, is a fact of mathematics and it does not become automatically a fact of history of mathematics. So, what are the facts of history of mathematics ?

Let us look at this taking an example of two theorems discovered by one of the greatest Polish mathematicians — Zygmunt Janiszewski, who is a co-author of the Polish School of Mathematics. This School started with practically nothing and by within a few years it created a big centre considered to be one of the greatest in the world. The time of scientific activity of Janiszewski was between 1909 and 1920. He died at 31. In spite of his short life he had a lot of essential mathematical results. He specified two directions of the research in General Set Theory (also in Topology) :

1. Examining the connections between points in space in which they are placed ;

2. Examining the characteristics of a set of points in themselves and specifying these characteristics which prove the existence of this set[1].

1. Z. Janiszewski, " Zagadnienia filozoficzne matematyki ", *Poradnik dla samouków*, t. 1, Warszawa, 1915, 466.

He carried topological examinations of the second direction and introduced the concepts of an arc (the homeomorphic image of an interval) and condensation continuum (a nowhere dense continuum containing more than one point). At the same time he cut himself off the strictly ontological questions in mathematical research : " The problem whether there are infinitely small sections in nature and the problem what the physical space is and what characteristic it has, does not belong to mathematics. We do not include these problems in the philosophy of mathematics as dealing with non-mathematical objects "[2]. But some philosophical notions become a part of mathematics e.g. the old concepts of continuum. Of course, mathematics did not deprive philosophy of the notion of continuum. Its philosophical meaning lasts but owing to mathematics that become more clear and intelligible. Why ? Let us look at the following question : can we decompose the piece of space into disjoint continua ? An answer to the question reveals the old Aristotelian definition of continuum. It consists of two parts :

A. It is impossible to decompose continuum into finite numbers of disjoint continua ;

B. Two disjoint continua cannot contact one another. However, the topological concept of continuum is as follows : a space X is a continuum if it is compact and connected.

Just such understanding of continuum was in Janiszewsi's doctoral thesis of 1911[3]. Mention that the first part of the above (Aristotelian) definition of continuum is caught on by notion " compact " and the second by notion " connected ". The most simple (non-trivial) example of continuum is the arc. By the concept of continuum it was possible to give a characterisation of some geometrical objects. In his doctoral thesis written in 1911 Janiszewski formulated and proved, among others, the statement giving a topological characterisation of an arc.

" If continuum is irreducible between two points and does not contain subcontinuum of condensation, it is an arc. In other words, each continuum locally connected and irreducible between two points is an arc " [4].

Irreducibility of continuum K between points a and b, means, there is no proper subcontinuum including points a and b. A space X is locally connected if there are arbitrary small connected neighbourhoods at each point $x \in X$. Intuitively, a space is connected if it consists of only one piece.

The above characterisation is a characterisation by internal structure. In this thesis there were also a few similar characterisations of an arc.

2. Z. Janiszewski, " Zagadnienia filozoficzne matematyki ", *Poradnik dla samouków*, t. 1, Warszawa,1915, 463-464.

3. Z. Janiszewski, *Sur les continus irréductibles entre deux points,* Thèse, Paris, 1911.

4. *Idem*, 53.

Janiszewski was consistent in his examinations of topological structures through internal characteristics. In the thesis of 1913 on cutting a plane[5], he had given the statement, which became the basis of characterisation of a sphere (surface of a ball).

" The sum of two continua, which does not cut the plane, does cut it if the product of these continua is not connected ".

Despite many efforts, internal characterisation (topological, algebraical or others) of three-dimensional sphere has not been given so far (obviously, there are some external characterisations of a sphere). Topological characterisation is the most general of possible characterisations of certain geometrical objects and because of that it faces so many difficulties (a set-theoretical characterisation would be more general but it is impossible to characterise a geometrical object only by means of the concepts of Set Theory).

There are different objects in mathematics given directly through intuition or thanks to constructions. One of such basic objects is the interval (and the arc which is a generalisation of it) — as we mentioned, Janiszewski just gave the characterisation of that- and then we have a circle (and its generalisation — the simple closed curve as a homeomorphic image of a circle). A question asked by Knaster and Kuratowski in 1920[6] agreed with Janiszewski's programme. It was as follows : must each homogenous, plane continuum be a simple closed curve ? A space X is homogenous if for each point x and y there is a homeomorphism f such that $f(x) = y$. Attempts to answer the question caused development of geometrical topology. Some new mathematical objects attracted attention. In 1912 during an International Mathematical Congress in Cambridge Janiszewski gave the idea of curve construction not containing an arc it seemed extremely paradoxical[7]. The report was devoted to the analysis of basic geometrical concepts : line and surface. Stainhaus, the another Polish mathematician, said that Janiszewski's construction is the most difficult and sophisticated in whole mathematics. The meaning of the idea was shown only through further development of topology. The pseudo-arc, constructed by Knaster in 1922[8], likewise Moise[9] and Bing's[10] constructions, are examples of using this idea. Continuum indecomposable and hereditarily indecomposable appeared as an important subject of studies. I want to remind that a continuum

5. Z. Janiszewski, " O rozcinaniu plaszczyzny przez continua ", *Prace Matematyczno-Fizyczne*, 26 (1913), 48.

6. B. Knaster, K. Kuratowski, " Probleme 2 ", *Fund. Math.*, 1 (1920), 223.

7. Z. Janiszewski, " Über die Begriffe " Linie " und " Fläche " ", *International Congress of Mathematicians, Cambridge, August 1912*.

8. B. Knaster, " Un continu dont tout sous-continu indécomposable ", *Fund. Math.*, 3 (1922), 247-286.

9. E.E. Moise, " An indecomposable plane continuum which is homeomorphic to each of its nondegenerate subcontinuum ", *Trans. Amer. Math. Soc.*, 63 (1948), 581-594.

10. R.H. Bing, " A homogenous indecomposable plane continuum ", *Duke Math. J.*, 15 (1948), 729-742.

X is indecomposable if it is not a union of two continua different from X. But X is said to be hereditarily indecomposable continuum if every subcontinuum of it is indecomposable. All known geometrical constructions were cardinal different from them e.g. the hereditarily indecomposable continuum contains no arc. Therefore it was very surprising when in 1930 Mazurkiewicz proved that in the space of all subcontinua of the square the set of the all hereditarily indecomposable continua is a residual set. It means that among the subcontinua of the square the most singular ones are the most frequent. Now we can notice that the definition of indecomposable continuum is distinct intensified of the Aristotelian notion of continuum — no two disjoint continua can be in touch. In this case no division of continuum on two different and non-empty continua is possible.

At the first period of research the Knaster-Kuratowski problem Mazurkiewicz proved in 1924[11] that the answer is yes, provided the continuum is locally connected. All " classical " continua such as the interval, the circle, the sphere, the graph, etc. are locally connected. A possible counterexample must have concerned continua, which are not locally connected. These are indecomposable continua, among others a pseudo-arc. In 1948 Bing proved that the pseudo-arc is homogenous and gave a simple characterisation of a pseudo-arc (each hereditarily indecomposable homogenous continuum is a pseudo-arc). Moreover, in 1958 Anderson showed that Menger's universal curve and a circle are the only homogenous, locally connected curves[12].

The meaning of the two above statements is considerable. It proves, that by means of simple, general conditions, one can characterise objects which have a very complicated and non-intuitive structure (pseudo-arc) and secondly, that simple general characteristics help identify from potentially infinite curves exactly two previously constructed objects (Anderson's theorem). It is surprising, that mathematics " allows " such statements. Still mathematical instruments seem to be too poor to make a selection in such a big set of elements. However it turns out that the analysis of internal structure — as Janiszewski proposed, is enough for the proof. It is not necessary to refer to the space containing all possible objects, whose known objects are its representatives. The similarly fascinating statement is the old one, already known by Plato, that there are only five regular polyhedrons (so called Plato's solids) — these solids were the basic bricks in his construction of the world. Indeed, this statement and Anderson's statement are similar — in an infinite set of different possibilities, they indicate only a few ones which can materialise.

What is the meaning of the statements discovered by Janiszewski, not only for mathematics but also for history-philosophy of mathematics ? What facts

11. S. Mazurkiewicz, " Sur les continus homogènes ", *Fund. Math.*, 5 (1924), 137-146.

12. R.D. Anderson, " A characterization of the universal curve and a proof of its homogeneity ", *Ann. of Math.*, 2, 67 (1958), 313-324.

— important and characteristic for historical research are connected with these statements and their developments ?

Above all the appearance of these statements and their influence on further development of mathematics prove that in mathematics general things are the cause of particular ones. The above statement is quite natural and obvious in mathematics. But as a philosophical statement constructed on mathematical data is a " philosophical theorem " proved by mathematics. It is not obvious now.

The appearance of given objects in mathematics results either from carried out constructions or is an act of the definition, which establishes them, or at last it is caused by direct intuitive insight. Depending on how you rank the particular sources of existence in mathematics, various philosophies of mathematics are obtained. The presented analyses show that it is not important how a given mathematical object was made and what its ontological status is — the only important thing is, if general conditions characterising it can be given. Thanks to generalisation it is possible to extend the range of examined problem simultaneously keeping accuracy and precision — general conditions univocally mark actual objects. What seems impossible by intuition has its place in mathematics.

Second, examining given objects " in themselves " through internal structure analysis shows their general characteristics — then we reach the essence of these objects.

This analysis finally gives the possibility to carry out the construction of further objects which have more complicated structure and whose nature is mostly inaccessible for original intuition (the Knaster's and Bing's construction of hereditarily continua). In analyses of the internal structure of mathematical objects there is a method of generating new objects, because they transcend intuition — a mathematician is not really a creator of these objects ; they are products of mathematics itself and its internal structure.

MATHEMATICS AND MARXISM

Charles E. FORD

An article with the title of this paper appeared in 1933, authored by the well known mathematician and Marxist Dirk J. Struik[1]. It was published in Russian, in the Soviet Union, in a book entitled *Marxism and Science*. The book was dedicated to publishing the mathematical manuscripts of Karl Marx, appearing on the fiftieth anniversary of his death. In addition to the actual manuscripts, the book contains a series of articles about the significance of these manuscripts. Struik's is the concluding article, one of two submitted by non-Soviet authors, both then living in the USA.

Struik's article is remarkably enthusiastic about the future of mathematics and science in a society that has adopted the ideas of Marx. " Marxism gives the possibility to understand the essence of mathematics, ... Marxism makes possible the real history of mathematics, ... Marxism leads to an understanding of the research activity of modern mathematicians,... "[2]. Struik envisioned that socialism would give birth to a " socialist mathematics ".

" Demonstrating how each type of society creates its own type of science and its own type of scientists, Marxism gives us the possibility to understand how socialist society can create its own scientists, to understand the possibility of the existence of " socialist mathematics ", just as it was possible to have " capitalist mathematics " or " ancient mathematics " "[3].

While it is not clear just what this " socialist mathematics " might look like, it is clear that Struik felt a remarkable enthusiasm for the potential achievements of science under socialism.

" We can hope that the planing of scientific research in socialist society, under the direction of highly qualified people who have mastered dialectical

1. D.J. Struik, " Mathematics and Marxism ", *Marxism and Science*, (1933), 207-211 [in Russian].

2. *Idem.*, 211.

3. *Ibidem.*

materialism, will enlarge the area of mathematical research and raise science to a level unimaginable under capitalism. Just as the first bourgeois, barbarians from the point of view of feudal professors, created in the end a mathematics significantly higher than the mathematics of the preceding centuries, so may we hope that the working class, constructing a society with incomparably higher culture than the capitalist, may give surprising growth to mathematics "[4].

This commitment to the " working class " is part of an explicit class analysis. The following three quotes, from[5], show the extent of Struik's commitment to such an analysis.

" Great thinkers represent the example of thought of specific classes, and the fate of their theories is dependent on the fate of their class ".

Without mentioning the Soviet Union explicitly, Struik described the Bolshevik Revolution as vindication of Marxist class analysis.

" ...the triumph of Marxism is connected to the triumph of the proletariat, the interests of which it represents ".

Indeed, Struik viewed the Revolution as vindication of Marxism in the strictest scientific sense.

" The objective truth of Marxism is demonstrated by the triumph of the proletariat, just as the contemporary understanding of the motion of heavenly bodies demonstrates the correctness of the theories of Newton ".

Struik's article was referred to by at least two Soviet authors, both in the journal *Under the banner of Marxism*. The first appeared in a 1933 article by the physicist A. Maksimov, who held positions at Moscow State University where he taught dialectical materialism to science students. He used Struik as ammunition in his struggle against other physicists. Maksimov accused one opponent, a party member, of following the line of " bourgeois liberalism ", pointing out that even a " bourgeois scientist " like Struik had a better understanding of dialectical materialism than this opponent. This was then illustrated by four short paragraphs quoted from Struik's article[6].

The second appeared in a 1936 article evaluating foreign scholars who had written about dialectical materialism according to whether they were friends or enemies of the Soviet Union. The article simply noted, favorably, that Struik " strives mightily to approach mathematics from the point of view of dialectical materialism "[7].

4. D.J. Struik, " Mathematics and Marxism ", *op. cit.*.

5. *Idem*, 209.

6. A. Maksimov, " On mechanism and Marxism in science ", *Pod znamenem marksizma*, 5 (1933), 124-172, esp. 159 [in Russian].

7. " Friends and enemies of dialectical materialism abroad. Notes from a meeting of the Institute of Philosophy ", *Pod znamenem marksizma*, 6 (1936), 164-179, esp. 177-178 [in Russian].

SCIENCE AND SOCIETY

Dirk Jan Struik was born in Holland in 1894. He attended the University of Leiden during the years 1911-1916, earning a degree in mathematics[8]. During those years, he became a Marxist and, in 1915, joined the Social Democratic Party of Holland. This party " enthusiastically supported the October Revolution [the Bolshevik Revolution] and in 1918 assumed the name of Communist Party "[9]. After joining the party he seriously considered going permanently into party work[10]. Instead, he chose a career in mathematics, earning a doctorate in mathematics in 1922.

The following year he married. With his wife Ruth, he spent the years 1924-1926 as a Rockefeller Fellow in Rome and Göttingen. After seriously considering working on a scientific project in the Soviet Union[11], he accepted an invitation to join the faculty in the Department of Mathematics at MIT, where he remained from late 1926 until his retirement in 1960.

Struik's early published articles[12], though including a few on political themes, are primarily mathematical articles in the field of differential geometry. Soon, however, he shifted to what was to become his main interest.

" I became more and more interested in the history of mathematics and of science in general, not only because of its intrinsic interest, but also because of the challenge this field offers to marxian research "[13].

In 1936, Struik and other Marxist scholars founded the journal *Science and Society*, whose earliest issues bore the subtitle " A Marxian Quarterly ". The first issue carried an article by Struik entitled " Concerning mathematics "[14]. This article covers many of the same ideas that are found in " Mathematics and Marxism ". It is not, however, as enthusiastic and contains no mention of " socialist mathematics ".

Struik wrote frequently about " socialism " and " socialist society ", drawing comparisons to indicate their superiority to " capitalism " and " capitalist society ". Although clearly referring to the Soviet Union, Struik was quite circumspect about making explicit references to it. Each of the two articles discussed above contain just a single reference to the Soviet Union, both quite modest. In " Concerning mathematics ", Struik referred to the " the constitution of the USA, and the new draft of the constitution of the USSR, as attempts,

8. R.S. Cohen, J.J. Stachel, M.W. Wartofsky (eds), *For Dirk Struik*, Boston, 1974, xiii.

9. *Idem*, xiv.

10. G. Alberts, " On connecting socialism and mathematics : Dirk Struik, Jan Burgers, and Jan Tinbergen ", *Historia Mathematica*, 21 (1994), 280-305, especially 283.

11. *Idem*, 290.

12. R.S. Cohen, J.J. Stachel, M.W. Wartofsky (eds), *For Dirk Struik*, *op. cit.*, xix.

13. *Idem*, xvi.

14. D.J. Struik, " Concerning mathematics ", *Science & Society*, 1 (1) (1936), 81-101.

in two different forms of society, to give a definite formulation of the conception of freedom ". The implied superiority of the latter (often referred to as the 'Stalin Constitution' of 1936) over the former is made only by suggestion.

ERNEST KOLMAN

In both articles, Struik made reference to an article published by two Soviet mathematicians, Ernest Kolman (1892-1979) and Sofya Aleksandrovna Yanovskaya (1896-1966)[15]. This article[16] appeared in 1931 in the journal *Under the banner of Marxism*. Kolman and Yanovskaya were important figures in the ideological world of Soviet mathematics.

Although the book *Marxism and Science* lists no editors, Kolman and Yanovskaya probably played the primary roles in its publication. The first page contains a message from the Marx - Engels - Lenin Institute (formerly the Marx - Engels Institute). In 1931, Kolman was appointed a member of the directorate of this Institute. According to his memoirs[17], Kolman is the one who ordered the publication of the mathematical manuscripts of Marx. The actual work of editing the manuscripts was done by Yanovskaya and two of her students, the future mathematician Dmitrii Abramovich Raikov and Anna Jonnasovna Nakhimovskaya[18].

Kolman was appointed to this directorate after the arrest, in March 1931, of the former director of the Institute, David Borisovich Ryazanov (1870-1938). At the time Kolman actually believed that Ryazanov was indeed guilty of involvement in a 'menshevik plot', the charge on which he was arrested. At the time, Kolman apparently suspected that Ryazanov was delaying the publication of the mathematical manuscripts of Marx as an act of sabotage. Writing his memoirs fourty years later, Kolman had come to a different conclusion. Ryazanov had worked so slowly on them " because he did not believe in their scientific value and feared [that if published] they would harm the reputation of Marx "[19]. He thought that Ryazanov was following the advice of the " mediocre " German mathematician Ernest Gumbel, who did not recommend publishing the manuscripts.

However " mediocre " Gumbel may have been, he was a much better mathematician than Kolman. I suspect that the judgement of Gumbel and Ryazanov

15. D.J. Struik, " Mathematics and Marxism ", *op. cit.*, 207, § 3 ; D.J. Struik, " Concerning mathematics ", *Science & Society*, 1 (1) (1936), 94, n° 14.

16. E. Kolman and S. Yanovskaya, " Hegel and Mathematics ", *Pod znamenem marksizma*, 5 (1931), 363-379 [in Russian].

17. E. Kolman, *We should not have lived that way*, New York, 1982, 172 [in Russian].

18. L. Katolin, *We were bold fellows then ...*, Moscow, 1973, 146 [in Russian]. The reference to Kolman on page 144 was removed from the second edition of this book in 1979 ; E. Kolman, *We should not have lived that way*, *op. cit.*, 172 [in Russian] ; D.J. Struik, " Mathematics and Marxism ", *op. cit.*, 4.

19. E. Kolman, *We should not have lived that way*, *op. cit.*, 172.

is correct and that the publication of the manuscripts has done nothing to enhance the scientific reputation of Marx. (For more on the involvement of Gumbel with the mathematical manuscripts of Marx see footnote[20]).

The mathematical manuscripts of Marx were published in the journal *Under the banner of Marxism* at just about the same time as their publication in the book *Marxism and Science*. In addition to these manuscripts, the book contains a series of essays about their significance, including not only the one by Struik, discussed above, but also major articles by Yanovskaya and Kolman. The one by Yanovskaya is focused specifically on the manuscripts. The one by Kolman is completely different. It is a sweeping affirmation of then current developments in the Soviet Union. We will turn to a discussion of it below.

Kolman is the major figure in our story. Struik and Kolman had a long friendship, which began in 1922 and lasted until Kolman's death in 1979. It seems quite possible that the publication of " Mathematics and Marxism " in *Marxism and Science* resulted from this friendship. Neither Kolman nor Struik, however, ever described how the article came to appear in this book. One might imagine that Struik would have been pleased to have been published in a Soviet book, especially one containing the mathematical manuscripts of Marx. In fact, neither person ever referred to this book in their subsequent writings.

In particular, Struik avoided mentioning this book in his 1936 article " Concerning mathematics ". He referred to the mathematical manuscripts of Marx, but gave a reference to their publication in *Under the banner of Marxism* rather than in the book[21]. This seems odd, since the book contains not only Marx's manuscripts but also Struik's own article.

Kolman also never mentioned the book. In particular, he never discussed how the article by Struik came to appear in the book. In his memoirs, Kolman offered an account of how he and Struik, who had originally met in 1922, renewed their friendship in the 1930s. This account is mistaken, which may be a result of omitting any reference to the book. We will return to this question below.

Science of the proletariat

Ernest Kolman was a communist militant who was very influential in scientific circles in the USSR[22]. His article in *Marxism and Science* is entitled " The

20. A. Vogt, " Emil Julius Gumbel (1891-1966) : der erste Herausgeber der mathematischen Manuskripte von Karl Marx ", *Marx - Engels Gesamtausgabe Studien*, 2 (1995), 26-41.

21. D.J. Struik, " Concerning mathematics ", *Science & Society*, 1 (1) (1936), 87, n° 6.

22. See, for example Sergei S. Demidov, " The Moscow School of the Theory of Functions ", in S. Zdravkovska, P.L. Duren (eds), *Golden Years of Moscow Mathematics. History of Mathematics*, vol. 6 (1993), 35-53, esp. 44-48.

triumph of Marxism — the science of the proletariat ". It is wildly enthusiastic about developments then current in the USSR.

The article begins with a quote from a resolution of the Central Committee of the Party about the First Five Year Plan, which had just been concluded at the end of 1932, one year ahead of schedule. That it was regarded as a complete success and had been completed in just four years was considered " the most remarkable fact in contemporary history ". Kolman proceeded with a long enumeration of various achievements of the Plan, drawing such conclusions as " in our land the age of steam — the age of capitalism, is being replaced by the age of electricity — the age of socialism "[23].

Kolman proceeded to the main reasons for the success of the First Five Year Plan. Especially important was " that our party was able to break sabotage and wrecking, unmask the counterrevolutionaries ... who fought against new technologies, who sought to preserve the USSR as a semicolonial country ... "[24]. Kolman was himself particularly active in the campaign to expose " wreckers " and " saboteurs " and remained so through much of his career[25].

He then described at some length genuine Soviet achievements in physics and other sciences. He quoted Academician S.I. Vavilov to conclude that even the members of the Academy of Sciences " realize the necessity of the socialist reconstruction of science, its reconstruction on the basis of dialectical materialism "[26].

After this prelude, Kolman turned to socialist " achievements " in philosophy, which gave him the opportunity to launch a extended attack on his ideological rivals among the Soviet Marxists.

The article continued with a blistering attack on the German " Social - Fascists "[27], that is, the German Social Democratic party, in line with Stalin's strategy of refusing to co-operate with them against the National Socialists. Kolman went on to a comparison of the USSR with other western countries, in order to demonstrate the inadequacies of the latter.

Finally he turned to the most decisive factor — the leadership of the party and especially of " Comrade Stalin ". His article builds to a crescendo of 20 short paragraphs, most one sentence long, each in praise of some deed of Stalin, giving Stalin praise in virtually every sphere, most especially in science[28].

23. E. Kolman, " The triumph of Marxism — the science of the proletariat ", *Marxism and Science*, Moscow, 1933, 62-79, esp. 63 [in Russian].

24. *Ibidem.*

25. S.S. Demidov, Charles E. Ford, " N.N. Luzin and the affair of the 'National Fascist Center' ", in J. Dauben, *et al.* (eds), *History of Mathematics : States of the Art*, New York, 1996, 137-148, esp. 139 ; C.E. Ford, " Dmitrii Egorov : Mathematics and Religion in Moscow ", *The Mathematical Intelligencer*, 13 (2) (1991), 24-30, esp. 29.

26. E. Kolman, " The triumph of Marxism — the science of the proletariat ", *Marxism and Science*, Moscow, 1933, 62-79, esp. 67 [in Russian].

27. *Idem*, 70.

28. *Idem*, 75-76.

" There was not a single scientific discussion at this time, not a single serious event on the scientific front, which did not occur under the direct leadership of Comrade Stalin. [...] To begin philosophical discussion at the highest level, to put an end to menshevizing idealism and mechanism, to give a party direction to the philosophy of science, required a conversation by Comrade Stalin with the bureau of the cell of philosophy of the Institute of Red Professors on 9 December 1930 ".

Kolman was very active in this Institute. This may have been a meeting at which he gained ascendancy over some of the ideological rivals he had criticized earlier in the article.

" Thus Comrade Stalin directed concretely and in detail the most complex affairs of the development of science in our country ".

Kolman concluded this section with the following summary.

" In the person of Comrade Stalin we have not only a genius as political leader of the party and the international movement of workers, but the greatest theoretician, the greatest thinker. We have not taken it upon ourselves to give a full evaluation of the significance of the work of Comrade Stalin for the development of science. The outline given here is extremely partial and imperfect.

Yes ... we will learn technology, master science and reconstruct them. When our Soviet science has become socialist science, we will be the leading vanguard, a shock brigade, which will contain the most advanced scientists of the capitalist countries, because socialist science will become the only science of humanity.

We will achieve this, because, marching at the head of our brigade, we such a brigadier as Comrade Stalin ".

COLLECTIVIZATION

Both Struik and Kolman were undoubtedly impressed by what they believed to be the successes of socialism in the USSR. Especially evident is their almost boundless enthusiasm for a future that is under the direct guidance of dialectical materialism and scientific socialism. Although expressing his expectations far more modestly, Struik, like Kolman, anticipated, " with the final victory of the working class ", the most sweeping reorganization of society.

" ...with the socialist form of production ... individualism will give place to a collectivist conception of the world. ... with a planned economy, which is possible only on the socialist path. The co-ordination of all the productive scientific forces could achieve results which sooner or later will bring about an unimaginable level of improvement of mankind as a whole "[29].

29. D.J. Struik, " Mathematics and Marxism ", *op. cit.*, 211.

Most striking is the absolute confidence in advocating the most massive, unprecedented reorganization of society. Even complex societal institutions are subject to the laws of dialectical materialism. Such confidence was supported by the unshakeable conviction that Marxism is a science, a science which can be applied to even the most complex social organizations.

In fact, however, Marxism possesses no such scientific warrant. Although there were certainly real scientific and technical achievements in the Soviet Union during this period, they had nothing to do with dialectical materialism and did not warrant any of the incredible enthusiasm displayed here.

In particular, the Marxist prescriptions for reorganizing the rural economy had been thoroughly investigated in the 1890s by one of the leading Russian thinkers of this period, the economist and future priest Sergei Nikolaevich Bulgakov (1871-1944). His first thesis, in the field of political economy, came to the conclusion that Marx's ideas were completely inapplicable to the rural economy[30].

Nevertheless, the main feature of the First Five Year Plan involved implementing Marx's ideas for the reorganization of the rural economy, which took the form of the collectivization of agriculture. Nowhere were more sweeping changes put into effect than in this collectivization campaign.

Nothing about collectivization appears in " Mathematics and Marxism ". Struik did mention it in a book review a few years later. This is one of the rare instances in which he offered an explicit endorsement of the Soviet Union, though even here he was apparently echoing the sentiments of the author being reviewed[31].

" ... [the author] accords generous recognition to the new possibilities for science in the Soviet Union, and the incalculable significance of its collectivized agriculture ... ".

Kolman, on the other hand, was explicit in his conviction that Marxism offered a scientific program for the reorganization of the rural economy.

The January Plenum of the Central Committee, especially the paper of Comrade Stalin and his address on the question of work in the village, gave program documents of the greatest importance for our theoretical front. The speech of Comrade Stalin represents a classical analysis of the situation from the point of view of Marxist dialectics. It presents its own model for working out the theory of materialist dialectics, for questions of historical materialism, in close connection with the practice of socialist construction and world revolution. Comrade Stalin, on the basis of the richest practical experience of our party, gave here a theoretical working out of the questions of the farm and the

30. S. Bulgakov, *Capitalism and Agriculture*, 1900, 2 vols [in Russian]. Referred to in the introduction to S. Bulgakov, *Karl Marx as a religious type*, Belmont MA, 1979, 15.

31. D.J. Struik, review of *Science for the Citizen*, by L. Hogben, *Science & Society*, 3-4 (1939), 544-548, esp. 547.

collective farm system in the conditions of the dictatorship of the proletariat, on the status and consciousness of the collective farmers and the tasks of their socialist reeducation, on the objective and subjective factors of our revolution[32].

Mass starvation

The firm conviction that Marxism is scientific did have profound consequences. It facilitated the implementation of the most extreme, destructive, policies. It led convinced Marxists to overlook, or even participate in such policies.

Militant Marxists, convinced of the scientific nature of Marxism, were prepared to see any form of resistance as an obstacle to scientific progress, and thus a hurdle to be overcome. Peasant resistance to collectivization was not seen as an indication that collectivization might be harmful or destructive, but rather as a sign of " wrecking " and " sabotage " by the " class enemy ", the " kulak " ('wealthy' peasant). Thus Kolman was able to endorse the " liquidation of the kulaks ".

" Collectivization of the rural economy, the liquidation of the kulaks as a class — this question was worked out by Comrade Stalin in a harmonious system "[33].

Collectivization was the primary goal of the First Five Year Plan, which concluded at the end of 1932, one year ahead of schedule. The result was not the greatest achievement for humanity, as claimed by Kolman and the party, but rather an unprecedented catastrophe, the deliberate starvation to death of over seven million peasants, mostly in Ukraine.

This is discussed in the book *Harvest of Sorrow* by the famous historian of the Soviet Union, Robert Conquest[34]. As the book makes clear, this famine was the direct result of the collectivization of the peasantry, which was the culminating " achievement " of the First Five Year Plan. The book discusses how the sincerely held convictions of the Marxist militants were an essential feature of the campaign. Conquest quoted Lev Kopolev, who was sent into Ukraine as a young militant, and who later became a well known dissident.

" With the rest of my generation I firmly believed that the ends justified the means. Our great goal was the universal triumph of Communism, and for the sake of that goal everything was permissible … to destroy hundreds of thousands and even millions of people.

32. E. Kolman, " The triumph of Marxism — the science of the proletariat ", *Marxism and Science*, Moscow, 1933, 62-79, 69-70 [in Russian].

33. *Idem*, 76.

34. R. Conquest, *The Harvest of Sorrows*, New York, 1986.

... I took part in this myself, scouring the countryside searching for hidden grain, ... stopping my ears to the children's crying and the women's wails. For I was convinced that I was accomplishing the great and necessary transformation of the countryside ; that in the days to come the people who lived there would be better off for it ; that their distress and suffering were a result of their own ignorance or the machinations of the class enemy ; that those who sent me — and I myself — knew better than the peasants how they should live, what they should sow and when they should plough "[35].

Kolman was an example of this kind of committed activist. Throughout his career, Kolman engaged in combative rhetoric and militant struggle against those he perceived to be enemies of socialism. In his enumeration of the achievements of Stalin, Kolman enunciated the convictions that Kopelev described.

" Comrade Stalin pointed out that the class enemy was utterly routed but was still not dealt the final blow. The kulak does not openly move against the collective farms, but under the cover of acknowledging the form of the collective farm struggles more sharply against the collective farm movement "[36].

At the time of the Ukranian famine, in the spring of 1933, there was also a purge of the Ukranian Communist Party[37]. Kolman was active in that purge, as he described in his memoirs[38]. He was assigned to work on a special commission under the chairmanship of Dmitrii Zakharovich Manuilsky (1883-1959), whom he described as " unusually sympathetic "[39].

Conquest characterized Manuilsky as " Stalin's henchman " and " most repulsive "[40]. Conquest described the situation at the conclusion of the work of this commission. " Every conceivable cultural, academic and scientific organization was now purged "[41].

The commission was based in Kiev, where Kolman lived for three or four months. During this period he witnessed starving peasants.

" On the Streets of Kiev, Chernigov and other cities which I visited, I met many begging peasants and orphaned children, ragged, emaciated, starving from the famine "[42].

He also described his conduct of the purge.

35. R. Conquest, *The Harvest of Sorrows*, *op. cit.*, 233.

36. E. Kolman, " The triumph of Marxism — the science of the proletariat ", *Marxism and Science*, Moscow, 1933, 62-79, esp. 70 [in Russian].

37. R. Conquest, *The Harvest of Sorrows, op. cit.*, 264.

38. E. Kolman, *We should not have lived that way*, *op. cit.,* 184-186.

39. *Idem*, 185.

40. R. Conquest, *The Harvest of Sorrows, op. cit.*, 268.

41. *Idem*, 269.

42. E. Kolman, *We should not have lived that way, op. cit.*, 185.

" I conducted the purge strictly according to the directives received : purging Ukranian nationalists, secret Trotskyites, and other enemies of the party. I was not violent, but I showed no mercy, and — as I think now — as with all our commission members — purged not a few who were fine, innocent people, sincere communists "[43].

In an attempt to explain how he could have ignored the starving people and conducted such a purge, Kolman described an episode in which he was attracted to a special felt fez hat which was available at a resale shop in Kiev.

" I mention this extravagantly trifling incident for a reason. As I now understand, the fact that I could think about such trifles then with a clear conscience, at the time when our purge delivered a blow to the fate of people, and when in the Ukranian countryside people were dying of famine, tells about how blind I was then "[44].

Here, as elsewhere in his memoirs, Kolman reflected on the destructive role he played in relation to other party members. He did not, here or elsewhere, reflect in a comparable way on his role in the destruction of the peasants or others who were not communists.

Kolman went on to describe some presentations that he made for the Communist Academy, of which he was a member.

" I went to Sverdlovsk, where I delivered some reports, among then, as I recall, one about " The triumph of Marxism ", a paper in which I, — of course completely sincerely —, praised the genius of Stalin as a great scientist and Marxist ".

The title and description of this paper, as well as the proximity in time, suggests that it may have been a variant of the one Kolman published in Marxism and Science.

FRIENDSHIP

Kolman and Struik developed a friendship that spanned 57 years. Kolman described how it began at a meeting of the German Communist Party in Jena in 1922.

" I left for Jena, to take part in a congress of the German Communist Party. There I gave an address, conveying greetings from the Moscow Committee of the party. On the same day, German comrades warned me, as they did a comrade who conveyed greetings from the Communist Party of Holland, that we, as foreigners, were going to be arrested by the police. What to do ? We must disappear. Not waiting until the end of the congress, at which I was elected to the Central Committee, comrades dressed us both right there in the restroom,

43. E. Kolman, *We should not have lived that way, op. cit.*, 186.
44. *Ibidem.*

with the costumes of student tourists (pants cut to the knees, hats with feathers, rucksacks, walking sticks) and when it was getting dark, led us out the back door into the garden, and from there they safely led us to the highway leading to Leipzig. On the road, we, without learning each other's names, had a lively conversation. It became clear that he was younger than me, and that by coincidence we were both mathematicians, and even that both of us were interested in methodological problems of that science, and in its history. It took all night to arrive in Naumburg, where we took seats on a local train, which brought us to Leipzig, where we parted — I left for Berlin and my companion to his place in Holland "[45].

After that, there was a long gap in the relationship. Kolman explained how their friendship was renewed.

" It seemed that our acquaintance would come to an end. However, it turned out otherwise. At the beginning of the thirties I read in Moscow, in an American progressive journal, *Science & Society*, an article on philosophical problems in mathematics, which strikingly reminded me of my night-long conversation with my unknown co-traveller on the road from Jena to Leipzig. The article was signed by Dirk Struik, an author with a clearly Dutch first and last name. At once, I, through the editor of the journal, asked that author whether he remembered such a conversation. And as I hoped — it turned out to be him ! Since that time we have carried on a regular correspondence. I learned that Struik in 1925 had emigrated from Holland to the USA [actually 1926], where he became professor at the Massachusetts Institute of Technology in Cambridge, specializing in tensor differential geometry and the history of mathematics "[46].

After summarizing other parts of Struik's life, Kolman described a visit to Moscow by Struik in 1934.

" In 1934 Struik took part in an international congress on topology and differential geometry in Moscow and lived an entire week at my place (when such a thing was still possible) ".

There is a problem with this scenario. *Science & Society* began publication only in 1936. Their reacquaintance must have occurred before Struik's visit to Moscow in the fall of 1934. More to the point, what about the publication of " Mathematics and Marxism ? " One would assume that they were already reacquainted by the time it was published. If, for whatever reason, they were not, then that article would likely have triggered the reunion that Kolman attributed to the article in *Science & Society*.

A description of Struik by Kolman appeared in 1941. It was the introduction to a Russian translation of *Outline of a History of Differential Geometry*, (Both

45. E. Kolman, *We should not have lived that way, op. cit.*, 140.
46. *Idem*, 141.

the original[47] and the translation[48] are listed in the bibliography for Struik). Kolman made no mention of his personal friendship with Struik. He described Struik as follows.

" The author of the present book D.L. Struik, professor of mathematics at the Massachusetts Institute of Technology in Cambridge (USA), has numerous works in tensor analysis, in the history of mathematics, in hydrodynamics and the theory of probability.

Struik belongs to that group of pioneering North American intelligentsia who are sympathetic to the struggle between two worlds — the world of imperialism, exploitation, war, barbarity and world of socialism, complete democracy, progress, peaceful creative work, the flourishing of culture, science and art — standing on the side of the later. To the core of that group, striving for convergence with the Soviet Union, belong scientists, struggling against petit bourgeois philosophy and pragmatism, very likely most widespread in the USA, opposing to it dialectical materialism, appealing to the American intelligentsia to study the works of the founders of the scientific worldview — Marx, Engels, Lenin, Stalin.

In the spring of 1936 this group began publication of a journal bearing the name *Science & Society* : *A Marxian quarterly*. In the first number are a series of articles ... [including] an article by D.J. Struik, " Concerning mathematics ", giving a clear presentation of his view of the origin, history and role of mathematics. Citing Engels, relying on his *The Dialectics of Nature*, on the published mathematical manuscripts of Marx, and also quoting some works of Soviet authors, published in the journal *Under the banner of Marxism*, basing himself on concrete material from the history of mathematics, Struik convincingly demonstrates in this article that mathematics " has its beginnings in the needs of the economic system ", demonstrates that " the development of mathematics depends on the development of the productive forces of society " so that in each historical stage, mathematics " appears as an element of the system of productive forces of a given society ".

Notice here that Kolman gave the correct date for the beginning of *Science & Society*. However he gave no indication that he knew Struik personally, much less that Struik had visited him in Moscow, even though Kolman did go on to mention the " international congress on tensor and multidimensional geometry ", which had brought Struik to Moscow in 1934. Also, there is no mention of " Mathematics and Marxism ", even though it is stronger in support of socialism than " Concerning mathematics ", and was available in Russian.

We also note in passing the complete absence of Kolman's favorite epithet — *fascist* — which he employed repeatedly throughout the 1930s. This book

47. R.S. Cohen, J.J. Stachel, M.W. Wartofsky (eds), *For Dirk Struik*, *op. cit.*, xxi, n° 42.
48. *Idem*, xxv, n° 8.

was published during the period of the Nazi - Soviet Pact, when loyal communists the world over struggled against " war " and for " peace ", and had nary a bad word to say about Nazism.

Kolman did describe his friendship with Struik in the introduction to the Russian translation of *Yankee Science in the making*, which appeared in 1966. (This translation is listed in the bibliography[49]). Here Kolman described the original meeting in Jena in 1922. He mentioned Struik's visit to Moscow, though not their meeting at that time. Nor did he mention his 1961 visit to the USA. He did give considerable information about Struik's political activities.

Visit to America

In the summer of 1961 Kolman visited Struik in America. Kolman described this in his memoirs in some detail. By this time, writing his memoirs in the 1970s, Kolman had begun to doubt communism. His doubts finally led him, in 1976, to publicly resign from the Communist Party of the Soviet Union, which he had joined in 1917. His resignation was announced in an open letter which made news around the world. It was published in the *New York Times* on Wednesday, October 13, 1976, on page 43. At the same time he left the Soviet Union for Scandinavia.

His reflections on the visit to Massachusetts in 1961 are personal and sympathetic, written in a more reflective mood than usual for Kolman. Here is a small segment.

" Struik told me about his difficulties at the time of McCarthyism, when he, as a communist and leader of the Society for American - Soviet Friendship, was dismissed from MIT, deprived of his professorship but, thanks to public demonstrations, was restored. He also told that then, in protest against Stalinism and the time-serving, Stalin-praising, politics of the leadership of the American Communist party, he left it. He joined the new " Progressive Party ", consisting for the most part of highly qualified intellectuals. This party collaborates with the Communist Party and, as I know, it was essentially organized by them for tactical reasons. But I, naturally, continued speaking to Struik about his difficulties … " [dots in the original][50].

Here Kolman showed a somewhat paternalistic attitude toward the more politically naive Struik, who presumably did not understand the relationship between the Progressive Party and the Communist Party. The word " then ", implying that Struik left the Communist Party after the McCarthy episode, may be a mistake on Kolman's part. Also, during the McCarthy era, Struik was deprived of the right to teach, but not of his salary. His right to teach was eventually restored "[51].

49. R.S. Cohen, J.J. Stachel, M.W. Wartofsky (eds), *For Dirk Struik*, *op. cit.*, xxv, n° 9.
50. E. Kolman, *We should not have lived that way, op. cit.*, 324-325.
51. R.S. Cohen, J.J. Stachel, M.W. Wartofsky (eds), *For Dirk Struik*, *op. cit.*, xvii.

Kolman went on to describe their time together, with Struik a " cordial host ", driving around Boston, being followed by the FBI, driving to New England, looking at historic sites, enjoying the " fall landscape and bright coloring of the maple leaves ".

" And I felt how dear this all was to Struik, who though not at all a native born American, but an emigrant from Holland, found here his real home land, and, although American imperialism is hateful to him, is a real American patriot "[52].

Kolman then reflected at some length on his reactions to America. At the time of his visit " I still considered — as did Lenin — American democracy to be just another form of deception "[53]. By the time he wrote his memoirs he was thinking differently. " I no longer believe in the validity of extending the laws of physics to society "[54]. Consistent with his decision to leave the Soviet Union for Scandinavia, he stated the following.

" Speaking for myself, I am still not attracted to the USA, ... but considering the saying of the Evangelist " Man does not live by bread alone, but by the word of God ", I prefer any capitalist country with a more or less liberal government ... to the Soviet Union or Czechoslovakia, where terroristic dictatorships manifest themselves "[55].

Concluding questions

How Struik's article came to be published in *Marxism and Science* in 1933 remains unknown. It may have happened because Kolman and Struik had already re-established their friendship. If not, then its publication might have triggered their reconnection. If Kolman was not responsible for publication of Struik's article, it would be interesting to know who was.

Neither person ever referred to the book. In particular, Struik did not refer to it in his 1936 article, when it would have been most natural to do so, especially given the close connection between that article and his article in the book. Perhaps some understanding was reached during their meeting in 1934 to avoid mention of the book. Or else perhaps each decided separately, and early, not to refer to it.

Kolman was by far the more militant of the two. Eventually, he turned away from Marxism. His memoirs are full of contradictions, but he was clearly moving away from his Marxist commitments.

52. E. Kolman, *We should not have lived that way, op. cit.*, 325.
53. *Idem*, 326.
54. *Idem*, 327.
55. *Ibidem.*

Throughout his career Kolman showed militant opposition to religion. At the end of his life, however, he was beginning to turn back to the religious education of his youth[56].

A similar movement has not yet been apparent in Dirk Struik. May he also turn toward the religion of his youth ?

APPENDIX

" Mathematics and Marxism " is divided into nine numbered sections. We print the concluding one, which is further divided into subparagraphs, in its entirety.

9. Thus we come to the following conclusions :

a) Applied to mathematics, Marxism can lead to a full studying of its classification, its internal development, the internal connections of its subject and the assessment of its value.

b) Marxism gives the possibility to understand the essence of mathematics, which can lead to strengthening of its basis, to understanding its relationship to other sciences, to understanding the appropriate significance of different schools of mathematical thought and the significance of mathematics for the general conception of the world.

c) Marxism makes possible the real history of mathematics, demonstrating its dialectical development in the course of history by means of its connections with social and economic structure of different periods.

d) Marxism leads to an understanding of the research activity of modern mathematicians, their ideals, their strengths and their weaknesses.

e) Demonstrating how each type of society creates its own type of science and its own type of scientists, Marxism gives us the possibility to understand how socialist society can create its own scientists, to understand the possibility of the existence of 'socialist mathematics', just as it was possible to have 'capitalist mathematics' or 'ancient mathematics'.

f) In the area of teaching, Marxism can lead to the selection of material and the development of teaching methods adequate to the needs of socialist society.

g) We can hope that the planing of scientific research in socialist society, under the direction of highly qualified people who have mastered dialectical materialism, will enlarge the area of mathematical research and raise science to a level unimaginable under capitalism. Just as the first bourgeois, barbarians from the point of view of feudal professors, created in the end a mathematics significantly higher than the mathematics of the preceding centuries, so may

56. J.M. Rabkin, " On the origins of political control over the content of science in the Soviet Union ", *Canadian Slavic Papers*, XXI (2) (1978), 225-237, esp. 237.

we hope that the working class, constructing a society with incomparably higher culture than the capitalist, may give surprising growth to mathematics.

h) Socialism will transfer mathematics from the area of theory to the area of action, which it ultimately never left, but from which it feels alienated.

Contributors

Oscar João ABDOUNUR
Universidade de São Paulo
São Paulo (Brazil)

Valentina G. ALYABIEVA
Pedagogical Institute
Perm (Russia)

Ubiratan D'AMBROSIO
Universidade Estadual de Campinas
São Paulo (Brazil)

Guy BEAUJOUAN
Paris (France)

Aldo CAUVIN
University of Pavia
Pavia (Italy)

Michela CECCHINI
University of Torino
Torino (Italy)

Karine CHEMLA
REHSEIS
CNRS, Université Paris 7,
Paris (France)

Vera CHINENOVA
Moscow State University
Moscow (Russia)

Jean CHRISTIANIDIS
Université d'Athènes
Athènes (Grèce)

Serguei S. DEMIDOV
Institute for the History of
Science and Technology
Moscow (Russia)

Pierre DUGAC †
(France)

Natalja S. ERMOLAEVA
St Petersburg Civil
Engineering Institute
St Petersburg (Russia)

Charles E. FORD
Saint Louis University
St. Louis, MO (USA)

Santiago GARMA
Universidad Complutense de Madrid
Madrid (Spain)

Miguel Ángel GIL SAURI
Villarreal (Spain)

Christian GILAIN
Université Pierre et Marie Curie
Paris (France)

Roger GODARD
Royal Military College of Canada
Kingston, Ontario (Canada)

Anne GUILLAUME
Academic Press
London (United Kingdom)

François JONGMANS
Mortier (Belgique)

Albert V. KHABELASHVILI
Moscow (Russia)

Massimo MAZZOTTI
University of Edinburgh
Edinburgh (United Kingdom)

Eiichi MORIMOTO
Tokyo Institute of Technology
Tokyo (Japan)

Ioanna MOUNTRIZA
Héraklion-Crète (Grèce)

Michiyo NAKANE
Kawasaki (Japan)

Juan NAVARRO LOIDI
Luxembourg (Luxembourg)

K. NIKOLANTONAKIS
Paris (France)

Sergio NOBRE
University of São Paulo
UNESP
Rio Claro-SP (Brazil)

Mariam M. ROZHANSKAYA
Academy of Sciences of Russia
Moscow (Russia)

Luis M.R. SARAIVA
Universidade de Lisboa
Lisboa (Portugal)

Karl-Heinz SCHLOTE
Sächsische Akademie der
Wissenschaften
Leipzig (Germany)

Eberhard SCHRÖDER
TU Dresden
Dresden (Germany)

Georg SCHUPPENER
Roetgen (Germany)

Giuseppe STAGNITTO
University of Pavia
Pavia (Italy)

Peter ULLRICH
Mathematisches Institut
Münster (Germany)

Wiesław WÓJCIK
Institute for the History of Science
Polish Academy of Science
Warsaw (Poland)